高等学校计算机类"互联网＋"规划教材

Web 前端设计

——HTML5＋CSS3＋JS＋jQuery

主　编　朱三元
副主编　杨　勋　陈　莹　李　健

本书资源操作说明

北京邮电大学出版社

·北京·

内 容 简 介

本书从项目开发基本素养培养的角度，深入讲解了 Web 页面开发的前端技术，包括 HTML5、CSS3、JavaScript、BOM、DOM、jQuery、WebUI 框架。

HTML5、CSS3、JavaScript 部分的讲解遵从了"结构与表现分离"、非侵入式 JavaScript 等软件开发原则，使读者能在学习技术的同时，逐渐掌握软件设计和开发的精髓，培养技术素养。CSS 综合应用示例、HTML5＋CSS3 页面布局、JavaScript 综合示例、Web 框架介绍等章节将最流行、最先进的设计技术做了全面展示，通过这些示例的学习使读者能够迅速掌握实用的设计技术。

本书配有相关课件、源代码、系统等教学资源，并提供了学习网站和 App 资源，供读者免费下载和使用。

本书既可作为高等院校计算机类相关专业课程的教材，也可以作为自学网页设计的参考书。

图书在版编目(CIP)数据

Web 前端设计：HTML5＋CSS3＋JS＋jQuery/朱三元主编. —— 北京：北京邮电大学出版社，2021.1 (2022.7 重印)
ISBN 978-7-5635-6320-3

Ⅰ. ①W… Ⅱ. ①朱… Ⅲ. ①网页制作工具－程序设计 Ⅳ. ①TP393.092

中国版本图书馆 CIP 数据核字(2021)第 014244 号

策划编辑：韩　霞　　责任编辑：向　蕾　　封面设计：北方兄弟

出版发行：北京邮电大学出版社
社　　址：北京市海淀区西土城路 10 号(100876)
电话传真：010-82333010　62282185(发行部)　010-82333009　62283578(传真)
网　　址：3.buptpress.com
电子信箱：buptpress3@163.com
经　　销：各地新华书店
印　　刷：河北华商印刷有限公司
开　　本：787 mm×1 092 mm　1/16
印　　张：23.5
字　　数：600 千字
版　　次：2021 年 1 月第 1 版
印　　次：2022 年 7 月第 3 次印刷

ISBN 978-7-5635-6320-3　　　　　　　　　　　　　　　　　　　　定价：65.00 元

如有质量问题请与发行部联系
版权所有　侵权必究

前　　言

随着互联网技术的发展，Web 技术得到了迅猛发展，业界对 Web 开发人员的需求越来越多，技术要求也越来越高。Web 前端属于 Web 技术的基础性的入门技术，是掌握 Web 开发技术、成为从业者必备的基础技能。如何使学习者快速入门并掌握相关技术的精髓，进而应用于现实生活和实际工作中成为迫切需要解决的问题。本书的作者从事 Web 开发已有 20 多年的时间，主持开发的网站大大小小有 30 多个，经历了国内互联网发展的各个阶段，对项目开发人员的技术要求有较深刻的认识，同时也从事教育培训工作，对初学者的知识结构和学习习惯有很好的把握。本书是作者对长时间的项目开发和教学实践经验的总结。

目前，HTML5、CSS3、JavaScript 已成为 Web 前端开发的技术主流，本书以它们为基础，以实际项目开发为导向，逐步拓展实用开发技术。全书分为 9 章，下面分别对各章的主要内容进行简单的介绍。

第 1 章主要介绍 Web 的相关知识，是为完全无网络知识的人员准备的。本章介绍了计算机网络、互联网、网站、Web 服务器等相关知识，这些都是学习者从事 Web 开发所必须掌握的。

第 2 章讲解了 HTML5 的知识。首先讲解了 HTML 文档的基本结构，然后分类讲解了各种 HTML 元素，侧重于元素的语义、元素之间的关系，最后列出了废弃的元素和属性，明确学习者不用再学习和使用这些内容。

第 3 章讲解了 CSS3 的相关知识。首先讲解了结构与表现分离的原则，然后从 CSS 核心基础、CSS 样式、盒子模型、CSS 选择、浮动与定位、高级应用等方面全面讲解 CSS 的技术，最后通过 9 个实例对 CSS3 在设计开发中的使用进行了细致分析。

第 4 章内容为 HTML5 与 CSS3 页面布局，讲解了目前流行的各种网页布局方法，并通过实例进行了展示，分析了具体的设计方法。

第 5 章内容为 JavaScript 的介绍，从最基础的语法开始，全面讲授 JavaScript 的各种语法知识，通过实例对各知识点进行验证，并站在初学者的角度分析了编程过程中可能遇到的各种错误和疑惑，对项目开发中用到的面向对象编程、正则表达式、箭头函数等高级内容也进行了初步介绍。

第 6 章讲解了 BOM 和 DOM 的相关知识，从基础开始讲述如何用 JavaScript 来控制 BOM 和 DOM，介绍各种接口的使用和事件。

第 7 章内容为 5 个 JavaScript 设计示例，分别是数字时钟、模拟时钟、二级分类水平导航菜单、无缝滚动图片、简易计算器，对每个示例的设计过程进行了全面的讲解。

第 8 章内容为 jQuery 的简介，对 jQuery 的主要知识点进行了全面讲授，大部分附以示例。

第 9 章介绍了 WebUI 框架在 Web 开发应用中的基本情况，并主要介绍了使用比较多的有代表性的 4 个框架：Bootstrap、jQueryUI、EasyUI、WeUI，每个框架通过两个示例对其使用方法进行介绍。

通过本书的学习,学习者基本可以具备网站(包括移动 Web 和各类小程序)前端开发的所有技术。

本书由朱三元担任主编,杨勋、陈莹、李健担任副主编。本书的出版得到了湖北工程学院和达内科技集团的大力支持,并得到教育部产学合作协同育人项目的资助。在编写和整理过程中,参考了 W3School(www.w3school.com.cn)、jQuery(jquery.com)、CSDN(www.csdn.net)、简书(www.jianshu.com)等网站的资源,在此一并表示衷心的感谢。

尽管本书作者尽了最大的努力,但书中难免有不妥或疏漏之处,敬请广大读者批评指正。

编 者

目 录

第 1 章 Web 相关基础知识 ······· 1
  1.1 计算机网络 ······· 1
  1.2 互联网 ······· 2
  1.3 网站 ······· 5
  1.4 常见 Web 服务器的安装和配置 ······· 5
  习题 ······· 8

第 2 章 HTML5 ······· 9
  2.1 HTML 概述 ······· 9
  2.2 HTML 的基本结构 ······· 10
  2.3 HTML 元素分类 ······· 12
  2.4 HTML5 废弃的元素和属性 ······· 44
  2.5 块级元素与行内元素 ······· 44
  2.6 HTML 字符实体 ······· 46
  习题 ······· 47

第 3 章 CSS3 ······· 48
  3.1 CSS 简介 ······· 48
  3.2 CSS 核心基础 ······· 50
  3.3 CSS 取值与单位 ······· 54
  3.4 CSS 样式 ······· 58
  3.5 盒子模型 ······· 70
  3.6 CSS 选择器 ······· 74
  3.7 CSS 浮动与定位 ······· 87
  3.8 CSS 高级应用 ······· 113
  3.9 CSS 综合应用示例 ······· 122
  习题 ······· 137

第 4 章 HTML5＋CSS3 页面布局 ······· 138
  4.1 页面布局概述 ······· 138
  4.2 布局示例 ······· 141

习题 152

第 5 章 JavaScript 153

5.1 JavaScript 简介 153
5.2 JavaScript 的特性 153
5.3 JavaScript 的发展及相关技术进展 156
5.4 JavaScript 的基本语法 157
5.5 JavaScript 编辑器 170
5.6 JavaScript 程序的运行 170
5.7 JavaScript 数据类型与运算符 172
5.8 JavaScript 原生对象 227
5.9 JavaScript 面向对象编程 266
5.10 ES6 新特性 273
习题 277

第 6 章 BOM 编程、DOM 编程与事件 278

6.1 BOM 编程 278
6.2 DOM 编程 284
6.3 事件 304
习题 312

第 7 章 JavaScript 综合示例 313

7.1 数字时钟 313
7.2 模拟时钟 314
7.3 二级分类水平导航菜单（仿招商银行网站） 315
7.4 无缝滚动图片 316
7.5 简易计算器 318
习题 319

第 8 章 jQuery 简介 320

8.1 jQuery 概述 320
8.2 jQuery 选择器 320
8.3 jQuery 核心 327
8.4 属性处理 332
8.5 CSS 相关 337
8.6 文档处理 339
8.7 筛选 340
8.8 效果 345
8.9 事件处理 347

8.10	事件对象	352
8.11	工具	354
习题		355

第9章 WebUI框架简介 ··· 356

9.1	WebUI框架概述	356
9.2	几个常用的WebUI框架介绍	358
习题		367

参考文献 ··· 368

第 1 章
Web 相关基础知识

1.1 计算机网络

1.1.1 计算机网络的基本概念

计算机网络是指将地理位置不同的具有独立功能的多台计算机及其外部设备,通过通信线路连接起来,在网络操作系统、网络管理软件及网络通信协议的管理和协调下,实现资源共享和数据通信的计算机系统。

从功能的角度,计算机网络整体可以划分为通信子网和资源子网两大部分,如图 1-1 所示。

1.1.2 客户机和服务器

客户机和服务器都是独立的计算机。当一台连入网络的计算机向其他计算机提供各种网络服务(如数据、文件的共享等)时,它就被叫作服务器;而那些用于访问服务器资源的计算机则被叫作客户机。严格说来,客户机和服务器模型并不是从物理分布的角度来定义的,它所体现的是一种网络数据访问的实现方式。

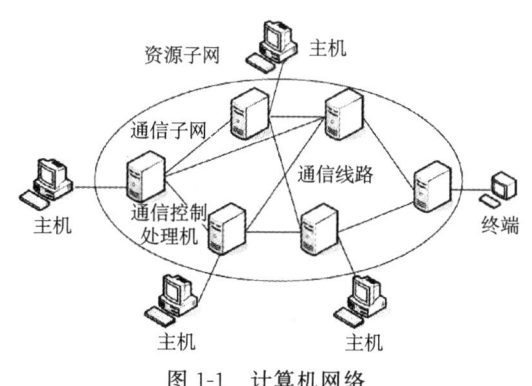

图 1-1 计算机网络

根据服务的内容不同,服务器可以分为多种类别,如提供网页浏览服务的服务器称为 Web 服务器,提供文件传输服务的服务器称为 FTP(文件传输协议)服务器,提供数据访问的服务器称为数据库服务器,提供发送和接收电子邮件的服务器称为 E-mail 服务器等。

一般而言,充当服务器的计算机通常是一些高性能的计算机,相对于普通 PC(个人计算机)来说,在稳定性、安全性、功能性等方面都要求更高,因此 CPU(中央处理器)、芯片组、内存、磁盘系统、网络等硬件和普通 PC 的有所不同。

1.1.3 C/S 结构与 B/S 结构

(1)C/S 结构

C/S(Client/Server)结构,即客户机和服务器结构,如图 1-2 所示。它是软件系统体系结构,通过它可以充分利用两端硬件环境的优势,将任务合理分配到 Client 端和 Server 端来实现,降低了系统的通信开销。最初的大多数应用软件系统都是 Client/Server 形式的两层结构,采用这种结构的系统目前仍然非常广泛,如宾馆、酒店的客房登记、结算系统,超市的 POS(销售终端)系统,银行、邮电的网络系统等。传统的 C/S 体系结构虽然采用的是开放模式,但这只是系统开发一级的开放性,在特定的应用中无论是 Client 端还是 Server 端都还需要特定的软件支持。由于没能提供用户真正期望的开放环境,C/S 结构的软件需要针对不同的操作系统开发不同版本的软件,而现在产品的更新换代十分快,已经很难适应百台计算机以上局域网用户同时使用,而且代价高、效率低。

(2)B/S 结构

B/S(Browser/Server)结构即浏览器和服务器结构,它是随着互联网技术的兴起,对 C/S 结构的一种变化或者改进的结构。在这种结构下,用户工作界面是通过 WWW(万维网)浏览器来实现的,极少部分事务逻辑在前端(Browser)实现,主要事务逻辑在服务器端(Server)实现,这样就大大简化了客户端计算机的负荷,减轻了系统维护与升级的成本和工作量,降低了用户的总体成本,其结构如图 1-3 所示。在实际的应用中,Web 服务器后面还有应用服务器、数据库服务器、邮件服务器、消息服务器等多种服务器提供支持。

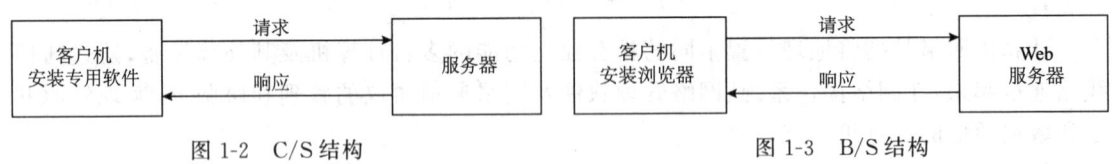

图 1-2　C/S 结构　　　　　　　　　　图 1-3　B/S 结构

1.2　互　联　网

互联网(Internet)是一个采用 TCP/IP(传输控制协议/因特网互联协议)把各个国家或地区、各种机构的内部网络连接起来的数据通信网,起源于 20 世纪 70 年代的 ARPANET(阿帕网)。它集现代通信技术和现代计算机技术于一体,是计算机之间进行信息交流和实现资源共享的良好手段。互联网将各种各样的物理网络联接起来,构成一个整体,而不论这些网络类型的异同、规模的大小和地理位置的差异。Internet 是全球最大的信息资源库,几乎包括了人们生活的方方面面,如教育、科研、商业、工业、出版、文化艺术、通信、广播电视、娱乐等。经过多年的发展,互联网已经在社会的各个方面为全人类提供便利,在线新闻浏览、电子邮件、即时消息、视频会议、网络日志、网上购物、在线娱乐等已经成为越来越多人的一种生活方式。

1.2.1　互联网提供的服务

互联网提供了丰富的服务,主要包括以下内容:WWW 服务、电子邮件服务、文件传输服务、远程登录、即时通信服务、视频服务。

1.2.2　互联网的相关概念

(1)IP 地址

每个连接互联网的计算机、服务器及其他网络实体都有自己唯一的 IP 地址,使用 IP 地址区分互联网上的每台计算机和网络设备。例如,百度网站服务器的其中一个 IP 地址为 14.215.177.39。

IP 地址现在分为两类,或称为两个版本:IPv4 和 IPv6。

IPv4 用 4 个字节来表示地址,所以每个 IP 地址的长度为 32 位(bit),分 4 段,每段 8 位(1 个字节),常用十进制数字表示,每段数字范围为 0~255,段与段之间用"."分隔,如 202.101.10.1。其中,127.0.0.1 是一个私有地址,表示本机的 IP。

IPv4 的地址数有限,公网 IP 地址基本已用完,因此现在逐渐开始使用地址数接近无限的 IPv6。IPv6 用 16 个字节来表示地址,每个 IP 地址的长度为 128 位(bit),理论上它能表示的地址数为 $2^{128} \approx 3.4 \times 10^{38}$。它通常用十六进制表示,其中的一种冒分十六进制表示法的格式为 X:X:X:X:X:X:X:X,每个 X 表示地址中的 16 位,以十六进制表示,如 ABCD:EF01:2345:6789:ABCD:EF01:2345:6789。

(2) 域名

使用 IP 地址可以直接访问该 IP 地址代表的网站,但是,对于普通用户而言,IP 地址非常难以记忆,因此,在 Internet 上使用了一套和 IP 地址对应的域名系统(domain name system,DNS)。域名系统使用与主机位置、作用、行业有关的一组字符组成,既容易理解又方便记忆,域名与 IP 地址一一对应。

域名的一般格式为"主机.网络名称.子域.一级域"。例如,www.tsinghua.edu.cn 为清华大学的域名。

一级域也称顶级域,有两种类型的顶级域:通用顶级域和国家代码顶级域。常见的通用顶级域有 com、edu.、gov、mil、net、biz、org,其分别代表商业机构、教育机构、政府机关、军事机构、网络服务提供商、商业、其他组织,但其中的 com、net、org 等域已无限制,可以被用作其他类别。国家代码顶级域是基于 ISO-3166 的两个字母,表示该域所在的国家或地区,如 cn(中国大陆)、de(德国)、eu(欧盟)、jp(日本)、hk(中国香港)、tw(中国台湾)、uk(英国)、us(美国)。一种常见的使用方法是把通用顶级域和国家代码顶级域一起使用,如 www.sina.com.cn、www.tsinghua.edu.cn,在这种情况下,原通用顶级域变成了子域。

localhost 为保留的本机域名,当把本机作为 Web 服务器时,通过该域名可以访问本地站点。

(3) TCP/IP 协议

Internet 的核心是一系列协议,总称为互联网协议(Internet protocol suite),它们对计算机如何连接和组网,做出了详尽的规定。因此,互联网协议的功能为:定义计算机如何接入 Internet,以及接入 Internet 的计算机通信的标准。其中的 TCP 协议和 IP 协议是核心。

TCP 是提供可靠服务、面向链接的协议,确保数据报可以完整地进行接收。IP 协议定义了数据按照数据包传输的格式和规则,将来自传输层的数据封装成 IP 数据包,送往作为目的地的接收端,最重要的作用就是将数据传送到目的计算机上。

(4) DNS 协议与 DNS 服务器

DNS 协议就是用来将域名解析到 IP 地址的一种协议,它也可以将 IP 地址转换为域名。

域名服务器(domain name server,DNS)是装有域名系统的主机,其中维护了一种能够实现名字解析的分层结构数据库。互联网服务提供商一般都提供自己的域名服务器,也有一些通用的域名服务器,如 8.8.8.8 是美国谷歌公司的 DNS,114.114.114.114 是中国通用的 DNS。

(5) 端口

在网络技术中,端口(port)大致有两种意思:一是物理意义上的端口,如 ADSL Modem、集线器、交换机、路由器、芯片等用于连接其他设备或器件的接口(如 RJ-45 端口、SC 端口等);二是逻辑意义上的端口,一般是指 TCP/IP 协议中的端口。如果把 IP 地址比作一间房子,端口就是出入这间房子的门。端口是通过端口号来标记的,端口号只有整数,范围是 0～65 535 ($2^{16}-1$)。

计算机可以提供多种网络服务,由于网络服务功能都不相同,因此有必要将不同的数据包送给不同的服务来处理,这些服务对应于各自的端口,如用于浏览网页服务的 80 端口,用于 FTP 服务的 21 端口等。

(6) WWW 或 Web

WWW 是 World Wide Web 的简称,中文名称为万维网,也称为 Web、3W、W3 等,Web 本意是蜘蛛网和网的意思。WWW 是基于客户机和服务器方式的信息发现技术和超文本技术的综合。Web 上的信息是由彼此关联的文档组成的,而使其连接在一起的是超链接(hyperlink)。WWW 服务器通过超文本标记语言(HTML)把信息组织成图文并茂的超文本(Hypertext),利用超链接从一个页面跳到另一个页面、从一个站点跳到另一个站点。WWW 是存储在 Internet 计算机中、数量巨大的文档的集合,这些文档称为页面,是一种超文本信息,可以用于描述超媒体。文本、图形、图像、视频、音频等多媒体,称为超媒体(hypermedia)。

对于普通用户来说,Web 仅仅只是一种环境——互联网的使用环境、氛围、内容等,而对于网站设计、制作者来说,它是一系列技术的复合总称(包括网站的前台布局、后台程序、美工、数据库开发等)。

(7) 浏览器

浏览器是指可以显示 Web 服务器的网页文件内容,并让用户与这些文件交互的一种软件。浏览器主要通过 HTTP(超文本传输协议)与 Web 服务器交互并获取网页,这些网页由 URL(统一资源定位符,universal resource locator)指定。浏览器属于客户端浏览程序,向 Web 服务器发送各种请求,并对从服务器发来的超文本信息和各种多媒体数据格式进行解释、显示和播放。

目前常见的浏览器有 Chrome、Firefox、Safari、Edge 等。

(8) URL

URL 在 WWW 中也称为网页地址,是 Internet 上标准的资源地址,是一种用于完整地描述 Internet 上网页和其他资源的地址的标识方法。

URL 由 3 部分组成:资源类型、存放资源的主机域名、资源文件名。

也可认为 URL 由 4 部分组成:协议、主机、端口、路径。

URL 的一般语法格式为(带方括号[]的为可选项):

```
protocol:// hostname[:port]/ path / [;parameters][? query]#fragment
```

例如:

```
http://fuwu.bdpf.org.cn:8080/shefu/serviceLogin
ftp://ftp.cc.ac.cn/pub/software/Windows/AcroBat6/setup.exe
```

每种协议有默认的端口,如 HTTP 协议的默认端口为 80、FTP 协议的默认端口为 21,若使用的是默认的端口,则可以将端口省略,否则将不可用。

1.3 网 站

1.3.1 网站的含义

网站是 Internet 上的一个信息集中点,可以通过域名进行访问。网站要存储在独立服务器或者服务器的虚拟主机上才能接受访问。网站是有独立域名和独立存放空间的内容集合,这些内容可能是网页,也可能是程序或其他文件。网站不一定要有很多网页,只要有独立域名和空间,哪怕只有一个页面也叫网站。

1.3.2 Web 服务器

Web 服务器实际上就是一套提供网页浏览服务的运行在某一主机上的应用程序,用户只有把设计好的网页放到 Web 服务器上才能被其他用户浏览。Web 服务器主要负责处理浏览器的请求。当用户使用浏览器请求读取 Web 站点上的内容时,浏览器会建立一个 Web 链接,服务器接收链接,向浏览器发送所要求的文件内容,然后断开链接。目前,最主流的 Web 服务器有 Apache、Nginx、IIS、Tomcat 等。

1.3.3 静态网页

静态网页又称 HTML 文件,是一种可以在 WWW 上传输、能被浏览器认识和翻译成页面并显示出来的文件。静态网页是网站建设初期经常采用的一种形式。网站建设者把内容设计成静态网页,访问者只能被动地浏览网站建设者提供的网页内容。静态网页的特点如下。

① 网页内容不会发生变化,除非网页设计者修改了网页的内容。

② 不能实现和浏览网页的用户之间的交互,信息流向是单向的,即从服务器到浏览器。服务器不能根据用户的选择调整返回给用户的内容。

现在,纯静态网页几乎不存在,但动态网页最终会生成静态网页,并发送给客户端的浏览器上,从用户的角度上看,他看到的内容是通过静态网页方式呈现的。

1.3.4 动态网页

所谓动态网页,是指网页文件里包含了程序代码,通过后台数据库与 Web 服务器的信息交互,由后台数据库提供实时数据更新和数据查询服务。这种网页的后缀名称一般根据不同的程序设计语言而不同,如常见的有 asp、jsp、php、perl、cgi 等。动态网页能够根据不同时间和不同访问者而显示不同内容。动态网页的制作比较复杂,需要用到 ASP、PHP、JSP 和 ASP.NET 等专门的动态网页设计语言或技术。

1.4 常见 Web 服务器的安装和配置

1.4.1 IIS

IIS(Internet information service)服务器是 Windows 系统中内置的 Web 服务器,在 Windows 10 系列中它默认未启用。启用方法如下。

在"开始"菜单中选择"设置",打开"设置"窗口,如图1-4所示。

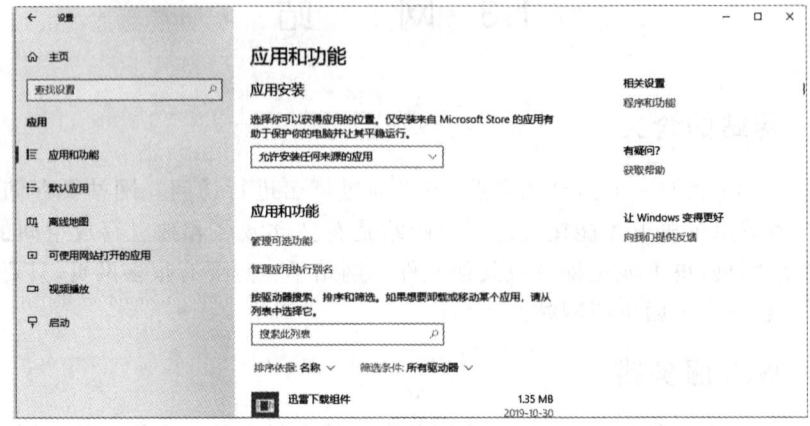

图1-4 "设置"窗口

选择右侧的"程序和功能",打开"程序和功能"窗口,如图1-5所示。

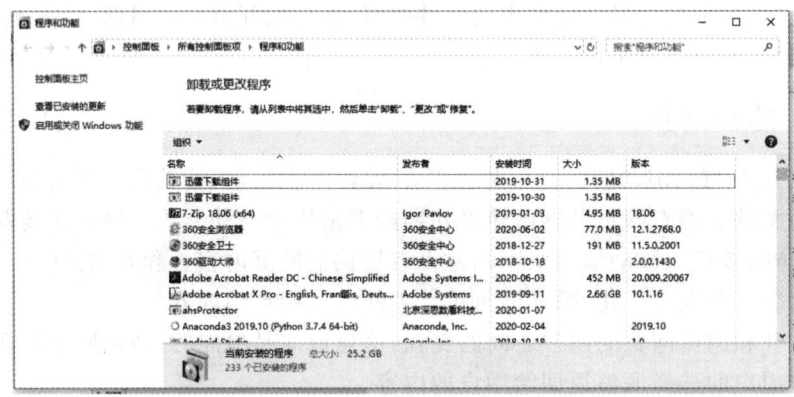

图1-5 "程序和功能"窗口

再选择"启用或关闭Windows功能",打开"Windows功能"对话框,如图1-6所示。选中其中"Internet Information Services"下的"Web管理工具"和"万维网服务"复选框,单击"确定"按钮即可完成配置。

图1-6 "Windows功能"对话框

安装完毕后，可以在"控制面板"→"管理工具"→"Internet Information Services(IIS)管理工具"中对服务器进行配置管理，如图 1-7 所示。

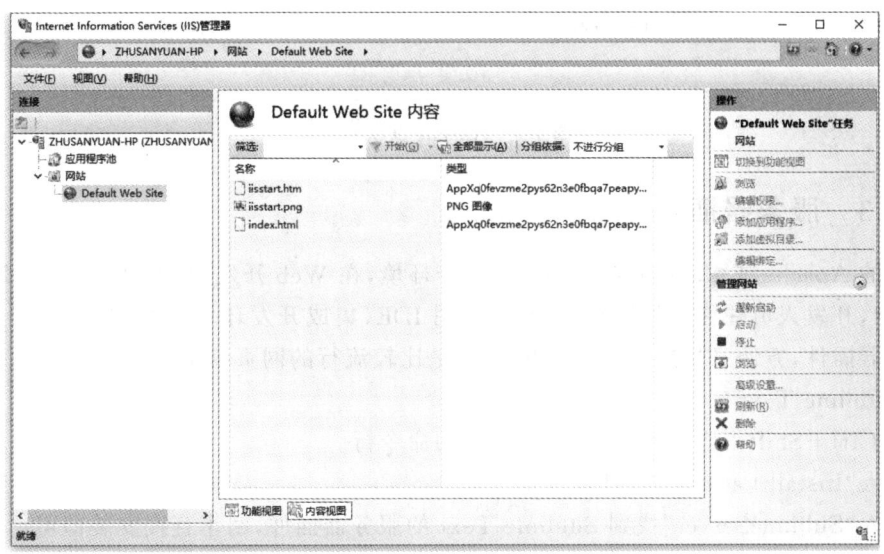

图 1-7　IIS 管理器

默认的网站所在的文件夹为"C:\inetpub\wwwroot"，使用者需要将自己的网页及资源放置在该文件夹下才能被正确访问。在图 1-7 中右击网站内容中的 htm 或 html 文件，从弹出的快捷菜单中选择"浏览"，即可在浏览器中看到网页内容。

1.4.2　Apache

Apache HTTP Server(简称 Apache)是 Apache 软件基金会的一个开放源码的网页服务器，是世界使用排名第一的 Web 服务器软件，可以在大多数计算机操作系统中运行，由于其多平台和安全性特点而广泛使用。

到官网或相关网站上下载可执行程序压缩包，将压缩包中的 Apache2X 文件夹解压到 C:\，然后以管理员身份打开命令行窗口，进入到 C:\Apache2X\bin，输入命令"httpd -k install"完成安装，如图 1-8 所示。

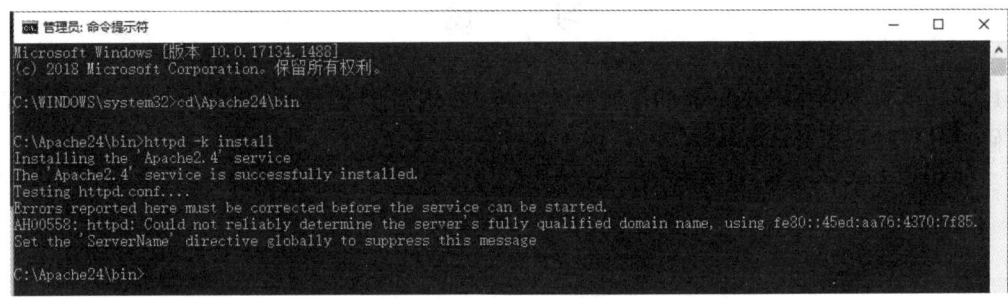

图 1-8　Apache 安装

在浏览器地址栏中输入"localhost"或"127.0.0.1"，将会出现如图 1-9 所示页面。

Apache 服务器默认的网站目录为"C:\Apache2X\htdocs"，用户需要将自己的网站内容复制到该目录下。

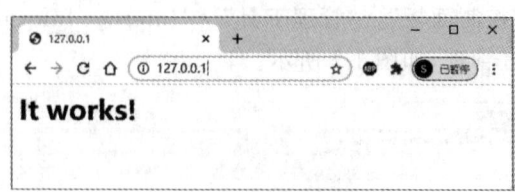

图 1-9　Apache 默认页面

1.4.3　服务器插件

专业的 Apache 或 IIS 服务器主要用于生产环境，在 Web 开发中，尤其是前端 UI（用户界面）设计中，开发人员往往不使用它们，而是使用 IDE（集成开发环境）中自带的轻量级的服务器或服务器插件，方便又快捷。下面几种 IDE 是比较流行的网页编辑器。

(1) Sublime Text 3

①按 Ctrl+Shift+P，启动 Sublime Text 的命令行。

②输入"Install Package"打开插件安装命令。

③输入"SublimeServer"找到 Sublime Text 的服务器插件，回车直接安装即可。

④在 tools（工具中查看是否安装成功）中就可以看到 SublimeServer 工具，然后单击"Settings"按钮，查看 SublimeServer 的基本配置，这里可以修改服务器端口、文件扩展名等。

⑤在 tools 中单击"start SublimeServer"按钮。

⑥打开静态文件并右击，从快捷菜单中选择"view in SublimeServer"即可。

(2) Visual Studio Code

①按 Ctrl+Shift+X，或通过 File→Preferences→extension，打开插件管理。

②在搜索框中输入"Live Server"，在列表中出现后，单击"install"按钮完成插件安装。

③打开静态文件并右击，从快捷菜单中选择"open with Live Server"即可。

(3) Aptana Studio

该软件内置了一个自己的 Web Server，无须另外配置。

(4) Hbuilder X

该软件内置了一个自己的 Web Server，无须另外配置。

习　题

1. 下载至少两种主流浏览器的最新版本并安装，通过浏览器的"开发者工具"功能查看网页源码、网络资源（图片、音频、视频）并修改网页内容。

2. 安装至少两种 Web 服务器产品，并创建网站，通过服务器浏览网站默认网页。

第 2 章 HTML5

2.1 HTML 概述

2.1.1 HTML 的发展历程

HTML 的全称是 hypertext markup language(超文本标记语言),是用于描述网页文档的标记语言。现在我们常常习惯于用数字来描述 HTML 的版本(如 HTML5),但是最初的时候并没有 HTML1,而是 1993 年 IETF(互联网工程任务组)团队的一个草案,并不是成型的标准。两年之后,在 1995 年 HTML 有了第 2 版,即 HTML2.0,当时是作为 RFC1866 发布的。有了以上的两个历史版本,HTML 的发展可谓突飞猛进。1996 年 HTML3.2 成为 W3C(万维网联盟)推荐标准,之后在 1997 年和 1999 年,作为升级版本的 4.0 和 4.01 也相继成为 W3C 的推荐标准。在 2000 年基于 HTML4.01 的 ISO HTML 成为了国际标准化组织和国际电工委员会的标准。2014 年 10 月 28 日,W3C 推荐 HTML5 标准,现在该标准还在不断演变过程中。

2.1.2 HTML 的特点

HTML 文档制作不是很复杂,但功能强大,支持不同数据格式的文件嵌入,这也是 WWW 盛行的原因之一,其主要特点如下。

(1)简易性

HTML 版本升级采用超集方式,从而更加灵活、方便。

(2)可扩展性

HTML 的广泛应用带来了加强功能、增加标识符等要求,HTML 采取子类元素的方式,为系统扩展带来保证。

(3)平台无关性

无论是 PC、MAC,还是现在广泛流行的各种移动端设备,HTML 均可使用,这也是 WWW 盛行的另一个原因。

2.1.3 HTML 的未来

在多种网络编程语言兴起的时候,HTML5 必须能够尽可能多地兼容这些语言,并提供一个良好的编程环境。因此,简洁的界面和良好的交互成了发展的重点。

与 CSS 的结合将非常关键。如今 HTML5 已经被 W3C 接受作为推荐的标准,相信在不远的将来,HTML5 将会给我们带来更好的网络体验。

2.2 HTML 的基本结构

HTML 是一种描述 Web 文档结构和语义的语言，它由元素组成，每个元素可以有一些属性。网页中的内容通过 HTML 元素来标记，如＜img＞、＜title＞、＜p＞和＜div＞等。一个基本的 HTML 文件如下。

```
<!DOCTYPE html>
<html>
    <head>
        <meta charset="utf-8">
        <title>这是网页的标题</title>
    </head>
    <body>
        这里是网页的内容
    </body>
</html>
```

上述文件在浏览器下显示的效果如图 2-1 所示。

图 2-1 示例网页

文档的第一行是文档类型声明，它不是 HTML 标签，它是指示 Web 浏览器关于页面使用哪个 HTML 版本进行编写的指令，因此它是写给验证器看的。

在 HTML5 中只有一个＜!DOCTYPE html＞。＜!DOCTYPE＞标签没有结束标签，对大小写不敏感。

规范化的 HTML 文档是通过嵌套方式将 HTML 节点组织成树形结构，如图 2-2 所示。

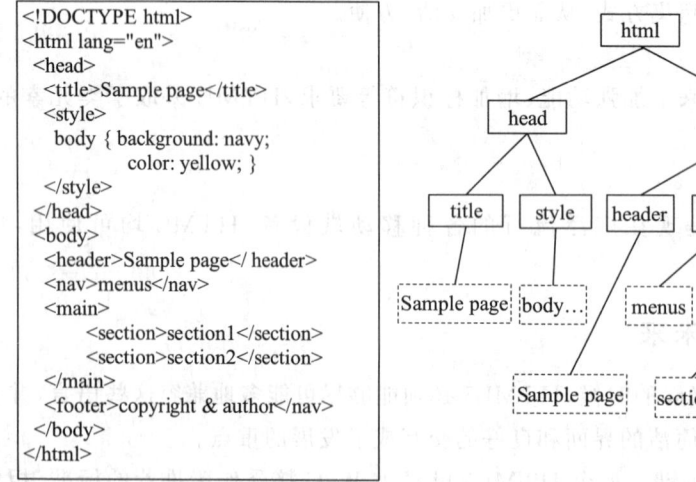

图 2-2 HTML 文档元素之树形结构

2.2.1 HTML 标签

HTML 标签通常是由一对尖括号(<>)括起来的关键字,如<html></html>等。一般情况下,HTML 标签都是成对出现的。第一个标签一般被称为开始标签,第二个标签(带有"/"符号)一般被称为结束标签。HTML 标签对大小写不敏感,但 W3C 在 HTML4 中开始推荐使用小写。

HTML 注释标签是一个特殊的标签:<!-- 在此处写注释 -->,在开始标签中有一个感叹号,然后是两个减号,但是结束标签中没有感叹号。

浏览器不会显示注释的内容,注释标记能够帮助设计者标注并理解 HTML 文档内容。

2.2.2 HTML 元素

HTML 元素指的是从开始标签到结束标签的所有代码。大多数 HTML 元素可以嵌套(可以包含其他 HTML 元素)。HTML 文档由嵌套的 HTML 元素构成。

没有内容的 HTML 元素被称为空元素。空元素是在开始标签中关闭的。例如,
 就是没有关闭标签的空元素,它表示换行。

2.2.3 HTML 标签的属性

HTML 标签可以拥有属性。属性提供了有关 HTML 元素的更多的信息,借助于元素属性,网页能展现丰富多彩且格式美观的内容。属性总是以名称-值对的形式出现,如 name="value"。极少数属性可以只使用属性名,如 readonly 属性,但更标准的用法是 readonly="readonly"。属性总是在 HTML 元素的开始标签中规定。属性值需要用双引号或单引号括起来,如果属性值中有单引号或双引号,那么对应地就用双引号或单引号。如果同时有双引号和单引号,就得用字符实体,见本书 2.6 节。

HTML 中的全局属性对任何 HTML 元素有效,常用的全局属性如表 2-1 所示。

表 2-1 全局属性

全局属性	描述	示例
class	规定元素的类名	<div class='note_1'></div>
id	规定元素的唯一 ID	<img id='zhangsan' src='a.jpg'/>
style	规定元素的行内样式(inline style)	<body style='font-size:12px'>
title	规定元素的额外信息(可在工具提示中显示)	<img title='张三的照片' src='a.jpg'/>
tabindex	规定元素的 Tab 键次序	<input type='' tabindex='2'>
accesskey	规定激活元素的快捷键	<a href='login.do' accesskey='l'>登录</a>
contenteditable	规定元素内容是否可以编辑	<div contenteditable='true'></div>
hidden	规定是否显示元素	<div hidden='hidden'></div>
draggable	规定元素是否可拖动	<div draggable ='true'></div>
data-*	用于存储与元素相关的自定义数据,* 用实际字符串替换	<span data-value ='200'></span>

元素、标签、属性之间的关系图解如图 2-3 所示。

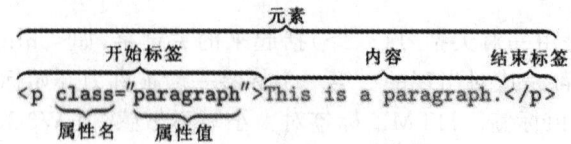

图 2-3　元素、标签、属性之间的关系图解

2.3　HTML 元素分类

2.3.1　主根元素

HTML 元素表示一个 HTML 文档的根（顶级元素），所以它也被称为根元素，所有其他元素必须是此元素的后代。

2.3.2　文档元数据元素

元数据（metadata）含有页面的相关信息，包括样式、脚本及数据，能帮助一些软件（如搜索引擎、浏览器等）更好地运用和渲染页面。对于样式和脚本的元数据，可以直接在网页里定义，也可以链接到包含相关信息的外部文件。

（1）base 元素

base 元素用于指定一个文档中包含的所有相对 URL 的根 URL，即为页面上的所有链接规定默认地址或默认目标。

通常情况下，浏览器会从当前文档的 URL 中提取相应的元素来填写相对 URL 中的空白，但使用 base 元素可以改变这一点。使用它之后，浏览器随后将不再使用当前文档的 URL，而使用指定的基本 URL 来解析所有的相对 URL。这其中包括 <a>、<img>、<link> 和<form> 标签中的 URL。

```
<head>
    <meta charset="utf-8">
    <title>测试 base 元素</title>
    <base href="https://www.w3school.com.cn/" />
</head>
<body>
    <!--下面的图片实际的地址是 https://www.w3school.com.cn/ui2017/icon4.png -->
    <img src="ui2017/icon4.png" />
    <!--下面的超链接实际的地址是 https://www.w3school.com.cn/html5/index.asp -->
    <a href="/html5/index.asp">html5 教程</a>
</body>
```

base 元素必须位于 head 元素内部。一个文档中只能有一个 base 元素。

（2）head 元素

规定文档相关的配置信息（元数据），包括文档的标题、引用的文档样式和脚本等，该元素为容器元素，其他的所有元数据元素一般都应该包含在该元素之内。

(3) link 元素

规定了当前文档与外部资源的关系。该元素最常用于链接样式表,此外也可以被用来创建站点图标(如 PC 端的 favicon 图标和移动设备上用以显示在主屏幕的图标)。

```
<!--将 demo_link.css 文件链接到本网页,demo_link.css 与网页在同一文件夹下 -->
<link rel="stylesheet" type="text/css" href="demo_link.css" />
<!--将 demo_link2.css 文件链接到本网页,demo_link2.css 在网站根目录下的 css 文件夹下 -->
<link rel="stylesheet" type="text/css" href="/css/demo_link2.css" />
<!--添加 favicon icon,favicon.ico 文件在网站根目录下 -->
<link rel="shortcut icon" type="image/ico" href="/favicon.ico" />
<!--添加 favicon icon 利用百度网的 favicon 做本网页的 favicon-->
<link rel="shortcut icon" type="image/ico" href="https://www.baidu.com/favicon.ico" />
```

link 元素的 href 属性规定了所要链接的资源的位置,可以使用相对路径或绝对路径,rel 属性规定了当前文档与被链接文档和资源之间的关系,常见的取值如表 2-2 所示。只有当使用 href 属性时,才能使用 rel 属性。

表 2-2 常用 rel 属性值及其含义

属性值	含义
stylesheet	调用外部样式表,用于链接 CSS 样式表
icon	指定标题栏、地址栏、收藏栏小图标,rel="shortcut icon" 为了兼容 IE,必须包含 shortcut 才会在 IE 下显示,IE 只支持 ico 格式
author	文档作者,一般指向作者的主页
home	站点的主页
alternate	备选的源(如打印页、译本和镜像)
start	当前文档的第一页
bookmark	用作书签的永久 URL 列表标题
tag	当前文档标签(关键词)页
search	链接到针对文档的搜索工具

(4) meta 元素

meta 元素表示那些不能由其他 HTML 相关元素(<base>、<link>、<script>、<style>或<title>)之一表示的任何元数据信息。

```
<head>
    <!--声明文档使用的字符编码 -->
    <meta charset='utf-8'>
    <!--优先使用 IE 最新版本和 Chrome -->
    <meta http-equiv="X-UA-Compatible" content="IE=edge,chrome=1"/>
    <!--页面描述 -->
    <meta name="description" content="不超过 150 个字符"/>
    <!--页面关键词 -->
    <meta name="keywords" content=""/>
    <!--网页作者 -->
    <meta name="author" content="name,email@gmail.com"/>
```

```
<!--搜索引擎抓取 -->
<meta name="robots" content="index,follow"/>
<!--为移动设备添加 viewport -->
<meta name="viewport" content="initial-scale=1,maximum-scale=3,minimum-scale=1,
    user-scalable=no">
```

(5)style 元素

style 元素包含文档的样式信息或者文档的部分内容。默认情况下,该标签的样式信息通常是 CSS 的格式。

```
<head>
    <meta charset="utf-8">
    <title>测试 style 元素</title>
    <style type="text/css">
        p{
            font-size:20px;
            font-style:italic;
        }
    </style>
</head>
<body>
    <p>这是段落内容</p>
</body>
```

(6)title 元素

title 元素定义文档的标题,显示在浏览器的标题栏或标签页上。它只可以包含文本,若包含有标签,则包含的任何标签都不会被解释。

2.3.3 分区根元素

body 元素表示文档的内容。其他内容分区元素、文本内容元素、表格元素等都作为它的子元素。

2.3.4 内容分区元素

内容分区元素允许将文档内容从逻辑上进行组织划分,使用包括页眉(header)、页脚(footer)、导航(nav)和标题(h1~h6)等分区元素,来为页面内容创建明确的大纲,以便区分各个章节的内容。

(1)address 元素

address 元素表示与之最近的 article 或 body 父级元素的联系人信息,如果这个父级元素是 body 而不是 article,则 address 表示整个文档的联系人信息。address 元素内部可以放置除 h1~h6、article、nav、section、aside、header、footer、address 以外的其他所有流元素。与其他内容分区元素不同,address 元素不仅增添了语义,浏览器还会对其进行斜体显示处理。

(2)article 元素

article 元素表示文档、页面、应用或网站中的独立结构,其意在成为可独立分配的或可复用的结构,如它可能是论坛帖子、杂志或新闻文章、博客、用户提交的评论、交互式组件或者其他独立的内容项目。

(3) aside 元素

aside 元素表示一个和其余页面内容几乎无关的部分,可以被单独地拆分出来而不会使整体受影响。

(4) footer 元素

footer 元素表示最近一个章节内容或者根节点(sectioning root)元素的页脚。一个页脚通常包含该章节作者、版权数据或者与文档相关的链接等信息。

(5) header 元素

header 元素用于展示介绍性内容,通常包含一组介绍性的或是辅助导航的实用元素。它可能包含一些标题元素,但也可能包含其他元素,如 Logo、搜索框、作者名称等。

(6) h1~h6 元素

h1~h6 元素呈现了 6 个不同级别的标题,<h1>级别最高,<h6>级别最低,如图 2-4 所示。

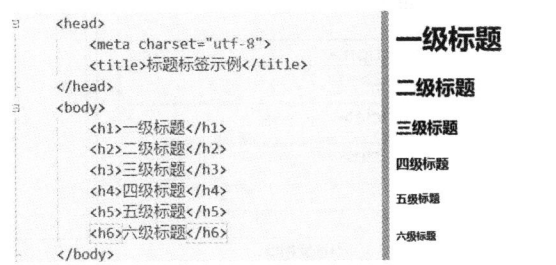

图 2-4　6 种标题标签

(7) hgroup 元素

hgroup 元素用于对标题进行组合,即对网页或区段中连续的 h1~h6 元素进行组合,不影响标题的样式,如图 2-5 所示。

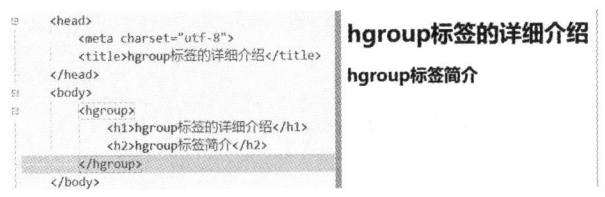

图 2-5　标题组标签

(8) main 元素

main 元素呈现了文档的<body>或应用的主体部分。主体部分由与文档直接相关或者扩展于文档的中心主题、应用的主要功能部分的内容组成。main 元素一般作为 body 元素的直接子元素而存在,并且每个 HTML 文档中最多只能存在一个 main 元素。对于 main 元素,出于可用性(accessibility)的考虑,标准建议在使用时添加 role="main"这一属性值。以下为 main 元素使用的一个例子。

```
<body>
...
<main role="main">
</main>
...
</body>
```

(9) nav 元素

nav 元素表示页面的一部分,其目的是在当前文档或其他文档中提供导航链接。导航部分的常见示例是菜单、目录和索引。

(10) section 元素

section 元素表示一个包含在 HTML 文档中的独立部分,一般来说会包含一个标题。

内容分区元素的相互关系如图 2-6 所示。

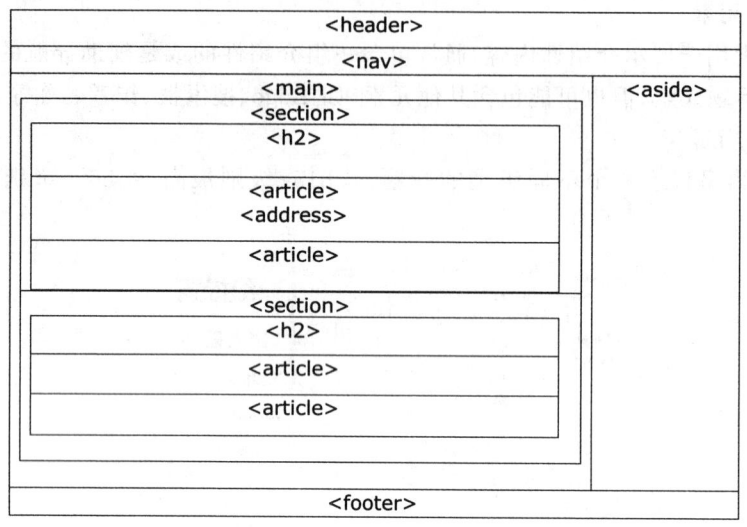

图 2-6　内容分区元素的相互关系

内容分区元素综合示例如下。

```
<!DOCTYPE html>
<html>
    <head>
        <meta charset="utf-8">
        <title>内容分区元素综合实例</title>
    </head>
    <body>
        <header>Web 技术学院</header>
        <nav>
            <a href="#">首页</a>
            <a href="#">技术</a>
            <a href="#">服务</a>
            <a href="#">下载</a>
            <a href="#">关于</a>
        </nav>
        <main>
            <section>
                <h3>HTML5 技术前景</h3>
                <article>
```

经过两年的发展,HTML5 开发技术日臻成熟,越来越多的 HTML5 开发人才涌现,HTML5 开发的普及程度也越来越高。随着应用范围的扩大,HTML5 技术逐渐开始脱离新兴技术行列,前景也遭到了人们的质疑。那么,HTML5 开发技术是否真的像大家说的那样风光不再? HTML5 开发前景究竟怎么样呢?

```
                <address>
                    作者 <a href="mailto:webmaster@example.com">刘宇峰</a>
<br>访问:Example.com 中国 北京 朝阳区 564
                </address>
            </article>
        </section>
        <section>
            <h3>CSS3</h3>
            <article>
```

CSS 用于控制网页的样式和布局,是在网页中自定义样式表的选择符,然后在网页中大量引用这些选择符。CSS3 是最新的 CSS 标准,在进行网页开发时,使用 CSS3 可以帮助开发人员减少开发成本与维护成本,同时还能提高页面性能。本课程将带领大家学习 CSS3 高级应用,如变换、过渡、动画等。同时借助综合案例实战,从语法点学习到效果实现思路到实现特效,让大家在案例实战中理解并掌握 CSS3 高级语法的运用。

```
                <address>
                    作者 <a href="mailto:webmaster@example.cn">刘定武</a>.<br>访问:Example.cn 中国 武汉 武昌区 123
                </address>
            </article>
        </section>
    </main>
    <aside>
        <section>
            <h4>
                友情链接
            </h4>
            <a href="#">教育部</a>
            <a href="#">清华大学</a>
            <a href="#">北京大学</a>
        </section>
        <section>
            <h4>
                Top10 文章
            </h4>
            <a href="#">Spring Boot 整合 Swagger 2 文档</a>
            <a href="#">JavaScript 数据类型、函数、闭包</a>
            <a href="#">redis 的持久化配置与主从复制</a>
        </section>
    </aside>
    <footer>版权所有 北京邮电大学出版社</footer>
</body>
</html>
```

页面的效果如图 2-7 所示。从效果图上可以看出,内容分区元素都是流式块级元素,默认情况下是从上到下依次摆放。

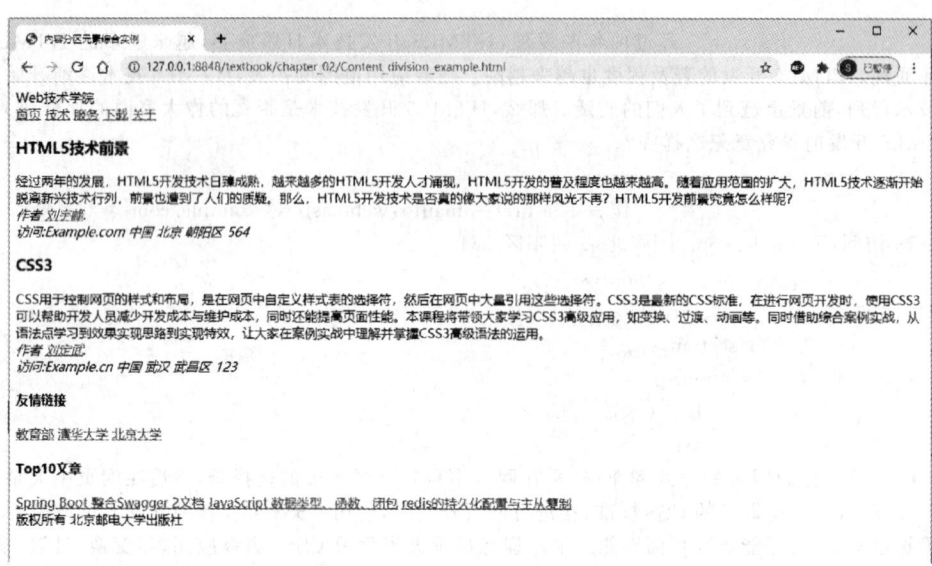

图 2-7　内容分区元素综合示例

2.3.5　文本内容元素

使用 HTML 文本内容元素来组织在＜body＞和＜/body＞里的块或章节的内容。这些元素能标识内容的宗旨或结构,而这对于网页的可访问性和搜索引擎优化(SEO)很重要。

(1) blockquote 元素

blockquote 元素代表其中的文字是引用内容,通常在渲染时,这部分的内容会有一定的缩进。若引文来源于网络,则可以将原内容的出处 URL 设置到 cite 属性上,示例如图 2-8 所示。若要以文本的形式告知读者引文的出处,可以通过 cite 元素。

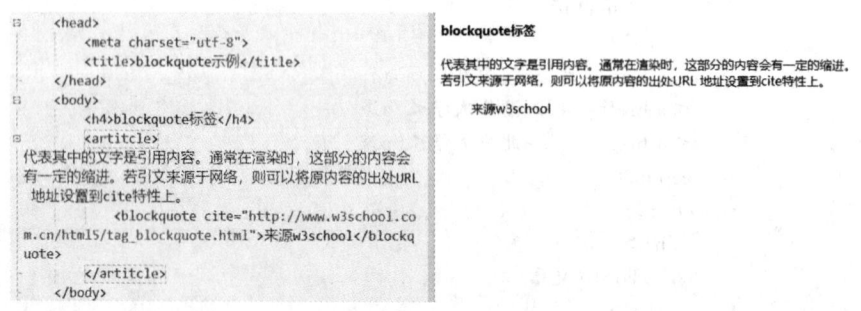

图 2-8　blockquote 元素

(2) dl 元素

dl 元素是一个包含术语定义及描述的列表(description list),通常用于展示词汇表或者元数据(键-值对列表)。

(3) dt 元素

dt 元素用于在一个定义列表中声明一个术语(definition term),该元素仅能作为 dl 元素的子元素出现。通常在该元素后面会跟着 dd 元素。

(4) dd 元素

dd 元素用来指明一个描述列表(dl)元素中一个术语的描述(definition data)。这个元素只能作为描述列表元素的子元素出现，并且必须跟着一个 dt 元素。

描述列表相关的示例如图 2-9 所示。

```
<head>
    <meta charset="utf-8">
    <title>dl、dt、dd标签示例</title>
</head>
<body>
    <dl>
        <dt>HTML</dt>
        <dd>HyperText markup language,超文本标记语言
，是一种用于创建网页的标准标记语言。
        </dd>
        <dt>CSS</dt>
        <dd>Cascading style sheet,层叠样式表，是一种
用来表现HTML（标准通用标记语言的一个应用）或XML（标准通用标
记语言的一个子集）等文件样式的计算机语言。
        </dd>
    </dl>
</body>
```

```
HTML
    HyperText markup language,超文本标记语言，是一种用于创建
    网页的标准标记语言。
CSS
    Cascading style sheet,层叠样式表，是一种用来表现HTML（标
    准通用标记语言的一个应用）或XML（标准通用标记语言的一个子
    集）等文件样式的计算机语言。
```

图 2-9　描述列表相关元素示例

(5)div 元素

div 元素是一个通用型的流内容容器，可定义文档中的分区或节。div 元素可以把文档分割为独立的、不同的部分。通常用 id 或 class 属性来描述，以设置它的显示样式，如图 2-10 所示。

```
<head>
    <meta charset="utf-8">
    <title>div示例</title>
</head>
<body>
    <div id="area1">
        区域1...
    </div>
    <div id="area2">
        区域2...
    </div>
</body>
```

```
区域1...
区域2...
```

图 2-10　div 元素

div 元素与 section 元素很相似，实际上，在 section 元素被引入之前，很多的功能主要都是用 div 元素来实现的。section 元素表示文档或应用的一个部分，不是通用容器元素。所谓“部分”，这里是指按照主题分组的内容区域，通常会带有标题。如果仅仅是用于设置样式或脚本处理，应用 div 元素。一条简单的准则是，只有元素内容会被列在文档大纲中时，才适合用 section 元素。

(6)figure 元素

figure 元素代表一段独立的内容，经常与 figcaption 元素配合使用，并且作为一个独立的引用单元。当它属于主内容流(main flow)时，它的位置独立于主体。这个标签经常是在主文中引用的图片、图表、表格、代码段等，当这部分转移到附录中或者其他页面时不会影响到主体。

(7)figcaption 元素

figcaption 元素是与其相关联的图片、图表等的说明或标题，用于描述其父节点 figure 元素里的其他数据。这意味着 figcaption 元素在 figure 元素块里是第一个或最后一个。figcaption 元素是可选的，如果没有该元素，这个父节点的图片会没有说明和标题。

figure 元素与 figcaption 元素效果如图 2-11 所示。

```
<!DOCTYPE html>
<html>
<head>
    <meta charset="utf-8" />
    <title>figure、figurecaption示例</title>
</head>
<body>
    <figure>
        <figcaption>黄鹤楼夜景</figcaption>
        <img src="img/yellow_crane_tower.jpg" title="黄鹤楼"/>
    </figure>
</body>
</html>
```

图 2-11　figure 元素和 figcaption 元素

(8) hr 元素

hr 元素表示段落级元素之间的主题转换（如一个故事中的场景的改变，或一个章节的主题的改变）。在 HTML 的早期版本中，它是一个水平线。现在它仍能在可视化浏览器中表现为水平线，但目前被定义为语义上的，而不是表现层面上的。如果展示水平线，可通过其 width、color、align 等属性对其进行修饰，但现不推荐使用，而用 CSS 实现。一个早期意义的示例如图 2-12 所示。

```
<head>
    <meta charset="utf-8">
    <title>hr标签</title>
</head>
<body>
    可用通过color属性设置分割线的颜色
    <hr color="red" />
    可以通过aligh、width、size、noshade属性设置对齐、宽度、高度和是否纯色（带阴影方式）显示
    <hr align="right" width="50%" size="5" noshade="noshade"/>
    上述五种属性不建议使用，应该用css样式实现
    <hr align="left" width="200px" size="5"/>
</body>
```

图 2-12　hr 元素

(9) ul 元素

ul 元素表示一个可含多个元素的无序列表（unordered list）或项目符号列表。属性 type 确定了项目符号的类型，有 disc、square 和 circle 这 3 个值，分别表示圆点、方块和圆形，其中 disc 为默认值。但是 type 属性已不被推荐使用，推荐使用 CSS 的 list-style 来实现。

(10) ol 元素

ol 元素表示多个有序列表项，通常渲染为带编号的列表（ordered list）。其属性及取值如表 2-3 所示。

表 2-3　ol 元素的属性及取值

属性	值	描述
reversed	reversed	规定列表顺序为降序（如 9, 8, 7…）
start	number	规定有序列表的起始值
type	1 A a I i	规定在列表中使用的标记类型 阿拉伯数字 大写英文字母 小写英文字母 大写罗马数字 小写罗马数字

注："值"列中的正体字符或短语表示可直接使用的选项值，斜值表示应该用实际的值来作为属性值。

说明：通过 CSS 的 list-type 属性，可以设置更多的类型序列，参见本书 3.4.4 小节。

(11) li 元素

li 元素用于表示列表里的条目(list item)，它必须包含在一个父元素里：一个有序列表(<ol>)，一个无序列表(<ul>)。在菜单或者无序列表里，列表条目通常用点排列显示；在有序列表里，列表条目通常在左边显示按升序排列的计数，如数字或者字母。li 元素有两个属性：type 和 value，但不被推荐使用。

列表相关元素综合示例如图 2-13 所示。

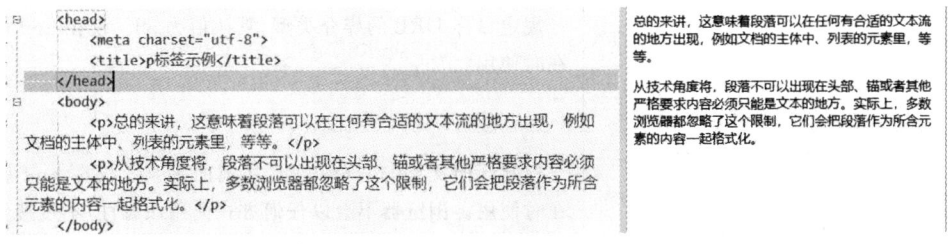

图 2-13　列表相关元素综合示例

(12) p 元素

p 元素表示文本的一个段落。该元素通常表现为一整块与相邻文本分离的文本，会自动在其前后创建一些空白，如图 2-14 所示。可以通过样式的方法修改这些空白的大小，以及首行缩进、文本对齐等。

图 2-14　p 元素示例

(13) pre 元素

pre 元素表示预定义格式文本。在该元素中的文本通常按照原文件中的编排，以等宽字体的形式展现出来，文本中的空白符(如空格和换行符)都会显示出来，但紧跟在<pre>开始标签后的换行符会被省略。pre 元素中允许的文本可以包括物理样式和基于内容的样式变化，以及链接、图像和水平分隔线。当把其他元素(如 a 元素)放到<pre>块中时，就像放在 HTML 文档的其他部分中一样即可，但可以导致段落断开的标签(如标题、p 元素和 address 元素)绝不能包含在<pre>块里，如图 2-15 所示。

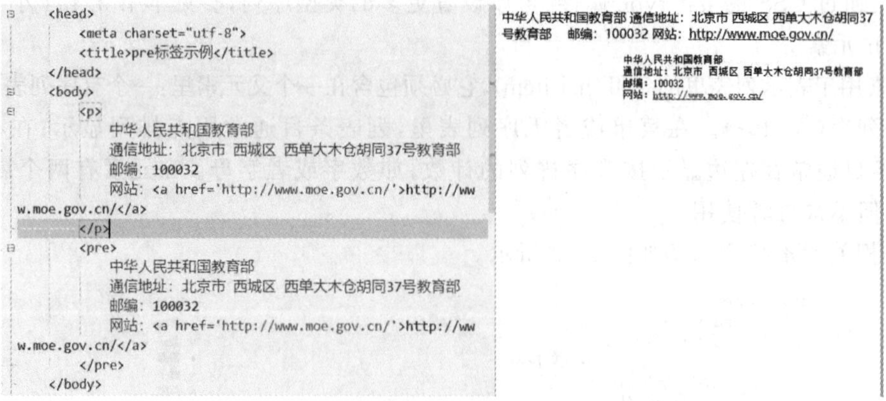

图 2-15 pre 元素示例

2.3.6 内联文本语义元素

使用 HTML 内联文本语义(Inline text semantics)定义一个单词、一行内容,或任意文字的语义、结构或样式。

(1) a 元素

利用 a 元素可以创建通向其他网页、文件、同一页面内的位置、电子邮件地址或任何其他URL 的超链接,或者创建可以被指向的链接点(锚点)。a 元素的属性及取值如表 2-4 所示。

表 2-4 a 元素的属性及其取值

属性	值	描述
download	filename	指定下载资源的本地保存文件名
href	URL	规定链接的目标 URL
hreflang	language_code	规定目标 URL 的基准语言。仅在 href 属性存在时使用
media	media_query	规定目标 URL 的媒介类型,默认值为 all。仅在 href 属性存在时使用
rel	Alternate、author、bookmark、help、license、next、nofollow、noreferrer、prefetch、prev、searchtag	规定当前文档与目标 URL 之间的关系。仅在 href 属性存在时使用。浏览器不会以任何方式使用该属性,不过搜索引擎可以利用该属性获得更多有关链接的信息
target	_blank、_parent、_self、_top、framename	规定在何处打开目标 URL。仅在 href 属性存在时使用。默认值为_self,表示在当前网页所在窗口、标签页或框架中打开;_blank 表示在一个新的窗口或标签页中打开;_parent 和_top 分别表示在父级框架或顶级框架中打开
type	MIME_type	规定目标 URL 的 MIME(multipurpose Internet mail extensions)类型。仅在 href 属性存在时使用

a 元素的示例如下。

```
本页面打开<a href="https://www.baidu.com">百度</a>
新页面打开<a href="https://www.baidu.com" target="_blank">百度</a>
打开新闻页面<a href="https://tech.163.com/20/0626/09/FG1MLFNC00097U7R.html">沃尔沃与Waymo合作打造无人出租车</a>
打开本网站的<a href="hr.html">hr示例</a>
打开本网站的<a href="./hr.html">hr示例</a>
打开本网站的<a href="../chapter_01/index.html">hello World</a>
下载<a href="../assets/winrar-x64-560.exe" download="winrar.exe">winrar</a>
查看<a href="../author01.html" rel="author">作者</a>信息
```

通过 a 元素的 id 属性可以设置锚点,其他的超链接在其 URL 中加#id,单击该超链接后可以直接定位到该锚点。如果 URL 仅有#id,则是链接到本网页的锚点 id。锚点示例如下。其中,"第一章"和"第二章"的锚点定义在本网页中,"第三章"和"第四章"的锚点定义在网页 book.html 中。

```
<nav>
    <a href="#chapter1">第一章</a><a href="#chapter2">第二章</a><a href="book.html#chapter3">第三章</a><a href="book.html#chapter4">第四章</a>
</nav>
<section>
    <h3><a id="chapter1">第一章 Web基础知识</a></h3>
    <article>
        <h4>第一节 计算机网络</h4>
        <p>计算机网络,是指将地理位置不同的具有独立功能的多台计算机及其外部设备,通过通信线路连接起来,在网络操作系统、网络管理软件及网络通信协议的管理和协调下,实现资源共享和数据通信的计算机系统。
        计算机网络从功能的角度整体可以划分为通信子网和资源子网两大部分,如图1-1所示。
        </p>
    </article>
</section>
<section>
    <h3><a id="chapter2">第二章 HTML5</a></h3>
    <article>
        <h4>第一节 HTML基础</h4>
        <p>HTML的全称是 Hypertext Markup Language(超文本标记语言)。HTML是用于描述网页文档的标记语言。现在我们常常习惯于用数字来描述HTML的版本(如:HTML5),但是最初的时候我们并没有HTML1,而是1993年IETF团队的一个草案,并不是成型的标准。两年之后,在1995年HTML有了第二版,即HTML2.0,当时是作为RFC1866发布的。
        </p>
    </article>
</section>
```

(2)abbr 元素

abbr 元素用于展示缩写,并且可以通过可选的 title 属性提供完整的描述,在外观上显示为下部为点画线。

```
<p>The <abbr title="HyperText Transfer Protocol">HTTP</abbr> is the most widely used protocol today.</p>
```

(3) bdi 元素

如果页面中混合了从左到右书写的文本（如大多数语言所使用的拉丁字符）和从右到左书写的文本（如阿拉伯或希伯来语字符），就可以使用 bdi 元素来自动判断。bdi 元素用于定义一块文本，使其脱离其父元素的文本方向设置，在无法预知某些文本的书写方向时，让浏览器来自动判断，并使用正确的文本书写方向。

假设要展示每个用户发帖数，用户名的信息是从数据库获取的，而用户来自世界各地，就无法准确知道用户名的书写方向。这时，就要将用户名放入 bdi 元素中。例如：

```
<ul>
    <li>User <bdi>jcranmer</bdi>:12 posts.
    <li>User <bdi>hober</bdi>:5 posts.
    <li>User <bdi>إيان</bdi>:3 posts.
</ul>
```

对上面的第三条，如果不使用 bdi 元素，就会显示异常，使读者不能理解其含义。

(4) bdo 元素

bdo 元素用于覆盖当前文本的朝向，它使得字符按给定的方向排列。通过设置 dir 属性值为 rtl（从右到左）或 ltr（从左到右）来实现显示方向的覆盖。下面的代码在浏览器中将显示为"思夜静"。

```
<p><bdo dir="rtl">静夜思</bdo></p>
```

(5) br 元素

br 元素在文本中生成一个换行（回车）符号。默认情况下，浏览器会根据包含内容的块或窗口的宽度，让文本内容自动换行，但有时候，可能希望手动强制内容换行，此时需要将标签
放置在需要换行的位置。标签< br />是一个空标签。需要特别说明的是，在编辑器中直接通过按 Enter 键使文本换行，在浏览器中被显示时是不会有换行的效果的，除非被放置在 pre 元素中。

(6) cite 元素

cite 元素通常表示它所包含的文本对某个参考文献的引用，如书籍或者杂志的标题。按照惯例，引用的文本将以斜体显示，如图 2-16 所示，但它语义的作用远远超过了它对所包含的文本外观的改变。

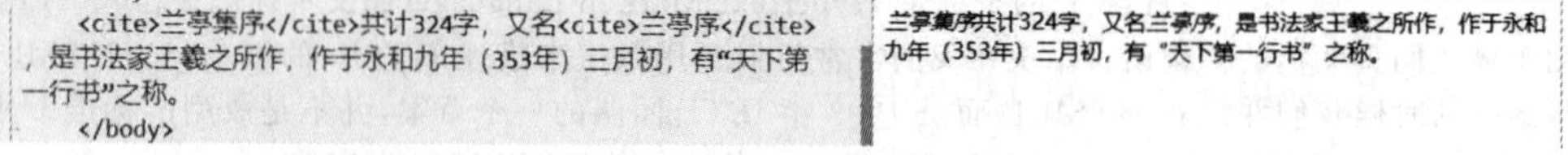

```
<body>
    <cite>兰亭集序</cite>共计324字，又名<cite>兰亭序</cite>，是书法家王羲之所作，作于永和九年（353年）三月初，有"天下第一行书"之称。
</body>
```

兰亭集序共计324字，又名兰亭序，是书法家王羲之所作，作于永和九年（353年）三月初，有"天下第一行书"之称。

图 2-16 cite 元素示例

(7) code 元素

code 元素呈现一段计算机代码，默认情况下，它以浏览器的默认等宽字体显示，如图 2-17 所示。如果代码有多行，使用<pre>标签。

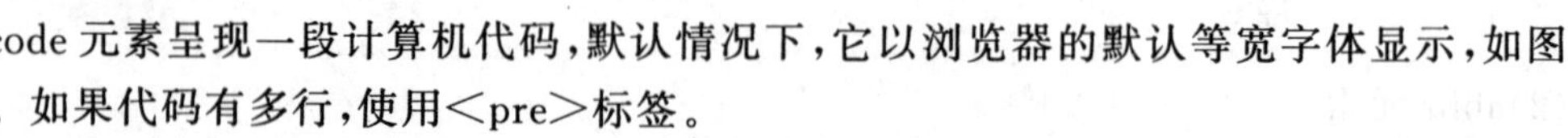

```
<body>
    js中定义一个变量并赋初值：<code> var s = 0; </code>也可以在定义变量之前使用它。
</body>
```

js中定义一个变量并赋初值： var s = 0; 也可以在定义变量之前使用它。

图 2-17 code 元素示例

(8) data 元素

data 元素将一个指定内容和机器可读的翻译联系在一起。下面的代码在网页上显示的内容分别是"七 74MB 八 64KB 九 1.2GB",但机器在处理该段代码时,将识别其对应的 value 值。

```
<data value="7">七</data>  <data value="77594624">74MB</data>
<data value="8">八</data>  <data value="68608">67KB</data>
<data value="9">九</data>  <data value="12884901888">1.2GB</data>
```

(9) del 元素

del 元素表示被删除的文本,默认显示为中画线,如图 2-18 所示。

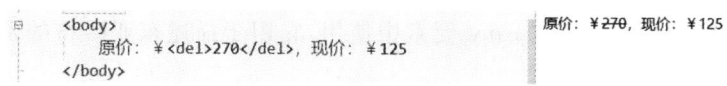

图 2-18 del 元素示例

(10) dfn 元素

dfn 元素表示术语的一个定义,默认显示为斜体,如图 2-19 所示。

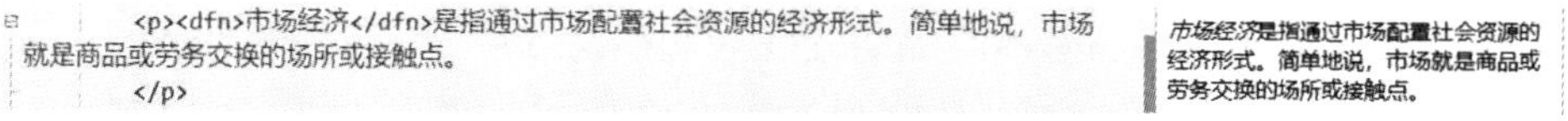

图 2-19 dfn 元素示例

(11) em 元素

em 元素标记需要用户着重阅读的内容,默认显示为斜体。em 元素是可以嵌套的,嵌套层次越深,其包含的内容被认定为越需要着重阅读,如图 2-20 所示。

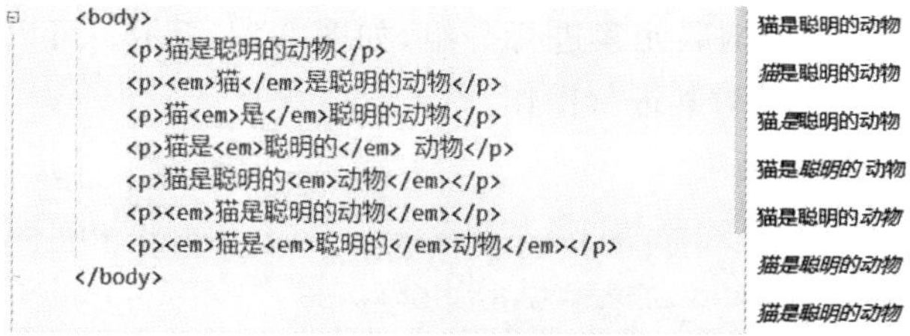

图 2-20 em 元素示例

(12) ins 元素

ins 元素表示新添加的文本,默认显示为下画线,如图 2-21 所示。

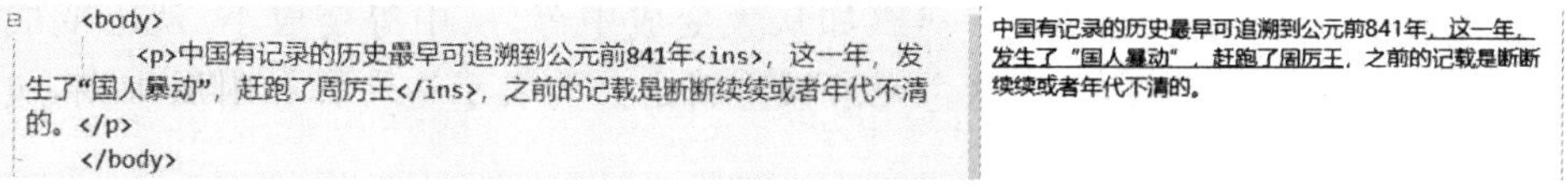

图 2-21 ins 元素示例

(13) kbd 元素

kbd 元素用于表示用户输入,它将产生一个行内元素,以浏览器的默认 monospace 字体显示。

(14) mark 元素

mark 元素表示标记或突出显示的文本,默认以黄色背景显示,如图 2-22 所示。

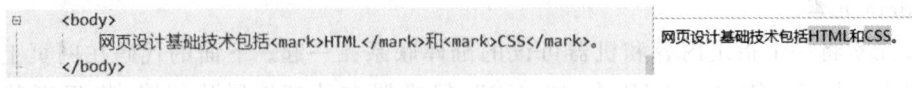

图 2-22　mark 元素示例

(15) q 元素

q 元素表示一个封闭的并且是短的行内引用的文本。这个标签用来引用短的文本，所以不要在其中加入换行符，对于长的文本的引用推荐使用＜blockquote＞标签替代。

(16) ruby 元素

ruby 元素被用来展示东亚文字注音或字符注释。

(17) rt 元素

rt 元素包含字符的发音，只在 ruby 元素中使用，它用于描述东亚字符的发音。如图 2-23 所示。

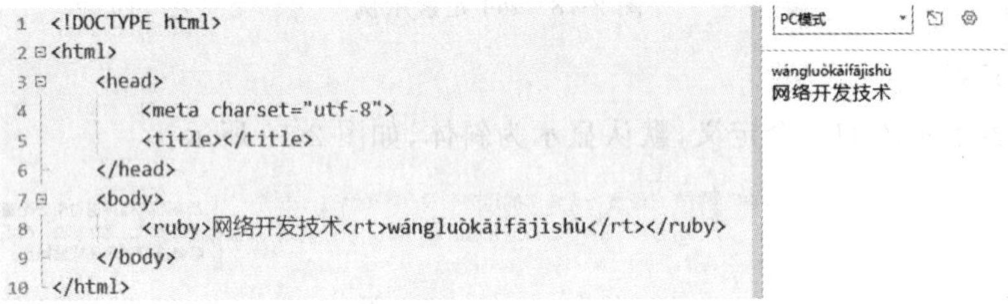

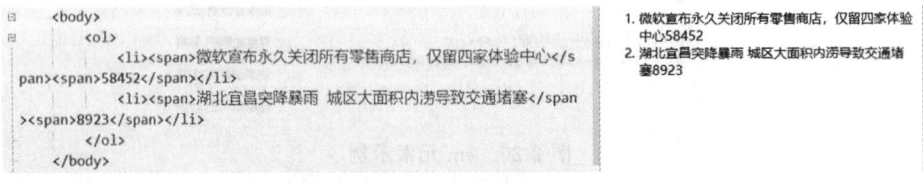

图 2-23　在汉字顶部显示对应的汉语拼音

(18) samp 元素

samp 元素标识计算机程序输出短语，通常使用浏览器默认的 monotype 字体。

(19) span 元素

span 元素用于对文档中的内联元素进行分组，如图 2-24 所示。可以使用 CSS 对其进行样式化，也可以使用 JavaScript 对其进行操作。

图 2-24　span 元素示例

(20) small 元素

small 元素将使文本的字体变小一号（如从大变成中等，从中等变成小，从小变成超小）。在 HTML5 中，除了它的样式含义，这个元素被重新定义为表示边注释和附属细则，包括版权和法律文本。

(21) strong 元素

strong 元素表示文本十分重要，一般用粗体显示。

(22) sub 元素

sub 元素定义了一个文本区域，从排版上，与主要的文本相比，应该展示得更低并且更小，类似于下标。

(23) sup 元素

sup 元素定义了一个文本区域,从排版上,与主要的文本相比,应该展示得更高并且更小,类似于上标。

上述 4 个元素的效果如图 2-25 所示。

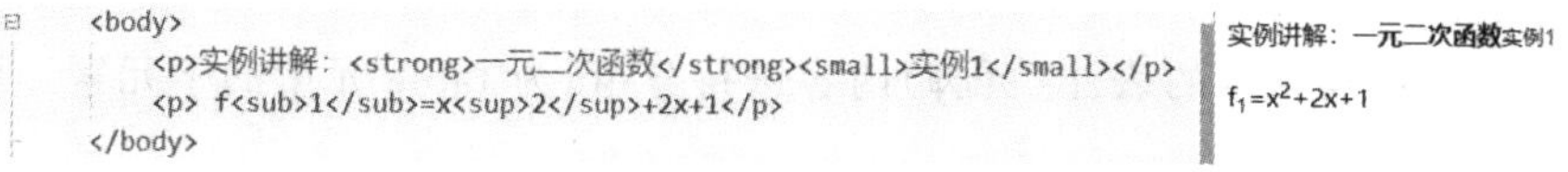

图 2-25 small、strong、sub 和 sup 元素示例

(24) time 元素

time 元素表示 24 小时制时间或者公历日期,若表示日期则也可包含时间和时区。使用其属性 datetime 可以用来表示元素内容所对应的日期和时间,如图 2-26 所示。

图 2-26 time 元素示例

(25) var 元素

var 元素表示变量的名称,或者由用户提供的值。

(26) wbr 元素

wbr 元素设置单词中换行的位置,即如果浏览器窗口的宽度不足以显示完整个单词,需要设置从何处开始换行。如图 2-27 所示,从单词 XMLHttpRequest 的字母 L 和 p 后可以换行。

图 2-27 wbr 元素示例

2.3.7 表格元素

(1) table 元素

table 元素定义 HTML 表格。简单的 HTML 表格由 table 元素及一个或多个行、列、单元格组成。table 元素及其子元素有 align、bgcolor、border 等属性,但不被推荐使用,即 table 元素主要用来做语义定义,展现要用 CSS 实现。

(2) caption 元素

caption 元素定义表格标题。caption 元素必须作为 table 元素的子元素,通常这个标题会被居中于表格之上。可以通过 align 属性将标题设置位于上、下、左、右 4 个位置其一,但大部分浏览器不支持将标题置于表格左右。align 属性不被推荐使用,而样式属性 caption-side 被推荐使用。

(3) thead 元素

thead 元素用于对表格中的行进行分组,来定义表格的表头,为 table 元素的子元素,一般在表头有多行时使用。该元素可以省略。

(4)tbody 元素

tbody 元素用于对表格中的主体内容进行分组,为 table 元素的子元素。该元素可以省略,但即使被省略,浏览器在形成网页的 Dom 结构时仍然会自动构建该元素。在一个表格中可以有多个 tbody 元素。

(5)tfoot 元素

tfoot 元素用于对表格中的表注(页脚)内容进行分组,为 table 元素的子元素。该元素可以省略。

(6)tr 元素

tr 元素表示表格中行,为 thead、tbody、tfoot 元素的子元素。

(7)th 元素

th 元素表示表格中的表头单元格,为 tr 元素的子元素。属性 colspan 和 rowspan 用来指定当前单元格横向和纵向占据的单元格个数:当 colspan 的值为 $n(n>1)$ 时,与该元素在同一行的兄弟元素个数将减少 $n-1$;当 rowspan 为 $n(n>1)$ 时,在该元素下的 $n-1$ 行的每一行的单元格个数都将减少一个。表头单元格内容的默认显示效果为水平和垂直居中,字体显示为粗体。

(8)td 元素

td 元素表格中的标准单元格,用于存放实际数据,为 tr 元素的子元素。属性 colspan 和 rowspan 用来指定当前单元格横向和纵向占据的单元格个数。

(9)colgroup 元素

colgroup 元素用于对表格中的列进行组合,以便对其进行格式化,为 table 元素的子元素,可以有多个 colgroup 元素,属性 span 用来设置所占据的列数。该元素可以省略,如果 table 元素存在 col 元素,即使该元素被省略,浏览器在形成网页的 Dom 结构时仍然会自动构建该元素。

(10)col 元素

col 元素为表格中一个或多个列定义属性值,为 colgroup 元素的子元素,属性 span 用来设置所占据的列数。

基本的表格示例代码如下。

```
<table border="" cellspacing="" cellpadding="" width="100%">
    <caption>表 1 学生列表</caption>
    <thead>
        <tr>
            <th>学号</th><th>姓名</th><th>性别</th><th>年龄</th>
        </tr>
    </thead>
    <tbody>
        <tr>
            <td>210101</td><td>刘非凡</td><td>女</td><td>19</td>
        </tr>
        <tr>
            <td>210102</td><td>王志峰</td><td>男</td><td>20</td>
        </tr>
```

```
            <tr>
                <td>210103</td><td>陈晓军</td><td>男</td><td>20</td>
            </tr>
        </tbody>
        <tfoot>
            <tr>
                <td>合计</td><td>3人</td><td>2男1女</td><td>平均19.7岁</td>
            </tr>
        </tfoot>
</table>
```

其显示效果如图 2-28 所示。

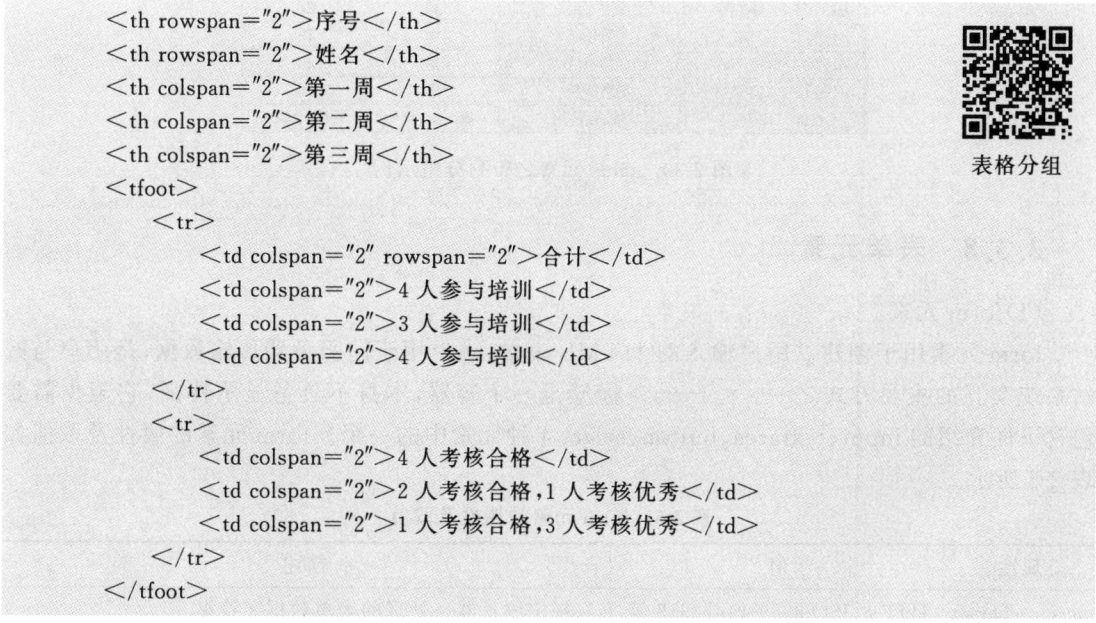

图 2-28　table 元素之基本示例

带合并单元格的表格示例部分代码如下。

```
<th rowspan="2">序号</th>
<th rowspan="2">姓名</th>
<th colspan="2">第一周</th>
<th colspan="2">第二周</th>
<th colspan="2">第三周</th>
<tfoot>
    <tr>
        <td colspan="2" rowspan="2">合计</td>
        <td colspan="2">4 人参与培训</td>
        <td colspan="2">3 人参与培训</td>
        <td colspan="2">4 人参与培训</td>
    </tr>
    <tr>
        <td colspan="2">4 人考核合格</td>
        <td colspan="2">2 人考核合格,1 人考核优秀</td>
        <td colspan="2">1 人考核合格,3 人考核优秀</td>
    </tr>
</tfoot>
```

其显示效果如图 2-29 所示。

图 2-30 展示了如何对表格进行行列分组：通过 colgroup 和 col 元素将表格的前三列归为一组，并且前两列归为逻辑上的一列，设为一种背景色，第三列设置为另一种颜色并设置列宽为 200 像素；另外将数据行根据所属的院系分成三组，分别设置不同的背景色。当分别对 col 和 tbody 设置相同的样式时，tbody 的样式优先。

合并单元格

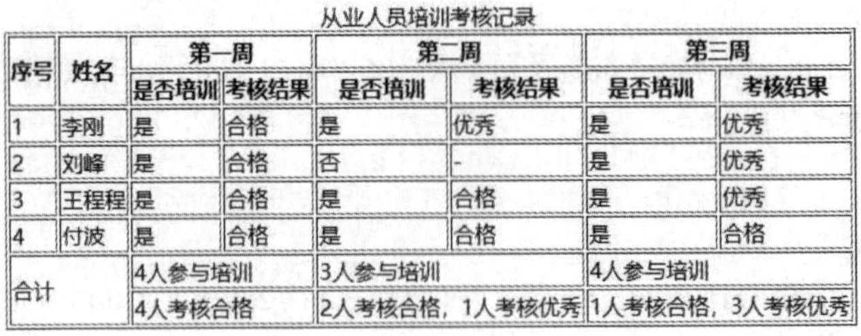

从业人员培训考核记录

序号	姓名	第一周		第二周		第三周	
		是否培训	考核结果	是否培训	考核结果	是否培训	考核结果
1	李刚	是	合格	是	优秀	是	优秀
2	刘峰	是	合格	否	-	是	优秀
3	王程程	是	合格	是	合格	是	优秀
4	付波	是	合格	是	合格	是	合格
合计		4人参与培训		3人参与培训		4人参与培训	
		4人考核合格		2人考核合格，1人考核优秀		1人考核合格，3人考核优秀	

图 2-29 table 元素之合并单元格示例

需要说明的是，colgroup 和 col 元素存在严重的浏览器兼容问题，在 Chrome、FireFox、Safari 等浏览器中都只支持背景色、宽度等少数几种样式属性，因此使用它们主要是语义上的意义。

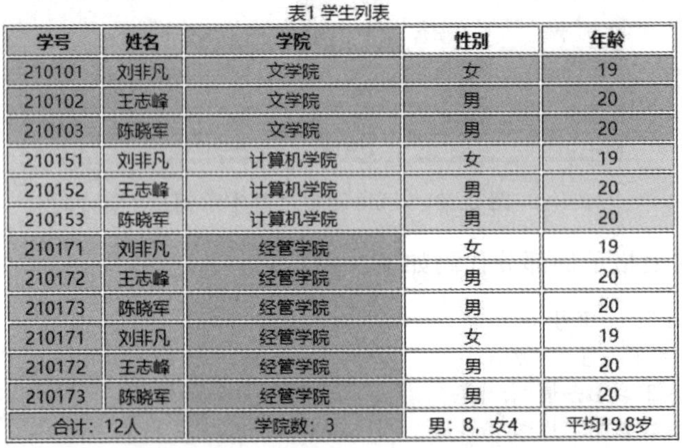

表1 学生列表

学号	姓名	学院	性别	年龄
210101	刘非凡	文学院	女	19
210102	王志峰	文学院	男	20
210103	陈晓军	文学院	男	20
210151	刘非凡	计算机学院	女	19
210152	王志峰	计算机学院	男	20
210153	陈晓军	计算机学院	男	20
210171	刘非凡	经管学院	女	19
210172	王志峰	经管学院	男	20
210173	陈晓军	经管学院	男	20
210171	刘非凡	经管学院	女	19
210172	王志峰	经管学院	男	20
210173	陈晓军	经管学院	男	20
合计：12人		学院数：3	男：8，女4	平均19.8岁

图 2-30 table 元素之行列分组示例

2.3.8 表单元素

(1)form 元素

form 元素用于创建供用户输入的 HTML 表单，表单用于向服务器传输数据，是用户与网站系统交互的主要方式之一。<form>标签是一个容器，本身不具备显示特征，它至少需要包含下面介绍的 input、textarea、button、select 4 种元素中的一个。form 元素的属性及取值如表 2-5 所示。

表 2-5 form 元素的属性及取值

属性	值	描述
accept-charset	UTF-8、ISO-8859-1、gb2312 等	规定服务器可处理的表单数据字符集
action	*URL*	规定当提交表单时向何处发送表单数据
autocomplete	on、off	规定是否启用表单的自动完成功能
enctype	application/x-www-form-urlencoded multipart/form-data text/plain	规定在发送表单数据之前如何对其进行编码。默认为 application/x-www-form-urlencoded，在发送前，编码所有字符(默认)。表单数据被编码为“名称/值”；当存在上传文件时，必须选择 multipart/form-data；当选择时，不对字符进行编码

续表

属性	值	描述
method	get、post	规定用于发送 form-data 的 HTTP 方法
name	*form_name*	规定表单的名称
novalidate	novalidate	如果使用该属性，则提交表单时不进行验证
target	_blank、_self、_parent、_top、*framename*	规定在何处打开 action URL

(2) label 元素

label 元素为 input 元素定义标注(标记)。label 元素不会向用户呈现任何特殊效果，但它为用户改进了可用性。如果在 label 元素内单击文本，就会触发此控件。就是说，当用户选择该标签时，浏览器就会自动将焦点转到和标签相关的表单控件上。该标签有两种使用方式：在内部添加相关联的 input 元素；通过 for 属性值关联相关元素的 id。例如：

```
<label>姓名：<input name="name" id="name" /></label>
<label for="age">年龄：</label>：<input name="age" id="age" />
```

(3) input 元素

input 元素用来输入数据，是最重要的表单元素。根据 type 属性值的不同，它可以表现为不同形式，功能也大相径庭。其属性及取值如表 2-6 所示。除 type 为 reset、submit、button 外，每个 input 元素都需要指定 name 属性，用来在提交表单时根据 name 属性值封装需要传送给服务器的数据；当 type 为 radio 或 checkbox 时，同类数据取相同的 name 属性值。一般而言，需要给 input 元素添加一个 id 属性值，为方便起见取值与 name 属性值相同（radio、checkbox 类型除外），用来通过 JavaScript 操作这些元素。

表 2-6 input 标签主要属性

属性	值	描述
accept	*mime_type*	规定通过文件上传来提交的文件的类型
autocomplete	on、off	规定是否使用输入字段的自动完成功能
autofocus	autofocus	规定输入字段在页面加载时是否获得焦点(不适用于 type="hidden")
checked	checked	规定此 input 元素首次加载时应当被选中
disabled	disabled	当 input 元素加载时禁用此元素
list	*datalist-id*	引用包含输入字段的预定义选项的 datalist
max	*number date*	规定输入字段的最大值。与 min 属性配合使用，创建合法值的范围
maxlength	*number*	规定输入字段中的字符的最大长度
min	*number date*	规定输入字段的最小值。与 max 属性配合使用，创建合法值的范围
multiple	multiple	如果使用该属性，则允许一个以上的值
name	*field_name*	定义 input 元素的名称

续表

属性	值	描述
pattern	$regexp\_pattern$	规定输入字段的值的模式或格式。例如,pattern="[0-9]"表示输入值必须是 0~9 之间的数字
placeholder	$text$	规定帮助用户填写输入字段的提示
readonly	readonly	规定输入字段为只读
required	required	指示输入字段的值是必需的
size	$number\_of\_char$	定义输入字段的宽度
src	URL	定义以提交按钮形式显示的图像的 URL
step	$number$	规定输入数字的合法数字间隔
type	button	按钮
	checkbox	复选框
	color	颜色选择器
	date	日期编辑器
	datetime-local	本地日期时间编辑器
	email	email 输入框
	file	上传文件
	hidden	隐藏域,只用来存储数据
	image	图像域
	month	月份选择器
	number	数字输入框
	password	密码输入框
	radio	单选按钮
	range	范围选项器
	reset	重置按钮
	search	搜索框
	submit	提交按钮
	tel	电话输入框
	text	文本输入框
	time	时间输入框
	url	url 输入框
	week	周选择框
value	$value$	规定 input 元素的默认值

综合示例如图 2-31 所示。

(4)textarea 元素

textarea 元素用于定义多行的文本输入控件。文本区中可容纳无限数量的文本,其中的文本的默认字体是等宽字体(通常是 Courier)。该元素除具有与 input 元素相同的属性 autofocus、disabled、maxlength、name、placeholder、readonly、required 外,还有 cols 和 rows 属性,可以用来规定 textarea 的初始尺寸,不过更好的办法是使用 CSS 的 height 和 width 属性。textarea 元素示例如图 2-32 所示。

表单 input 综合示例

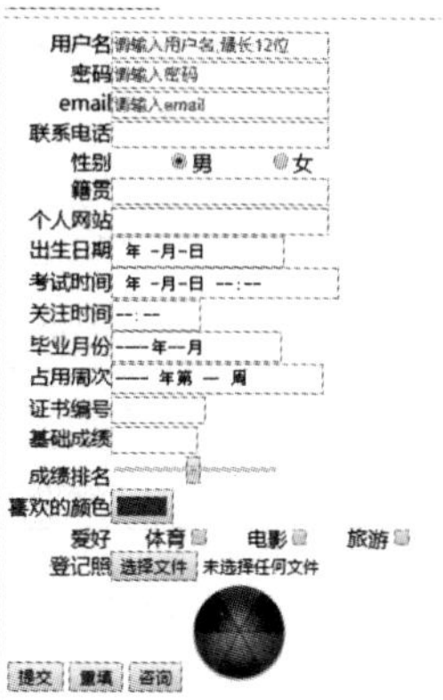

```
<html>
  <head>
    <meta charset="utf-8" />
    <title>input标签示例</title>
    <style>
      label {/*此处的CSS功能是使左侧的条目宽度保持一致，且文字右对齐*/
        width: 80px;
        text-align: right;
        display: inline-block;
      }
    </style>
  </head>
  <body>
    <form action="save.do" method="post">
      <label for="username">用户名</label>
      <input type="text" name="username" maxlength="12" id="username"
        required="required" placeholder="请输入用户名,最长12位" /><br />
      <label for="password">密码</label>
      <input type="password" name="password" id="password" required="required"
        placeholder="请输入密码" /><br />
      <label for="email">email</label>
      <input type="email" name="email" id="email" placeholder="请输入email" /><br />
      <label for="phone">联系电话</label><input type="tel" name="phone" id="phone" /><br />
      <label>性别</label>
      <label><input type="radio" name="sex" id="sex1" checked="checked" />男</label>
      <label><input type="radio" name="sex" id="sex2" />女</label><br />
      <!-- 省略部分代码 -->
      <input type="submit" value="提交" />
      <input type="reset" value="重填" />
      <!-- 省略部分代码 -->
    </form>
  </body>
</html>
```

图 2-31　input 元素示例

```
<form action="" method="post">
    <label for="memo">个人简历</label><br/>
    <textarea id="memo" name="memo" placeholder="请在此输入个人简历
,最多200字符" rows="5" cols="30" maxlength="200"></textarea>
    <br/>
    <input type="submit" value="保存"/>
</form>
```

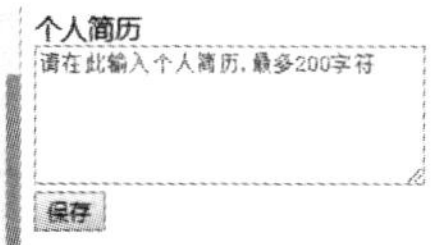

图 2-32　textarea 元素示例

(5)button 元素

button 元素用于定义一个按钮，必须设置其 type 属性值为 button、reset 或 submit。使用该元素与使用 input 元素创建的按钮之间的不同之处在于，在 button 元素内部可以放置内容，如文本或图像，因此，button 元素与<input type="button">元素相比，提供了更为强大的功能和更丰富的内容。<button>与</button>标签之间的所有内容都是按钮的内容。例如，可以在按钮中包括一个图像和相关的文本，用它们在按钮中创建一个吸引人的标记图像。button 元素示例如图 2-33 所示。

```
<button type="button" style="padding-left: 20px;padding-right: 20px;">
    <img src="../images/search.png" ><br/>搜 索
</button>
```

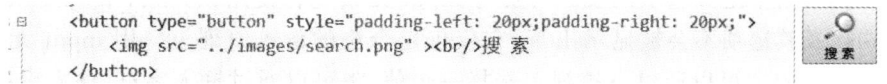

图 2-33　button 标签示例

(6)select 元素

select 元素用于创建单选或多选列表，其子元素 option 专用于定义列表中的可用选项。该元素所拥有的属性如表 2-7 所示。

表 2-7　select 元素的属性及其取值

属性	值	描述
autofocus	autofocus	规定在页面加载后文本区域自动获得焦点
disabled	disabled	规定禁用该下拉列表

续表

属性	值	描述
form	*form_id*	规定文本区域所属的一个或多个表单
multiple	multiple	规定可选择多个选项
name	*name*	规定下拉列表的名称
required	required	规定文本区域是必填的
size	*number*	规定下拉列表中可见选项的数目

select 元素默认为单选，且为下列菜单形式，如设置 size 大于 1 或 multiple 属性，则显示为列表形式，如图 2-34 所示。

```
<select name="type">
    <option value="1">新闻</option>
    <option value="2" selected="selected">体育</option>
    <option value="3">娱乐</option>
    <option value="4">影视</option>
</select>
<select name="sport" size="5" >
        <option value="1">足球</option>
        <option value="2">篮球</option>
        <option value="3">网球</option>
        <option value="4">高尔夫球</option>
        <option value="5">短跑</option>
        <option value="6">长跑</option>
</select>
<select name="sports"  multiple="multiple">
        <option value="1">足球</option>
        <option value="2">篮球</option>
        <option value="3">网球</option>
        <option value="4">高尔夫球</option>
        <option value="5">短跑</option>
        <option value="6">长跑</option>
</select>
<select name="sports2"  size="5"  multiple="multiple">
        <option value="1">足球</option>
        <option value="2">篮球</option>
        <option value="3">网球</option>
        <option value="4">高尔夫球</option>
        <option value="5">短跑</option>
        <option value="6">长跑</option>
</select>
```

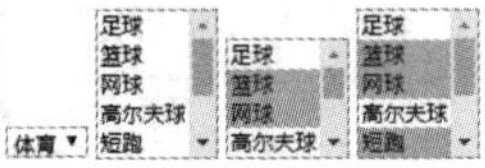

图 2-34　select 元素示例

(7)datalist 元素

datalist 元素用于定义选项列表。需要与 input 元素配合使用该元素，来定义 input 可能的值。datalist 及其选项不会被显示出来，它仅仅是合法的输入值列表。用 input 元素的 list 属性来绑定 datalist。可以通过下拉列表选择一个值，也可以通过输入字符，输入字符时会自动按字母匹配进行过滤，如图 2-35 所示。

```
<input id="yourMP" list="MPs" />
<datalist id="MPs">
  <option value="iPhone"></option>
  <option value="Sumsung"></option>
  <option value="Pixel" ></option>
</datalist>
```

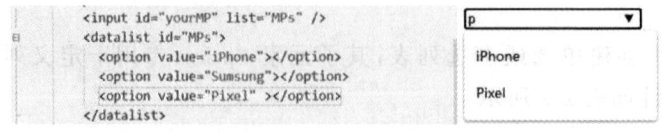

图 2-35　datalist 元素示例

部分浏览器不支持 datalist 元素，如 safari、低版本 IE。

(8)option 元素

option 元素用于定义下拉列表中的一个选项(一个条目)。浏览器将＜option＞标签中的内容作为＜select＞标签的菜单或是滚动列表中的一个元素来显示。option 元素必须位于 select 元素内部,其属性及取值如表 2-8 所示。

表 2-8 option 元素的属性及其取值

属性	值	描述
disabled	disabled	规定此选项应在首次加载时被禁用
label	text	定义显示的内容,覆盖元素的内容
selected	selected	规定选项(在首次显示在列表中时)表现为选中状态
value	text	定义送往服务器的选项值。如果省略,将把 label 或元素内容送往服务器

如图 2-36 所示,第一项"新闻"被禁用,不能被选择,第三项的 label 属性值"教育"覆盖了元素内容"娱乐"。

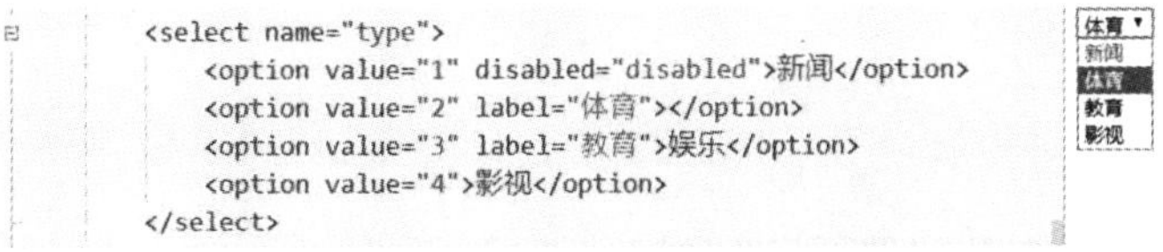

```
<select name="type">
    <option value="1" disabled="disabled">新闻</option>
    <option value="2" label="体育"></option>
    <option value="3" label="教育">娱乐</option>
    <option value="4">影视</option>
</select>
```

图 2-36 option 元素示例

(9) optgroup 元素

optgroup 元素用于定义选项组,用于组合选项。当使用一个长的选项列表时,对相关的选项进行组合会使处理更加容易。其属性如表 2-9 所示。

表 2-9 optgroup 元素的属性

属性	值	描述
label	text	为选项组规定描述。必填项
disabled	disabled	规定禁用该选项组

如图 2-37 所示,第三组"游泳"为禁用状态,其下的 4 个选项都不能被选择。

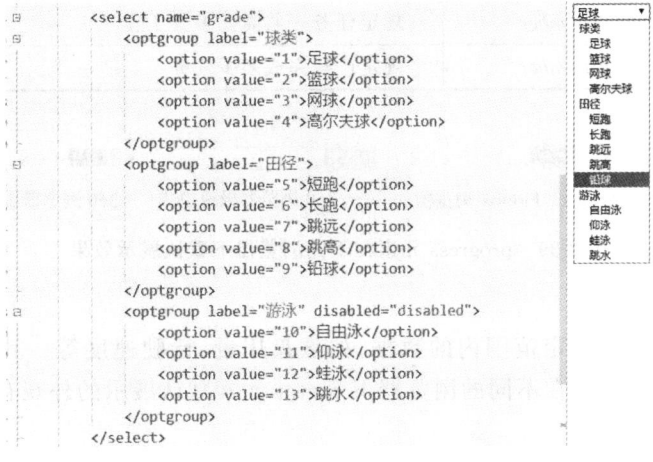

图 2-37 optgroup 元素示例

(10) output 元素

output 元素用于定义一个用来显示计算结果的容器,为语义标签。其属性如表 2-10 所示,这两个属性都只是语义属性。一般情况下需要通过 JavaScript 来获取相关输入域中的数值并对数值进行计算,然后把结果放在 output 元素中,如图 2-38 所示。

表 2-10 output 元素的属性及其取值

属性	值	描述
form	text	定义计算域所属的一个或多个表单
for	text	定义计算相关的一个或多个元素

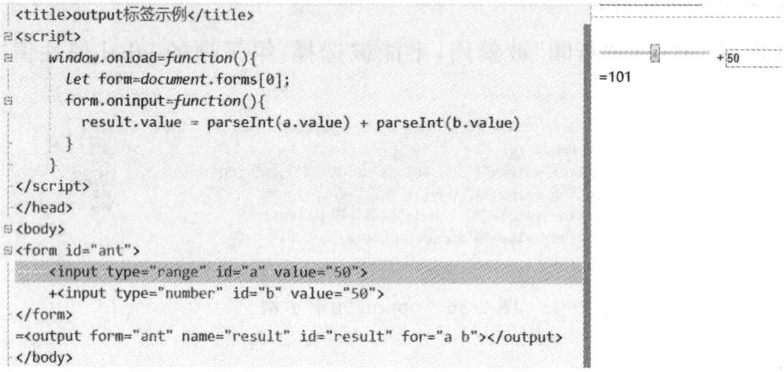

图 2-38 output 元素示例

(11) progress 元素

progress 元素标示任务的进度(进程),其属性如表 2-11 所示。一般情况下该元素与 JavaScript 一同使用,通过动态设置其 value 值和 max 值来显示任务的进度。如果不设置 value 属性的值,将显示为左右滚动的效果。在不同的浏览器下,进度标签默认展示的外观有可能不一致,如图 2-39 所示。

表 2-11 progress 元素的属性及其取值

属性	值	描述
max	number	规定任务一共需要多少工作
value	number	规定已经完成多少任务

Chrome 浏览器　　Firefox 浏览器　　360 浏览器极速模式　　360 浏览器兼容模式

图 2-39 progress 元素在不同浏览器下默认展示效果

(12) meter 元素

meter 元素用来度量给定范围内的数据,如磁盘用量、行驶速度等。其属性如表 2-12 所示。同 progress 元素一样,在不同的浏览器下 meter 元素默认展示的外观有可能不一致。

表 2-12　meter 元素的属性及其取值

属性	值	描述
high	*number*	规定被视作高的值的范围
low	*number*	规定被视作低的值的范围
max	*number*	规定范围的最大值
min	*number*	规定范围的最小值
optimum	*number*	规定度量的优化值
value	*number*	规定度量的当前值

低于 min 的值视为 0,高于 max 的值视为 max,所以 min、low、high、max 4 个值将度量划分为 3 个区间,如图 2-40 所示。最佳值 optimum 和 value 值所在区域的关系决定了显示的颜色,规则是:和 optimum 值在同一个区间的 value 值显示为绿色;在和 optimum 值所在区间相邻的区间中的 value 值显示为黄色;远离 optimum 值所在区间相邻的区间中的 value 值显示为红色。如果不设置 optimum 值,则默认最优值在中间区域。示例如图 2-41 所示。

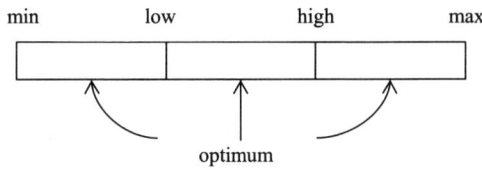

图 2-40　meter 元素的属性含义图解

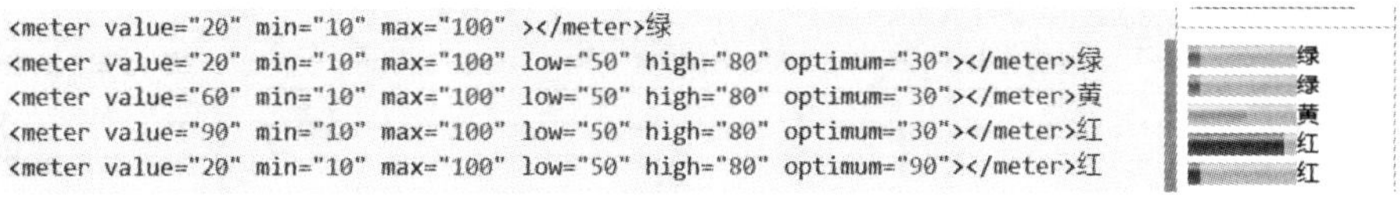

图 2-41　meter 元素示例

(13) fieldset 元素

fieldset 元素用于分组表单元素。当一组表单元素放到 ＜fieldset＞ 标签内时,浏览器会以特殊方式来显示它们,如这组元素有特殊的边框、3D 效果等。示例如图 2-42 所示。

图 2-42　fieldset 元素示例

(14) legend 元素

legend 元素为 fieldset 元素定义标题（caption），是 fieldset 元素的子元素。

2.3.9 图像与对象元素

(1) img 元素

img 元素向网页中嵌入一幅图像，其主要属性如表 2-13 所示。从技术上讲，<img> 标签并不会在网页中插入图像，而是创建一个被引用图像的占位空间。

表 2-13 img 元素的属性及其取值

属性	值	描述
src	url	规定显示图像的 URL
alt	text	规定图像的替代文本
height	number	定义图像的高度
width	number	定义图像的宽度
ismap	ismap	将图像定义为服务器端图像映射
usemap	text	指定将图像定义为客户器端图像映射的元素名称，对应于 <map> 标签的 name 属性值，加"#"作前缀

上面属性皆可省略，当省略 src 属性时，height 和 width 属性必须被赋值，表示一个占位符。src 属性可以是本地绝对或相对路径，也可以是其他网站中的图片的 URL，在这两种情况下，URL 所对应的图片文件必须存在。如图 2-43 所示。

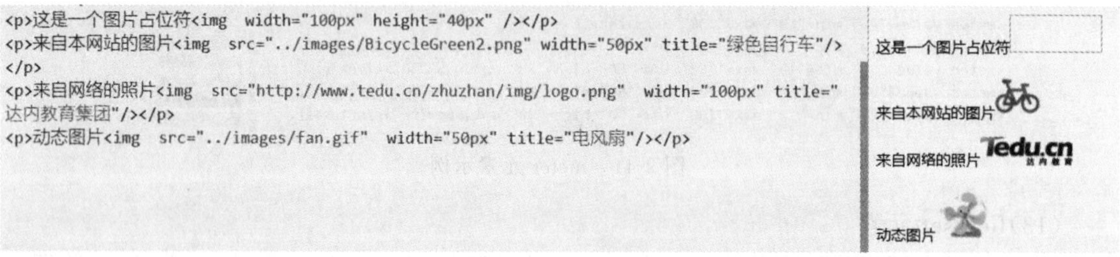

```
<p>这是一个图片占位符<img  width="100px" height="40px" /></p>
<p>来自本网站的图片<img  src="../images/BicycleGreen2.png" width="50px" title="绿色自行车"/>
</p>
<p>来自网络的照片<img  src="http://www.tedu.cn/zhuzhan/img/logo.png"  width="100px" title="达内教育集团"/></p>
<p>动态图片<img  src="../images/fan.gif"  width="50px" title="电风扇"/></p>
```

图 2-43 img 元素示例

通过 src 属性还可以用"data:image/png;base64,"之类的方式将图片的二进制流直接嵌入到网页文件中，这种方式一般仅限于小图片。例如，下面的代码将显示一个 ✖ 图片。

```
<img src="data:image/png;base64,iVBORw0KGgoAAAANSUhEUgAAAAkAAAAJAQMAA
ADaX5RTAAAAA3NCSVQICAjb4U/gAAAABlBMVEX///+ ZmZmOUEqyAAAAAnRSTlMA/1uRI
rUAAAAJcEhZcwAACusAAArrAYKLDVoAAAAWdEVYdENyZWF0aW9uIFRpbWUAMDkvMjAvM
TlGkKG+AAAAHHRFWHRTb2Z0d2FyZQBBZG9iZSBGaXJld29ya3MgQ1M26LyyjAAAAB1JREFU
CJljONjA8LiBoZyBwY6BQQZMAtlAkYMNAF1fBs/zPvcnAAAAAElFTkSuQmCC" />
```

所引用的图片文件不存在或由于网络原因未能下载时，浏览器将无法显示图片，此时，替换文本属性 alt 的值将显示在图片所在位置，以告诉读者拟载入图像的信息。为页面上的图像都加上 alt 属性是个好习惯。

当把 <img> 标签放在 <a> 标签中时，单击图片，将跳转到 <a> 标签的 href 属性所指定的 URL，此时，如果启用 ismap 属性，即设置 ismap="ismap"，那么当单击图片进行跳转时，会将单击图片中位置的坐标值附加在 URL 后面并传送到服务器。例如,若 href="choose.do",那么会生成类似下面的跳转地址。

```
choose.do? 412,120
```

(2) map 元素

map 元素定义一组区域,或称之为地图,为容器标签,一般只使用属性 name 或 id,其值与引用它的 img 元素的 usemap 属性值相对应。

(3) area 元素

area 元素定义一个封闭的区域,为 map 元素的子元素。该区域与父元素 map 相关的图片的一个区域相对应,其属性如表 2-14 所示。

表 2-14 area 元素的属性及其取值

属性	值	描述
coords	坐标值序列	定义可单击区域(对鼠标敏感的区域)的坐标
href	url	定义此区域的目标 URL
nohref	nohref	从图像映射排除本区域
shape	default rect circ poly	定义区域的形状。default 为全部区域,此时 coords 属性无效,rect 表示矩形(rectangle),circ 表示圆形(circle),poly 表示多边形(polygon)
target	_blank _parent _self _top	规定在何处打开 href 属性指定的目标 URL

坐标的数字及其含义取决于 shape 属性的值。当 shape 属性值为 rect 或不使用 shape 属性时,提供矩形区域的左上角和右下角的 x 和 y 坐标,用逗号分隔。例如,shape="rect",coords="x1,y1,x2,y2"。当为 circle 时,提供圆心的 x 和 y 坐标值和半径值,用逗号分隔,例如,shape="circle",coords="x,y,z"。当为 ploy 时,提供多边形各个顶点的 x 和 y 坐标值,用逗号分隔。例如,shape="polygon",coords="x1,y1,x2,y2,x3,y3,..."。如图 2-44 所示,图片为一个篮球场,在其中定义了 7 个区域,分别是中圈、左半场三秒区、右半场三秒区、左半场罚球区、右半场罚球区、左半场、右半场。在有重叠的区域,如中圈的左、右半圆分别位于左、右半场,三秒区和罚球区是半场的一部分,这时需要将子区域对应的 area 元素放置在整体区域的上面,因此图 2-44 中左、右半场的区域放置在最后。

```
光标放置在球场的不同区域,会显示区域的名称,点击后会跳转到其介绍页面。
<p><img name="court" src="../images/court.jpg" width="300px" usemap="#courtmap"/></p>
<map name="courtmap">
    <area shape="circ" coords="150,87,17" href="./refs/center_circle.html" title="中圈"></area>
    <area shape="poly" coords="17,60,73,72,73,104,17,117" href="./refs/3second_lane.html" title="左半场三秒区"></area>
    <area shape="poly" coords="285,60,285,117,230,104,230,73" href="./refs/3second_lane.html" title="右半场三秒区">
    </area>
    <area shape="poly" coords="73,72,73,104,76,105,80,103,83,100,87,95,88,89,86,82,75,79,74,71" href="./refs/free_throw_area.html" title="左半场罚球区"></area>
    <area shape="poly" coords="230,104,230,73,226,72,223,72,220,74,215,79,214,83,213,87,214,92,215,96,218,100,221,103,224,105,227,104" href="./refs/free_throw_area.html" title="右半场罚球区"></area>
    <area shape="rect" coords="17,17,150,160" href="./refs/half_court.html" title="左半场"></area>
    <area shape="rect" coords="150,17,285,160" href="./refs/half_court.html" title="右半场"></area>
</map>
```

图 2-44 map 和 area 元素示例

（4）video 元素

video 元素定义视频，如电影片段或其他视频流，其属性如表 2-15 所示。示例如图 2-45 所示。

表 2-15　video 元素的属性及其取值

属性	值	描述
autoplay	autoplay	如果出现该属性，则视频在就绪后马上播放
controls	controls	如果出现该属性，则向用户显示控件，如"播放"按钮
height	*pixels*	设置视频播放器的高度
loop	loop	如果出现该属性，则当媒介文件完成播放后再次开始播放
muted	muted	规定视频的音频输出应该被静音
poster	*url*	规定视频下载时显示的图像，或者在用户点击播放按钮前显示的图像
preload	preload	如果出现该属性，则视频在页面加载时进行加载，并预备播放。如果使用 autoplay，则忽略该属性
src	*url*	要播放的视频的 URL
width	*pixels*	设置视频播放器的宽度

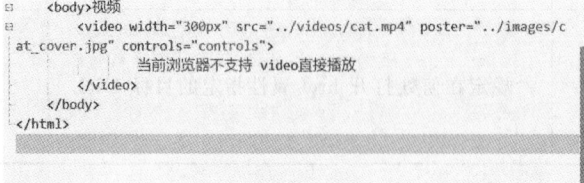

图 2-45　video 元素示例

目前，video 元素支持 3 种视频格式：MP4、WebM、Ogg，但并非所有浏览器都支持这三种格式。为了兼容性起见，开发者可能提供同一视频的 3 种格式的版本，甚至包括早期浏览器支持的格式的版本，以便在一种格式不支持时使用另一种格式，这时使用子元素 source，请扫描二维码查看代码。

（5）audio 元素

audio 元素定义声音，如音乐或其他音频流，支持 3 种音频格式：MP3、Wav、Ogg。该元素的属性与 video 元素的属性一致，除了没有 height、width、poster。该元素同样也支持 source 子元素。示例如图 2-46 所示。

video 兼容性较好的用法

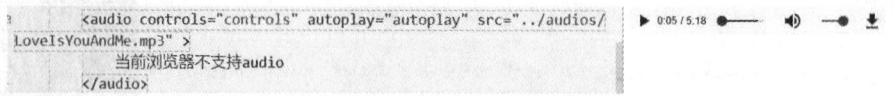

图 2-46　audio 元素示例

（6）track 元素

track 元素为诸如 video 元素之类的媒介规定外部文本轨道。用于规定字幕文件或其他包含文本的文件，当媒介播放时，显示文件内容。但目前的主流浏览器暂时都不支持该元素。

该元素的用法如下。

```
<video width="300px" src="../videos/cat.mp4" poster="../images/cat_cover.jpg" controls="controls">
    <track kind="subtitles" src="../videos/cat.srt" srclang="zh" label="Chinese"/>
    当前浏览器不支持 video 直接播放
</video>
```

（7）source 元素

source 元素为媒介元素（如 video 和 audio）定义媒介资源，具体用法同 video 元素。

（8）object 元素

object 元素定义一个嵌入的对象，如图像、音频、视频、Java applets、ActiveX、PDF 及 Flash，可同时为所嵌入的对象提供数据和参数，以及可用来显示和操作数据的代码。

object 的初衷是取代 img 和 applet 元素，不过由于漏洞及缺乏浏览器支持，这一点并未实现。现在它主要用于 IE 浏览器或者其他支持 ActiveX 控件的浏览器。浏览器的对象支持有赖于对象类型，不幸的是，主流浏览器都使用不同的代码来加载相同的对象类型。其主要属性如表 2-16 所示。

表 2-16　object 元素的属性及其取值

属性	值	描述
type	MIME	定义被规定在 data 属性中指定的文件中出现的数据的 MIME 类型
data	URL	定义引用对象数据的 URL。如果有需要对象处理的数据文件，要用 data 属性来指定这些数据文件
height	pixels	定义对象的高度
width	pixels	定义对象的宽度
form	form ID	对象元素关联的 form 元素（属于的 form）。取值必须是同一文档下的一个 form 元素的 ID

虽然 object 可以用来显示视频，但目前主要用它来显示除音频、视频、图像之外的对象，如 PDF、Flash（已逐渐被淘汰）、ActiveX 插件（兼容性不好）。一般情况下，可以不用设置 type 属性，浏览器会自动识别内容格式。不同浏览器支持的 MIME 类型有所不同，如果浏览器不支持某个 MIME 类型，会有不支持插件内容的提示。如下的代码显示了一个 MP4 格式视频和 PDF 文档。

```
<body>
    显示 MP4 视频
    <object width="420" height="360" type="video/mp4" data="../videos/cat.mp4">
    </object>
    显示 PDF 文档
    <object width="400" height="600" data="../docs/html5.pdf"></object>
    兼容性更好的方式显示 PDF 文档
    <object width="400" height="600" border="0" type="application/pdf">
        <param name="SRC" value="../docs/html5.pdf">
        <embed width="800" height="600" src="../docs/html5.pdf"> </embed>
    </object>
</body>
```

(9) embed 元素

embed 元素定义嵌入的内容,如插件,是 HTML5 中的新标签,几乎所有浏览器都支持,其属性如表 2-17 所示。

表 2-17　embed 元素的属性及其取值

属性	值	描述
type	MIME	定义被规定在 src 属性中指定的文件中出现的数据的 MIME 类型
src	URL	定义引用对象数据的 URL
height	pixels	定义对象的高度
width	pixels	定义对象的宽度

同 object 元素一样,embed 元素的 type 属性可以省略。下面代码分别显示一个视频、一个 PDF 文档和一个 Flash 视频。

```
<embed width="300" height="200" src="../videos/cat.mp4"> </embed>
<embed width="600" height="400" src="../docs/html5.pdf"> </embed>
<embed width="300" height="200" src="../videos/helloworld.swf"> </embed>
```

2.3.10　内联框架元素

iframe 元素创建包含另外一个文档的内联框架(行内框架),其主要属性可扫描二维码查看。命名的内联框架可以作为其他链接元素的打开目的地(target),也可以被浏览器单独用来打印和查看源码。如图 2-47 所示,当单击页面上部的两个超链接时,就会分别把所链接的网页内容显示在内联框架中。

内联框架属性

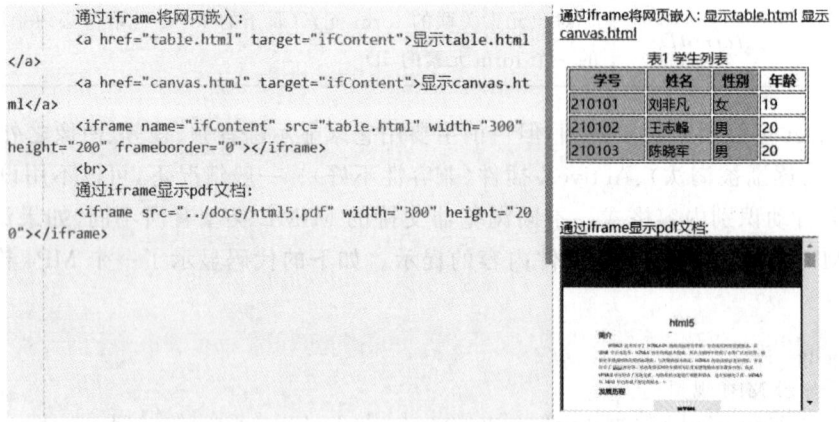

图 2-47　iframe 元素示例

由于 iframe 不仅可以嵌入本网站的网页,也可以被用来嵌入任意其他网站的网页,因此,极有可能存在安全隐患。sandbox(沙盒)属性可以用来对嵌入网页做某些安全限制。当不使用属性 sandbox 时,所包含的网页就具备所有权限;当使用属性 sandbox 时,可以设置一个值,也可以设置多个值,多值之间以空格分隔。

2.3.11 脚本元素

(1) script 元素

script 元素用于定义客户端脚本,如 JavaScript。script 元素既可以包含脚本语句,也可以通过 src 属性指向外部脚本文件。必需的 type 属性规定脚本的 MIME 类型,目前用到的主要脚本为 JavaScript,其对应的 MIME 类型为 text/javascript。客户端脚本的常见应用是图像操作、表单验证及动态内容更新等。下面的代码用于产生一个对话框,由用户输入数字,然后判断输入的内容是否正确。

```
<!DOCTYPE html>
<html>
    <head>
        <meta charset="utf-8">
        <title>script 标签示例</title>
        <script src="../scripts/common.js" type="text/javascript" charset="utf-8"></script>
        <script type="text/javascript">
            var input = window.prompt("请输入数字:");
            if(isRealNum(input)){//调用上面引入的 common.js 中定义的 isRealNum 函数
                window.alert("输入正确");
            }else{
                window.alert("输入错误");
            }
        </script>
    </head>
    <body>
    </body>
</html>
```

(2) noscript 元素

noscript 元素用来定义在脚本未被执行时的替代内容(文本)。此元素可被用于可识别 script 元素但无法支持其中的脚本的浏览器。

```
<script type="text/javascript">
  <!--
  document.write("Hello World!")
  //-->
</script>
<noscript>Your browser does not support JavaScript!</noscript>
```

(3) canvas 元素

<canvas>为画布标签,用来定义图形,如图表和其他图像。<canvas>标签只是图形容器,必须使用脚本来绘制图形。图 2-48 展示了在画布上绘制图形和文字的效果。

图 2-48 canvas 元素示例

画布示例

2.4 HTML5 废弃的元素和属性

2.4.1 HTML5 废弃的元素

因为早期的 HTML 中有一部分元素是没有语义的,只是用来修改样式,有一些元素随着技术的发展而不合时宜,还有一些元素被新的元素替换,所以这部分元素就被淘汰了。

虽然它们在 HTML5 标准中已经被移除,而浏览器为了兼容性考虑都还支持这些元素,但仍建议使用新的替代元素。

(1)能用 CSS 代替的元素

这些元素包含 basefont、big、center、font、s、strike、tt、u、i。这些元素纯粹是为页面展示用的,表现的内容应该由 CSS 完成。

(2)frame 框架

这些元素包含 frameset、frame、noframes。HTML5 中不支持 frame 框架,只支持 iframe 框架,或者用服务器端创建的由多个页面组成的复合页面的形式。

(3)只有部分浏览器支持的元素

这些元素包含 applet、bgsound、blink、marquee 等。

(4)其他被废除的元素

废除 rb,使用 ruby 替代;废除 acronym,使用 abbr 替代;废除 dir,使用 ul 替代;废除 isindex,使用 form 与 input 相结合的方式替代;废除 listing,使用 pre 替代;废除 xmp,使用 code 替代;废除 nextid,使用 guids 替代;废除 plaintext,使用"text/plain"(无格式正文)替代;废除 MIME 类型。

2.4.2 废弃的属性

HTML4 中一些属性在 HTML5 中不再被使用,而是采用其他属性或其他方式进行替代。扫描二维码查看废弃的属性及在 HTML5 中的替代方案。

废弃的属性

2.5 块级元素与行内元素

从呈现效果上来划分,所有的元素可以分为两类:块级元素和行内元素。如图 2-49 所示。

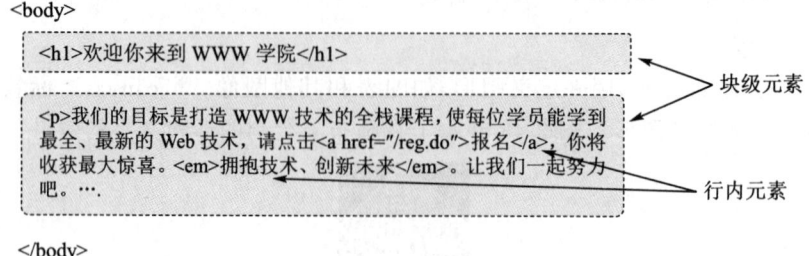

图 2-49　块级元素与行内元素

2.5.1　块级元素

块级元素(block element)是网页的大构建块,显示时浏览器会自动在其前后加换行,并占据整个显示区域的宽度,由浏览器自动基于其内容计算高度,其中的文本默认左对齐,内边距和外边距可设置。它可以容纳内联元素和其他块级元素。

一般而言,块级元素用来将网页内容划分为逻辑区块,如头部、菜单、内容、尾部。

常用的块级元素有:address、article、aside、blockquote、canvas、dd、div、dl、dt、fieldset、figcaption、figure、footer、form、h1～h6、header、hr、li、main、nav、noscript、ol、p、pre、section、table、tfoot、ul、video。

2.5.2　行内元素

行内元素又称为内联元素(inline element),用来标识元素内容的一部分,可以形象地称为文本模式,即一个挨着一个,都在同一行按从左至右的顺序显示,不单独占一行,直到一行排不下才会换行,其宽度随元素的内容而变化(其宽度由内容撑开)。一般而言,行内元素都是用在块级元素里面,除了img元素支持宽度和高度外,其他行内元素都不支持宽度、高度、文本对齐。水平方向上的左、右、内、外边距(padding-left,padding-right,margin-left,margin-right)产生边距效果,但竖直方向的上、下、内、外边距(padding-top,padding-bottom,margin-top,margin-bottom)不会产生效果。

行内元素可以嵌套使用,但不能包含块级元素。

常用的行内元素有 a、abbr、acronym、b、bdo、big、br、button、cite、code、dfn、em、i、img、input、kbd、label、map、object、output、q、samp、script、select、small、span、strong、sub、sup、textarea、time、tt、var。

2.5.3　块级元素与行内元素相互转换

两类元素并非是固定不变的,可以通过 display 属性将块级元素和行内元素进行相互转换。

- display:inline;将其变为行内元素。
- display:block;将其变为块级元素。

如图 2-50 所示代码将默认为块级元素的 li 变为行内元素,如图 2-51 所示代码将原本默认为行内元素的 img 变为块级元素。

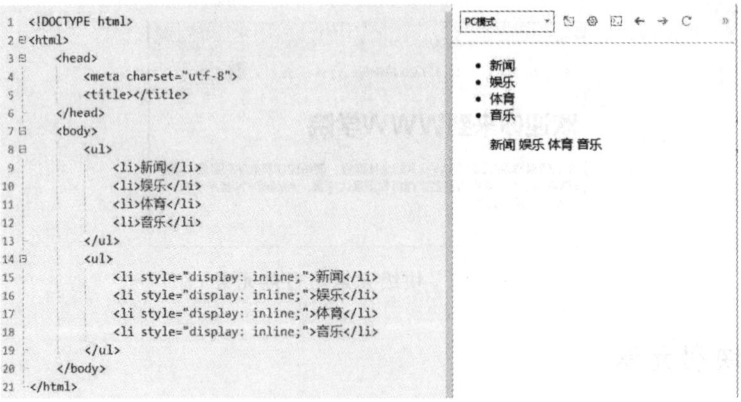

图 2-50　将块级元素变为行内元素

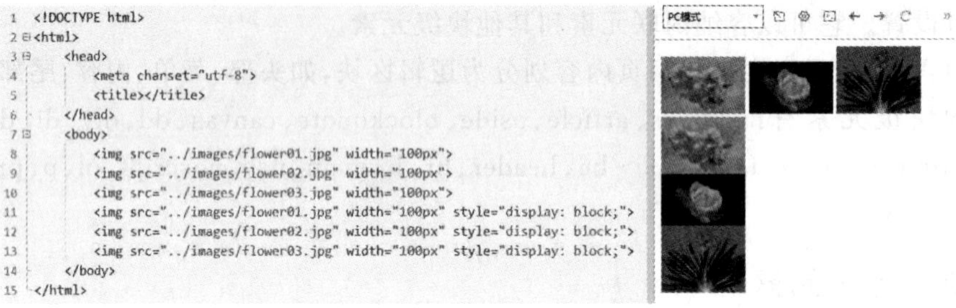

图 2-51　将行内元素变为块级元素

2.6　HTML 字符实体

一些字符在 HTML 中拥有特殊的含义,如小于号(＜)用于定义 HTML 标签的开始。如果希望浏览器正确地显示这些字符,必须在 HTML 源码中插入字符实体。

字符实体有 3 部分:一个和号(&),一个实体名称,或者 ♯ 和一个实体编号,以及一个分号(;)。

例如,要在 HTML 文档中显示小于号,我们需要写成"<"或者"&♯60;"。

使用实体名称而不是实体编号的好处在于,名称相对来说更容易记忆。而这么做的坏处是,并不是所有的浏览器都支持最新的实体名称,然而几乎所有的浏览器对实体编号的支持都很好。常用的字符实体如表 2-18 所示。更多的字符实体扫描二维码查看。

HTML 字符实体

表 2-18　最常用的字符实体

显示结果	描述	实体名称	实体编号
	空格		&♯160;
＜	小于号	&lt;	&♯60;
＞	大于号	&gt;	&♯62;
&	和号	&amp;	&♯38;
"	引号(双引号)	&quot;	&♯34;
'	撇号(单引号)	'(IE 不支持)	&♯39;

通过实体编号的方式可以显示所有的字符。这种方式下字符的编号为 ASCII 或 Unicode 码。如图 2-52 所示。

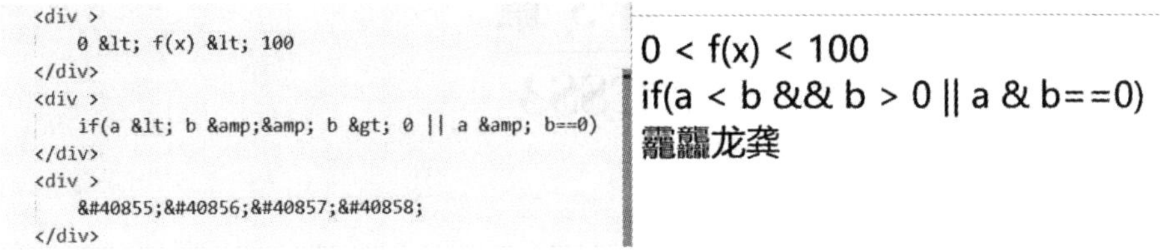

```
<div >
    0 &lt; f(x) &lt; 100
</div>
<div >
    if(a &lt; b &amp;&amp; b &gt; 0 || a &amp; b==0)
</div>
<div >
    &#40855;&#40856;&#40857;&#40858;
</div>
```

0 < f(x) < 100
if(a < b && b > 0 || a & b==0)
龗龖龙龚

图 2-52 字符实体示例

习　　题

1. 设计一个页面，至少包含下面的元素：图像、视频、有序列表、无序列表、段落、超链接。内容自定。

2. 用 table 元素设计一个课程表。

3. 设计一个记录用户信息的表单，其中至少包含以下输入项：文本框、密码框、单选按钮、下拉列表、复选框、数字输入框、日期输入框、上传按钮、字段域、重置按钮、提交按钮。

第 3 章 CSS3

3.1 CSS 简介

3.1.1 结构与表现分离原则

Web 页面的目的是展示内容,Web 标准提倡结构、表现和行为相分离。HTML 结构层是网页最重要的基础,通过 HTML 元素给予内容含义。CSS 表现层则是定义 HTML 该如何显示。

(1) 内容(content)

内容就是页面实际要传达的真正信息,包含数据、文档或者图片等。注意这里强调的"真正",是指纯粹的数据信息本身。举个例子,有下面一段文本是我们页面要表现的信息。

结构与表现分离原则-1

> 静夜思 [唐] 李白 床前明月光,疑是地上霜。举头望明月,低头思故乡。作者介绍:李白(701—762),字太白,号青莲居士,世称"谪仙"。出生于中亚碎叶城,五岁左右随父迁居绵州彰明(今四川江油),二十五岁出川漫游,四十一岁奉诏翰林,六十二岁卒于当涂(安徽马鞍山)。中国最伟大的浪漫主义诗人,天姿俊爽,诗才飘逸,人称"诗仙"。写作背景:写作时间是公元 726 年旧历九月十五日左右。写作地点在当时扬州旅舍。

(2) 结构(structure)

可以看到上面的文本信息本身已经完整,但是混乱一团,难以阅读和理解,我们必须给它格式化一下,把它分成标题、作者、章、节、段落和列表等,这就需要用 HTML 的元素来实现。结果如下所示。

结构与表现分离原则-2

> 静夜思
> [唐] 李白
> 床前明月光,疑是地上霜。
> 举头望明月,低头思故乡。
> 作者介绍:李白(701—762),字太白,号青莲居士,世称"谪仙"。出生于中亚碎叶城,五岁左右随父迁居绵州彰明(今四川江油),二十五岁出川漫游,四十一岁奉诏翰林,六十二岁卒于当涂(安徽马鞍山)。中国最伟大的浪漫主义诗人,天姿俊爽,诗才飘逸,人称"诗仙"。
> 写作背景:写作时间是公元 726 年旧历九月十五日左右。李白时年 26 岁,写作地点在当时扬州旅舍。

(3) 表现(presentation)

虽然定义了结构,但是还是原来的样式,没有改变。例如,标题字号没有变大,字体也没有变化,没有背景,没有修饰。所有这些用来改变内容外观的东西,我们称之为表现。目前表现主要是通过 CSS 来实现的。结果如下所示。

结构与表现分离原则-3

> **静夜思**
>
> [唐]李白
>
> 床前明月光,疑是地上霜。
>
> 举头望明月,低头思故乡。
>
> 作者介绍:李白(701—762),字太白,号青莲居士,世称"谪仙"。出生于中亚碎叶城,五岁左右随父迁居绵州彰明(今四川江油),二十五岁出川漫游,四十一岁奉诏翰林,六十二岁卒于当涂(安徽马鞍山)。中国最伟大的浪漫主义诗人,天姿俊爽,诗才飘逸,人称"诗仙"。
>
> 写作背景:写作时间是公元 726 年旧历九月十五日左右。李白时年 26 岁,写作地点在当时扬州旅舍。

(4)行为(behavior)

行为就是对内容的交互及操作效果,如光标放置某一内容之上,可以改变显示效果或显示其他一些信息。行为需要用脚本语言来实现,具体内容参见本书第 6 章。

CSS 是实现 Web 页面结构与表现相分离的主要方式,带来的好处主要有以下几点。

①数据的多样显示。通过不同的样式表适应不同的设备,做到内容与设备无关。

②使保持整个站点的视觉一致性变得非常简单,修改样式表就可以轻松改版。

③由于结构清晰,数据的集成、更新和处理更加方便、灵活。

④更利于搜索引擎搜索。

3.1.2　CSS 概述

从 HTML 被发明开始,样式就以各种形式存在。不同的浏览器结合它们各自的样式语言为用户提供页面效果的控制,最初的 HTML 只包含很少的显示属性。

随着 HTML 的成长,为了满足页面设计者的要求,HTML 添加了很多显示功能。但是随着这些功能的增加,HTML 变得越来越杂乱,而且 HTML 页面也越来越臃肿,不符合结构与表现分离的软件设计原则,于是 CSS 便应运而生。

CSS 是 cascading style sheet 的缩写,可以翻译为"层叠样式表"或"级联样式表",即样式表。样式表是由一系列样式选择器和 CSS 属性组成的,它支持字体属性、颜色和背景属性、文本属性、边框属性、列表属性及精确定位网页元素属性等,增强了网页的格式化功能。CSS 样式实际上可以看成是属性的集合。

3.1.3　发展历程

1995 年,W3C 组织成立,CSS 的创作成员全部成为了 W3C 的工作小组,并且全力以赴研发 CSS 标准。1996 年底,CSS 初稿完成,同年 12 月,层叠样式表的第一份正式标准(cascading style sheets level 1)完成,成为 W3C 的推荐标准,这就是 CSS1.0。

1997 年初,W3C 组织负责 CSS 的工作组开始讨论第一版中没有涉及的问题,其讨论结果组成了 1998 年 5 月出版的 CSS 规范第二版。

CSS3 是 CSS 技术的升级版本,于 1999 年开始制订,2001 年 5 月 23 日 W3C 完成了 CSS3 的工作草案,一直到 2020 年底,CSS3 仍在不断完善中。

3.1.4　CSS 的特点

(1)更多的排版和页面布局控制

虽然 HTML 标签具备了一些页面排版的功能,但其本身并非为排版和页面布局设计的,在展现方面不足以满足需求。CSS 提供了广泛的表达方式用来实现页面的排版,并且适合于各种输出媒介。

(2) 样式和结构分离

内容和样式的分离,就是指在网页编码的过程中,要将 HTML 和 CSS 两大部分分开。写 HTML 的时候先不管样式,重点放在 HTML 的结构和语义化上,让 HTML 能体现页面结构和内容,然后进行 CSS 样式的编写,减少 HTML 与 CSS 契合度(内容与样式分离)。样式可以单独存储,并可被用于多个网页。

(3) 文档变得更小

CSS 最有用的功能可能是使用它之后就可以从 HTML 中删除所有样式和布局,因此 HTML 页面文件大小要小很多。而网页所引用 CSS 文件仅由访问者的浏览器下载一次,并重新用于网站上的不同页面。这样可以降低服务器的带宽需求,并确保为访问者提供更快的下载速度。

(4) 网站维护更容易

CSS 产生的一个便捷功能是当想要对网站进行更改时提供一致性。当对网站 CSS 样式表进行更改时,将能够自动更正或更改整个网站中的每个页面,所有这些都是一次性的,不必进入每个单独的网页进行特定更改。当网站相当大时,这个简单的功能将为设计者节省大量时间。

3.2 CSS 核心基础

3.2.1 CSS 样式规则

CSS 样式规则格式由选择器、若干个声明组成,声明由属性及其值组成,如图 3-1 所示。

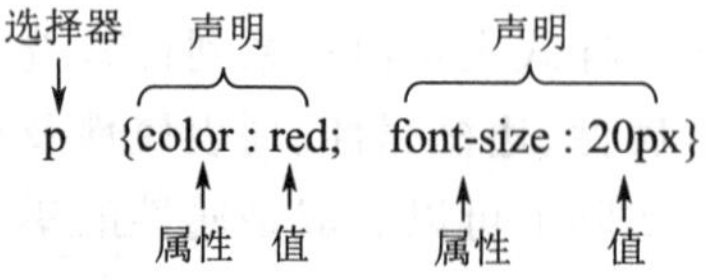

说明:

① 选择器用于指定 CSS 样式作用的 HTML 对象。花括号内是对该对象设置的字体样式。

② 属性和属性值以键-值对的形式出现。

③ 属性是对指定的对象设置的样式属性,如字体大小、文本颜色等。

图 3-1 CSS 样式规则格式

④ 属性和属性值之间用英文":"连接。

⑤ 多个键-值对之间用英文";"进行区分。

"属性:属性值"值对称为声明,它表示一种具体的显示效果。

一个可能的规则如下。

div{font-size:16px;color:blue;text-align:center;}

其中,div 为选择器,表示在该规则作用范围内的所有的 div 元素;font-size、color 和 text-align 为 CSS 属性,分别表示 div 元素中内容的文本字体大小、字体颜色、对齐方式;16px、blue 和 center 分别是它们的值。

在编辑 CSS 样式时,除了要遵循上述的规则外,还有下面几点需要注意。

① 除标签选择器外,选择器严格区分大小写;属性和值不区分大小写。由于按照标准的语

法，HTML 标签应该是小写字母，所以一般将选择器、属性和属性值都采取小写的方式。

②最后一个分号可以省略，但为了便于增加新的声明，最好保留它。

③如果单个属性值中包括了空格，则必须给这个属性值加上西文的双引号或单引号。例如：

```
p{ font-family:"wingdings 2";}
```

④一个声明中可以有多个值，这些值之间用空格或西文逗号分隔。当用空格分隔时，通常表示这些值是属性的"分值"或"子值"；当用逗号分隔时，表示当前一个值不可用时，就取后面的一个值。例如：

```
div{ border-width:2px 1px 2px 1px;}
p{ font-family:华文楷体,华文中宋,毛体,黑体,宋体;}
```

第一行表示 div 元素的边框的上、右、下、左四边的粗细分别为 2 px、1 px、2 px、1 px。第二行表示 p 元素的字体在本机操作系统中安装了"华文楷体"字体的情况下，就将其中的中文显示为"华文楷体"；否则，检查是否安装了"华文中宋"，如果安装了则显示为"华文中宋"，否则检查是否安装了"毛体"，依次类推，当所有列出的字体都没有安装时，按默认字体显示。

⑤CSS 代码中空白符（包括空格、换行、Tab 符、回车符）是不被解析的，因此可以用空白符来对代码进行排版，以提高代码的可读性。例如，上面的代码格式化后的代码如下。

```
div {
    border-width:2px 1px 2px 1px;
}
p {
    font-family:华文楷体,华文中宋,毛体,黑体,宋体;
}
```

⑥可以在 CSS 中添加注释，以提高代码的可读性，用"/* */"块将注释内容包括起来。注释块可以放在除了选择器、属性、属性值本身内部以外的任何地方。例如：

```
/* 2020.10.10 修改,杨勋 */
div /* span 去掉了之前的 */{    /* 适用于所有的 div    */
    border:1px solid/* 原为虚线 */ red;    /* 边框粗细为 1px,实线,红色 */
}
```

3.2.2 引入样式表

要想使用 CSS 修饰网页，就需要在 HTML 文档中引入 CSS 样式表，引入的方式有 4 种。

（1）内联式

内联式也称为行内式，是通过标签的 style 属性来设置元素的样式，即将前面的规则中花括号中的内容作为 style 属性的值。此时标签的名字就相当于是选择器。如图 3-2 所示。

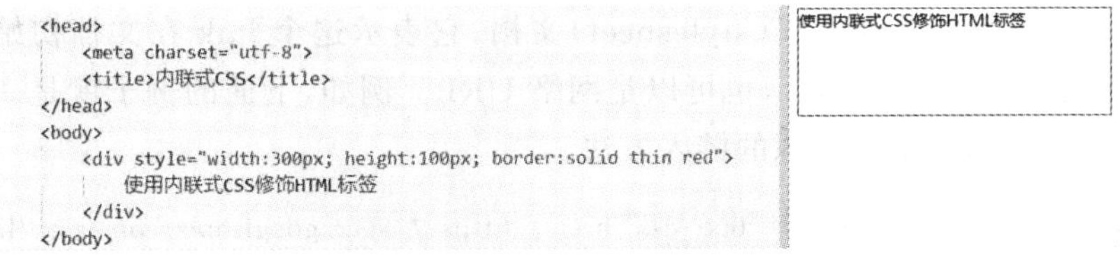

```
<head>
    <meta charset="utf-8">
    <title>内联式CSS</title>
</head>
<body>
    <div style="width:300px; height:100px; border:solid thin red">
        使用内联式CSS修饰HTML标签
    </div>
</body>
```

使用内联式CSS修饰HTML标签

图 3-2 内联式 CSS 示例

通过内联式的方式使用 CSS，并不符合结构与表现分离的原则，因此，一般很少用。只有在样式规则较少且只在该元素上使用一次，或者要临时修改某个规则时使用。

（2）内嵌式

内嵌式是将 CSS 代码写在＜style＞标签中，然后把 style 元素嵌入到网页的适当位置。通常是放在＜head＞标签中，有助于其内容被提前解析，使得网页内容的渲染不至于延迟。其使用方法如图 3-3 所示。

```
<head>
    <meta charset="utf-8">
    <title>内嵌式CSS</title>
    <style type="text/css">
        div{width:300px; height:100px; border:solid thin red;}
        span{font-size: xx-large;color:red;}
    </style>
</head>
<body>
    <div>
        使用<span>内嵌式CSS</span>修饰HTML标签
    </div>
</body>
```

使用内嵌式CSS修饰HTML标签

图 3-3　内嵌式 CSS 示例

＜style＞标签的 type 属性值为"text/css"，含义是标签的内容为文本，且为 CSS 样式。type 属性可以省略。

内嵌式 CSS 样式只在其所在的 HTML 页面有效，因此当多个网页使用同一个样式时，这种方式就不妥。

（3）链入式

将网页所要使用的所有样式放在一个或多个以"css"为扩展名的外部样式表文件中，然后通过＜link＞标签将其链入到 HTML 文件中，这种方式称为链入式 CSS。

例如，在 css 文件夹下创建一个文本文件 demo1.css，内容如下。

```
/* demo1.css 文件放在网页文件所在文件夹的子文件夹 css 中 */
div{width:300px;height:100px;border:solid thin red;}
span{font-size:xx-large;color:red;}
```

在网页文件中通过＜link＞标签将上述文件引入，如图 3-4 所示。

```
<head>
    <meta charset="utf-8">
    <title>链入式CSS</title>
    <link type="text/css" href="css/demo1.css" rel="stylesheet"/>
</head>
<body>
    <div>
        使用<span>链入式CSS</span>修饰HTML标签
    </div>
</body>
```

使用链入式CSS修饰HTML标签

图 3-4　链入式 CSS 示例

在＜link＞标签中，必须指定 rel 和 href 属性的值，且 rel 属性值必须为 stylesheet。rel 是关联的意思，关联的是一个样式表（stylesheet）文档，它表示这个 link 在文档初始化时将被使用。href 属性值可以是本地 URL，也可以是网络 URL。例如，下面的例子就是一个经常使用的 jQuery UI 样式库的 CDN 资源的链入方法。

＜link rel="stylesheet" type="text/css" href="https://ajax.googleapis.com/ajax/libs/jqueryui/1.8/themes/base/jquery.ui.base.css"/＞

链入式 CSS 是使用频率最高、最实用的 CSS，在这种方式下，将 HTML 代码与 CSS 代码分成两个或多个文件，实现了结构与表现的完全分离。

(4) 导入式

通过在＜style＞标签中使用@import url()命令，将 CSS 文件中的内容导入到＜style＞标签中的相应位置。如图 3-5 所示为用导入式方式实现。

```
<head>
    <meta charset="utf-8">
    <title>导入式CSS</title>
    <style type="text/css">
        @import url(css/demo1.css);
    </style>
</head>
<body>
    <div>
        使用<span>导入式CSS</span>修饰HTML标签
    </div>
</body>
```

使用**导入式CSS**修饰HTML标签

图 3-5　导入式 CSS 示例

@import url() 可以用来将多个 CSS 文件拼接在一起。例如，下面的文件 all.css 导入了四个 CSS 文件的内容，然后 all.css 可以通过链入式或导入式引用到 HTML 文件中。

```
/* all.css 下面的四个文件在相同文件夹下 */
@import url(head.css);
@import url(body.css);
@import url(foot.css);
@import url(appendix.css);
```

链入式与导入式的区别如下。

① link 是在加载页面前把 CSS 加载完毕，而@import url() 则是读取完文件后加载，所以会出现一开始没有 CSS 样式，闪烁一下后出现样式的页面（网速慢的情况下）。

② @import 是 CSS2 开始支持的，所以较旧版本的浏览器如 IE5 不支持。

③ 当使用 JavaScript 控制 DOM 去改变样式的时候，只能使用 link 标签，因为@import 不是 DOM 可以控制的。

3.2.3　CSS 三大特性

(1) 继承性

给父元素设置一些属性，子元素也可以使用，这个我们就称为继承性。并不是所有的属性都可以继承，只有以 color/font-/text-/line-开头的属性才可以继承。在 CSS 的继承中不仅仅是儿子可以继承，只要是后代都可以继承。但有下面两个特殊情况。

① a 标签的文字颜色和下画线是不能继承的。

② h 类标签的文字大小是不能继承的。

继承性一般用于设置网页上的公共信息，如网页文字颜色、字体及字号等。

(2) 层叠性

层叠性就是 CSS 处理冲突的一种能力。层叠性只有在多个选择器选中"同一个标签"，然后又设置了"相同的属性"时才会发生。

层叠性由优先级决定。

(3)CSS 优先级

当多个选择器选中同一个标签,并且给同一个标签设置相同的属性时,如何层叠就由优先级来确定。

优先级判断方式如下。

①是否直接选中(间接选中就是指继承),直接选中的选择器的优先级高。如果是间接选中,那么就是谁离目标标签近就听谁的。

②是否是相同选择器,如果是直接选中,并且是同类型的选择器,谁写在后面就听谁的。

③不同的选择器,如果都是直接选中,并且不都是相同类型的,那么会按照选择器的优先级来层叠:!important > 行内样式 > id 选择器 > 类选择器 > 标签选择器 > 通配符 > 继承 > 浏览器默认。

关于通配符:比如 CSS 开头写一句 *{margin:0;padding:0;}用 * 来匹配全部标签,通配符选择器也是直接选中。

!important 用于提升某个标签当中的优先级,可以将指定的属性的优先级直接提升为最高级,使用时有下列规定。

①!important 只能用于直接选中,不能用于间接选中。

②!important 只能提升被选中属性的优先级,其他属性的优先级不会被提升。

③!important 必须写在属性的分号前。

④!important 前面的感叹号不能被省略。

例如,对于如下定义的样式。

```
p {
    color:red !important;
}
#app {
    color:black
}
```

虽然 id 选择器 #app 设置字体颜色为黑色,且放置在后面,但标签选择器 p 中对颜色字体设置了 important,所以以下的 p 标签中的文字将被显示为红色。

```
<p id="app">字符内容</p>
```

3.3 CSS 取值与单位

3.3.1 长度单位

CSS 中有不少属性是以长度作为值的,如字体大小、宽度、高度、间距、偏移。若要把单位做区分,最简单可以分为"网页"和"印刷"两大类。也就是说,若用于在屏幕上显示,最好用"网页"类单位;如果要将内容输出到打印设备上,就用印刷类单位。

1. 网页(单位)

(1)px:像素(pixel)

像素是屏幕媒体固定大小的单元,一个像素等于屏幕上的一个点(屏幕分辨率的最小分割),Web 页面可以精确按像素完美呈现。在 Web 上,像素仍然是典型的度量单位,其他长度单位直接映射成像素,最终它被按照像素处理。像素是绝对长度单位,所描述的长度不会因为其他元素的尺寸变化而变化。使用方式如 30 px。

(2) em:M 宽度(em-quads)

为相对单位,用于字体时,基准点为相对父节点字体的大小,它是基于当前字体大写字母"M"的尺寸的。在没有任何 CSS 规则的前提下,1 em 的长度是浏览器的默认字体高度 16 px,即 1 em=16 px。

(3) rem:根 M 宽度(root em-quads)

为相对单位,但是和 em 不同的是 rem 总是相对于根元素,而不像 em 一样使用级联的方式来计算尺寸。

(4)%:百分比

为相对单位,每个子元素通过"百分比"乘以父元素的像素值。

(5) vw:视口宽度(viewport's width)

视口指的是浏览器可视区域,所有设备视口宽度被均分为 100 单位的 vw,1 vw 等于视口宽度的 1%。

(6) vh:视口高度(viewport's height)

所有设备视口高度被均分为 100 单位的 vh,1 vh 等于视口高度的 1%。

(7) vmax:视口最大值(viewport's maximum)

相对于视口的宽度或高度中较大的那个,其中最大的那个被均分为 100 单位的 vmax。

(8) vmin:视口最小值(viewport's minimum)

相对于视口的宽度或高度中较小的那个,其中较小的那个被均分为 100 单位的 vmin。做移动页面开发时,如果使用 vw、wh 设置字体大小(如 5 vw),在竖屏和横屏状态下显示的字体大小是不一样的。由于 vmin 和 vmax 是当前较小的 vw、vh 和当前较大的 vw、vh,这里就可以用到 vmin 和 vmax,使得文字大小在横竖屏下保持一致。

(9) ch:字符 0 宽度(character width)

数字"0"的宽度,主要用于使图片等对象与指定数量字符相匹配的情况。

2. 打印(单位)

绝对物理尺寸单位有 in、mm、cm、pt、pc,含义分别为英寸、毫米、厘米、点、派卡。它们之间的关系是:1 in=2.54 cm=25.4 mm=72 pt=6 pc。

这些单位也可以用于网页内容的显示,但在屏幕上显示的尺寸并非一定与标称的量一致,这取决于设备的 dpi 的值,但打印输出时是一致的。即屏幕上标称为 1 cm 的宽度的对象若用尺子去量,测量值并不一定为 1 cm,而用打印机输出在纸张上的该对象的宽度是 1 cm。

3. 字体大小预设值

- medium:预设值,等于 16 px(h4 预设值)。
- xx-small:medium 的 60%(h6 预设值)。
- x-small:medium 的 75%。
- small:medium 的 80%(h5 预设值,W3C 定义为 0.89)。
- large:medium 的 1.1 倍(h3 预设值,W3C 定义为 1.2)。
- x-large:medium 的 1.5 倍(h2 预设值)。

- xx-large：medium 的 2 倍(h1 预设值)。
- smaller：约为父层的 80%。
- larger：约为父层的 1.2 倍。

3.3.2 颜色

在计算机中表示颜色的模式有好几种，在 HTML 网页设计中使用的是 RGB 模式。红光、绿光、蓝光是色光加光混合的三基色，通过红光、绿光、蓝光不同比例的组合，能产生任何颜色的光。RGB 色彩模式就是用 R 表示红光的分量，用 G 表示绿光的分量，用 B 表示蓝光的分量，RGB 数据就可以表示出任何一种颜色，任何一种颜色也可以用一个 RGB 数据表示出来。在 HTML 和 CSS 中，颜色的取值有颜色关键字、十六进制颜色代码、rgb()函数、rgba()函数、hsl()函数、hsla()函数六种类型和一个特殊颜色 transparent。

(1) 颜色关键字

直接使用颜色的单词和相关修饰词来表示颜色，总共定义了 147 种颜色名，包括 17 种标准颜色加 130 种其他颜色。17 种标准颜色分别是 aqua、black、blue、fuchsia、gray、green、lime、maroon、navy、olive、orange、purple、red、silver、teal、white、yellow。其他的颜色有 lightblue、darkorange、greenyellow 等。

(2) 十六进制颜色代码

最常用的是 6 位十六进制的代码表示法。如#ff0000，其中#只是表示使用 6 位十六进制的颜色代码声明颜色；代码的头两位，即 ff 表示三原色中的红色，范围是十六进制的 00～ff；中间两位即 00 表示绿色；最后两位即 00 表示蓝色。00 表示没有颜色，ff 表示颜色最强，所以 000000 表示黑色，ffffff 表示白色。同样，ff0000 表示纯红色，00ff00 表示纯绿色，0000ff 表示纯蓝色。

也可以用 3 位十六进制的代码表示法，如 color=#0f0。3 位十六进制代码分别表示红、绿、蓝，每个的范围是 0～f。这种表示法所能表达的颜色数为 $16^3=4\,096$ 种颜色。

(3) rgb()函数

颜色还可以用 rgb(r,g,b)表示，括号中的 r,g,b 分别用 0～255 的十进制数或百分比表示红、绿、蓝。例如，rgb(255,0,0)及 rgb(100%,0%,0%)都表示红色。

(4) rgba()函数

使用红(R)、绿(G)、蓝(B)、透明度(A)的叠加来生成各式各样的颜色。红、绿、蓝取值范围都为 0～255,也可以使用百分比 0%～100%；透明度值为 0(透完全明)～1(完全不透明)。例如，rgb(255,0,0,0.5)表示半透明的红色。

(5) hsl()函数

HSL 即色相(hue)、饱和度(saturation)、亮度(lightness)。HSL 是一种将 RGB 色彩模型中的点在圆柱坐标系中的表示法。这种表示法试图做到比基于笛卡儿坐标系的几何结构 RGB 更加直观。

色相(H)是色彩的基本属性，就是平常所说的颜色名称，如红色、黄色等。取值为 0～360,0(或 360)为红色，120 为绿色，240 为蓝色。

饱和度(S)是指色彩的纯度，值越高，色彩越纯，值越低则逐渐变灰，取 0～100% 的数值。

亮度(L)，取 0～100%。

例如，hsl(120,100%,50%)表示绿色，hsl(120,100%,25%)表示暗绿色。

(6)hsla()函数

定义 HSL 颜色,并设置透明度,透明度值为 0(透完全明)～1(完全不透明)。例如,hsla(0,100%,50%,0.5)表示半透明的红色。

(7)transparent

它是一个特殊的颜色值,代表着全透明黑色,即一个类似 rgba(0,0,0,0)的值。

3.3.3 角度

角度的取值为数值,单位如下。

(1)deg

度(degrees),一个圆周为 360 deg。

(2)grad

梯度(gradians),等于 9×角度/10。

(3)rad

弧度(radians),等于角度×π/180。

(4)turn

转圈(turns),等于 360 deg。

3.3.4 CSS 函数

CSS 属性的取值一般都是常数,但是在有些情况下需要动态取值或需要做数值转换,CSS 函数提供了这种功能。常用的 CSS 函数如下。

(1)属性函数

attr()。

(2)背景图片函数

linear-gradient()、radial-gradient()、conic-gradient()、repeating-linear-gradient()、repeating-radial-gradient()、repeating-conic-gradient()、image-set()、image()、url()、element()。

(3)颜色函数

rgb()、rgba()、hsl()、hsla()。

(4)图形函数

circle()、ellipse()、inset()、polygon()、path()。

(5)滤镜函数

blur()、brightness()、contrast()、drop-shadow()、grayscale()、hue-rotate()、invert()、opacity()、saturate()、sepia()。

(6)转换函数

matrix()、matrix3d()、perspective()、rotate()、rotate3d()、rotateX()、rotateY()、rotateZ()、scale()、scale3d()、scaleX()、scaleY()、scaleZ()、skew()、skewX()、skewY()、translate()、translateX()、translateY()、translateZ()、translate3d()。

(7)数学函数

calc()、clamp()、min()、max()、mixmax()、repeat()。

(8)缓动(过渡)函数

cubic-bezier()、steps()。

(9)其他函数

counter()、counters()、toggle()、var()、symbols()。

例如,下面的代码中设置元素的宽度为容器的宽度减 100 px,并设置元素为半透明,背景图片为 images 文件夹下的 bg.jpg 文件。

```
#div1{
    width:calc(100% - 100px);
    filter:opacity(50%);
    background-image:url(images/bg.jpg);
}
```

3.4 CSS 样 式

3.4.1 字体样式

(1)font-size

字体大小,可以使用 3.3 节的所有长度单位和预设值。

(2)font-family

指定字体 CSS 属性设置样式。可以用逗号分隔多个字体值,当前面的字体不存在时,浏览器试图用后面的字体进行展示。

(3)font-weight

设置文本的粗细,属性值如下。

● normal:默认值。定义标准的字符。

● bold:定义粗体字符。

● bolder:定义更粗的字符。

● lighter:定义更细的字符。

● 100~900:100 的整数倍,值越大,字体越粗,400 等同于 normal,700 等同于 bold。

● inherit:规定应该从父元素继承字体的粗细。

(4)font-style

设置字体倾斜,属性值如下。

● normal:正常体,不倾斜,为默认值。若设置,主要用来覆盖。

● italic:斜体。

● oblique:斜体。

斜体(italic)是使用了文字本身的斜体属性(字体有对应的斜体字库)。oblique 是让没有斜体属性的文字做倾斜处理。通常情况下,italic 和 oblique 文本在 Web 浏览器中看上去完全一样。

(5)font-variant

设置字体的异体,属性值如下。

● normal:默认值显示一个标准的字体。

● small-caps:将小写字母显示为小型大写字母的字体。

● inherit:规定应该从父元素继承 font-variant 属性的值。

(6) font

综合字体设置,在一个声明中设置所有字体属性,可以按顺序设置如下属性：font-style、font-variant、font-weight、font-size/line-height、font-family。例如：

```
p{font:italic small-caps bolder 20px/40px Georgia,'Times New Roman',Times,serif}
```

可以不设置其中的某个值,如 font:100% verdana;也是允许的。未设置的属性会使用其默认值。字体样式示例如图 3-6 所示。

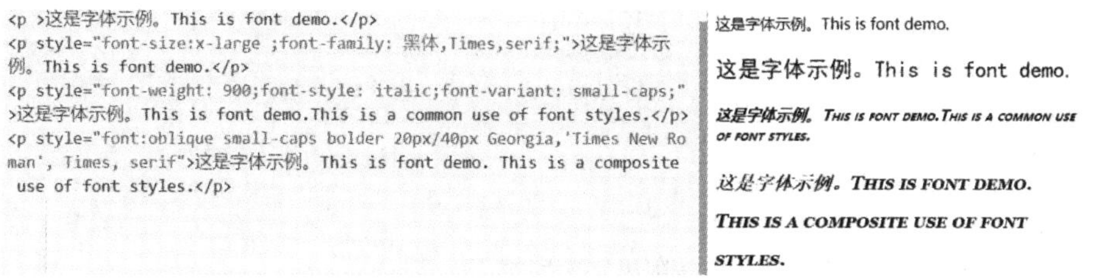

```
<p >这是字体示例。This is font demo.</p>
<p style="font-size:x-large ;font-family: 黑体,Times,serif">这是字体示例。This is font demo.</p>
<p style="font-weight: 900;font-style: italic;font-variant: small-caps;"
>这是字体示例。This is font demo.This is a common use of font styles.</p>
<p style="font:oblique small-caps bolder 20px/40px Georgia,'Times New Ro
man', Times, serif">这是字体示例。This is font demo. This is a composite
use of font styles.</p>
```

这是字体示例。This is font demo.

这是字体示例。This is font demo.

这是字体示例。THIS IS FONT DEMO.THIS IS A COMMON USE OF FONT STYLES.

这是字体示例。THIS IS FONT DEMO. THIS IS A COMPOSITE USE OF FONT STYLES.

图 3-6 字体样式属性示例

(7) @font-face 规则

也称为服务器端字体,设置嵌入 HTML 文档的字体,其主要作用是将服务器或其他网络上的自定义字体文件下载到客户机上,从而将字体嵌入到网页中,这样网页中可以使用这个字体库中的字体,让网页字体的运用不只限定在 Web 安全字体中。其语法格式为

```
@font-face {
    font-family:<webFontName>;
    src:<source> [<format>][,<source> [<format>]] * ;
    [font-weight:<weight>];
    [font-style:<style>];
}
```

其中,webFontName 为引入的自定义字体名称;source 为字体路径;format 为字体格式,用于帮助浏览器识别,在 Web 应用中常用的格式为 truetype、opentype、truetype-aat、embedded-opentype、svg;weight 为字体是否粗体;style 为字体样式。

下面的网页使用阿里的字体库——iconfont 在网页中显示汉字和字体形式的图标。

```
<!DOCTYPE html>
<html lang="zh-cn">
<head>
<meta charset="utf-8" />
<title>CSS @font-face 示例</title>
<meta name="author" content="" />
<style>
@font-face {
    font-family:'iconfont';
    src:url('http://at.alicdn.com/t/font_1397098551_95441.eot');
    src:url('http://at.alicdn.com/t/font_1397098551_95441.eot? #iefix')format('embedded-opentype'),
    url('http://at.alicdn.com/t/font_1397098552_0142624.woff')format('woff'),
    url('http://at.alicdn.com/t/font_1397098551_8732882.ttf')format('truetype'),
    url('http://at.alicdn.com/t/font_1397098552_0586202.svg#iconfont')format('svg');
```

```
        }
        p{
            font-family:'iconfont';
            font-size:24px;
            line-height:2;
            letter-spacing:.25em;
        }
        span{
            color:red;
            font-style:italic;
            }
    </style>
</head>
<body>
    <p>这是普通字符。下面是阿里字库字符：
&#x3432;伏&#x3433;<span>仉</span>&#x3434;伅&#x3435;仟&#x3436;伀&#x3437;伆&#x3438;伇&#x3439;伋&#x343a;伈&#x343b;伋&#x343c;伒&#x343d;伖&#x343e;伔&#x343f;任&#x3440;伕伈伖伋伀伈伈佉伈伆伀伉伡俋伖伋伍伖<span>&#x3459;</span>伝俐伖伋伕伋伌伇伋伊伇伈伀伈伡俋伖伋伍伖俍俐伖伋伕伋伌&#x345e;伡俋伍伓伋俋俉俍剥剡剀剦</p>
</body>
</html>
```

显示效果如图 3-7 所示。

图 3-7 @font-face 示例

程序代码中的单人旁的汉字是 UTF-8 字符集中的字符,其对应的 Unicode 编码是从 0x3432 开始的,编码 0x3432 在阿里字符集中的字形为一个五角星号。因此在 HTML 文件中,可以用 Unicode 编码,也可以用 Unicode 字符。由于这些符号是文本型而非图像,所以可以使用各种文本样式。

3.4.2 文本样式

(1)color

文本颜色。

(2)letter-spacing

控制字母之间的距离,中英文字符都适用。

(3)word-spacing

控制单词间空格的距离,以空格来区分单词。

(4)word-wrap

控制长单词换行到下一行,属性值如下。

● normal:只在允许的断字点换行(浏览器保持默认处理)。

- break-word：当一整个单词不够放时，整个单词一起换行到下一行，然后使单词断开并换行。
- break-all：强制文字换行，在当前位置时使单词断开以换行，后面的部分按容器宽度使单词断开并换行。

(5) line-height

行间距。

(6) text-transform

文本转换，属性值如下。
- none：默认无转换。
- capitalize：每个单词第一个字母为大写。
- uppercase：转换成大写。
- lowercase：转换成小写。

(7) text-decoration

控制文本是否有下画线，属性值如下。
- none：没有下画线。
- overline：定义文本上的一条线。
- line-through：定义穿过文本下的一条线。
- underline：定义文本下的一条线。

(8) text-align

控制文本的对齐方式，属性值如下。
- left：把文本排列到左边。
- right：把文本排列到右边。
- center：把文本排列到中间。
- justify：实现两端对齐文本效果。
- inherit：规定应该从父元素继承 text-align 属性的值。

(9) text-indent

控制文本首行的缩进，使用各种长度单位都可以，通常使用 em，如 2 em 表示首行缩进 2 字符。

(10) white-space

控制文档中的空白符、换行符的处理方式及是否自动换行。属性值如下。
- normal：空白符合并，忽略换行符，允许自动换行。
- nowrap：空白符合并，忽略换行符，不允许自动换行。
- pre：空白符保留，换行符保留，不允许自动换行。
- pre-line：空白符合并，换行符保留，允许自动换行。
- pre-wrap：空白符保留，换行符保留，允许自动换行。

(11) text-overflow

文本单行超出包含元素时在可见部分的尾部显示为省略号或指定字符串。属性值如下。
- clip：修剪文本。
- ellipsis：显示省略符号来代表被修剪的文本。
- *string*：使用给定的字符串来代表被修剪的文本，部分浏览器支持，如 Firefox。

（12）text-shadow

向文本应用阴影，可以规定水平阴影、垂直阴影、模糊距离，以及阴影的颜色。前两个数值可以为负数，当为负数时，分别表示阴影在左边和上边。

图 3-8 展示了上述各种文本外观的显示效果，其中左侧为对应的属性设置。

文本样式

无	1.All men are created equal. 人人生而平等
word-spacing: 2em	2.All men are created equal. 人人生而平等
letter-spacing: 0.5em	3.A l l m e n a r e c r e a t e d e q u a l. 人人生而平等
text-transform: capitalize	4.All Men Are Created Equal. 人人生而平等
text-transform: uppercase	5.ALL MEN ARE CREATED EQUAL. 人人生而平等
text-transform: lowercase	6.all men are created equal. 人人生而平等
text-decoration: overline	7.All men are created equal. 人人生而平等
text-decoration: line-through	8.All men are created equal. 人人生而平等
text-decoration: underline	9.All men are created equal. 人人生而平等
text-align: left	10.We hold these truths to be self-evident, that all men are created equal, that they are endowed by their Creator with certain unalienable rights, that they are among these are life, liberty and the pursuit of happiness. 人人生而平等
text-align: right	11.We hold these truths to be self-evident, that all men are created equal, that they are endowed by their Creator with certain unalienable rights, that they are among these are life, liberty and the pursuit of happiness. 人人生而平等
text-align: center	12.We hold these truths to be self-evident, that all men are created equal, that they are endowed by their Creator with certain unalienable rights, that they are among these are life, liberty and the pursuit of happiness. 人人生而平等
text-align: justify	13.We hold these truths to be self-evident, that all men are created equal, that they are endowed by their Creator with certain unalienable rights, that they are among these are life, liberty and the pursuit of happiness.. 人人生而平等
text-indent: 2em	14.All men are created equal. 人人生而平等
无	15.All men are created equal. 人人生而平等
white-space: normal	16.All men are created equal. 人人生而平等
white-space: nowrap	17.All men are created equal. 人人生而平等
white-space: pre	18.All men are created equal. 人人生而平等
white-space: pre-line	19.All men are created equal. 人人生而平等
white-space: pre-wrap	20.All men are created equal. 人人生而平等
text-overflow: clip	21.All men are created equal.人人生而平等
text-overflow: ellipsis	22.All men are created equal....
text-overflow: '(略)'	23.All men are created equal.(略)
无	24.All men are created equal. Thisisaverylongfabricatedwordwordwordwordword can not be wrapped.
word-break: break-word	25.All men are created equal. Thisisaverylongfabricatedwordwordwordwordword can not be wrapped.
word-break: break-all	26.All men are created equal. Thisisaverylongfabricatedwordwordwordwordword can not be wrapped.
text-shadow:2px 1px 5px red	27.All men are created equal.人人生而平等

图 3-8 文本样式示例

3.4.3 背景样式

背景样式可以用于所有可视化元素，允许应用纯色作为背景，也允许使用背景图像创建相当复杂的效果，共有 8 种属性。

（1）background-attachment

背景图像是否固定或者随着页面的其余部分滚动，属性值如下。

- scroll：默认值。背景图像会随着页面其余部分的滚动而滚动。
- fixed：当页面的其余部分滚动时，背景图像不会移动。
- local：对于可以滚动的元素（设置为 overflow：scroll 或 auto 的元素），则背景会随内容的滚动而滚动。
- inherit：规定应该从父元素继承 background-attachment 属性的设置。

（2）background-color

设置元素的背景颜色，未被背景图像覆盖的区域或背景图像的透明部分将显示为背景色。默认值为 transparent（透明）。

（3）background-image

把图像设置为背景，值为 URL(xxx)，可以使用多幅图片，用逗号分隔多个 URL(xxx)。

（4）background-size

规定背景图片的尺寸，可以设置像素值或百分比。如果用百分比，那么尺寸是相对于父元素的宽度和高度。

（5）background-position

设置背景图像的起始位置，可以使用 3 种定位值：表示位置的英文单词、百分比、CSS 长度值，而且可以混合使用。具体值如表 3-1 所示。

表 3-1　background-position **属性取值**

取值	描述
top left top center top right center left center center center right bottom left bottom center bottom right	分别定义了 9 个位置，单词顺序不敏感。如果只给一个值，那么第二个值将是"center"。默认值是 top left
x%　y%	第一个值是水平位置，第二个值是垂直位置。左上角是 0% 0%。右下角是 100% 100%。如果仅指定了一个值，另一个值将是 50%
xpos　ypos	第一个值是水平位置，第二个值是垂直位置。左上角是 0 0。单位是像素（0 px 0px）或任何其他的 CSS 单位。如果仅规定了一个值，另一个值将是 50%

（6）background-repeat

设置背景图像是否及如何重复。属性值如下。
- repeat：默认值，背景图像将在垂直方向和水平方向重复。
- repeat-x：背景图像将在水平方向重复。
- repeat-y：背景图像将在垂直方向重复。
- no-repeat：背景图像将仅显示一次。
- inherit：规定应该从父元素继承 background-repeat 属性的设置。

（7）background-origin

设置背景图片的定位区域。属性值如下。

- padding-box：背景图像相对于内边距框来定位。
- border-box：背景图像相对于边框盒来定位。
- content-box：背景图像相对于内容框来定位。

（8）background-clip

设置背景的绘制区域。属性值如下。

- border-box：背景被裁剪到边框盒。
- padding-box：背景被裁剪到内边距框。
- content-box：背景被裁剪到内容框。

（9）background

简写属性，作用是将背景属性设置在一个声明中。例如：

background:#ADD8E6 url(../images/music_01.png)center center no-repeat scroll;

二维码中显示的代码展示了上述属性的使用方法，效果如图 3-9 所示。

背景样式-1

图 3-9　背景样式示例 1

background-origin 和 background-clip 属性决定了在设置了边框宽度、内边距宽度情况下背景图像的显示方式。图 3-10 为 9 个边框宽度为 20 px、边框半透明、内边距为 20 px 的方框，为每个边框设置了相同的背景色和背景图片，定位方式和重复方式也相同。通过设置不同的 background-origin 和 background-clip 值，展现了不同的效果。

上面 3 个框的背景图片从方框的最左上角开始绘制，但背景图片的剪切（clip）分别是从边框、内边距框、内容框的外边框开始的，中间 3 个框的背景图片从内边距框的外边开始绘制，底部的 3 个框是从内容框的外边开始绘制的。

背景样式-2

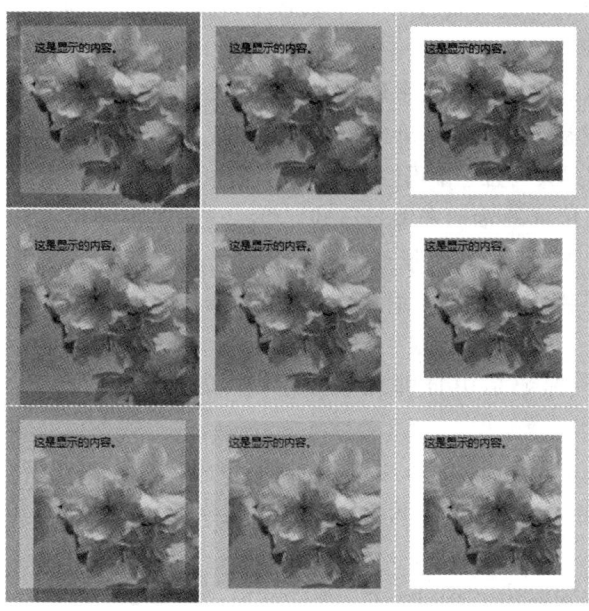

图 3-10 背景样式示例 2

3.4.4 列表样式

列表样式用来放置、改变列表项标志,或者将图像作为列表项标志,使得列表项的显示更加丰富。列表样式拥有 3 个属性。

(1) list-style-image

将图像设置为列表项标志。属性值如下。

- URL:图像的 URL,图像的大小一般在 18 px×18 px 左右。
- none:无图像被显示。默认值。

(2) list-style-position

设置列表中列表项标志的位置。属性值如下。

- outside:标志会放在离列表项边框边界一定距离处,且环绕文本不跟标记对齐。
- inside:标志处理为好像它们是插入在列表项内容最前面的行内元素一样。

(3) list-style-type

设置列表项标志的类型,既可以用于有序列表,也可以用于无序列表。属性值如下。

- none:无标记。
- disc:默认值,标记是实心圆。
- circle:标记是空心圆。
- square:标记是实心方块。
- decimal:标记是数字。
- decimal-leading-zero:标记是 0 开头的数字(01,02,03 等)。
- lower-roman:标记是小写罗马数字(i,ii,iii,iv,v 等)。
- upper-roman:标记是大写罗马数字(I,II,III,IV,V 等)。
- lower-alpha:标记是小写英文字母(a,b,c,d,e 等)。

● upper-alpha：标记是大写英文字母（A,B,C,D,E 等）。

● lower-greek：标记是小写希腊字母（α,β,χ 等）。

● lower-latin：标记是小写拉丁字母（a,b,c,d,e 等）。

● upper-latin：标记是大写拉丁字母（A,B,C,D,E 等）。

● hebrew：标记是传统的希伯来编号方式。

● armenian：标记是传统的亚美尼亚编号方式。

● georgian：标记是传统的乔治亚编号方式（an,ban,gan 等）。

● cjk-ideographic：标记是中日韩表意数字（中文数字）。

● hiragana：标记是 a,i,u,e,o,ka,ki 等（日文片假名）。

● katakana：标记是 A,I,U,E,O,KA,KI 等（日文片假名）。

● hiragana-iroha：标记是 i,ro,ha,ni,ho,he,to 等（日文片假名）。

● katakana-iroha：标记是 I,RO,HA,NI,HO,HE,TO 等（日文片假名）。

（4）list-style

简写属性。用于把所有用于列表的属性设置于一个声明中。

上述属性的部分效果如图 3-11 所示。

列表样式

图 3-11　列表样式示例

3.4.5　表格样式

table 元素及其子元素用来展示行列数据，除合并单元格外，其具体呈现的外观最好由 CSS 样式来实现。table 元素及其子元素可以应用前面介绍的字符、文本、背景和后面介绍的边框样式。

1. table 样式

＜table＞标签专用的样式有如下 5 种。

（1）border-collapse

设置是否把表格边框合并为单一的边框。属性值如下。

● separate：默认值。边框会被分开，不会忽略 border-spacing 和 empty-cells 属性。

● collapse：如果可能，边框会合并为一个单一的边框。会忽略 border-spacing 和 empty-cells 属性。

● inherit：规定应该从父元素继承 border-collapse 属性的值。

（2）border-spacing

设置分隔单元格边框的距离。属性值如下。

● *length length*：使用 px、cm 等单位，不允许使用负值。如果定义一个 *length* 参数，那么定义的是水平和垂直间距。如果定义两个 *length* 参数，那么第一个设置水平间距，而第二个设置垂直间距。

(3) caption-side

设置表格标题的位置。属性值如下。

● top：默认值。把表格标题定位在表格之上。

● bottom：把表格标题定位在表格之下。

(4) empty-cells

设置是否显示表格中的空单元格，只有 border-collapse 设置为 separate 时才有效。属性值如下。

● hide：不在空单元格周围绘制边框。

● show：在空单元格周围绘制边框。默认值。

(5) table-layout

设置显示单元格、行和列的算法。属性值如下。

● automatic：默认值。列宽由单元格内容设定，即由列单元格中没有折行的最宽的内容设定。此算法有时会较慢，这是由于它需要在确定最终的布局之前访问表格中所有的内容。

● fixed：列宽由表格宽度和列宽度、表格边框宽度、单元格间距设定，而与单元格的内容无关。

如图 3-12 所示，其中"表 1"未设定宽度，浏览器将按填充表格内容的要求计算出列的宽度和表格宽度，其余表格设置了固定宽度；"表 2"、"表 3"和"表 5"未设置表格布局，采用默认的自动布局，浏览器根据列中单元格内容的最大宽度的比例来计算列的宽度；"表 4"为固定布局，由于没有设置单元格宽度，所以浏览器在计算时平均分布各列。

表格样式-1

图 3-12　表格样式示例 1

在 border-collapse:separate 的情况下，可以设置 border-spacing 和 empty-cells，如图 3-13

所示。其中,边框间隙水平方向设置为 10 px,垂直方向设置为 2 px,右下角的单元没有内容。在默认情况下,该单元格的边框是显示的,通过设置 empty-cells 为 hidden 后,将其边框隐藏。

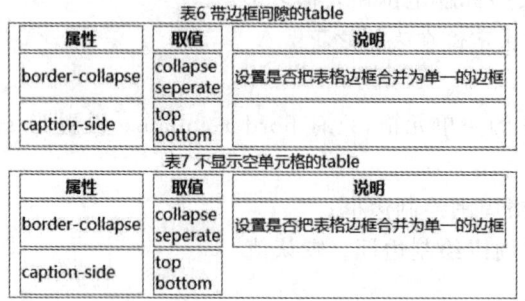

表格样式-2

图 3-13 表格样式示例 2

2. td、th 样式

vertical-align 用来设置定义行内元素的基线相对于该元素所在行的基线的垂直对齐,属性值如下。

- baseline:默认值。元素放置在父元素的基线上。
- sub:元素的基线与父元素中下标的基线对齐。
- super:元素的基线与父元素中上标的基线对齐。
- top:把元素的顶端与行中最高元素的顶端对齐。
- text-top:把元素的底端与父元素字体的顶端对齐。
- middle:把元素放置在父元素的中部。
- bottom:把元素的顶端与行中最低的元素的顶端对齐。
- text-bottom:把元素的底端与父元素字体的底端对齐。
- length:元素基线超过父元素的基线指定高度。可以取负值。
- %:同 length,只是使用 line-height 属性的百分比值来指定高度。允许使用负值。

前 8 种属性值的含义如图 3-14 所示(中间的第 3 条线为基线)。

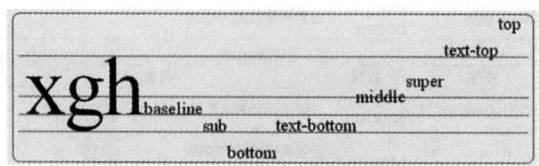

图 3-14 vertical-align 属性值示意图

图 3-15 展示了垂直对齐样式的使用方法,其中字母 g 为上标,字母 q 为下标。

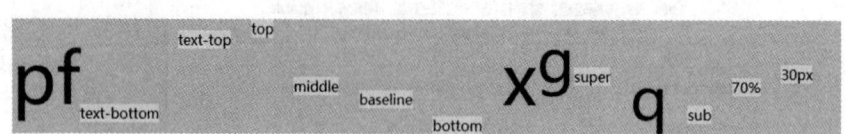

表格样式-3

图 3-15 vertical-align 属性示例

对于表格的单元格,由于其父元素 tr 本身不存在子行内元素,所以只有 top、middle、bottom 属性值可用,可以与 text-align 属性配合使用,效果如图 3-16 所示。

表格样式-4

图 3-16　td 元素之 vertical-align 属性示例

3.4.6　轮廓样式

轮廓(outline)是绘制于元素周围的一条线,位于边框边缘的外围,可起到突出元素的作用。CSS 轮廓样式规定元素轮廓的样式、颜色和宽度,对应有 3 种属性和 1 个简写属性。

(1)outline-color

设置轮廓的颜色。可以使用各种颜色表示方法。

(2)outline-style

设置轮廓的样式。属性值如下。

- none:默认值。定义无轮廓。
- dotted:定义点状的轮廓。
- dashed:定义虚线轮廓。
- solid:定义实线轮廓。
- double:定义双线轮廓。双线的宽度等同于 outline-width 的值。
- groove:定义 3D 凹槽轮廓。此效果取决于 outline-color 值。
- ridge:定义 3D 凸槽轮廓。此效果取决于 outline-color 值。
- inset:定义 3D 凹边轮廓。此效果取决于 outline-color 值。
- outset:定义 3D 凸边轮廓。此效果取决于 outline-color 值。
- inherit:规定应该从父元素继承轮廓样式的设置。

(3)outline-width

设置轮廓的宽度。属性值如下。

- thin:规定细轮廓。
- medium:默认值。规定中等的轮廓。
- thick:规定粗的轮廓。
- length:规定轮廓粗细的值。
- inherit:规定应该从父元素继承轮廓宽度的设置。

(4)outline

在一个声明中设置所有的轮廓属性。

效果示例如图 3-17 所示。

轮廓样式

图 3-17　outline 属性示例

需要说明的是,边框也有上面的 9 种样式,一个元素可以在设置边框的同时也设置轮廓。

3.4.7 显示样式

显示(display)规定元素的显示行为(呈现框的类型),主要的属性取值及其含义如表 3-2 所示。

表 3-2 显示属性值的描述

值	描述
none	元素被完全删除
inline	将元素显示为内联元素。任何高度和宽度属性都不起作用
block	将元素显示为块元素。
flex	将元素显示为块级 Flex 容器,具体见 3.7.4 节
grid	将元素显示为块级网格容器,具体见 3.7.5 节
inline-block	将元素显示为内联级块容器。元素本身被格式化为内联元素,但可以应用高度和宽度值
table	让元素表现得像 table 元素
table-*	让元素表现得像 table 元素的各类子元素,* 为 caption、row、cell 等

下面的代码使用 table 及 table-* 值将多个 div 元素展示为表格。

```
<div style="display: table;">
    <div style="display: table-caption;">表 3-2 显示属性值的描述</div>
    <div style="display: table-row;">
        <div style="display: table-cell;">值</div>
        <div style="display: table-cell;">描述</div>
    </div>
    <div style="display: table-row;">
        <div style="display: table-cell;">none</div>
        <div style="display: table-cell;">将元素删除(隐藏)</div>
    </div>
</div>
```

3.5 盒子模型

所谓盒子模型(box model),就是把 HTML 页面中的元素看作一个矩形的盒子,也就是一个盛装内容的容器。每个矩形都由元素的内容(content)、内边距(padding)、边框(border)和外边距(margin)组成。

所有的文档元素(标签)都会生成一个矩形框,称之为元素框(element box),它描述了一个文档元素在网页布局汇总所占的位置大小。因此,每个盒子除了有自己的大小和位置外,还影响着其他盒子的大小和位置。

盒子模型结构如图 3-18 所示,具有以下特性。

① 每个盒子都有外边距、边框、填充、内容 4 个属性。

② 每个属性都包括 4 个部分:上、右、下、左。属性的 4 部分可以同时设置,也可以分别设置。

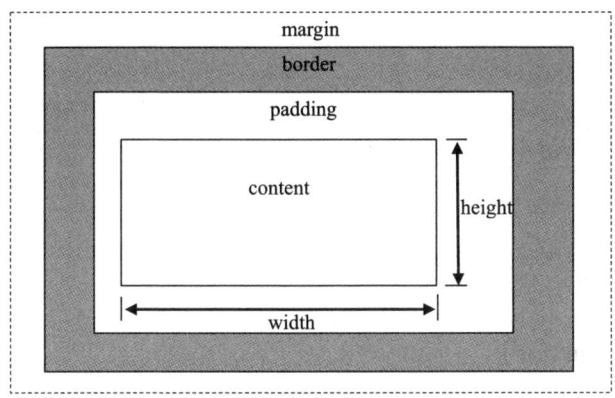

图 3-18　盒子模型示意图

3.5.1　W3C 盒子模型（标准盒模型）

根据 W3C 的规范，元素内容占据的空间是由 width 和 height 属性设置的，而内容周围的 padding 和 border 值是另外计算的。即在标准模式下的盒子模型，盒子实际内容（content）的 width、height 分别等于设置的 width、height，盒子总宽度、总高度分别等于 width＋padding_left＋border_left＋margin_left＋padding_right＋border_ right＋margin_ right、height＋padding_top＋border_top＋margin_top＋padding_bottom＋border_ bottom＋margin_ bottom。

外边距默认是透明的，不会遮挡其后的任何元素。背景应用于由内容和内边距、边框组成的区域。

3.5.2　内边距（padding）

padding 样式用于设置内边距，是指边框与内容之间的距离。可以使用长度值或百分比值，但不允许使用负值。

- padding-bottom：设置元素的下内边距。
- padding-left：设置元素的左内边距。
- padding-right：设置元素的右内边距。
- padding-top：设置元素的上内边距。
- padding：为简写属性。作用是在一个声明中设置元素的所有内边距属性。可以使用 1 个值、2 个值、3 个值、4 个值，当使用多个值时，值之间用空格分隔。当使用多个值时，不同的值与边的对应关系如表 3-3 所示。后面讲到的 border-style、border-width、border-color、border-radius、margin 的多属性值也具有相同的含义。

表 3-3　边框类属性值个数的含义

值	描述
p1	上、下、左、右 4 个方位的值皆为 p1
p1 p2	上、下方位为 p1，左、右方位为 p2
p1 p2 p3	上为 p1，左、右为 p2，下为 p3
p1 p2 p3 p4	上为 p1，右为 p2，下为 p3，左为 p4，即从上部或左上角按顺时针方向排

下述代码:

```
padding-top:10px;
padding-right:10%;
padding-bottom:4pt;
padding-left:1.5em;
```

可以简写为

```
padding:10px  10%  4pt  1.5em;
```

3.5.3 边框(border)

border 样式来定义盒子的边框,该属性包含 4 个子样式:border-style(边框样式)、border-color(边框颜色)、border-width(边框宽度)、border-radius(边框圆角)。这 4 个子样式又有 4 个子子样式,具体如下。

- border:简写属性,用于把针对 4 个边的样式、颜色、宽度属性设置在一个声明中。
- border-style:用于设置元素所有边框的样式,或者单独地为各边设置边框样式,取值与含义同轮廓样式。
- border-width:简写属性,用于为元素的所有边框设置宽度,或者单独为各边边框设置宽度。
- border-color:简写属性,设置元素的所有边框中可见部分的颜色,或为 4 个边分别设置颜色。
- border-bottom:简写属性,用于把下边框的样式、颜色、宽度属性设置到一个声明中。
- border-bottom-color:设置元素的下边框的颜色。
- border-bottom-style:设置元素的下边框的样式。
- border-bottom-width:设置元素的下边框的宽度。
- border-left:简写属性,用于把左边框的样式、颜色、宽度属性设置到一个声明中。
- border-left-color:设置元素的左边框的颜色。
- border-left-style:设置元素的左边框的样式。
- border-left-width:设置元素的左边框的宽度。
- border-right:简写属性,用于把右边框的样式、颜色、宽度属性设置到一个声明中。
- border-right-color:设置元素的右边框的颜色。
- border-right-style:设置元素的右边框的样式。
- border-right-width:设置元素的右边框的宽度。
- border-top:简写属性,用于把上边框的样式、颜色、宽度属性设置到一个声明中。
- border-top-color:设置元素的上边框的颜色。
- border-top-style:设置元素的上边框的样式。
- border-top-width:设置元素的上边框的宽度。
- border-radius:简写属性,用于把四个角的圆角属性设置到一个声明中。
- border-top-left-radius:设置元素的左上角的圆角。

两个长度或百分比值,定义了椭圆的四分之一外边框的边缘角落的形状。第一个值是水平半径,第二个是垂直半径。如果省略第二个值,它是从第一个复制。如果任意长度为零,角是直角。水平半径的百分比是指边界框的宽度,而垂直半径的百分比是指边界框的高度。下同。

- border-top-right-radius:设置元素的右上角的圆角。
- border-bottom-left-radius:设置元素的左下角的圆角。
- border-bottom-right-radius:设置元素的右下角的圆角。

一般浏览器的边框颜色默认为黑色,边框宽度为 3 px,但边框样式默认为 none,所以仅用 border 或 border-top、border-right、border-bottom、border-right 设置边框的多种属性时,必须提供样式值。

示例 1:用 border 样式生成三角形和梯形图案。

当边框宽度大于 1 px 时,各边根据其宽度值的比例占据角的空间,当使用不同颜色时,就形成了角的分隔线,因此,可以通过将相邻边框其中的一个或两个的颜色设置为透明,即可形成三角形或梯形图案。例如,下面的代码生成由 4 个不同颜色的等腰三角形组成的矩形,见图 3-19 的第一个图案。

```
div{    /* width 和 height 未设置,默认为 0 */
    display:inline-block;
    margin:3px;
}
.div0{
    border:30px solid;
    border-color:red pink blue green;
}
```

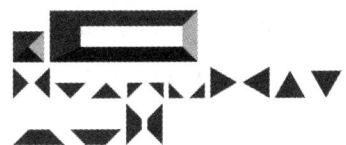

图 3-19 利用 border 样式生成三角形和梯形图案

示例 2:用 border 样式生成圆形和椭圆形图案。

可以用 border-radius 样式设置圆形或椭圆形效果,如图 3-20 所示,第一个元素是利用 div 元素创建圆形区域,然后将照片作为区域的背景,第二个元素是直接将 img 元素设置成椭圆形,第三个元素是将 div 元素的三个角设置成椭圆或圆形。扫描二维码可以查看实现代码。

图 3-20 利用 border-radius 样式生成圆角形状

边框

3.5.4 外边距(margin)

围绕在元素边框的空白区域是外边距,设置外边距会在元素外创建额外的"空白"。外边距属性可以使用任何长度单位(可以为负数)、百分数值或 auto(自动)。它有四个子样式和一个简写样式。

- margin-bottom：设置元素的下外边距。
- margin-left：设置元素的左外边距。
- margin-right：设置元素的右外边距。
- margin-top：设置元素的上外边距。
- margin：简写属性。在一个声明中设置所有外边距属性，多值规则同上面的 padding。

通过将元素的左、右边距分配 auto 值，它们可以平等地占据元素容器中的可用水平空间，因此元素将居中。根据 W3C 规范，如果 margin-top 或 margin-bottom 为 auto，则其使用值为 0。

图 3-21 展示了将元素水平居中，文本与相邻图片设置间隔一定的距离。扫描二维码可以查看实现代码。

图 3-21 margin 样式示例   外边距

3.6 CSS 选择器

3.6.1 标签选择器

标签选择器是指用 HTML 标签名称作为选择器，按标签名称分类，为页面中某一类标签指定统一的 CSS 样式，如 p、h1、em、a，甚至可以是 html 本身。其基本语法格式为

标签名｛属性1:属性值1;属性2:属性值2;属性3:属性值3;…｝

例如：

```
html {color:black;}
h1 {color:blue;}
p {color:silver;}
div {color:silver;
    width:100px;
    height:200px;
    border:solid thin red;
}
```

标签选择器最大的优点是能快速为页面中同类型的标签统一样式，同时这也是它的缺点，不能设计差异化样式。标签选择器主要用来消除默认样式和浏览器差异。

通配符 * 匹配任何标签。例如，上例中的 html 可以用 * 替代：

```
* {color:black;}
```

3.6.2 类选择器

（1）基本的类选择器

给标签取类名(class 属性值)，以点"."加类名开头作为选择器名称，选择所有该类名的元素。例如：

```html
<html>
    <head>
        <meta charset="utf-8">
        <title></title>
        <style type="text/css">
            .red {color:red;}
            .blue {color:blue;}
        </style>
    </head>
    <body>
        <div class="blue">
            显示蓝色
        </div>
        <p class="red">显示红色</p>
    </body>
</html>
```

类名全部用小写，由以字母开头的小写字母(a~z)、数字(0~9)、中画线(-)组成。类名可以是单个单词，也可以是组合单词，要求能够描述清楚模块和元素的含义，使其具有语义。

(2) 结合标签选择器

类选择器可以结合标签选择器来使用。例如，如果希望只有部分段落显示为红色文本，可设计如下选择器，并将这些段落的 class 属性值设置为包含 important。

```css
p.important {color:red;}
```

选择器现在会匹配 class 属性包含 important 的所有 p 元素，但是其他任何类型的元素都不匹配，不论是否有此 class 属性。选择器 p.important 解释为"其 class 属性值为 important 的所有段落"。如果其他非 p 元素也设置了 class 属性值包含 important，这个规则的选择器与之不匹配。

(3) 多类选择器

一个 class 值中可能包含一个词列表，各个词之间用空格分隔。例如，有如下的选择器。

```css
.important {font-weight:bold;}
.warning {color:red;}
```

如果希望将一个特定的元素同时标记为重要(important)和警告(warning)，就可以写作：

```html
<p class="important warning">
This paragraph is a very important warning.
</p>
```

这两个词的顺序无关紧要，写成 warning important 也可以。

通过把两个类选择器链接在一起，可以选择同时包含这些类名的元素(类名的顺序不限)。例如，可以建立一个如下的选择器。

```css
.important.warning {background-color:yellow;}
```

该选择器将选择上面的 p 元素，使之具有黄色背景。

3.6.3 id 选择器

在 HTML 中每个元素都可以用 id 属性来唯一标识某个元素，因此，id 值在一个文档中是不能重复的。id 选择器为在 id 值前加 #。例如：

```
#position1 {left:100px;top:20px}
```

该选择器将选择 id 值为 position1 的元素，例如：

```
<div id="position1">文字文字</div>
```

id 值是区分大小写的，因此 id 选择器也是区分大小写的。

与通配符或标签选择器配合使用也是可以的，例如：

```
*#position1 {left:100px;top:20px}
div#position1 {left:100px;top:20px}
```

注意：id 一般情况下是给 js 使用的，所以除非特殊情况，否则不要使用 id 去设置样式。

3.6.4 属性选择器

属性选择器可以根据元素的属性及属性值来选择元素，用[]来标识。

(1) 简单属性选择

如果希望选择有某个属性的元素，而不论属性值是什么，可以使用简单属性选择器。例如：

```
*[title]{border:solid thick red;font-weight:bolder;}
[src]{ background-color:#3DC8FF;}
input[id]{background-color:navy;}
```

第一行表示匹配所有具有 title 属性的元素，无论该元素是否有 title 属性值，或值是什么；第二行表示匹配所有具有 src 属性的元素，无论该元素是否有 src 值，或值是什么；第三行表示匹配具有 id 属性的 input 元素。通配符 * 可以省略。下面的 p 元素将匹配上述第一个属性选择器，img 元素将同时匹配上述第一和第二个选择器，第一个 input 元素将匹配上述第三个属性选择器，但第二个 input 元素不会匹配它。

```
<p title="这是内容">内容</p>
<img title="飞机" src="../../images/AirportBlue2.png">
<input type="radio" id="sex1" name="sex"/>男
<input type="radio" name="sex"/>女
```

属性选择器可以串联使用，而且不分先后。例如：

```
a[href][title]{color:red;}
```

将匹配同时具有 href 属性和 title 属性的 a 元素。

(2) 根据具体属性值选择

除了选择拥有某些属性的元素，还可以进一步缩小选择范围，只选择有特定属性值的元素。有如表 3-4 所示的 6 种属性值选择方式。

表 3-4 属性选择器值的选择方式

选择器	描述
[attribute = value]	用于选取带有指定属性和值的元素
[attribute ~= value]	用于选取属性值中包含指定字符串的元素
[attribute |= value]	用于选取带有以指定值开头的属性值的元素,该值必须是整个单词
[attribute ^= value]	匹配属性值以指定值开头的每个元素
[attribute $= value]	匹配属性值以指定值结尾的每个元素
[attribute *= value]	匹配属性值中包含指定值的每个元素

① "="表示值的严格匹配。例如:

```
input[type="date"]{text-align:center;color:red;}
```

将匹配下面的第一个元素,但不匹配第二个元素。

```
<input type="date" name="d" /><!-- 匹配-->
<input type="datetime-local" name="dt"/><!-- 不匹配 -->
```

② "~="表示属性值中独立的词汇的匹配。例如:

```
div[class ~= "important"]{color:red;}
```

将匹配下面的第一个元素,但不匹配第二个元素。

```
<div class="warning important">    <!-- 匹配 -->
    文字内容 1
</div>
<div class="warning important2">   <!-- 不匹配 -->
    文字内容 2
</div>
```

③ "|="表示属性值必须以指定的词汇开头。例如:

```
p[lang |= "en"]{color:red;}
```

将匹配下面的前两个元素,但不匹配后两个元素。

```
<p lang="en"><!-- 匹配 -->
    hello
</p>
<p lang="en-us"><!-- 匹配 -->
    nice to meet you
</p>
<p lang="enus"><!-- 不匹配 -->
    nice to meet you
</p>
<p lang="fake-en"><!-- 不匹配 -->
    nice to meet you
</p>
```

④ "^="表示属性值必须以指定的字符串开头。例如:

```
p[lang ^= "en"]{color:red;}
```

将匹配下面的前三个元素,但不匹配最后一个元素。

```
<p lang="en">              <!-- 匹配 -->
    hello
</p>
<p lang="en-us">           <!-- 匹配 -->
    nice to meet you
</p>
<p lang="enus">            <!-- 匹配 -->
    nice to meet you
</p>
<p lang="fake-en">         <!-- 不匹配 -->
    nice to meet you
</p>
```

⑤ "$=" 表示属性值必须以指定字符串结尾,例如:

```
img[src $= ".png"]{border:solid thick red;}
```

将匹配下面的第一个元素,但不匹配第二个元素。

```
<img src="../../images/AirportBlue2.png">    <!--匹配-->
<img src="../../images/flower03.jpg">        <!--不匹配-->
```

⑥ "*=" 表示属性值必须包含指定字符串。例如:

```
[class *= "test"]{color:red;}
```

将匹配下面的前三个元素,但不匹配最后一个元素。

```
<p class="test">内容1</p>                    <!--匹配-->
<div class="test1">                           <!--匹配-->
    内容2
</div>
<span class="mytest">内容3</span>             <!--匹配-->
<span class="mytes">内容4</span>              <!--不匹配-->
```

3.6.5 伪类

为允许基于位于文档树之外或无法使用其他简单选择器表达的信息进行选择,引入了伪类的概念。例如,当用户悬停在指定元素时,可以通过:hover来描述这个元素的状态,虽然它和一般CSS选择器相似,可以为已有元素添加样式,但是它只有处于DOM树无法描述的状态下才能为元素添加样式,所以称为伪类。

它的功能和类选择器有些类似,但它是基于文档之外的抽象。伪类用来添加一些选择器的特殊效果,是用于已有元素处于某种状态时为其添加对应的样式,这个状态是根据用户行为或元素结构状态而动态变化的。

伪类的形式是在西文冒号":"后接伪类的名称,伪类若有参数,将参数包含在一对括号之中,放在名称后面。

CSS 伪类有 6 种，分别为动态伪类、目标伪类、语言伪类、元素状态伪类、结构性伪类、否定伪类。

1. 动态伪类

动态伪类是通过元素的名称、属性或内容之外的特性来对元素进行分类，从本质上说，这些分类的特性不能从文档树中推导出来。它又可分为链接伪类和用户动作伪类。

(1) 链接伪类：link 和：visited

用户代理（如浏览器）通常需要把未访问过的链接显示成与已访问过的链接不一样，这在标签选择器 a 后使用伪类：link 和：visited 来区分。

①伪类：link 应用于没有访问过的链接。

②伪类：visited 应用于已经访问过的链接。

例如：

```
a:link{color:black;}
a:visited{color:darkgray;}
```

(2) 用户动作伪类，即：hover，：active 和：focus

交互式用户代理根据用户的动作改变动作所作用的元素的外观，有 3 种用户动作伪类。

①伪类：hover 用于在用户通过指向装置指向一个元素时，为该元素应用一定的样式。例如，当用户用光标（鼠标指针）悬停在元素的矩形区域上时，该元素将被应用其伪类：hover。

②伪类：active 用于当用户激活元素时，为该元素应用一定的样式。例如，在用户单击鼠标和释放鼠标这个时间段，或者当单击一个超链接，在单击后到跳转之前的时间段，即鼠标在元素上按下还没有松开的这段时间属于激活状态。

③伪类：focus 用于获得焦点（可以接收键盘或鼠标事件，或其他形式的输入）的元素。

综合示例如下。

```
a {text-decoration:none;}
a:link {color:black;}
a:visited {color:darkgray;}
a:hover {text-decoration:underline;}
a:active {color:red;}
button:hover {background-color:lightblue;}
button:active {background-color:yellow;}
input[type="text"]:focus {border:solid blue thin;}
#plane:hover {transform:rotateX(60deg);}
#fan:hover { content:url("../../images/fan2.gif")}
```

其中，超链接设置不显示下画线，当光标悬停在超链接上时，显示下画线，当单击超链接的一瞬间，超链接文字显示为红色。当光标悬停在按钮之上时，按钮背景色改为浅蓝色，点击按钮直到释放前背景色显示为黄色。当将焦点设置在文本框上时，文本框的边框变为蓝色细线，移出后恢复为默认的灰色线。当光标悬停在第一幅图像上时，图像旋转 60 度，移出时还原为原图像，当光标悬停在第二幅图像上时，将图像改成一个 gif 图片，移出时还原成原图片。

2. 目标伪类

用于突出显示活动的 HTML 锚。也就是该锚点是最近一个被点击的链接所对应的锚。

例如：

```
a:target {color:red;background-color:lightskyblue;}
```

该伪类确定了活动的锚点的样式，当单击下面的"锚点 1"或"锚点 2"时，它们分别指向的锚 site1 或 site2 的文字"内容 1"或"内容 2"将分别显示为蓝色背景和红色文字。

```
<a href="#site1">锚点 1</a>
<a href="#site2">锚点 2</a>
<hr/>
<a name="site1">内容 1</a>
<a name="site2">内容 2</a>
```

3. 语言伪类

用来匹配使用指定语言的元素。例如，下面的代码中指定了语言分别为 en 和 zh 时的样式，分别作用于前两个 p 元素和三个 div 元素。

```
<style type="text/css">
    :lang(en){
        color:red;
        background-color:lightskyblue;
    }
    :lang(zh){
        color:blue;
        background-color:#FFC0CB;
    }
</style>
<p lang="en">This is a paragraph.</p>
<p lang="en-us">This is a paragraph.</p>
<p lang="fr">Ceci est un paragraphe.</p>
<div lang="zh">这是中文段落。</div>
<div lang="zh-CN">这是中文段落。</div>
<div lang="zh-tw">這是中文段落。</div>
```

4. 元素状态伪类

当元素处于某种状态下时才起作用，在默认状态下不起作用。

① 伪类:enabled 匹配每个启用的元素（用于表单元素）。

② 伪类:disabled 匹配每个禁用的元素（用于表单元素）。

③ 伪类:checked 匹配每个选中的输入元素（仅适用于单选按钮或复选框）。

④ 伪类:indeterminate 匹配状态为"未确定（indeterminate）"的元素（仅适用于单选按钮或复选框或进度条）。对单选按钮元素而言，当同名的所有元素都没有被选中，则这些元素均为"未确定"状态，只要有一个被选中，则所有这些元素都失去"未确定"状态。对复选框元素而言，当其 indeterminate 属性被 JavaScript 设置为 true 时，其状态为"未确定"。对进度条元素而言，未设置其 value 值时，其处于"未确定"状态。示例如下。

```
<style type="text/css">
    input:enabled {
        background-color: white;
    }
```

```
        input:disabled,input:disabled+label {
            background-color: lightgray;
        }
        input:indeterminate, input:indeterminate+label {
            background-color: #87CEFA;
            border: solid thin red;
        }
        progress:indeterminate {
            opacity: 0.4;
            box-shadow: 0 0 2px 1px red;
        }
    </style>
```

元素状态伪类

其中把表单元素为启用（默认值 enabled）的元素的背景设置为白色，作用于用户名输入框、密码输入框、旅游复选框、提交按钮。把表单元素中为禁用的元素设为浅灰色背景，作用于用户类别输入框和电影复选框。输入元素的伪类:indeterminate 样式设为红色边框与蓝色背景，性别的两个可选项都没有被选中，因此这两个均为"未确定"状态，通过 JavaScript 把爱好复选框中的第一个体育项设为了"未确定"状态。第二个进度条没有被设置 value 值，因此处于"未确定"状态，显示为红色轮廓和 40％透明度，如图 3-22 中左图所示。当选中一个性别选项，点击"体育"复选框切换为选中或未选中时，通过 JavaScript 设置第二个进度条的值后（例中通过单击实现），这几个元素的"未确定"状态将失去，如图 3-22 中右图所示。

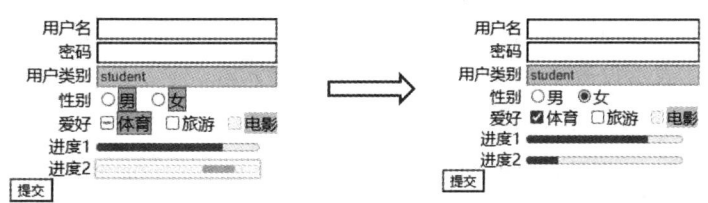

图 3-22　元素状态伪类示例

5. 结构性伪类

结构性伪类用来基于存在于文档树但不能通过其他简单选择器或复合选择器来表示的其他信息做选择，共有 12 种结构性伪类。

① 伪类:root 代表了文档的根元素，在 HTML 中就是 HTML 元素。

② 伪类:nth-child()通过计算元素在其兄弟节点中的位置来选择元素，其基本形式为："nth-child($an+b$)"，a 和 b 表示整数。当 $a>0$ 时，实际上是把这些兄弟节点分成了 a 组，然后选取每组中的第 b 个元素。当取 $2n+1$ 时，实际上是选取这些节点中的奇数序号的节点，此时可以更有语义性地用单词 odd 来替换，即："nth-child(odd)"。同理，当取 $2n$ 时，选取偶数序号的节点，可以用单词 even 来替换，即："nth-child(even)"。

常用的用法如下。

```
    tr:nth-child(2n+1){color:blue}/* 表格的奇数行 */
    tr:nth-child(odd){ color:blue } /* 同上 */
    tr:nth-child(2n){ color:gray } /* 表格的偶数行 */
    tr:nth-child(even){ color:gray }/* 同上 */
```

```
tr:nth-child(5){ color:gray }           /* 表格的第 5 行 */
p:nth-child(4n+1){ color:navy; }        /* 第 1、5、9、13、…个段落 */
p:nth-child(4n+2){ color:green; }       /* 第 2、6、10、14、…个段落 */
p:nth-child(4n+3){ color:maroon; }      /* 第 3、7、11、15、…个段落 */
p:nth-child(4n+4){ color:purple; }      /* 第 4、8、12、16、…个段落 */
:nth-child(10n-1){ }                    /* 第 9、19、29、…个元素 */
```

③伪类:nth-last-child()表示从最后一个兄弟节点开始往前选择第 $an+b$ 个元素,其他用法同:nth-child(),包括使用 odd 和 even。

④伪类:nth-of-type()表示同类型的兄弟节点中的 $an+b$ 个元素,其用法同:nth-child()。

⑤伪类:nth-last-of-type()表示从同类型的兄弟节点中的最后一个开始往前选择第 $an+b$ 个元素,其用法同:nth-child()。

⑥伪类:first-child 表示兄弟节点中的第一个元素,等价于:nth-child(1)。

⑦伪类:last-child 表示兄弟节点中的最后一个元素,等价于:nth-last-child(1)。

⑧伪类:first-type-child 表示同类型兄弟节点中的第一个元素,等价于:nth-type-child(1)。

⑨伪类:last-type-child 表示同类型兄弟节点中的最后一个元素,等价于:nth-last-type-child(1)。

⑩伪类:only-child 表示没有兄弟节点的元素,等价于:first-child:last-child 或:nth-child(1):nth-last-child(1)。

⑪伪类:only-of-type 表示没有同类型的兄弟节点的元素,等价于:first-of-type:last-of-type 或:nth-of-type(1):nth-last-of-type(1)。

⑫伪类:empty 表示没有子元素(包括文本内容)的元素。

6. 否定伪类

否定伪类:not(X)是对简单选择器或其他的伪类 X 取否定,也就是说伪类的嵌套使用(:not(:not(X)))是无效的。示例如下。

```
div:not([id]){ …… }                    /* 没有 id 属性的 div */
div:not([id="1"]){ …… }                /* id 属性值不为 1 的 div */
div:not(.c){ …… }                      /* class 值不为 c 的 div */
div:not(span){ …… }                    /* div 中不是 span 元素的元素。注意冒号前有空格 */
body:not(div){ …… }                    /* 不是 div 的元素。注意冒号前有空格 */
tr:not(:first-child):not(:last-child){ …… }  /* 表格中除第一行和最后一行之外的行 */
.c:not(span){ …… }                     /* class 值为 c 但不是 span 的元素 */
```

3.6.6 伪元素

伪元素用于创建一些不在文档树中的元素,并为其添加样式。实际上,伪元素就是选取某些元素前面或后面的一部分内容或位置,而这种选取是普通选择器或伪类无法完成的工作。伪元素控制的内容和元素是相同的,但它本身是基于元素的抽象,并不存在于文档结构中。例如,可以通过::before 在一个元素前增加一些文本,并为这些文本添加样式,通过::first-letter 选取段落的第一个字母。

伪元素由两个冒号后跟伪元素名称所组成,但在 CSS3 之前的版本中用的是单冒号,一般的浏览器都支持这两种写法。每个选择器只能有一个伪元素,当使用伪元素时,伪元素必须紧跟在简单选择器之后。

伪元素具有以下两个特点。

①伪元素不属于文档,所以 JavaScript 无法操作它。

②伪元素属于主元素的一部分,因此单击伪元素触发的是主元素的 click 事件。

常用的伪元素有如下四种。

1. 伪元素::first-line

向文本的首行添加特殊样式,而不论该行出现多少单词。下列属性应用于::first-line 伪元素:font、color、background、word-spacing、letter-spacing、text-decoration、vertical-align、text-transform、line-height、clear。例如,下面的伪元素样式将产生如图 3-23 所示的效果。

```
div::first-line{
    color:red;
    font-weight:bolder;
    font-style:italic;
}
```

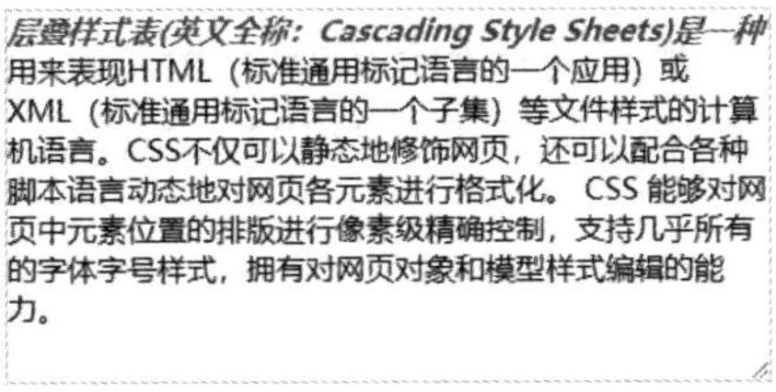

图 3-23　::first-line 伪元素示例

2. 伪元素::first-letter

向文本的首字母添加特殊样式。下列属性可应用于::first-letter 伪元素:font、color、background、margin、padding、border、text-decoration、vertical-align(仅当 float 为 none 时)、text-transform、line-height、float、clear。下面的样式作用于 div 和 p 元素,效果如图 3-24 所示。

```
div::first-letter{
    font-size:40px;
    font-weight:bolder;
    font-family:"黑体";
}
p::first-letter{
    font-size:40px;
    font-weight:bolder;
    line-height:40px;
    float:left;
    line-height:40px;
}
```

在不设置 float 属性,或将 float 属性值设为"none"的情况下,::first-line 伪元素作为行内元素显示,所以在图 3-24 中上部的 div 元素中的首字符与其后同一行中的文字显示在同一行上。当将 float 属性值设为非"none"时,首字符将变成一个浮动元素,如图 3-24 中的下部所示。

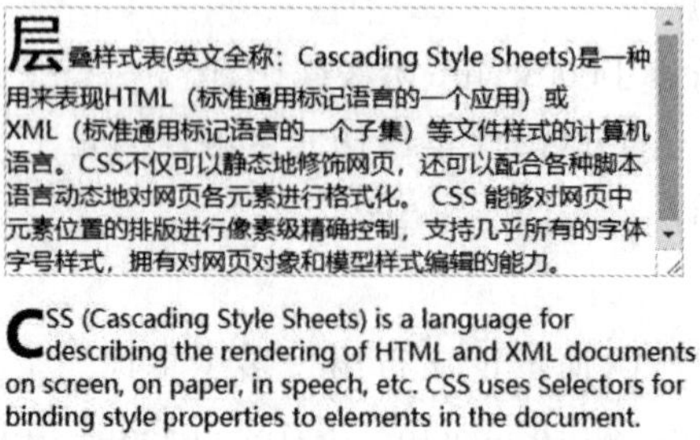

图 3-24　::first-letter 伪元素示例

3. 伪元素::before 和::after

分别是向选择器所选择的元素的前面和后面添加新内容,添加的内容默认是行内(inline)元素。这两个伪元素的 content 属性表示伪元素的内容,设置::before 和::after 时必须设置其 content 属性,否则伪元素就不起作用。content 属性的值可以有以下几种情况。

(1)字符串

字符串作为伪元素的内容添加到主元素中,字符串中若有 HTML 字符串,添加到主元素后不会进行 HTML 转义,也不会转化为真正的 HTML 内容显示,而是会原样输出。

(2)attr(attr_name)

伪元素的内容跟主元素的某个属性值进行关联,其内容为主元素的某指定属性的值。这种方式的好处是:可以通过 JavaScript 动态改变主元素的指定属性值,这时伪元素的内容也会跟着改变,可以实现某些特殊效果,如图片加载失败用一段文字替换。

(3)url()/uri()

引用外部资源,如图片。

(4)counter()

调用计数器,可以不使用列表元素实现序号问题。

下面的示例展示了上述四种用法。

```
<style type="text/css">
    div::before{
        content:"\0087";              /*1点半时钟的字符*/
        font-family:"wingdings 2";
        font-size:xx-large;
        color:red;
    }
    p::before{
        content:url(../../images/ruby.png);
    }
    p:last-of-type::after{
        content:url(../../images/star.png);
        border:dashed thin blue;
    }
    ul{
        list-style:none;              /*去掉默认的圆点图标*/
        counter-reset:index -2;       /*为 ul 重置计数器,从-2 开始*/
```

```
            }
            li::before{
                counter-increment:index 3;    /*设置项目的计数器增量为3*/
                content:url(../../images/accept.png)counter(index);
            }
            li::after{
                content:"----" attr(value)
            }
        </style>
        <div id="">
            CSS 基础教程
        </div>
        <p>css 的伪元素,……</p>
        <p>下面是通过伪元素改造列表的图标和序号：    </p>
        <ul>
            <li value="01">北京</li>
            <li value="02">上海</li>
            <li value="03">天津</li>
        </ul>
```

其中,选择器和伪元素 div::before 添加了一个时钟形状的特殊字符,并设置了其字号、颜色。为段落 p 元素的前面添加了一个宝石图片,为最后一个段落后面添加了一个五角星图片并设置了其边框。通过 ul 选择器禁用了 ul 元素默认图标,设置了序号计数器。通过::before 伪元素为 li 元素前面添加一个图片和序号,通过::after 伪元素在后面添加了一串横线,另外通过 attr()函数获取元素的自定义属性 value 的值,然后显示在横线后面。效果如图 3-25 所示。

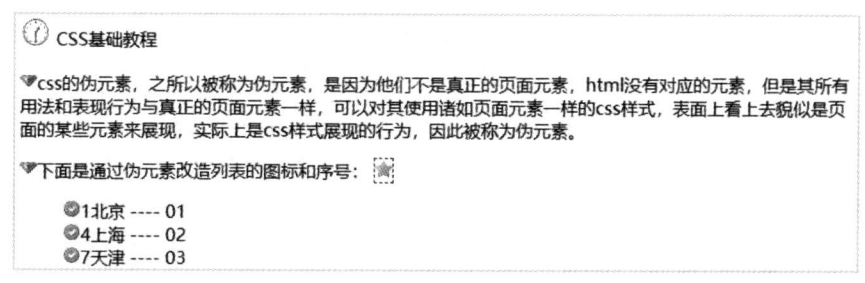

图 3-25 ::before 和::after 伪元素示例

3.6.7 复合选择器

标签选择器、id 选择器和类选择器是三类基础选择器,除了单独使用这些选择器之外,CSS 还可以使用复合选择器,复合选择器是由两个或多个基础选择器,通过不同的方式组合而成的,目的是为了可以选择更准确、更精细的目标元素。

1. 后代选择器

后代选择器可以选择作为某元素后代的元素,又称为包含选择器。其写法就是把外层标签写在前面,内层标签写在后面,中间用空格分隔。当标签发生嵌套时,内层标签就成为外层标签的后代。CSS 规则将最终作用于后代选择器中最后面的标签元素上。示例如下：

```
div ul li{…}     /* 匹配 div 元素内的 ul 元素中的 li */
p.emph img[src $ = ".png"]{…}    /* 匹配 class 属性值为 emph 的 p 元素下的 png 图片元
素 */
.brief.deleted table tr:last-child{…}    /* 匹配 class 属性值中同时包含 brief 和 deleted 的元素内
的表格的第一行 */
```

2．子选择器

子元素选择器只能选择作为某元素子元素的元素。其写法就是把父级标签写在前面,子级标签写在后面,中间跟一个大于号">"进行连接。示例如下。

```
div > img{…}     /* 匹配 div 元素内的直接子元素 img */
section > div p{…}    /* 匹配 section 元素的直接子元素 div 下的 p 元素 */
.brief.deleted > table tr:last-child{…}    /* 匹配 class 属性值中同时包含 brief 和 deleted 的元素
内的直接子元素表格的第一行 */
```

3．兄弟选择器

兄弟选择器分为两类:相邻兄弟选择器、通用兄弟选择器。

（1）相邻兄弟选择器

其格式为"选择器1＋选择器2",将会选取"选择器1"所匹配元素的后面紧邻的"选择器2"所匹配的单个兄弟元素。相邻的元素可以是同类型的元素,也可以是不同类型的元素。示例如下。

```
li+li {…}        /* 匹配除第一个之外的 li 元素 */
label+input  {…}    /* 匹配在 label 元素之后紧邻的 input 元素 */
div.emp+div    {…}    /* 匹配在 class 值为 emp 的 div 元素之后紧邻的 div 元素 */
```

（2）通用兄弟选择器

其格式为"选择器1～选择器2",将会选取"选择器1"所匹配元素的后面的"选择器2"所匹配的所有兄弟元素,同样可以是不同类型的元素。示例如下。

```
li ~ li {…}      /* 匹配除第一个之外的 li 元素 */
label ~ input  {…}    /* 匹配在 label 元素之后的同级的所有 input 元素 */
div.emp ~ div    {…}    /* 匹配在 class 值为 emp 的 div 元素之后同级的所有 div 元素 */
```

3.6.8 交集选择器

多个选择器直接相连,要求元素同时符合多个选择器,选择器之间不能有空格。例如：

```
div.emptyContent{……}    /* 匹配元素<div class="emptyContent">xxx</div> */
.list1.subitem{……}    /* 匹配元素<p class="list1 subitem">xxx</p><span class="sam-
ple list1 subitem">xxx</span>    */
button#save{……}    /* 匹配元素<button id="save">保存</button> */
```

3.6.9 群组选择器

可以对选择器进行分组,这样,被分组的选择器就可以分享相同的声明。用逗号将需要分组的选择器分开。在下面的例子中,我们对所有的标题元素进行了分组,所有的标题元素都是绿色的,位于 div 中的 img 元素和位于 p 中的带有 title 属性的 img 元素的边框为 1 px 的红色实线。

```
h1,h2,h3,h4,h5,h6{
    color:green;
}
div img,p img[title]{
    border:solid 1px red;
}
```

3.7 CSS 浮动与定位

3.7.1 标准文档流

所谓的标准文档流,指的是网页当中的一个渲染顺序,就如同人类读书一样,从上向下,从左向右,网页的渲染顺序也是如此。我们使用的标签默认都是存在于标准文档流当中。标准文档流中,块级元素单独占据一行,并按照从上到下的方式布局,内联元素默认从左到右排列,遇到阻碍或者宽度不够自动换行,继续按照从左到右的方式布局。当多个元素并排显示的时候,默认会采用底边对齐。例如,如下的代码中,h4、h5、p、div 是块级元素,span、img 是内联元素。其显示效果如图 3-26 所示(为展示结构的需要特意设置了边框和外边距)。

```
<!DOCTYPE html>
<html>
    <head>
        <meta charset="utf-8">
        <title>标准文档流示例</title>
        <style type="text/css">
            body * {
                border:solid thin lightgray;
                padding:2px;
                margin:2px;
            }
            img{
                width:100px;
            }
        </style>
    </head>
    <body>
        <h4>水仙花</h4>
        <p><span>水仙</span><span>(Narcissus tazetta L. var. chinensis Roem.)</span>:又名中国水仙,是多花水仙的一个变种。是石蒜科多年生草本植物。</p>
        <p><img src="../../../images/flower03.jpg"><img src="../../../images/flower-narcissus-2.png"><img src="../../../images/flower-narcissus-3.png"><img src="../../../images/flower-narcissus-4.png">水仙的叶由鳞茎顶端绿白色筒状鞘中抽出花茎(俗称箭)再由叶片中抽出。一般每个鳞茎可抽花茎1~2枝,多者可达8~11枝,伞状花序。花瓣多为6片,花瓣末处呈鹅黄色。
        </p>
        <div>
```

```
            <h5>引进</h5>
            中国水仙的原种为唐代从意大利引进,是法国多花水仙的变种,在中国已有一千多
    年栽培历史,经上千年的选育而成为世界水仙花中独树一帜的佳品,为中国十大传统名花之一。
        </div>
    </body>
</html>
```

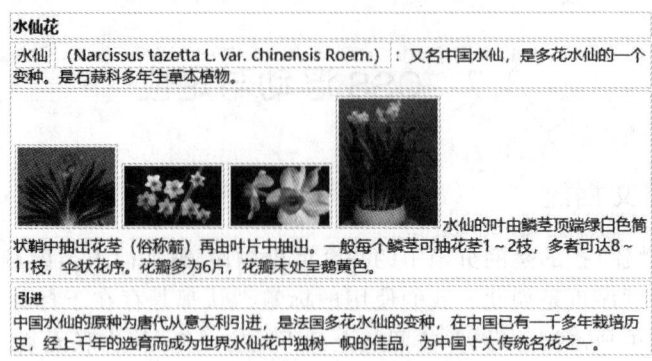

图 3-26　标准文档流示例

有三种情况将使得元素脱离文档流而存在,分别是浮动、绝对定位、固定定位。

3.7.2　浮动

(1)浮动

浮动是让某元素脱离文档流,在浮动框之前和之后的非浮动元素会当它不存在一样。浮动的框可以向左或向右移动,直到它的外边缘碰到包含框或另一个浮动框的边框为止。如果当前行上的水平空间不足,它将逐行向下移动,直到有空间为止。任何元素都可以浮动,浮动元素会生成一个块级框(拥有块级元素特性,但不占整行)。元素无论怎么浮动,最终还是在包含框之内。块级浮动之后,宽度自适应不是100%,即不会自动撑满容器的宽度。

一个元素设置了浮动样式后会对父级元素产生影响。父级元素本该由内容撑开高度,内部元素进行浮动之后,父级元素相当于少了内容,导致浮动元素不再对其父级元素高度产生影响,即它无法为其文档流中的父级元素撑起高度,产生"高度塌陷"。当父级元素内的子元素全部都浮动时,可能使父级元素从布局上"消失"。

一个元素设置了浮动样式后,也会影响它的兄弟元素。如果兄弟元素是块级元素,会无视这个浮动元素,即兄弟元素和浮动元素共处同行,浮动元素会覆盖兄弟元素,被覆盖的块级元素内的内容会自我调整位置以防止被覆盖。如果兄弟元素是内联元素,则会尽可能围绕浮动元素。

在 CSS 中,通过 float 属性实现元素的浮动。其属性值及含义如表 3-5 所示。

表 3-5　float 属性值及其含义

值	含义
left	元素向左浮动
right	元素向右浮动

续表

值	含义
none	默认值。元素不浮动,并会显示其在文本中出现的位置
inherit	规定应该从父级元素继承 float 属性的值

如下代码中三个普通的块级元素 div 位于一个容器 wrap 中,容器自动高度,在不设置浮动属性的情况下它们按文档流从上到下依次排列,如图 3-27(a)所示。

```
<style>
    .wrap {
        border:3px solid #000;
    }
    .wrap div{
        border:1px solid red;
        margin:1px;
    }
    .box1 {
        width:200px;
        height:100px;
        background:pink;
    }
    .box2 {
        width:80px;
        height:150px;
        background:#0f0;
    }
    .box3 {
        width:200px;
        height:100px;
        background:lightblue;
    }
</style>
<div class="wrap">
    <div class="box1">第一个 div</div>
    <div class="box2">第二个 div</div>
    <div class="box3">第三个 div</div>
</div>
```

当设置第二个 div 靠右浮动时,它从文档流中移出,容器的高度自动调整为容纳其余两个 div。由于它在文档中是位于第一个 div 的后面,所以浮动的位置也是在第一个 div 的下面,如图 3-27(b)所示。

当设置第二个 div 靠左浮动时,它将覆盖在第三个 div 的上方,而第三个 div 中有内容,该内容自动调整位置以免被遮盖,如图 3-27(c)所示。

当设置三个 div 全部靠右浮动,第一个首先靠右,然后是第二个靠右,就排在第一个的左边,同样第三个排在第二个的左边。同时容器中没有其他非浮动元素,它的高度坍塌,只剩下边框(如果不设边框,它就消失了),如图 3-27(d)所示。

当在第三个 div 后增加与之样式相同的一个兄弟元素并将四个 div 全部设为靠左浮动时,容器的宽度只能容纳前三个，第四个必须向下移动，但只能卡在第二个 div 的右边，如图 3-27(e)所示。

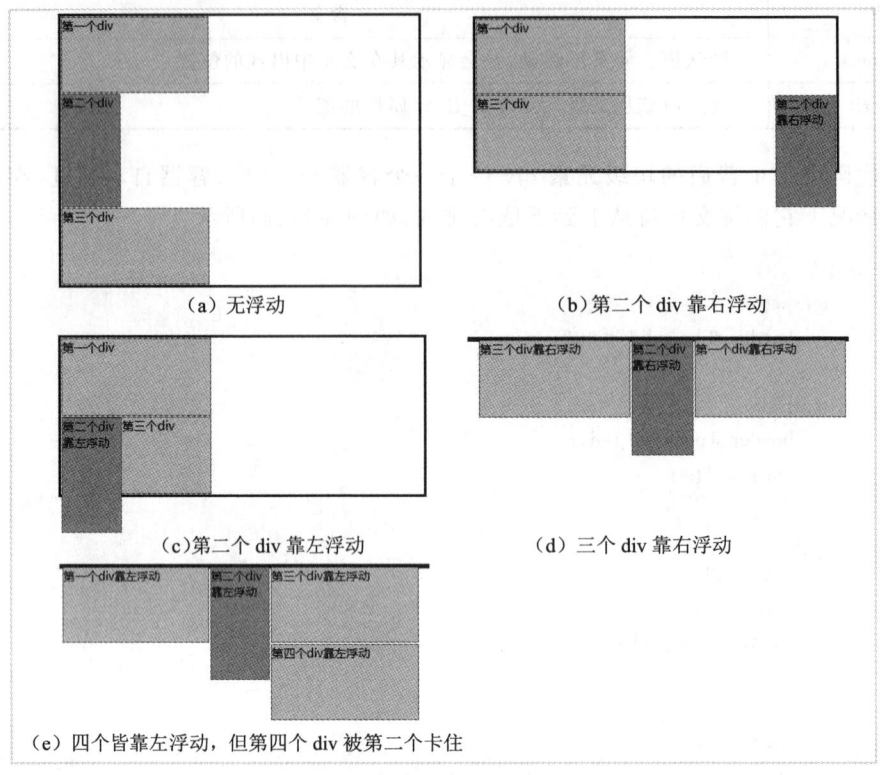

图 3-27　浮动属性示例

（2）清除浮动

当把某个元素设置为浮动时，会对父级元素和兄弟元素产生影响，如非浮动元素对浮动元素的环绕、父级高度坍塌问题。因此在某些情况下需要清除浮动元素的这些影响。清除浮动需要在浮动元素后面的元素上设置其 clear 属性，clear 属性具有与 float 属性相同的取值。当取值为 left 时，取消左浮动框对本元素及其后元素的影响；当取值为 both 时，取消所有浮动框对本元素及其后元素的影响。

例如，下面代码生成了两个分别左右浮动的 div，第二个 div 高度高一些。在没有做清除浮动的情况下，其后的两个段落 p 元素环绕，如图 3-28(a)所示。

```css
<style>
    div{
        width:100px;
        height:70px;
        background:lightblue;
    }
    .box_float_left {
        float:left;
    }
    .box_float_right {
        float:right;
    }
    div:nth-of-type(2){
```

```
        height:100px
    }
</style>
<div class="box_float_left">div1 左浮动</div>
<div class="box_float_right">div2 右浮动</div>
<p>这是第一个段落元素 p 内的文字,环绕前面的和后面的浮动元素。</p>
<p>这是第二个段落元素 p 内的文字,同样环绕前面的和后面的浮动元素。多余的文字将显示
在下面。这是多余的文字。……</p>
```

当用下面的代码将第一个 p 元素设置为清除左右浮动时,从本元素开始就清除了浮动的影响,显示在所有浮动元素的下边,如图 3-28(b)所示。

```
p:first-of-type{
    clear:both;
}
```

当用下面的代码将第二个 p 元素设置为清除左右浮动时,第一个 p 元素不受影响,第二个元素不再环绕,如图 3-28(c)所示。

```
p:nth-of-type(2){
    clear:both;
}
```

当把第一个 p 元素的 clear 属性设置为 left 时,它将不再对左浮动的元素做环绕,因此显示在左浮动元素的下面,但仍然对右浮动的元素做环绕,如图 3-28(d)所示。

同样当把第一个 p 元素的 clear 属性设置为 right 时,它将不再对右浮动的元素做环绕,因此显示在右浮动元素的下面。本例中右浮动元素的底部比左浮动元素的位置要低,所以就不可能环绕左浮动元素,如图 3-28(e)所示。

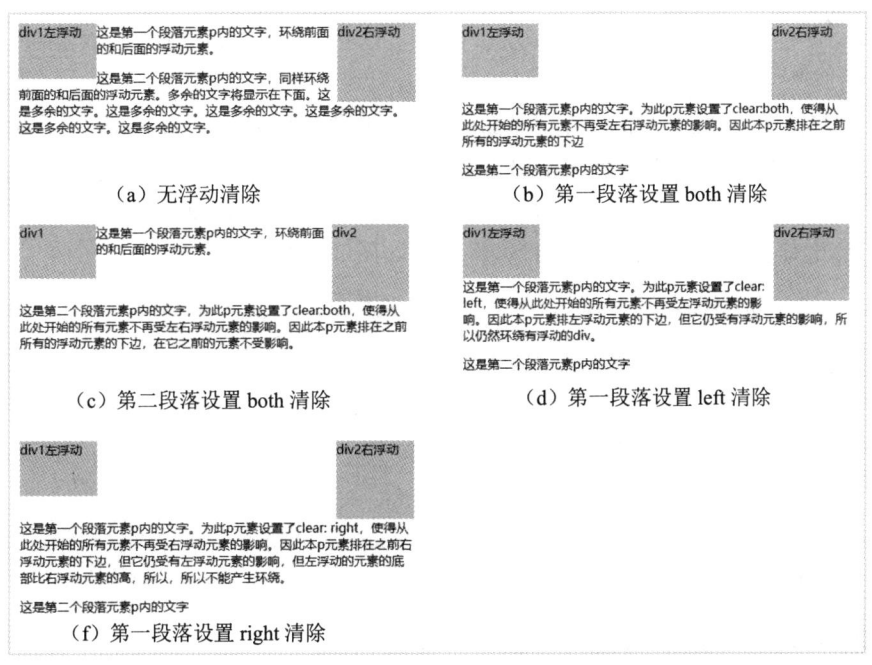

图 3-28　浮动清除示例 1

在容器中的所有元素皆为浮动元素,且没有设置容器的高度的情况下,容器的高度会坍塌,致使后面的内容产生环绕。例如,下面的代码中我们试图设置包含三个子元素的容器的背景色为浅绿色,三个子元素皆为浮动,结果是容器高度坍塌,其后的段落元素产生环绕效果,如图 3-29(a)所示。

```
<style>
    .wrap {
        border:3px solid #000;
        background-color:#7FFFD4;
    }
    .wrap div {
        width:100px;
        height:60px;
        margin:2px;
        background:lightblue;
        border:solid thin black;
    }
    .box_float_left {
        float:left;
    }
    #div2{
        height:100px;width:60px;
    }
</style>
<div class="wrap">
    <div class="box_float_left">div1</div>
    <div class="box_float_left" id="div2">div2</div>
    <div class="box_float_left">div3</div>
</div>
<p>在容器中的所有元素皆为浮动元素,且没有设置容器的高度的情况下,容器的高度会坍塌,致使后面的内容产生环绕。</p>
```

此时,容器内没有可以设置为清除浮动的元素,即使将容器后的段落元素 p 清除浮动,也只能改变文字环绕问题,不能解决高度坍塌问题。又由于容器的高度应该是自适应的,所以设置容器的高度也不适合。所以我们只能添加一个块级空元素并且设置清理浮动,一般都使用 div 元素。因此对上面的代码做如下调整,将显示如图 3-29(b)所示。

```
.wrap div:not([class~="clear"]){    /*修改选择器,以避免空元素显示*/
    width:100px;
    height:60px;
    margin:2px;
    background:lightblue;
    border:solid thin black;
}
.clear{    /*添加*/
    clear:left;
}
/*下行代码加在第三个 div 之后*/
<div class="clear"></div>
```

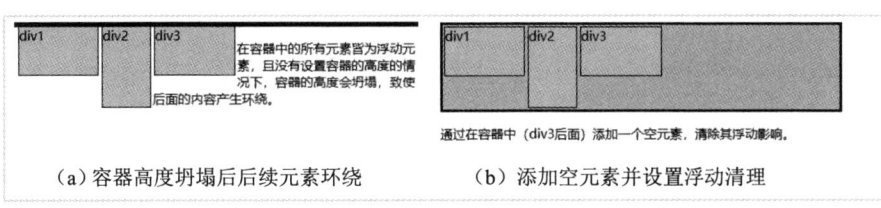

(a)容器高度坍塌后后续元素环绕　　　（b）添加空元素并设置浮动清理

图 3-29　浮动清除示例 2

3.7.3　定位

元素的 position 属性用于指定一个元素在文档中的定位方式,同时使用 top、right、bottom、left 等属性决定该元素的最终位置。position 属性的取值及其含义如表 3-6 所示。

表 3-6　position 属性值及其含义

值	含义
absolute	元素会被移出正常文档流,并不为元素预留空间,通过指定元素相对于最近的非 static 定位祖先元素的偏移来确定元素位置。元素的位置通过 left、top、right 及 bottom 属性进行规定
fixed	元素会被移出正常文档流,并不为元素预留空间,而是通过指定元素相对于屏幕视口(viewport)的位置来指定元素位置。元素的位置在屏幕滚动时不会改变。 元素的位置通过 left、top、right 及 bottom 属性进行规定
relative	元素先放置在未添加定位时的位置,再在不改变页面布局的前提下通过 left、top、right 及 bottom 属性调整元素位置(因此会在此元素未添加定位时所在位置留下空白)
static	默认值。没有定位,元素出现在正常文档流中(忽略 top、bottom、left、right 或者 z-index 声明)
sticky	元素根据正常文档流进行定位,然后相对它的最近滚动祖先和最近块级祖先,基于 top、right、bottom 和 left 的值进行偏移。偏移值不会影响任何其他元素的位置。当元素在屏幕内,表现为 relative;就要滚动出显示器屏幕的时候,表现为 fixed
inherit	规定应该从父元素继承 position 属性的值

元素应用了非 static 的 position 属性后,可能会造成元素之间的覆盖,用 z-index 属性设置元素的堆叠顺序,该值可以为负整数、零或正整数,数值越大的元素总是会处于数值小的元素的前(上)面。无定位或定位属性为 static 的元素没有 z-index 属性,或者可以认为其 z-index 为 0 或 auto。

在默认情况下,元素应用了非 static 的 position 属性后,其就会有一个隐晦的层级,居于普通元素之上,无须额外设置 z-index 属性值。

(1)静态定位(static)

一般的标签元素不加任何定位属性都属于静态定位,在页面的最底层属于标准流,按在文档流中的位置定位。

如下代码生成了三个块级元素 div 和三个内联元素 span,为可视化起见给它们设置了边框,显示如图 3-30(a)所示。

```
<style type="text/css">
    div{
        width:100px;
        height:50px;
        border:solid thin black;
        margin:2px;
        background-color:lightblue;
    }
    span{
        border:solid thin black;
    }
</style>
<div>div1</div><div>div2</div><div>div3</div>
<span>文本 1</span><span>文本 2</span><span>文本 3</span>
```

(2) 相对定位(relative)

设置为相对定位的元素框会偏移某个距离,元素未脱离文档流,仍然保持其未定位前的形状,它原本所占的空间仍保留,只是通过 left、right、top、bottom 属性确定元素在正常文档流中的偏移位置,然后相对于以前的位置移动(这四个属性值可以为负数)。例如,下面的代码将上例中的第二个 div 和第二个 span 元素做了相对定位,并设置了 span 的 z-index 为负数,导致它被其他 z-index 比它大的元素遮盖,如图 3-30(b)所示。

```
div:nth-of-type(2){
    position:relative;
    top:20px;
    left:30px;
}
span:nth-of-type(2){
    position:relative;
    bottom:10px;/* 等价于  top:-10px */
    right:20px;/* 等价于  left:-20px */
    z-index:-1;
}
```

(3) 绝对定位(absolute)

设置为相对定位的元素会被从文档流中拖出来,将不占用原来元素的空间,然后使用 left、right、top、bottom 属性(可以为负数)相对于其最接近的一个具有定位属性的父级元素进行绝对定位。如果不存在就逐级向上排查,直到相对于 body 元素,即相对于浏览器窗口。例如,将上面的代码中是 relative 改成 absolute,则第二个 div 相对于页面左上角定位,第二个 span 相对于页面右下角定位,两种都从文档流中移出将显示如图 3-30(c)所示。

(4) 固定定位(fixed)

固定定位与绝对定位类似,不同之处是它相对于浏览器窗口定位,并且不会随着滚动条进行滚动。固定定位的最常见的一种用途是在页面中创建一个固定头部、固定脚部或者固定侧边栏。例如,将上面的代码中的 relative 改成 fixed,当通过滚动条移动页面内容时,第二个 div 和第二个 span 将保持固定,如图 3-30(d)所示。

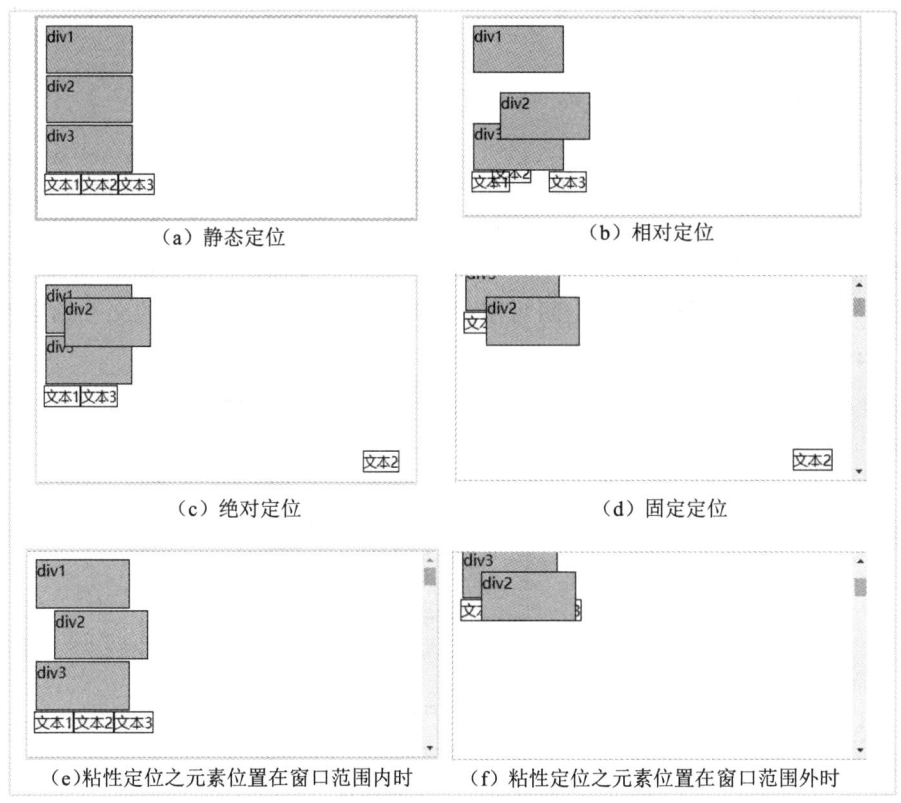

图 3-30 定位示例

(5)粘性定位(sticky)

设置为粘性定位的元素会在元素所在位置在窗口范围内时,元素按 relative 定位方式显示。例如,当将上述代码中的第二个 div 设置为粘性定位时,在初始状态下,该元素所在的位置在窗口范围内,所以显示如图 3-30(e)所示;当向下滚动页面时,元素将跟随页面移动,直到其原始位置(在文档流中的位置)离开窗口范围时,如图 3-30(f)所示。

3.7.4 Flex 布局

1. 基本概念

Flex 是 flexible box 的缩写,就是灵活的弹性页面布局,可以实现空间自动分配、自动对齐,为盒子模型提供强大的灵活性功能。采用 Flex 布局的元素,称为 Flex 容器(flex container),简称"容器"。它的所有子元素自动成为容器成员,称为 Flex 项目(flex item),简称"项目"。一旦某个元素被设置为 flex 容器以后,里面的子元素 float、clear、vertical-align 属性将会失效。

任何一个容器都可以指定为 Flex 布局,包括块级元素和行内元素。

块级元素的 Flex 布局声明方式为

```
.box{
    display:flex;
}
```

行内元素的 Flex 布局声明方式为

```
.box{
    display:inline-flex;
}
```

容器默认存在两根轴:水平的主轴(main axis)和垂直的交叉轴(cross axis)。主轴的开始位置(与边框的交叉点)叫作主轴起点(main start),结束位置叫作主轴终点(main end);交叉轴的开始位置叫作交叉轴起点(cross start),结束位置叫作交叉轴终点(cross end)。项目默认沿主轴排列。单个项目占据的主轴空间叫作主轴尺寸(main size),占据的交叉轴空间叫作交叉轴尺寸(cross size),如图 3-31 所示。

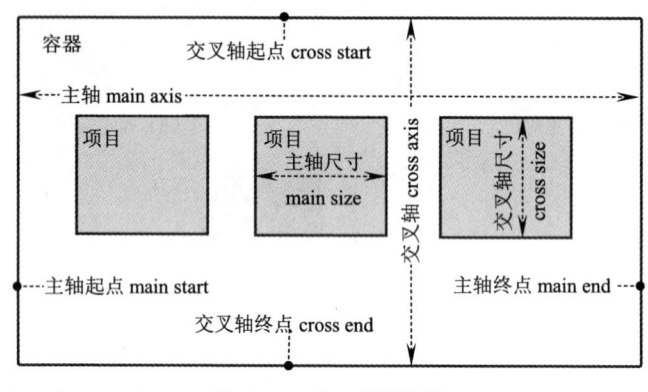

图 3-31　Flex 容器结构

2. 容器的属性

以下 6 个属性设置在 Flex 容器上。

(1)flex-direction

flex-direction 属性决定主轴的方向(项目的排列方向),共有 4 个值。分别为:

- row:默认值,主轴为水平方向,起点在左端。
- row-reverse:主轴为水平方向,起点在右端。
- column:主轴为垂直方向,起点在上沿。
- column-reverse:主轴为垂直方向,起点在下沿。

上述 4 个值的效果如图 3-32 所示。

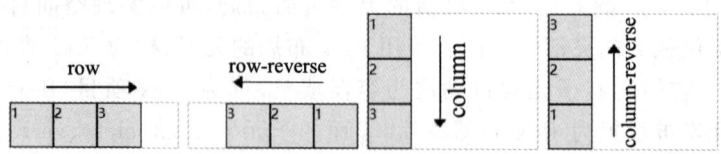

图 3-32　flex-direction(主轴方向)属性

(2)flex-wrap

默认情况下,项目都排在一条线(又称"轴线")上。flex-wrap 属性定义,如果一条轴线排不下,如何换行,共有 3 个值。

- nowrap:默认值,Flex 容器为单行,不换行。项目若设置了宽度,则最多按该宽度显示,当容器宽度小于所有项目宽度之和时,各项目宽度按比例缩小。

- wrap:Flex 容器为多行,当容器宽度不足以容纳所有子元素时,当前行显示不下的子元素转到下一行显示。
- wrap-reverse:垂直反向 wrap 排列。

主轴的方向决定了新行堆叠的方向,如图 3-33 所示。

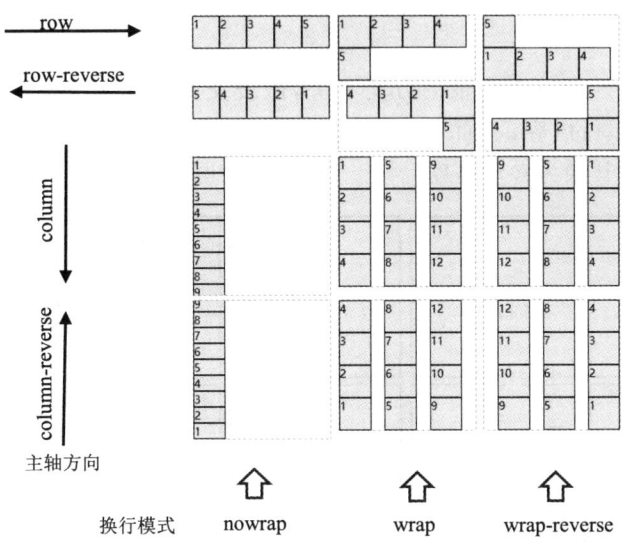

图 3-33　flex-wrap(换行)属性

(3) flex-flow

flex-flow 是 flex-direction 属性和 flex-wrap 属性的简写形式,默认值为 row nowrap。

(4) justify-content

justify-content 定义了项目在主轴上的对齐方式,共有 5 个值。分别为:

- flex-start:默认值,左对齐。
- flex-end:右对齐。
- center:居中。
- space-between:两端对齐,项目之间的间隔都相等。
- space-around:每个项目两侧的间隔相等。所以,项目之间的间隔比项目与边框的间隔大一倍。

在主轴为横向正向的情况下,单行和多行情况下的显示效果如图 3-34 所示,其中上面 5 个方框为单行。

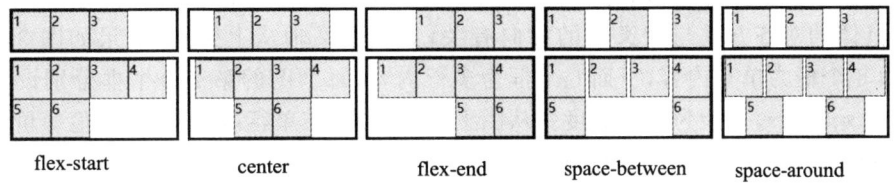

图 3-34　justify-content(主轴内容对齐)属性

(5) align-items

align-items 定义项目在交叉轴上如何对齐,共有 5 个值。分别为:

- flex-start：交叉轴的起点对齐。
- flex-end：交叉轴的终点对齐。
- center：交叉轴的中点对齐。
- baseline：项目的第一行文字的基线对齐。
- stretch：默认值，如果项目未设置宽高或设为 auto，将沿交叉轴占满整个容器的高度或宽度。

同样具体的对齐方式与交叉轴的方向有关，假设交叉轴从上到下，效果如图 3-35 所示。其中，上面 5 个框为单行内容，下面 5 个框为多行内容，每个图的第 2、3 个框分别设置了固定高度为 50 px、70 px，其余为自动高度。

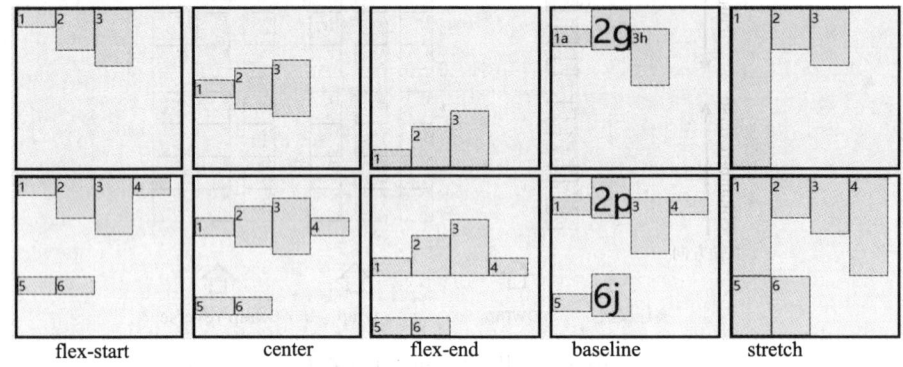

图 3-35　align-items（交叉轴内容对齐）属性

（6）align-content

只适用多行的 Flex 容器（也就是 Flex 容器中的子项不止一行时，该属性才有效果，如果项目只有一根轴线，该属性不起作用。），它的作用是当 Flex 容器在交叉轴上有多余的空间时，属性值为 flex-start、flex-end、center 时，将子项作为一个整体进行对齐，属性值为非 stretch 时，自动高度的项目取同行最高高度。

- flex-start：与交叉轴的起点对齐。
- flex-end：与交叉轴的终点对齐。
- center：与交叉轴的中点对齐。
- space-between：与交叉轴两端对齐，轴线之间的间隔平均分布。
- space-around：每根轴线两侧的间隔都相等。所以，轴线之间的间隔比轴线与边框的间隔大一倍。
- stretch：默认值，轴线占满整个交叉轴。在设置了 align-items 后无效。

同样具体的对齐方式与交叉轴的方向有关，假设交叉轴从上到下，效果如图 3-36 所示。其中，上面 6 个框为单行内容，下面 6 个框为多行内容，每个图的第 2、3 个框分别设置了固定高度为 50 px、70 px，其余为自动高度。从图上可以看出，在单行内容下，属性值等价于只使用了 stretch；在多行内容下，前 3 种情况下的各行之间没有间隔。

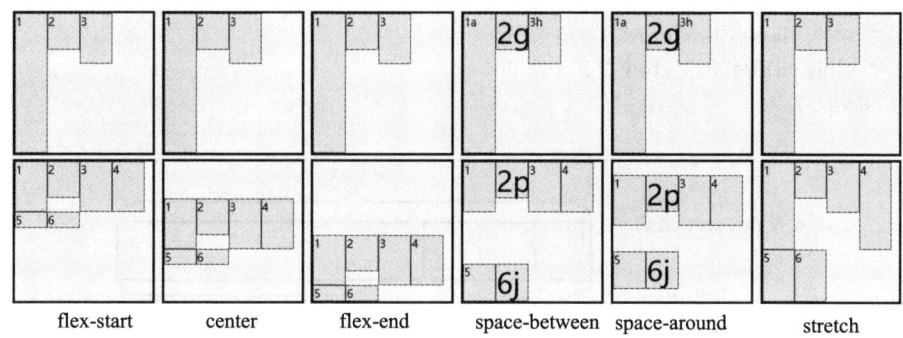

图 3-36　align-content(多交叉轴内容对齐)属性

3. 项目的属性

以下 6 个属性设置在项目上,同样也影响了项目的外观,如显示顺序、宽度、对齐。通过设置单个项目的属性使得它具备了与其他项目不同的效果。

(1) order 属性

order 属性定义项目的排列顺序,数值越小,排列越靠前,默认为 0。例如,如下代码设置了 3 个 order 值,4 个原本物理顺序为 1→2→3→4 的 div 按其 order 值不同,显示顺序为 3→2→4→1,如图 3-37 所示。

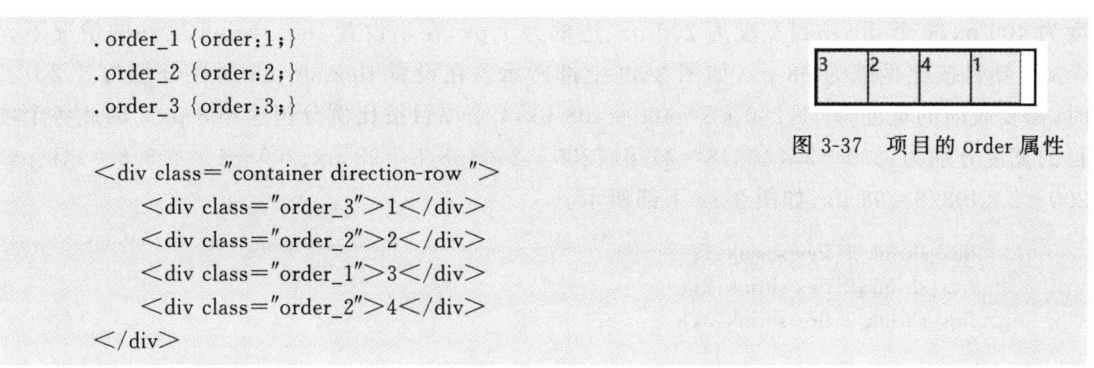

图 3-37　项目的 order 属性

```
.order_1 {order:1;}
.order_2 {order:2;}
.order_3 {order:3;}

<div class="container direction-row ">
    <div class="order_3">1</div>
    <div class="order_2">2</div>
    <div class="order_1">3</div>
    <div class="order_2">4</div>
</div>
```

(2) flex-grow 属性

flex-grow 属性定义项目的放大比例,默认为 0,即如果存在剩余空间,也不放大。如果所有项目的 flex-grow 属性相同且大于 0,则它们将等分剩余空间(如果有的话),否则按值的比例瓜分剩余空间。例如,如果一个项目的 flex-grow 属性为 2,其他项目都为 1,则前者占据的剩余空间将比其他项多一倍。例如,下面的代码在容器宽度为 400 px,每个项目宽度为 45 px、边框为 1 px 情况下,设置了四个 div 的 flex-grow 属性值分别为 3、2、1、2,其显示效果如图 3-38 下部所示。

```
.flex_grow_1{flex-grow:1;}
.flex_grow_2{flex-grow:2;}
.flex_grow_3{flex-grow:3;}

<div class="container direction-row ">
    <div class="flex_grow_3">1</div>
    <div class="flex_grow_2">2</div>
```

```
    <div class="flex_grow_1">3</div>
    <div class="flex_grow_2">4</div>
</div>
```

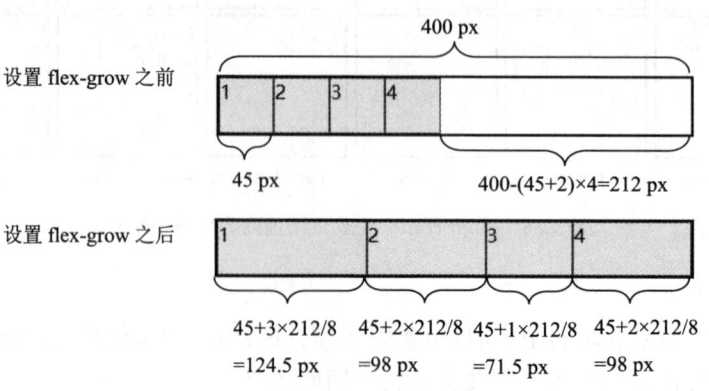

图 3-38　项目的 flex-growth 属性

(3) flex-shrink 属性(负值对该属性无效)

如果所有项目的 flex-shrink 属性都为 1,当空间不足时,都将等比例缩小。如果一个项目的 flex-shrink 属性为 0,其他项目都为 1,则空间不足时,前者不缩小。下面的代码中,容器宽度为 400 px,4 个 div 项目宽度为 200 px、边框为 1 px,在不设置 flex-shrink 属性的情况下,4 个 div 项目按比例缩为 98 px,如图 3-39 上部所示。在设置 flex-shrink 属性分别为 3、2、1、2 时,需要收缩的宽度为 $4 \times 200 + 8 - 400 = 408$ px,4 个项目按比例分担这 408 px。因此各个项目的宽度分别为:$200 - 3 \times 408/8 = 47$ px、$200 - 2 \times 408/8 = 98$ px、$200 - 1 \times 408/8 = 149$ px、$200 - 2 \times 408/8 = 98$ px,如图 3-39 下部所示。

```
.flex_shrink_1{flex-shrink:1;}
.flex_shrink_2{flex-shrink:2;}
.flex_shrink_3{flex-shrink:3;}

<div class="container direction-row ">
    <div class="flex_shrink_3">1</div>
    <div class="flex_shrink_2">2</div>
    <div class="flex_shrink_1">3</div>
    <div class="flex_shrink_2">4</div>
</div>
```

(4) flex-basis 属性

flex-basis 属性定义了在分配多余空间之前,项目占据的主轴空间。浏览器根据这个属性,计算主轴是否有多余空间。它的默认值为 auto,即项目的本来大小(width 值,若未设置 width 值,则以容纳内容为准),可以为百分比或具体数值。当 flex-basis 和 width 属性同时存在时,width 属性不生效,项目的宽度为 flex-basis 设置的宽度。

应用准则:content → width → flex-basis(受限于最大宽度 max-width 和最小宽度 min-width)

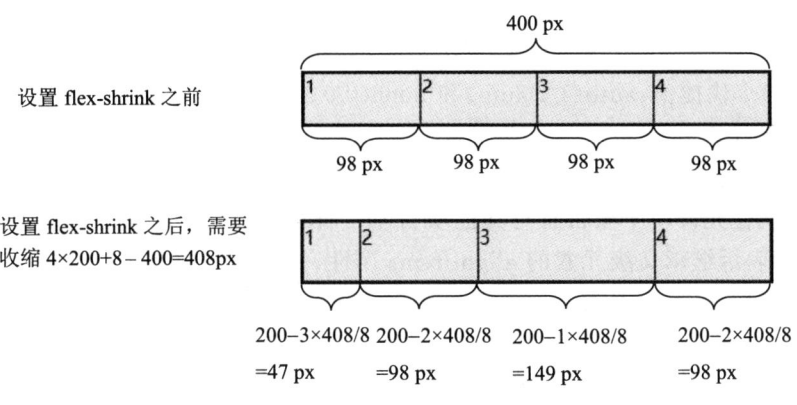

图 3-39 项目的 flex-shrink 属性

也就是说,如果没有设置 flex-basis 属性,那么 flex-basis 的大小就是项目的 width 属性的大小;如果没有设置 width 属性,那么 flex-basis 的大小就是项目内容(content)的大小,如果设置了 max-width 或 min-width,则最终大小不超过 max-width 或 min-width。

对于如下的代码,在容器为 500 px 宽度的情况下,第 2 个 div 的内容宽度超出基础宽度,因此调整为容纳所有内容,第 3 个 div 设置了最大宽度,因此即使内容宽度超出基础宽度,也最终显示为最大宽度,超出内容被隐藏,如图 3-40 所示。

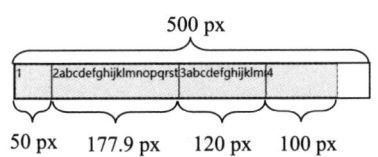

图 3-40 项目的 flex-basis 属性

```
.flex_basis_1{
    flex-basis:50px;
    width:200px;                /* 不起作用 */
}
.flex_basis_2{
    flex-basis:100px;
}
.flex_basis_2_1{
    flex-basis:100px;
    max-width:120px;            /* 最大长度,超出内容被隐藏。 */
    /* word-break:break-all; */ /* 长单词自动换行,不被隐藏。 */
}
.flex_basis_3{
    width:100px;                /* 等同于 flex-basis:100px; */
}
<div class="container direction-row">
    <div class="flex_basis_1">1</div>
    <div class="flex_basis_2">2abcdefghijklmnopqrst</div>
    <div class="flex_basis_2_1">3abcdefghijklmnopqrst</div>
    <div class="flex_basis_3">4</div>
</div>
```

（5）flex 属性

flex 属性是 flex-grow、flex-shrink 和 flex-basis 的简写，默认值为 0 1 auto，后两个属性可选。该属性有两个快捷值：auto(1 1 auto) 和 none(0 0 auto)。建议优先使用这个属性，而不是单独写 3 个分离的属性。

（6）align-self 属性

align-self 属性允许单个项目有与其他项目不一样的对齐方式，可覆盖 align-items 属性。默认值为 auto，表示继承父级元素的 align-items 属性，如果没有父级元素，则等同于 stretch。

该属性可能取 6 个值，除了 auto，其他都与 align-items 属性完全一致。

如下的代码，在 5 个 div 设置高度值为 50 px 的情况下，按 flex-start 对齐，但其中第 3 个和第 5 个分别设置了 align-self 值为 center 和 flex-end，因此这两个 div 显示为垂直居中和底部对齐，如图 3-41 所示。

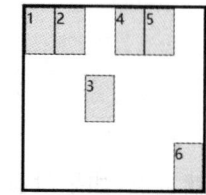

图 3-41　项目的 align-self 属性

```
.align-self_center{
    align-self:center;
}
.align-self_bottom{
    align-self:flex-end;
}
<div class="container direction-row flex-start">
    <div>1</div>
    <div>2</div>
    <div class="align-self_center">3</div>
    <div>4</div>
    <div>5</div>
    <div class="align-self_bottom">6</div>
</div>
```

3.7.5　Grid 布局

CSS Grid（网格）布局是一个二维的基于网格的布局系统，它的目标是完全改变我们基于网格的用户界面的布局方式。CSS 一直用来布局网页，但一直以来都存在这样或那样的问题。最开始用表格（table），然后是浮动（float），再是定位（position）和内嵌块（inline-block），但是所有这些方法本质上都只是 CSS hack（解决各浏览器对 CSS 解释不同所采取的区别不同浏览器制作不同的 CSS 样式的设置来解决这些问题）而已，并且遗漏了很多重要的功能（如垂直居中）。Flexbox 的出现很大程度上改善了我们的布局方式，但它的目的是为了解决更简单的一维布局，而不是复杂的二维布局。Grid 布局是第一个专门为解决布局问题而创建的 CSS 模块，并且 Grid 和 Flexbox 能协同工作，而且配合得非常好。

1. 基本概念

（1）容器和项目

采用网格布局的区域，称为容器（container）。容器内部采用网格定位的子元素，称为项目（item）。

(2)网格线(grid line)

构成网格结构的分界线,它们既可以是垂直的[列网格线(column grid lines)],也可以是水平的[行网格线(row grid lines)],并位于列或行的任意一侧,数量比列数或行数多一。从左到右、从上到下依次默认编号为1,2,3,……,网格线也可以单独命名。

(3)网格轨道(grid track)

两条相邻网格线之间的空间,可以把它们想象成网格的列或行。

(4)网格单元格(grid cell)

两个相邻的行和两个相邻的列网格线之间的空间,是 Grid 系统的一个"单元"。

(5)网格区域(grid area)

4 条网格线包围的总空间。一个网格区域可以由任意数量的网格单元格(grid cell)组成。

(6)间距(gap)

行与行的间隔为行间距,列与列的间隔称为列间距。

以上各名称的含义如图 3-42 所示。

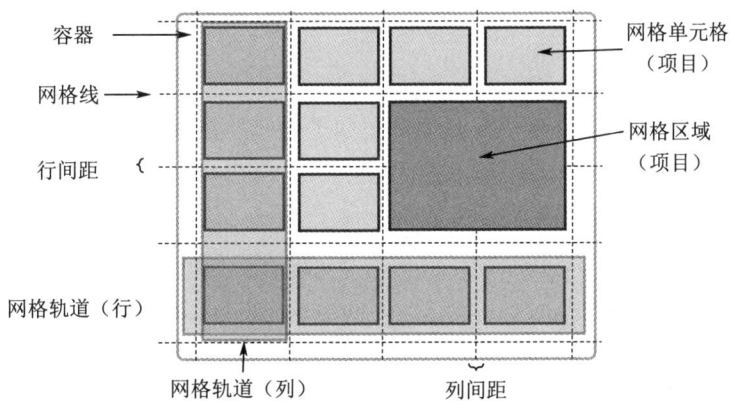

图 3-42 网格相关概念示意图

2. 容器属性

(1)display

将元素定义为网格容器,并为其内容建立新的网格格式上下文,其属性值如下。

● grid:生成一个块级网格。
● inline-grid:生成一个内联网格。

例如,下面的代码生成一个块级网络,下面有 3 个项目。

```
.container {
    display:grid;
}
<div class="container">
  <div class="item item-1"></div>
  <div class="item item-2"></div>
  <div class="item item-3"></div>
</div>
```

(2) grid-template-columns / grid-template-rows

使用空格分隔的值列表,用来定义网格的列和行。这些值表示网格轨道大小,它们之间的空格表示网格线。属性值如下。

- ＜track-size＞:可以是长度值、auto、百分比或者等份网格容器中可用空间(使用 fr 单位)。
- ＜line-name＞:可以选择的任意名称。

下面的代码生成了一个 5×3 的网格,第 4 列宽度自动,第 1 行为容器高度的 25%,第 3 行高度自动。如图 3-43 所示。

```
.container{
    display:grid;
    width:300px;
    height:200px;
    grid-template-columns:40px 50px auto 50px 40px;
    grid-template-rows:25% 100px auto;
}
.container div{
    border:solid thin red;
    display:flex;
    align-items:center;
    justify-content:center;
}
<div class="container">
    <div >1</div><div >2</div><div >3</div><div >4</div><div >5</div>
    <div >6</div><div >7</div><div >8</div><div >9</div><div >10</div>
    <div >11</div><div >12</div><div >13</div><div >14</div><div >15</div>
</div>
```

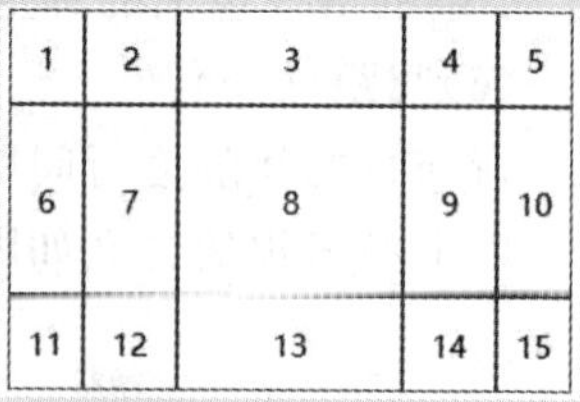

图 3-43 网格

用中括弧括起字符串可以定义网格线的不重复的名称,该名称用于定义网格区域时,更方便地对这些网格线进行引用。例如,对上例中的每一条网格线定义名称,如下所示。

```
grid-template-columns:[first]40px [line2]50px [line3]auto [col4-start]50px [five]40px [end];
grid-template-rows:[row1-start]25% [row1-end]100px [third-line]auto [last-line];
```

有时候,重复写同样的值非常麻烦,尤其网格很多时。这时,可以使用 repeat() 函数,简化重复的值。例如,构造 3×3 的网格可以用下面的代码。

```
.container {
    display:grid;
    grid-template-columns:repeat(3,33.33%);
    grid-template-rows:repeat(3,33.33%);
}
```

repeat()接收两个参数,第一个参数是重复的次数(上例是 3),第二个参数是所要重复的值,可以是单个值,也可以是多个值。例如:

```
grid-template-columns:repeat(2,100px auto 80px);
```

上面代码定义了 6 列,第 1 列和第 4 列的宽度为 100 px,第 2 列和第 5 列为自动,第 3 列和第 6 列为 80 px。

有时单元格的大小是固定的,但是容器的大小不确定。如果希望每一行(或每一列)容纳尽可能多的单元格,这时可以使用 auto-fill 关键字表示自动填充。

```
.container {
    display:grid;
    grid-template-columns:repeat(auto-fill,100px);
}
```

minmax() 函数产生一个长度范围,表示长度就在这个范围之中。它接收两个参数,分别为最小值和最大值。

```
grid-template-columns:1fr 1fr minmax(100px,1fr);
```

上面代码中,minmax(100px,1fr) 表示列宽不小于 100 px、不大于 1 fr。

(3) grid-row-gap、grid-column-gap、grid-gap

grid-row-gap 属性设置行与行的间隔(行间距),grid-column-gap 属性设置列与列的间隔(列间距)。例如,下面的代码定义了一个九宫格,效果如图 3-44 所示。

```
.grid{
    display:grid;
    height:200px;
    width:200px;
    grid-template-columns:repeat(3,33.33%);
    grid-template-rows:repeat(3,33.33%);
    grid-row-gap:5px;
    grid-column-gap:5px;
}
.grid div{
    display:flex;
    align-items:center;
    justify-content:center;
    border:solid thin red;
}
<div class="grid">
    <div>1</div><div>2</div><div>3</div><div>4</div><div>5</div><div>6</div>
    <div>7</div><div>8</div><div>9</div>
</div>
```

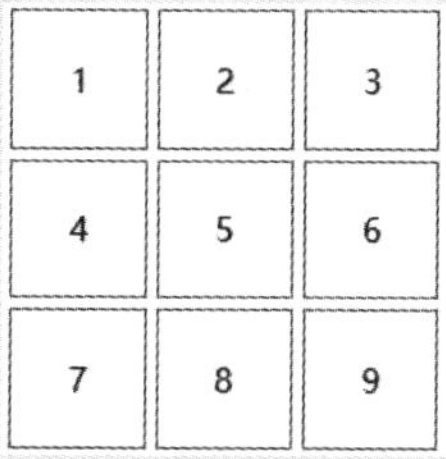

图 3-44 带间距的九宫格网格

grid-gap 属性是 grid-column-gap 和 grid-row-gap 的合并简写形式,语法如下。

grid-gap:<**grid-row-gap**> <**grid-column-gap**>;

因此,上面一段 CSS 代码中的定义间隔的两行代码可以用下面的一行代码替代。

```
grid-gap:5px 5px;
```

如果 grid-gap 省略了第 2 个值,浏览器认为第 2 个值等于第 1 个值。

根据最新标准,上面 3 个属性名的 grid-前缀已经删除,因此它们可以分别写成 row-gap、column-gap 和 gap。

（4）grid-template-areas

网格布局允许指定区域（area），一个区域由单个或多个相邻单元格组成，通过给单元格命相同的名称使这些相同名称的单元格组成一个区域。

如下代码中定义了 3×5 的网格，通过 grid-template-areas 属性将 15 个方格设置为 a、b、c、d、e、f 6 个区域，然后通过项目的 grid-area 属性来指向这些区域，显示如图 3-45 所示。

```
.container{
    display:grid;
    width:300px;
    height:200px;
    grid-template-rows: 25% 100px auto;
    grid-template-columns: 40px 50px auto 50px 40px;
    grid-template-areas:'a a b b b'
                        'c d d d e'
                        'f f f f f';
}
.container div{
    border:solid thin red;
    display:flex;
    align-items:center;
    justify-content:center;
}
.cell_1{grid-area:a;}
.cell_2{grid-area:b;}
.cell_4{grid-area:d;}
.cell_6{grid-area:f;}
<div class="container">
    <div class="cell_1">1</div>
    <div class="cell_2">2</div>
    <div>3</div>
    <div class="cell_4">4</div>
    <div>5</div>
    <div class="cell_6">6</div>
</div>
```

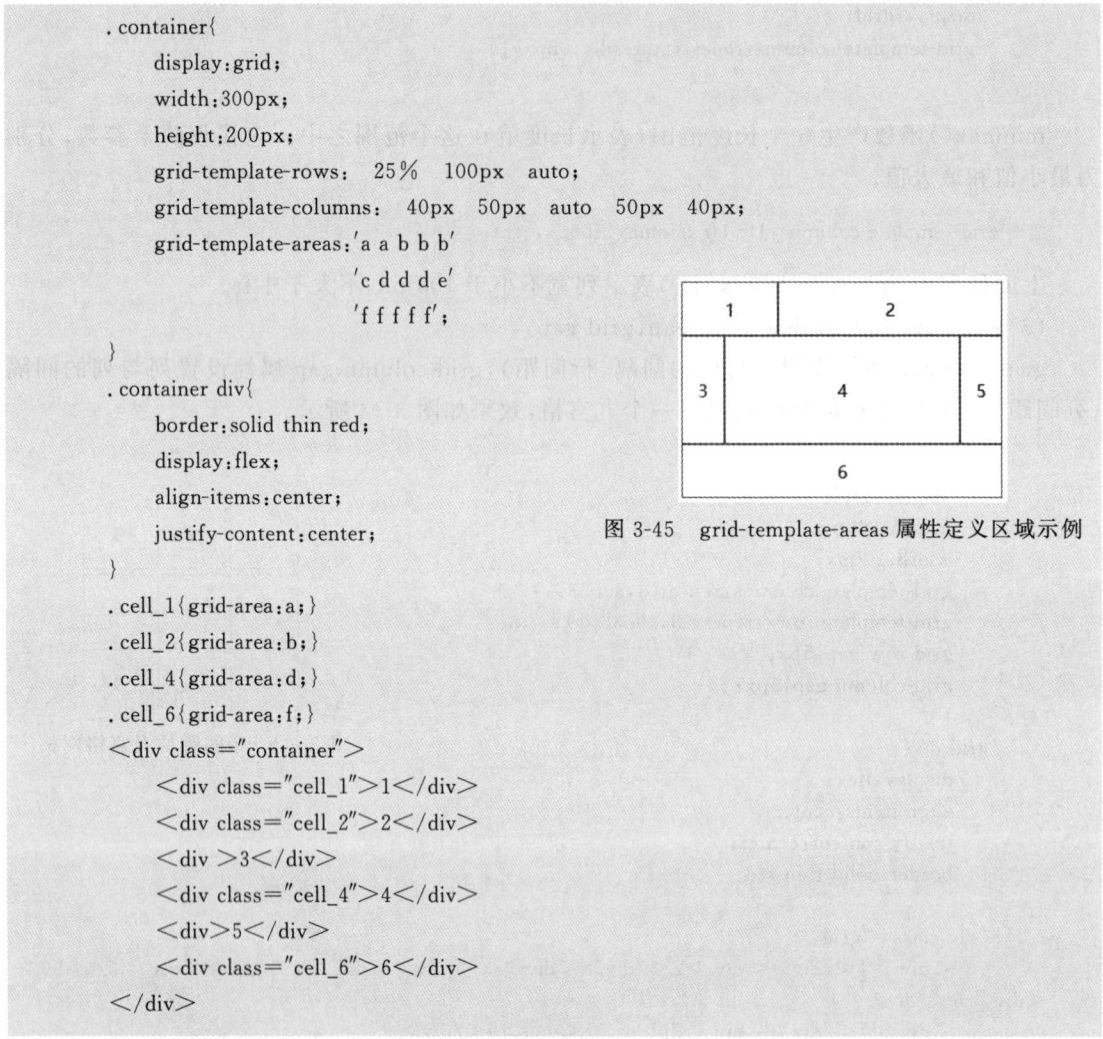

图 3-45　grid-template-areas 属性定义区域示例

（5）justify-content、align-content、place-content

justify-content 属性是整个内容区域在容器里面的水平位置（左、中、右），align-content 属性是整个内容区域的垂直位置（上、中、下）。这两个属性的写法完全相同，都可以取下面这些值。

● start：对齐容器的起始边框（默认值）。
● end：对齐容器的结束边框。
● center：容器内部居中。
● stretch：项目大小没有指定时，拉伸占据整个网格容器。
● space-around：每个项目两侧的间隔相等。所以，项目之间的间隔比项目与容器边框的间隔大一倍。

- space-between：项目与项目的间隔相等，项目与容器边框之间没有间隔。
- space-evenly：项目与项目的间隔相等，项目与容器边框之间也是同样长度的间隔。

place-content 属性是 align-content 属性和 justify-content 属性的合并简写形式，格式如下。

> **place-content**：<**align-content**> <**justify-content**>

例如：

> place-content：space-around space-evenly；

如果省略第 2 个值，浏览器就会假定第 2 个值等于第 1 个值。

各值的效果如图 3-46 所示，其中虚线边框表示网格容器。扫描二维码查看 3 种情况下示例网页源码。

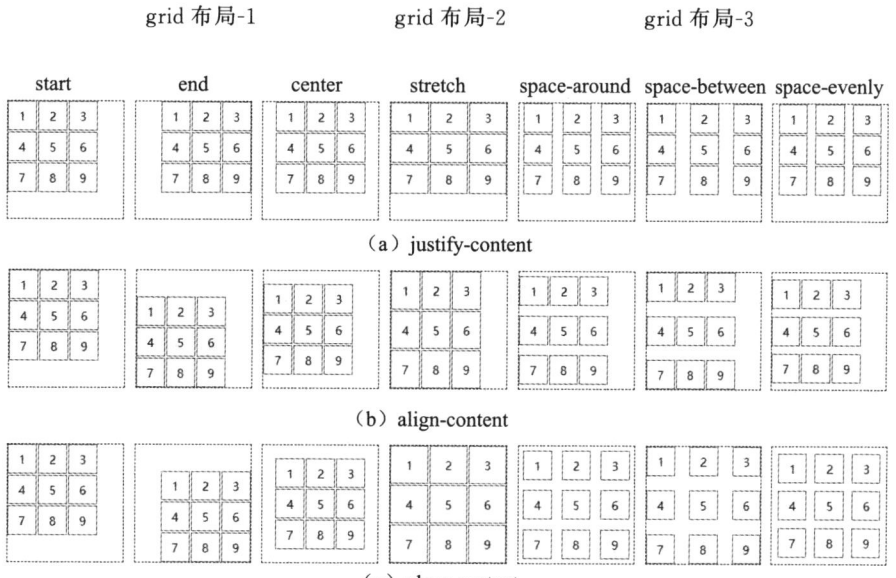

图 3-46 justify-content、align-content 与 place-content 属性示例

(6) justify-items、align-items、place-items

justify-items 属性设置单元格内容的水平位置（左、中、右），align-items 属性设置单元格内容的垂直位置（上、中、下）。这两个属性的写法完全相同，都可以取下面这些值。

- start：对齐单元格的起始边缘。
- end：对齐单元格的结束边缘。
- center：单元格内部居中。
- stretch：拉伸，占满单元格的整个宽度（默认值）。

place-items 属性是 align-items 属性和 justify-items 属性的合并简写形式，格式如下。

```
place-items:<align-items> <justify-items>;
```

例如：

```
place-items:start end;
```

如果省略第2个值，则浏览器认为它与第1个值相等。

各值的效果如图 3-47 所示，其中虚线边框表示网格容器。

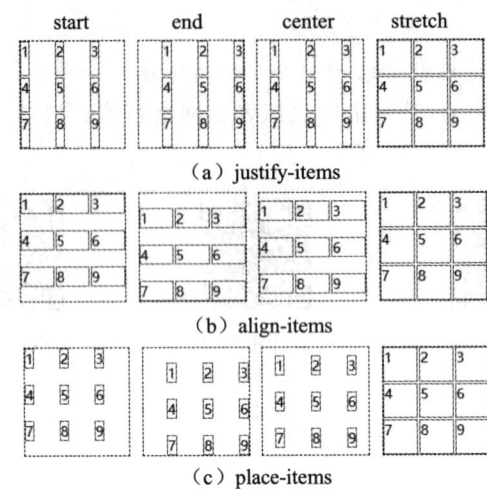

图 3-47　justify-items、align-items 与 place-items 属性示例

(7) grid-auto-columns、grid-auto-rows

当网格容器中的项目数超过了定义的单元格数目，或设置项目的位置超过了所定义的范围时，grid-auto-columns 和 grid-auto-rows 属性用来设置浏览器自动创建的多余网格的列宽和行高。它们的写法与 grid-template-columns 和 grid-template-rows 完全相同。如果不指定这两个属性，浏览器将按 auto 值设置新增网格的列宽和行高。

例如，如下的代码定义了 3×3 的网格，但网格容器总共有 11 个项目，并且第 9 个项目被设置为从编号为 5 的横向网格线、编号为 3 的纵向网格线开始，因此产生了额外的两行。在不设置 grid-auto-rows 属性值的情况下，这额外的两行的高度为 auto，如图 3-48(a)所示；当设置 grid-auto-rows 属性值为某一确定值时，则这额外的两行的高度为该确定值，如图 3-48(b)所示。

```
.container{
    display:grid;
    width:200px;
    height:200px;
    grid-template-columns:40px 50px auto;
    grid-template-rows: 25% 60px auto;
    /* grid-auto-rows:50px; */
}
.container div{
    border:solid thin red;
```

```
        display:flex;
        align-items:center;
        justify-content:center;
}
.item-9 {
        grid-row-start:5;
        grid-column-start:3;
}

<div class="container">
    <div>1</div><div>2</div><div>3</div>
    <div>4</div><div>5</div><div>6</div>
    <div>7</div><div>8</div><div class="item-9">9</div>
    <div>10</div><div>11</div>
</div>
```

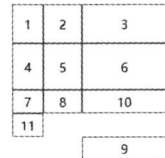 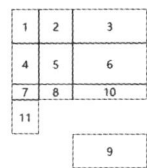

(a) 不设置 grid-auto-rows　　(b) 设置 grid-auto-rows 为 50 px

图 3-48　grid-auto-rows 属性示例

当把上述代码中的类选择器修改为如下时,浏览器会自动将网格扩展为 4 列。在不设置 grid-auto-columns 属性值时,第 4 列的宽度为 auto,显示效果如图 3-49(a)所示;当设置 grid-auto-columns 值为某一确定值时,则这额外的第 4 列的宽度为该确定值,如图 3-49(b)所示。

```
.item-9 {
        grid-row-start:4;
        grid-column-start:4;
}
```

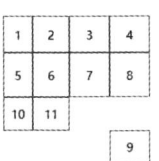 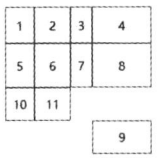

(a) 不设置 grid-auto-columns　　(b) 设置 grid-auto-columns 为 80 px

图 3-49　grid-auto-columns 属性示例

(8) grid-auto-flow

划分网格以后,容器的子元素会按照顺序自动放置在每一个网格,这个顺序由 grid-auto-flow 属性决定,其取值如下。

● row:先行后列(默认值)。
● column:先列后行。

- row dense：先行后列，并且尽可能紧密填满，尽量不出现空格。
- dense row：先列后行，并且尽可能紧密填满，尽量不出现空格。

下面的代码定义了 3×3 的网格，但项目 1 和项目 2 占据从编号为 1 的竖线到编号为 3 的竖线的区域，在 grid-auto-flow 为默认值 row 的情况下，项目 3 只能在第 2 行第 3 列处单元格，而第 1 行第 3 列单元格为空，如图 3-50(a)所示。

```css
.container{
    display:inline-grid;
    width:200px;
    height:200px;
    grid-template-columns:repeat(3,33.33%);
    grid-template-rows:repeat(3,33.33%);
    margin:10px;
}
.container div{
    border:solid thin red;
    display:flex;
    align-items:center;
    justify-content:center;
}
.item-1 {
    grid-column-start:1;
    grid-column-end:3;
}
.item-2 {
    grid-column-start:1;
    grid-column-end:3;
}
```
```html
<div class="container">
    <div class="item-1">1</div><div class="item-2">2</div><div>3</div>
    <div>4</div><div>5</div><div>6</div>
    <div>7</div><div>8</div><div>9</div>
</div>
```

当设置 grid-auto-flow 为"row dense"时，项目 3 将移到原本空的第 1 行第 3 列的单元格，如图 3-50(b)所示。

当设置 grid-auto-flow 为 column，且移除项目 1 和项目 2 的类属性，把项目 4 通过下面的选择器设置其占据从第 2 号横线到第 4 号横线时，第 1 行第 2 列处的单元格将为空，如图 3-50(c)所示。

```css
.item-4{
    grid-row-start:2;
    grid-row-end:4;
}
```

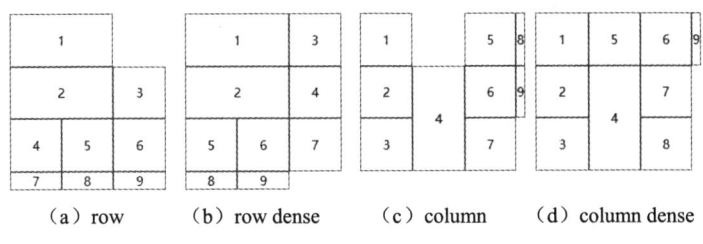

图 3-50　grid-auto-flow 属性示例

继续上例，当设置 grid-auto-flow 为"column dense"，项目 5 将占据原来空白的单元格，如图 3-50(d)所示。

(9)grid-template、grid

grid-template 属性是 grid-template-columns、grid-template-rows 和 grid-template-areas 这 3 个属性的合并简写形式。

grid 属性是 grid-template-rows、grid-template-columns、grid-template-areas、grid-auto-rows、grid-auto-columns、grid-auto-flow 这 6 个属性的合并简写形式。

从易读易写的角度考虑，还是建议不要合并属性。

3. 项目属性

(1)grid-column-start、grid-column-end、grid-row-start、grid-row-end

项目的位置是可以指定的，具体方法就是指定项目的 4 个边框，分别定位在哪根网格线。

- grid-column-start 属性：左边框所在的垂直网格线。
- grid-column-end 属性：右边框所在的垂直网格线。
- grid-row-start 属性：上边框所在的水平网格线。
- grid-row-end 属性：下边框所在的水平网格线。

例如，将图 3-43 九宫格的第一个项目应用下面的样式，则显示为如图 3-51 所示。

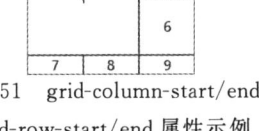

图 3-51　grid-column-start/end、grid-row-start/end 属性示例

```
.item-1 {
    grid-column-start:1;
    grid-column-end:3;
    grid-row-start:2;
    grid-row-end:4;
}
```

上述 4 个属性除了使用数字编号表示网格线外，还可以使用网格线名称。例如：

```
.item-1 {
    grid-column-start:header-start;
    grid-column-end:header-end;
}
```

还可以使用 span 关键字表示跨越，即右向或下方跨越多少个网格或跨到哪条网格线。例如：

```
.item-4 {
    grid-column-start: span 3;
    grid-row-start: span lastline;
}
```

(2) grid-column、grid-row

分别为 grid-column-start + grid-column-end 和 grid-row-start + grid-row-end 的简写形式。例如：

```
.item-c {
    grid-column: 3 / span 2;
    grid-row: third-line / 4;
}
```

(3) grid-area

grid-area 属性指定项目放在哪一个区域，其取值有两种情况。

① 引用自网格容器的 grid-template-areas 属性定义的区域。

② 用作 grid-row-start、grid-column-start、grid-row-end、grid-column-end 的合并简写形式，直接指定项目的位置，用斜线分隔。

下面的代码生成了 4×3 的网格，通过 grid-template-areas 属性将网格分成了 7 个区域，然后通过对某些项目设置其 grid-area 属性对应区域的名称，来使项目定位。如图 3-52 所示。

```
.container{
    display: grid;
    width: 300px;
    height: 200px;
    grid-template-columns: repeat(3, 33.333%);
    grid-template-rows: repeat(4, 25%);
    grid-template-areas: 'header header header'
                         'left_side1 main right_side1'
                         'left_side2 main right_side2'
                         'footer footer footer';
}
.container div{
    border: solid thin red;
    display: flex;
    align-items: center;
    justify-content: center;
}
.item-1{grid-area: header;}
.item-3{grid-area: main;}
.item-7{grid-area: footer;}
<div class="container">
    <div class="item-1">1</div>
    <div>2</div>
    <div class="item-3">3</div>
```

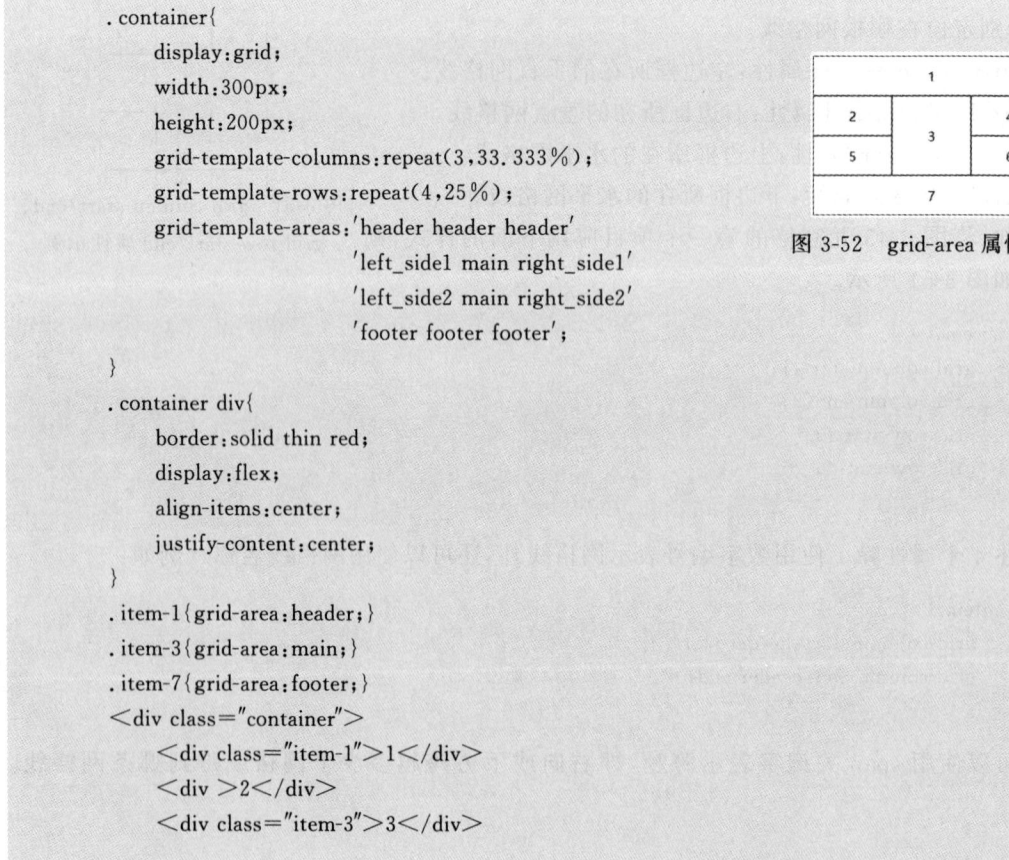

图 3-52　grid-area 属性示例

```
            <div>4</div>
            <div>5</div>
            <div>6</div>
            <div class="item-7">7</div>
        </div>
```

上例中如果不使用 grid-template-areas 来定义区域,则相应地做如下修改。

```
    .item-1{grid-area:1/1/2/4;}
    .item-3{grid-area:2/2/4/3;}
    .item-7{grid-area:4/1/5/4;}
```

(4)justify-self、align-self、place-self

justify-self 属性设置单元格内容的水平位置(左、中、右),跟 justify-items 属性的用法完全一致,但只作用于单个项目。

align-self 属性设置单元格内容的垂直位置(上、中、下),跟 align-items 属性的用法完全一致,也是只作用于单个项目。

这两个属性都可以取下面 4 个值之一:start、end、center、stretch。

place-self 属性是 align-self 属性和 justify-self 属性的合并简写形式。

图 3-53 为 4×4 的网格,其 16 个项目分别展示了 align-self 属性和 justify-self 属性依次取上述 4 个值时的效果。

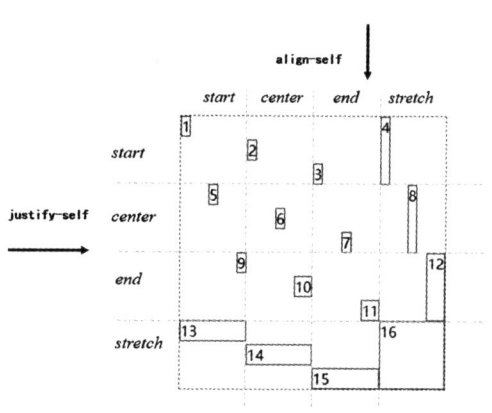

图 3-53　justify-self、align-self 属性示例

3.8　CSS 高级应用

3.8.1　转换

通过 CSS3 转换,可以对元素进行移动、缩放、转动、拉长或拉伸,它分为 2D 转换或 3D 转换两类。

1. 2D 转换方法

(1)translate(left,top)

使元素根据给定的 left(x 坐标)和 top(y 坐标)值从其当前位置移动,left 和 top 的值可以为绝对数值,也可以为百分比数值。当使用百分比数值时,实际移动位置为本身宽高值的对应百分比。

下面的代码将使 div 始终位于浏览器窗口的正中央。如图 3-54 所示。

```
    .center {
        position:fixed;
        border:solid thin red;
```

```
    width:300px;
    height:300px;
    top:50%;        /* 容器的高度的百分比 */
    left:50%;
    transform:translate(-50%,-50%);/* 当参数为百分比时,为元素本身的尺寸的百分比 */
    background-color:white;
}
<div class="center">
    本框始终显示在窗口的正中
</div>
```

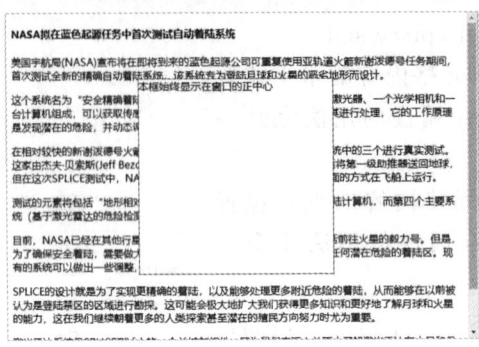

图 3-54　transform 之 translate 方法示例

translateX()、translateY()、translateZ()可以分别单独设置 X、Y、Z 轴方式的移动。如果对同一个元素设置多个 translate 方法,则以最后一个方法为准。

(2)rotate(d)

元素顺时针旋转给定的角度 d。允许负值,元素将逆时针旋转,默认以元素中心点轴心旋转。例如,下面的代码设置旋转 30°。

```
transform:rotate(30deg);
```

图 3-55 展示了正常显示、顺时针旋转 30°和 45°、逆时针旋转 30°的效果。

图 3-55　transform 之 rotate 方法示例 1

转换-1

可以通过 transform-origin 属性设置旋转的中心轴位置。例如,如图 3-56 所示设置了分别以左上角、上边中点、右上角、左下角、右下角为轴旋转 45°。

转换-2

正常显示　以左上角为轴旋转45°　以上边中点轴旋转45°　以右上角为轴旋转45°　以左下角为轴旋转45°　以右下角为轴旋转45°

图 3-56　transform 之 rotate 方法示例 2

(3) scale(x,y)

将元素的宽、高尺寸分别缩放 x 和 y 倍，数值可以为小数。如果只提供一个参数，则宽高同倍缩放。例如，将如下的选择器作用图像元素可以使图像放大 1.5 倍和缩小一半，如图 3-57 所示。

```
.scale-1_5{
    transform:scale(1.5)
}
.scale-0_5{
    transform:scale(0.5,0.5)
}
```

图 3-57　transform 之 scale 方法示例

(4) skew(dx,dy)

元素沿 x 轴翻转角度 dx，沿 y 轴倾斜角度 dy，它在水平和垂直方向上将单元内的每个点扭曲一定的角度。每个点的坐标根据指定的角度及到原点的距离，进行成比例的值调整，因此，一个点离原点越远，其增加的值就越大。图 3-58 展示了其效果。

其中，图 3-58(a)展示了正常状态，以及以左上角(0,0)为倾斜支点的在 x 轴、y 轴及 x 轴和 y 轴方向倾斜 30°的效果，图 3-58(b)展示了按默认的中心点(50%，50%)为倾斜支点，倾斜 30°的效果。

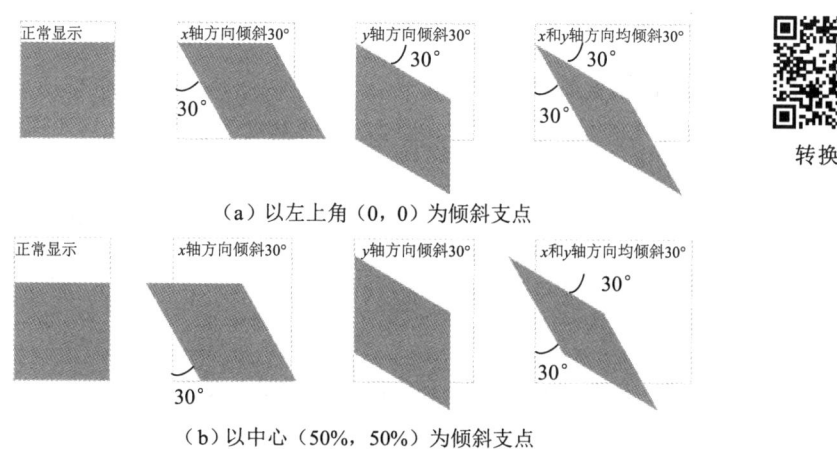

图 3-58　transform 之 skew 方法示例

(5) matrix(a,b,c,d,e,f)

将上述 4 个 2D 转换方法组合成一个方法。例如：

transform:matrix(1.2,0,0,1,0,0)等同于 transform:scale(1.2,1);

transform:matrix(1,0,0,1,30,30)等同于 transform:translate(30px,30px);

transform:rotate(30deg)等同于 transform:matrix(0.866025,0.500000,-0.500000,

0.866025,0,0);

transform:skew(30deg,30deg)translate(20px,30px)等同于 transform:matrix(1,0.57735,0.57735,1,37.3205,41.547)。

具体的对应关系的原则,请参考相关资料。

2. 3D 转换方法

在 CSS 的 3D 坐标轴中,x 轴在计算机屏幕水平向右,y 轴在计算机屏幕垂直朝下,z 轴垂直计算机屏幕指向用户。

(1)rotateX()

元素围绕其 x 轴以给定的度数进行旋转。如下的代码定义了沿 x 轴以不同角度旋转,效果如图 3-59 所示。需要注意的是当旋转为 90°时,方框的高度变为 0,因此不可见。

```
.rotateX-30{transform:rotateX(30deg);}
.rotateX-60{transform:rotateX(60deg);}
.rotateX-90{transform:rotateX(90deg);}
.rotateX-120{transform:rotateX(120deg);}
.rotateX-150{transform:rotateX(150deg);}
.rotateX-180{transform:rotateX(180deg);}
```

转换-5

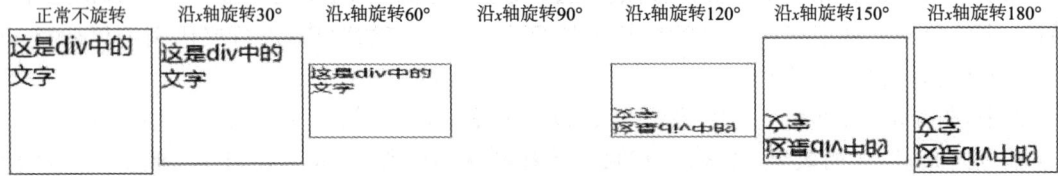

图 3-59　transform 之 rotateX 方法示例

(2)rotateY()

元素围绕其 y 轴以给定的度数进行旋转。将上例中的 rotateX 全部换成 rotateY,效果如图 3-60 所示。需要注意的是当旋转为 90°时,方框的宽度变为 0,因此不可见。

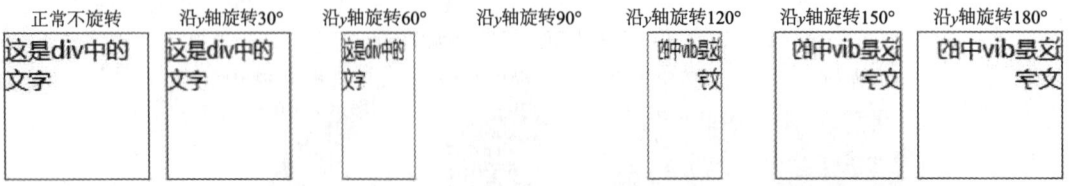

图 3-60　transform 之 rotateY 方法示例

(3)rotateZ()

等价于 rotate()。

(4)rotate3D()

在三维空间中沿给定的直线旋转给定的角度,格式为 rotate3D(x,y,z,a),其中:x 是一个 0~1 之间的数值,主要用来描述元素围绕 x 轴旋转的矢量值;y 是一个 0~1 之间的数值,主要用来描述元素围绕 y 轴旋转的矢量值;z 是一个 0~1 之间的数值,主要用来描述元素围绕 z 轴旋转的矢量值;a 是一个角度值,主要用来指定元素在 3D 空间旋转的角度,如果其值为正值,元素顺时针旋转,反之元素逆时针旋转。

其含义为由原点[默认为(0,0,0)]画一条向(x,y,z)这个点的线,若 a 为正值,根据左手定则,拇指方向为原点到(x,y,z)的方向,将元素绕线朝其余四指方向旋转 a 角度;若 a 为负值,则拇指方向为(x,y,z)到原点方向。

例如:

rotateX(a)函数功能等同于 rotate3d(1,0,0,a);

rotateY(a)函数功能等同于 rotate3d(0,1,0,a);

rotateZ(a)函数功能等同于 rotate3d(0,0,1,a)。

下面的代码定义了两个分别围绕从原点(0,0,0)到点(1,0.2,0)和(0.5,1,0.5)的直线进行顺时针和逆时针旋转 45°和 60°的三维旋转效果,如图 3-61 所示。

```
.rotate3D-45{
    transform:rotate3D(1,0.2,0,45deg);
}
.rotate3D-60{
    transform:rotate3D(0.5,1,0.5,-60deg);
}
```

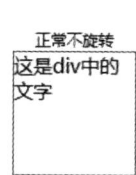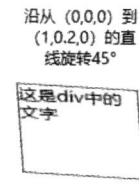

图 3-61 transform 之 rotate3D 方法示例

3.8.2 过渡

通过 CSS3,可以在不使用 Flash 动画或 JavaScript 的情况下,当元素从一种样式变换为另一种样式时为元素添加中间过渡效果。过渡效果通常在用户将鼠标指针浮动到元素上时发生,如把鼠标指针放到 div 元素上,产生带有平滑改变元素宽度高度的过渡效果。过渡属性有 4 个,如表 3-7 所示。

表 3-7 过渡属性

属性	值	描述
transition-property	property	规定应用过渡的 CSS 属性的名称
transition-timing-function	linear ease ease-in ease-out ease-in-out cubic-bezier(n,n,n,n)	规定过渡效果的时间曲线。默认是 ease linear:规定以相同速度开始至结束的过渡效果; ease:规定慢速开始,然后变快,最后慢速结束的过渡效果 ease-in:规定以慢速开始的过渡效果 ease-out:规定以慢速结束的过渡效果 ease-in-out:规定以慢速开始和结束的过渡效果 cubic-bezier(n,n,n,n):三次贝塞尔函数

续表

属性	值	描述
transition-duration	n s	定义过渡效果花费的时间。默认是 0
transition-delay	n s	规定过渡效果何时开始。默认是 0
transition		简写属性,用于在一个属性中设置4个过渡属性

下面的代码设置了对 div 元素宽度变化的过渡效果,过渡时间为 2 s,匀速过渡,无延迟,触发为其 hover 事件,效果如图 3-62 所示。

```
div{
    width:200px;
    height:110px;
    border:solid thin red;
    transition-property:width;
    transition-duration:2s;
    transition-timing-function:linear;
    /* 上述三行可简化为:transition:width 2s linear; */
}
div:hover{
    width:300px;
}
```

请把光标放到本 div 元素上,2 s 内宽度由 200 px 缓慢变为 300 px。光标移走后,宽度 2 s 内还原为 200px

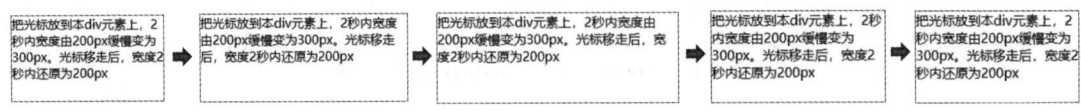

图 3-62　transition 示例

过渡过程可以设置多个效果,多个效果之间用逗号分隔。例如,下面的代码实现的效果是:在 2 s 时间内,将 div 的宽度和高度从 100 px 匀速变为 200 px,在 1 s 内先慢后快再慢地旋转 180°,背景 2 s 内由黄色变红色,字体颜色 2 s 内由黑色变白色。

```
div{
    width:100px;
    height:100px;
    background:yellow;
    transition:width 2s linear,height 2s linear,transform 1s ease,background 2s,2s color ease-in-out;
}
div:hover{
    width:200px;
    height:200px;
    background:red;
    color:white;
    transform:rotate(180deg);
}
```

3.8.3 动画

CSS3 动画效果由 3 大部分组成:转换、过渡和动画。转换和过渡效果只能完成一些简单的动画效果,CSS3 中"真正"的动画效果由 animation 属性来实现。

从效果上看,animation 属性和 transition 属性功能是相同的,都是通过改变元素的属性值来实现动画效果。但是这两者又有很大的区别:transition 属性只能通过指定属性的开始值与结束值,然后在这两个属性值之间进行平滑过渡来实现动画效果,因此只能实现简单的动画效果;animation 属性则通过定义多个关键帧及定义每个关键帧中元素的属性值来实现复杂的动画效果。

使用 animation 属性定义 CSS3 动画需要 2 步:定义动画和调用动画。

使用 @keyframes 规则定义动画。

```
@keyframes 动画名{
0%   {
    ……
    }
……
100%  {
    ……
    }
}
```

0%表示动画的开始,100%表示动画的结束。0%和100%是必需的,在一个@keyframes 规则中可以有多个百分比,每一个百分比都可以定义自身的 CSS 样式,从而形成一系列的动画效果。动画属性如表 3-8 所示。

表 3-8 动画属性

属性	值	描述
animation-name	*string*	规定@keyframes 动画的名称
animation-duration	*n* s	规定动画完成一个周期所花费的秒或毫秒。默认是 0
animation-timing-function	linear ease ease-in ease-out ease-in-out cubic-bezier(*n*,*n*,*n*,*n*)	规定动画的速度曲线。默认是 ease 　　linear:动画从头到尾的速度是相同的; 　　ease:动画以低速开始,然后加快,在结束前变慢 　　ease-in:动画以低速开始 　　ease-out:动画以低速结束 　　ease-in-out:动画以低速开始和结束 　　cubic-bezier(*n*,*n*,*n*,*n*):按三次贝塞尔函数定义的曲线
animation-delay	*n*s	规定动画何时开始。默认是 0
animation-iteration-count	*n* infinite	规定动画被播放的次数。默认是 1
animation-direction	normal alternate	规定动画是否在下一周期逆向地播放。默认是 normal;alternate 表示动画应该轮流反向播放

续表

属性	值	描述
animation-play-state	running paused	规定动画是否正在运行或暂停。默认是 running
animation-fill-mode	none forwards backwards both	规定对象动画时间之外的状态。默认为 none 　none：不改变默认行为 　forwards：当动画完成后，保持最后一个属性值（在最后一个关键帧中定义）。 　backwards：在 animation-delay 所指定的一段时间内，在动画显示之前，应用开始属性值（在第一个关键帧中定义） 　both：向前和向后填充模式都被应用
animation		简写属性，用于在一个属性中设置 8 个过渡属性

例如，下面的代码定义了 5 个关键帧的动画，使相对定位的 div 元素的位置在边长为 200 px 的正方形的 4 个角间移动，同时改变背景色，效果如图 3-63 所示。

```
div {
    width:100px;
    height:100px;
    background:red;
    position:relative;
    animation-name:myfirst;
    animation-duration:5s;
    animation-timing-function:linear;
    animation-delay:2s;
    animation-iteration-count:infinite;
    animation-direction:alternate;
    animation-play-state:running;
    /* animation:myfirst 5s linear 2s infinite alternate running; */ /* 简化版本 */
}
@keyframes myfirst {
    0%   {background:red;left:0px;top:0px;}
    25%  {background:yellow;left:200px;top:0px;}
    50%  {background:blue;left:200px;top:200px;}
    75%  {background:green;left:0px;top:200px;}
    100% {background:red;left:0px;top:0px;}
}
```

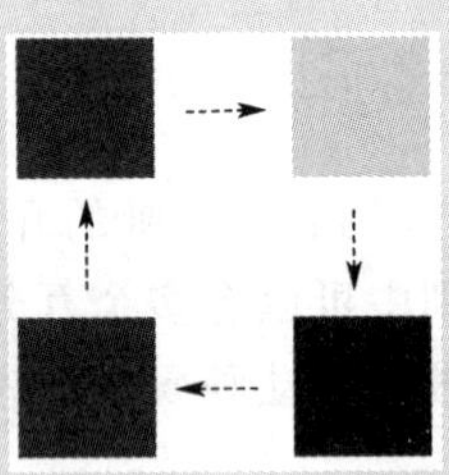

图 3-63　animation 示例

3.8.4　多列

创建多个列（栏）来对文本进行布局，与多列相关的属性如表 3-9 所示。

表 3-9　多列属性

属性	值	描述
column-count	n	规定元素应该被分隔的列数

续表

属性	值	描述
column-fill	balance auto	规定如何填充列（目前各主流浏览器都不支持）
column-gap	width	规定列之间的间隔的宽度
column-rule-color	color	规定列之间分割线的颜色
column-rule-style	none、hidden、dotted、dashed、solid、double、groove、ridge、inset、outset	规定列之间分割线的样式
column-rule-width	width	规定列之间分割线的宽度
column-rule	color width style	设置所有 column-rule-* 属性的简写属性
column-span	1 all	规定元素应该横跨的列数，只取 1 或 all
column-width	width	规定列的宽度。在不设置 column-count 属性时，根据容器宽度自动计算列数
columns	width n	column-width 和 column-count 的简写属性

下面的代码定义了 3 列显示，列之间间隔距离为 30 px，列分割线为 2 px 的红色点线，新闻标题跨所有列，新闻作者只跨一列。如图 3-64 所示。

```
.newspaper{
    column-count:3;
    /* column-width:100px; */   /* 在设置了 column-count 的情况下无效 */
    column-gap:30px;
    column-rule-width:2px;
    column-rule-color:red;
    column-rule-style:dotted;
    /* column-rule:2px dotted red */  /* 上述三个属性的简写形式 */
}
.newspaper.title{
    column-span:all;
    text-align:center;
    font-size:larger;
    font-weight:800;
}
.newspaper.author{
    column-span:1;
    text-align:center;
}

<div class="newspaper">
    <section class="title">欧洲"织女星"运载火箭一箭 53 星,开启拼单发射业务</section>
```

```
        <section class="author">澎湃新闻记者 张静</section>
        <p>当地时间9月2日,……。</p>
        <p>火箭起飞104分钟后最后一颗卫星被释放。……</p>
        ……
    </div>
```

图 3-64　多列示例

3.9　CSS 综合应用示例

3.9.1　按钮

(1)系统内置字体图标按钮

如图 3-65 所示的按钮左边的图标是使用计算机系统内部的字符,这些字符如同普通的字符一样有 ASCII 或 Unicode 编码,如"✚"的 Unicode 编码为 0x271A,可以通过::before 伪元素将其加到普通按钮左部,使它们成为一个整体。

图 3-65　用 CSS 自定义按钮示例 1

主要代码如下,完整代码可扫描二维码。

```
.button::before    /* 在前面加入内容(图标)的的基本样式,此时样式中尚未加 */
    {
        background:#ccc;
        background:rgba(0,0,0,.1);
        float:left;
        width:1em;
        text-align:center;
        font-size:1.5em;
        margin:0 1em 0 -1em;
        padding:0.2em;
        box-shadow:1px 0 0 rgba(0,0,0,.5),2px 0 0 rgba(255,255,255,.5);
```

按钮-1

```
        border-radius:.15em 0 0.15em;
        pointer-events:none;
}
/* Hexadecimal entities for the icons 图标字符的十六进制实体 */
.add::before
{
        content:"\271A";/* 加号 */
}
```

(2) 自定义字体图标按钮

标准字符集中的字符是有限的,为了将更多的"图标"加入到网页中(减少因使用图片而产生的过多的流量),可以创建自定义的字体文件,其中的字符均为矢量,每一个都有一个唯一的索引号(通常用十六进制表示)。将自定义字体文件放在网站上,连同网页内容一起下载到本地浏览器上,再通过浏览器将字体文件加载,网页或 CSS 文件中引用其中的字符,就将自定义的图标显示在网页上。

在制作字体文件时,为了兼容性起见,往往设计多个格式的版本。图 3-66 中的 4 个按钮中心的图标(字符)位于自定义的 fontello.ttf 等 4 个版本的字体文件中。

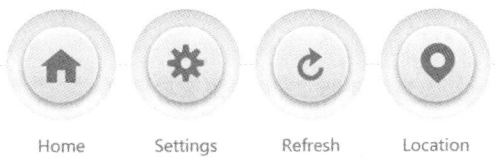

图 3-66　用 CSS 自定义按钮示例 2　　　　按钮-2

其中的中间贯穿线、中心圆环、外围圆环通过:before 伪元素、圆角矩形、边框阴影等方式实现。

3.9.2　丝带效果导航菜单

如图 3-67 所示的菜单主要有两个效果:一是两头的带尖角效果,二是选中的菜单项上移的立体效果。

效果一的实现原理是:通过::before 和::after 伪元素在两头添加空元素,然后设置空元素的边框为相同的 1.5 em,所以 4 个边分别是 4 个指向中心的三角形,然后分别设置左空元素的左边框为透明色,右空元素的右边框为透明色,露出深色背景。

效果二的实现原理是:通过伪类:hover,使光标移上的菜单项的顶部外边距归 0(原来整体设置了 0.5 em 的外边距)、背景色变黄。在每个菜单项的前后用::before 和::after 伪元素添加了高宽度为 0.5 em 的方框,分别只设置两个边的颜色,使得菜单项上移时下边左右显示深色的三角边。扫描二维码查看代码和详细注释。

丝带效果导航菜单

图 3-67　丝带效果导航示例

3.9.3 浮动粘性一级导航菜单

如图 3-68 所示导航条内容用简单的无序列表表示代码如下。

```html
<div id="logo"></div>
<div id="menu">
    <ul>
        <li><a href="index.html">首页</a></li>
        <li><a href="news.html">新闻</a></li>
        <li><a href="sports.html">体育</a></li>
        <li><a href="finance.html">财经</a></li>
        ……
    </ul>
    <div class="clear"></div>
</div>
```

图 3-68 一级导航菜单示例

菜单项设置为水平向左浮动,通过设置右外边距来产生间隔,具体设置如下。

```css
#logo{
    width:100%;
    height:100px;
    background-image:url(../../../images/logo-jnr-1.png);
    background-size:100%;
    back
}
.clear{
    clear:both;
}
#menu{
    position:sticky;   /*设置粘性效果*/
    top:0px;
}
#menu li {
    padding:0;
    margin:0;
    list-style:none;/*取消列表项符号*/
    float:left;/*横向左排列*/
}
#menu li a {
    display:block;/*块状显示,以便背景色填充*/
    margin:0 1px 0 0;
    padding:4px 10px;
```

```
        width:80px;
        background:#5970B2;
        color:#fff;
        text-align:center;
        text-decoration:none;/*取消下画线*/
}
#menu li a:hover {
        background:#49A3FF;
}
```

3.9.4 二级下拉导航菜单

如图 3-69 所示二级下列菜单的数据采用嵌套无序列表表示。代码如下。

```
<div id="nav_container">
    <nav>
        <ul>
            <li><a href="#">一级导航 1</a>
                <ul>
                    <li><a href="#">二级导航 1.1</a></li>
                    <li><a href="#">二级导航 1.2</a></li>
                    <li><a href="#">二级导航 1.3</a></li>
                    <li><a href="#">二级导航 1.4</a></li>
                </ul>
            </li>
            <li><a href="#">一级导航 2</a>
                <ul>
                    <li><a href="#">二级导航 2.1</a></li>
                    <li><a href="#">二级导航 2.2</a></li>
                    <li><a href="#">二级导航 2.2</a></li>
                </ul>
            </li>
            <!-- 隐去结构类似的其他数据 -->
        </ul>
    </nav>
</div>
```

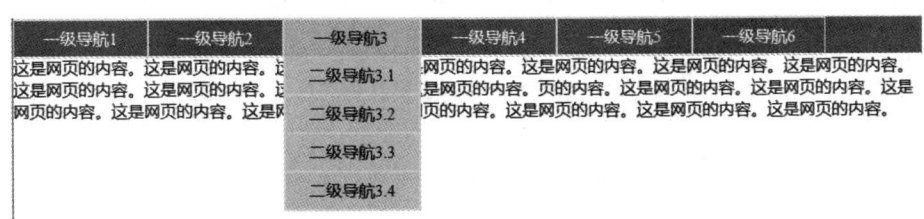

图 3-69 二级下拉导航菜单示例

二级菜单默认都隐藏,通过对一级菜单应用伪类:hover 来控制光标移上的一级菜单的样式及其子元素的样式,最关键的是使子元素显示出来。具体样式如下。

```css
#nav_container {
    background-color:red;/*导航条背景区域为红色*/
    min-height:35px;
    position:relative;/*必须设置为相对定义,其子元素nav才能设置绝对定位*/
}
nav {
    min-height:35px;
    width:795px;
    margin:0 auto;
    position:absolute;/*必须设为绝对定位,后面的网页内容才能正常显示*/
}
nav ul{
    background-color:lightblue;    /*二级菜单项浅蓝色背景*/
}
nav > ul > li {
    float:left;   /*一级菜单项向左浮动*/
}
nav ul li {
    list-style-type:none;
    border:solid thin #dddddd;
}
nav ul li:hover{
    background-color:lightskyblue;   /*当光标位于一级菜单上时背景变为天蓝色*/
}
nav ul li a {
    text-decoration:none;
    display:block;
    width:130px;
    line-height:35px;
    text-align:center;
    color:white;      /*一级菜单字体默认为白色*/
    font-fimily:微软雅黑;
}
nav ul li:hover a{
    color:black;   /*当光标位于一级菜单上时字体黑色*/
}
nav ul li ul li:hover {
    background-color:lightskyblue;/*当光标位于二级菜单上时背景变为天蓝色*/
}
nav ul li ul li a {
    color:black    /*二级菜单项上的超链接文字默认为黑色*/
}
nav ul li ul li:hover a{
    color:red;/*当光标在二级菜单项上时,超链接文字变红*/
}
nav ul li ul {
    display:none;/*二级菜单项隐藏*/
}
nav ul li:hover ul {
    display:block;/*当光标在一级菜单项上时,二级菜单项显示*/
}
```

3.9.5 多级下拉导航菜单

如图 3-70 所示的多级下拉菜单的数据采用多重无序列表嵌套。代码如下（部分）。

```html
<div id="nav_container">
    <nav>
        <ul>
            <li><a href="#">一级导航1</a>
                <ul>
                    <li><a href="#">二级导航1.1</a></li>
                    <li><a href="#">二级导航1.2</a>
                        <ul>
                            <li>三级导航1.2.1</li>
                            <li>三级导航1.2.2</li>
                            <li>三级导航1.2.3</li>
                        </ul>
                    </li>
                    <li><a href="#">二级导航1.3</a></li>
                    <li><a href="#">二级导航1.4</a></li>
                </ul>
            </li>
```

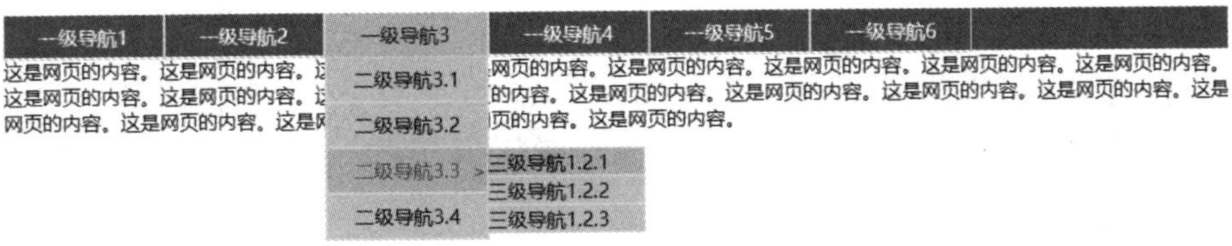

图 3-70 多级下拉导航菜单示例

同上面的二级下列菜单一样，默认将二三级菜单隐藏，通过绝对定位设置三级菜单与其父级菜单的位置关系，通过复合的伪类确定只在有三级菜单的二级菜单后面通过伪元素添加一个">"符号，以表示有下级菜单。具体实现代码及注释如下。

```css
#nav_container {
    background-color:red;/*导航条背景区域为红色*/
    min-height:35px;
    position:relative;/*必须设置为相对定义,其子元素nav才能设置绝对定位*/
}
nav {
    min-height:35px;
    width:795px;
    margin:0 auto;
    position:absolute;/*必须设为绝对定位,后面的网页内容才能正常显示*/
}
nav ul{
    background-color:lightblue;   /*二级菜单项浅蓝色背景*/
}
nav > ul >li {
    float:left;   /*一级菜单项向左浮动*/
```

```css
}
nav ul li{    /*清除列表项的列表样式,设置灰色边框*/
    list-style-type:none;
    border:solid thin #dddddd;
}
nav ul li:hover{
    background-color:lightskyblue;  /*当光标位于一级菜单上时背景变为天蓝色*/
}
nav ul li a {
    text-decoration:none;
    display:block;
    width:130px;
    line-height:35px;
    text-align:center;
    color:white;     /*一级菜单字体默认为白色*/
    font-family:微软雅黑;
}
nav ul li:hover a{
    color:black;   /*当光标位于一级菜单上时字体黑色*/
}
nav ul li ul li:hover {
    background-color:lightskyblue;/*当光标位于二级菜单上时背景变为天蓝色*/
}
nav ul li ul li a {
    color:black    /*二级菜单项上的超链接文字默认为黑色*/
}
nav ul li ul li:hover a{
    color:red;/*当光标在二级菜单项上时,超链接文字变红*/
}
nav ul li ul {
    display:none;/*二级菜单项隐藏*/
}
nav>ul> li:hover> ul {
    display:block;/*当光标在一级菜单项上时,二级菜单项显示*/
}
nav> ul> li> ul> li> ul {
    display:none;/*三级菜单项隐藏*/
}
nav> ul> li> ul> li {
    position:relative;
}
nav> ul> li>ul>li>a:not(:only-child)::after{ /*二级菜单下有三级菜单(a不是li唯一的子
节点)时,后面加一个>标志,靠右对齐*/
    content:">";
    position:absolute;
    right:0px;
}
nav> ul> li> ul> li:hover> ul {
    display:block;/*当光标在二级菜单项上时,三级菜单项显示*/
```

```
            position:absolute;
            left:130px;
            top:0px;
            width:130px;
        }
```

3.9.6 模拟 MacOS 的 Dock 菜单

如图 3-71 所示的 Dock 菜单的数据仍然采用无序列表显示。代码如下(部分)。

```
<div id="container">
    <div id="dock">
        <ul>
            <li>
                <span>Finder</span>
                <a href="#"><img src="images/1.png"></a>
            </li>
            <li>
                <span>Chrome</span>
                <a href="#"><img src="images/2.png"></a>
            </li>
            <!-- 隐去结构类似的其他数据 -->
        </ul>
    </div>
</div>
```

图 3-71 模拟 MacOs 的 Dock 菜单示例

首先通过固定定位将容器固定在底部中间,设置容器的透明背景和圆角,把图标上方的名称框设置默认隐藏,设置图标的镜像效果。然后设置 li 元素的光标移上效果,使图标及右边的图标变大,显示顶部的名称框。具体代码如下。

```
body {
    background-image:url("images/galaxy.jpg");    /*桌面背景图片*/
    background-position:center center;            /*桌面背景图片居中*/
    background-attachment:fixed;
    background-size:cover;    /*把背景图像扩展至足够大,以使背景图像完全覆盖背景区域*/
}
```

```css
#container {          /*容器*/
    position:fixed;   /*固定定位*/
    bottom:0;         /*底端对齐*/
    left:10%;         /*左边距10%,居中效果,因为右边距同样为10%*/
    width:80%;
    background:rgba(255,255,255,0.2);/*背景白色半透明*/
    border-radius:10px 10px 0 0;  /*上角圆角*/
}
#container #dock{   /*存放具体内容的容器*/
    width:100%;
    text-align:center;/*内容居中*/
}
#container li {
    list-style-type:none;/*取消列表样式*/
    display:inline-block;
    position:relative;    /*设置相对定位,才能将其子元素设置基于它的决定定位*/
}

#container li img {   /*图标样式*/
    width:50px;
    height:50px;
    -webkit-box-reflect:below 2px -webkit-gradient(linear,left top,left bottom,from(transparent),color-stop(0.7,transparent),to(rgba(255,255,255,.5)));/*镜像效果,仅适用于Safari和Chrome浏览器:*/
    transition:all 0.3s; /*过渡效果:光标移上时以过渡的方式尺寸变大*/
}
#container li:hover img {   /*光标移上时图标的样式*/
    transform:scale(2);     /*尺寸加倍*/
    margin:0 2em;           /*设置左右边距*/
}
#container li:hover+li img /*右边的图标尺寸加半*/
{       /*左边的图标尺寸不能通过CSS选择到,因此不能变化*/
    transform:scale(1.5);
    margin:0 1.5em;
}
#container li span {    /*图标上方的名称*/
    display:none;       /*默认隐藏*/
    position:absolute;  /*绝对定位*/
    bottom:100px;
    left:0;
    width:100%;         /*与容器同宽*/
    background-color:#222;
    padding:4px 0;
    border-radius:7px;  /*圆角*/
    color:#fff;
}
#container li:hover span { /*光标移上时名称的样式*/
    display:block;    /*显示*/
}
</style>
```

3.9.7 滑动切换选项卡

如图 3-72 所示选项卡采取的是数据分离方式,选项卡数据单独存放,其下的数据按顺序存放在另外的与选项卡同级的容器中。代码如下。

```
<div class="box">
    <a class="tab">科技</a>
    <a class="tab">体育</a>
    <a class="tab">教育</a>
    <a class="tab">文化</a>
    <div class="con">
        <div class="list">
            <ol>
                <li>iPhone 12 数据线依旧闪电口,换更耐用的编织线材</li>
                <li>消息称苹果开始量产 A14X 芯片,为新 iPad Pro 做准备</li>
                ……
            </ol>
        </div>
        <!-- 隐去结构类似的其他数据 -->
    </div>
</div>
```

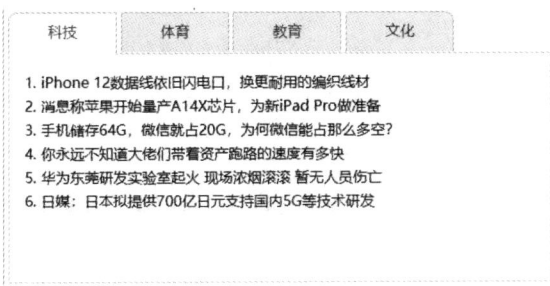

图 3-72　滑动切换选项卡示例

各块内容容器重叠,并将其 z-index 设-1,这样总是只有一块数据内容可见。通过选项卡的:hover 选择器来确定与其对应的内容容器,使其 z-index 提升,从而显示出来。具体样式如下。

```
.box{
    margin:5px;
    position:relative;
}
.box .tab{
    display:inline-block;
    text-align:center;
    width:120px;
    height:44px;
    padding:7px;
    border:1px solid #ccc;
    border-bottom:0px;
```

```css
            box-sizing:border-box;
            background:#eee;
            font-size:16px;
            line-height:26px;
            color:#555;
            transition:all 0.2s linear;
            position:relative;
        }
        .box.tab:first-of-type{        /*设置左边第一个选项卡左上角圆角*/
            border-radius:10px 0 0 0;
        }
        .box.tab:last-of-type{         /*设置右边第一个选项卡右上角圆角*/
            border-radius:0 10px 0 0;
        }
        .box.tab:hover{    /*移上选项卡*/
            background:#fff;
            transition:all 0.2s linear;
            border-bottom:none;         /*选项卡的下边框设为无*/
            height:46px;                /*高度增加2像素,以覆盖下边容器的上边框对应的部分*/
            color:red;
        }
        .con{
            position:absolute;          /* * */
            width:600px;
            height:250px;
            top:45px;
            border:1px solid #ddd;
            z-index:-1;                 /*所有的内容容器均置于底层*/
        }
        .con.list{
            width:580px;
            height:220px;
            padding:10px;
            position:absolute;/*所有的内容容器均绝对定位,位置一样,所以重叠一起*/
            text-align:left;
            overflow:auto;
            background-color:white;
        }
        /*根据第几个选项卡处于hover状态,来设置第一个内容容器的z-index提升*/
        .box>.tab:nth-child(1):hover~.con>.list:nth-child(1),
        .box>.tab:nth-child(2):hover~.con>.list:nth-child(2),
        .box>.tab:nth-child(3):hover~.con>.list:nth-child(3),
        .box>.tab:nth-child(4):hover~.con>.list:nth-child(4),
        .list:hover{
            z-index:10;
        }
```

不过,此实现方法有如下3处不完美的地方。

① 默认显示的是最后一个tab的内容,而不是第一个。

②当光标从选项卡上移到下面内容区域后,当前选中的选项卡没有突出显示。

③HTML 的语义上不符合规范,即\<div class="con"\>不应该与\<a class="tab"\>xx\</a\>为兄弟关系。

3.9.8 单击切换选项卡

图 3-73 中选项卡的切换是通过单击选项卡实现的,该功能的实现用到了 CSS3 中的一个伪类:target,它可用于选取当前活动的目标元素。由于伪类:target 的特殊性,在 HTML 文档结构需要做调整,具体如下。

```html
<div class="main">
    <div id="contain1">
        <ol>
            <li>iPhone 12 数据线依旧闪电口,换更耐用的编织线材</li>
            <li>消息称苹果开始量产 A14X 芯片,为新 iPad Pro 做准备</li>
            ……
        </ol></div>
        <!-- 隐去结构类似的其他数据 -->
    <ul class="tab">
        <li><a href="#contain1">科技</a></li>
        <li><a href="#contain2">体育</a></li>
        <li><a href="#contain3">教育</a></li>
        <li><a href="#contain4">文化</a></li>
    </ul>
</div>
```

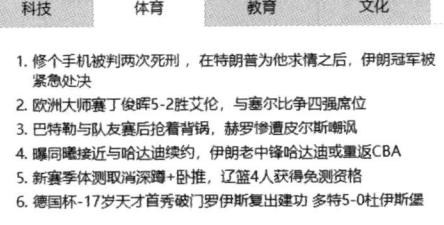

图 3-73 单击切换选项卡示例

当 URL 末尾带有锚名称♯,就可以指向文档内某个具体的元素。这个被链接的元素就是目标元素(target element)。单击之后该目标元素通过:target 可以被过滤到,如 ♯ contain1,因此可以使该元素显示出来,然后通过匹配其兄弟元素 ul 中对应的项目(这就是为什么 ul 必须放置在♯containX 后的原因),使选项卡可以被高亮显示。具体样式及其解释如下。

```css
.main{
    position:absolute;
}
.tab {
    margin:0;
    padding:0;
    width:500px;
    overflow:hidden;/* overflow 规定当内容溢出时溢出部分隐藏。*/
```

```css
            list-style-type:none;/* 设置无列表样式 */
}
.tab li {
    float:left;
    border:solid thin lightgray;
    background: #ddd;
    z-index:10;
    position:relative;
}
.tab li:first-of-type{
    border-radius:10px 0 0 0;
}
.tab li:last-of-type{
    border-radius:0 10px 0 0;
}
.tab li a {
    text-decoration:none;/* text-decoration 添加到文本的装饰效果 */
    color: #000;
    display:inline-block;
    width:120px;
    height:40px;
    text-align:center;
    line-height:40px;
}
#contain1,#contain2,#contain3,#contain4   {
    display:none;/* 默认都隐藏 */
    width:500px;
    height:200px;
    border:1px solid #ddd;
    position:absolute;
    top:40px;
    padding:10px;
    z-index:1;
}
/* 关键部分:哪个是被单击的目标,哪个就显示 */
#contain1:target,    #contain2:target,   #contain3:target,    #contain4:target{
    display:block;
}
/* 通过获得目标的 div 的兄弟节点中对应序号的元素确定哪个选项卡该高亮显示 */
#contain1:target ~ .tab li:nth-child(1),
#contain2:target ~ .tab li:nth-child(2),
#contain3:target ~ .tab li:nth-child(3),
#contain4:target ~ .tab li:nth-child(4){
    background:white;
    color:black;
    border-bottom:none;
    height:41px;
}
.main div li{
    margin:5px;
}
```

上述实现方法有一个缺点是,每次打开网页时,不定将哪个选项卡设为选中状态(实际上跟之前的选择有关)。为解决此问题,可以添加一行 JavaScript 来使每次打开页面时选中第一个选项卡,代码如下。

```
<script type="text/javascript">
    document.getElementsByClassName("tab")[0].getElementsByTagName("a")[0].click();
</script>
```

3.9.9 手风琴效果(折叠面板)

3.9.8 小节中是通过:target 伪类来确定被单击的对象,也可以通过表单元素之单选按钮和复选框的选中状态来确定被单击的元素。图 3-74 的手风琴效果(折叠面板),就是分别采用单选按钮和复选框实现的。其 HTML 结构如下。

```
<div class="container">
    <section class="ac-container">
        <div>
            <input id="ac-1" name="accordion-1" type="checkbox" />
            <label for="ac-1">关于达内</label>
            <article class="ac-medium">
                <p>达内时代科技集团有限公司(简称达内教育),……</p>
            </article>
        </div>
        <div>
            <input id="ac-2" name="accordion-1" type="checkbox" />
            <label for="ac-2">业务领域</label>
            <article class="ac-large">
                <p>高端职业教育 </p>
                <p>企业人才推荐及相关服务 </p>
                ……
            </article>
        </div>
        <!-- 隐去结构类似的其他数据   -->
    </section>
</div>
```

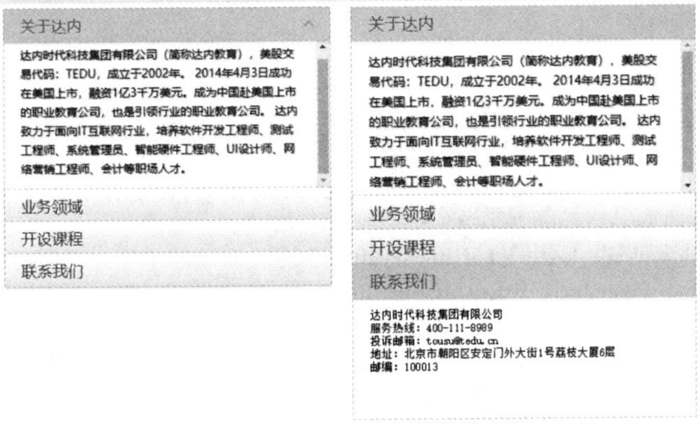

(a)单幅显示　　　　　　　(b)多幅显示

图 3-74　手风琴效果示例

其中的选择框是隐藏的,因为通过 label 的 for 属性,使得单击 label 就能选中或撤销选中 input。然后根据 input 的选中状态来确定其下面的内容部分是否显示。具体样式如下。

```css
.ac-container {
    width:400px;
    margin:10px auto 30px auto;
    text-align:left;
    border:solid thin #ddd;
}
.ac-container label {
    font-family:'BebasNeueRegular','Arial Narrow',Arial,sans-serif;
    padding:5px 20px;
    position:relative;
    z-index:20;
    display:block;
    height:30px;
    cursor:pointer;
    color:#555;
    text-shadow:1px 1px 1px rgba(255,255,255,0.8);
    line-height:33px;
    font-size:19px;
    background:#ffffff;
    background:-webkit-gradient(linear,left top,left bottom,color-stop(1%,#ffffff),color-stop(100%,#eaeaea));
}
.ac-container label:hover {
    background:#fff;
}
.ac-container input:checked+label,
.ac-container input:checked+label:hover {
    background:#c6e1ec;
    color:#3d7489;
}
/* 当光标移到 label 上时,添加在后面添加一个长宽为 24 像素的空元素,背景为下箭头图片 */
.ac-container label:hover:after {
    content:'';
    position:absolute;
    width:24px;
    height:24px;
    right:13px;
    top:7px;
    background:transparent url(images/arrow_down.png) no-repeat center center;
}
/* 当处于扩展状态(选择框被选中)时光标移到 label 上时,设置背景为上箭头图片,此选择器会覆盖上面的选择器的 background 属性 */
.ac-container input:checked+label:hover:after {
    background-image:url(images/arrow_up.png);
}
.ac-container input {/* 输入框设为隐藏,它本来就是用来做控制用,无需显示。因为通过 label 的 for 属性,使得点击 label 就能选中或撤销选中 input */
    display:none;
}
.ac-container article {
```

```
        background:rgba(255,255,255,0.5);
        margin-top:-1px;
        overflow:auto;
        height:0px;/* 高度为 0,因此隐藏 */
        position:relative;
        z-index:10;
        transition:height 0.3s ease-in-out,box-shadow 0.6s linear;/* 动画方式展现高度的改变,从下到上缩,直到隐藏 */
    }
    .ac-container article p {
        line-height:23px;
        font-size:14px;
        padding:0px 20px;
    }
    .ac-container input:checked~article {
        transition:height 0.5s ease-in-out,box-shadow 0.1s linear;/* 动画方式展现高度的改变,从隐藏到从上往下拉伸显示 */
    }
    /* 设置三种内容高度,选中时高度从 0 变为下面所设的高度 */
    .ac-container input:checked~article.ac-small {
        height:140px;
    }
    .ac-container input:checked~article.ac-medium {
        height:180px;
    }
    .ac-container input:checked~article.ac-large {
        height:230px;
    }
```

习 题

1. 设计一个含有图标的按钮,图标在文字上方,水平对齐。
2. 用 CSS 设计一个水平方向的手风琴效果。
3. 设计一个月历,类似于图 3-75(a)。
4. 用 grid 布局设计一个简单计算器,类似于图 3-75(b)效果。
5. 设计一个手机拨号界面,类似于图 3-75(c)。

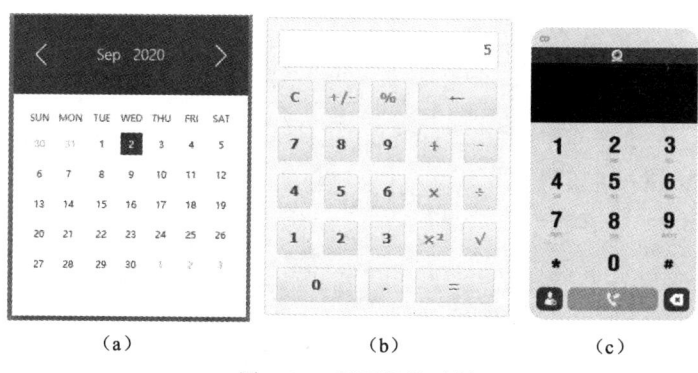

(a)　　　　　　　(b)　　　　　　　(c)

图 3-75　页面组件示例

第 4 章
HTML5+CSS3 页面布局

4.1 页面布局概述

4.1.1 布局的原则

网页布局的原则包括:协调、一致、流动、均衡、强调等,另外在进行网页布局设计的时候,需要考虑到网站页面的醒目性、创造性、造型性、可读性和明快性等因素。

- 协调:将网站中的每一个构成要素有效地结合或者联系起来,给浏览者一个既美观又实用的网页界面。
- 一致:网站整个页面的构成部分要保持统一的风格,使其在视觉上整齐、一致。
- 流动:网页布局的设计能够让浏览者凭着自己的感觉走,并且页面的功能能够根据浏览者的兴趣链接到其感兴趣的内容上。
- 均衡:网页的布局设计要有序地进行排列,并且保持页面的稳定性,适当地加强页面的使用性。
- 强调:把页面中想要突出展示的内容在不影响整体设计的情况下,用色彩搭配或者留白的方式将其最大限度地展示出来。

4.1.2 网页布局的方式

网页布局有很多种方式,一般将网页内容分为以下几个部分:头部区域、菜单导航区域、内容区域、底部区域,如图 4-1 所示。

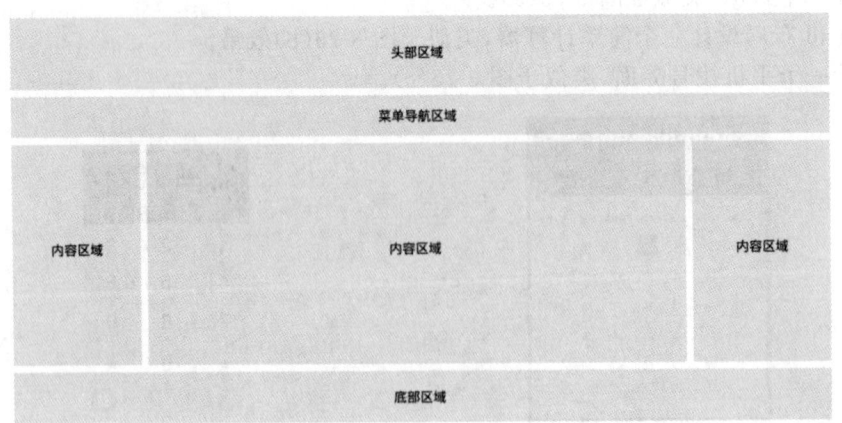

图 4-1 一般的网页区域划分

不同类型的网站、不同类型的页面往往有不同的布局,内容区域部分的总体布局模式为:一栏式、两栏式、三栏式。

1. 一栏式

一栏式布局页面结果简单,视觉流程清晰,便于用户快速定位,但是由于排版方式的限制,只适用于信息量小,相对比较独立的网站。一栏式页面通常会通过大幅精美图片或者交互的动画效果来实现强烈的视觉冲击效果,从而给用户留下深刻的印象,提升品牌效果,吸引用户进一步浏览。由于首页信息展示量有限,一般需要在一栏式页面的首页中添加导航或者重要入口的链接等。如图4-2所示。

2. 两栏式

图4-2 一栏式

两栏式是最常见的布局方式之一,据不完全统计,90%左右的网页采用此布局。相对于一栏式,两栏式可以容纳更多的内容,但是两栏式不具备一栏式布局的视觉冲击。一般可以将其细分为左窄右宽、左宽右窄、左右均等,不同的布局比例和位置会影响到用户浏览的视线流和页面的整体重点。

(1)左窄右宽

左窄右宽的布局,通常左边是导航,右侧是网页的内容。用户的浏览习惯通常是从左到右、从上至下,因此这类布局的页面更符合操作流程,能够引导用户通过导航查找内容,使操作更加具有可控性,适用于内容丰富、导航分离清晰的网站。如图4-3所示。

图4-3 两栏式之左窄右宽

(2)左宽右窄

内容在左侧,导航在右侧,这种结构是突出内容的主导位置,引导用户把视觉焦点放在内容上,然后才是去引导关注更多的信息。例如,搜索网站,采用左宽右窄,重点突出搜索的信息,在右侧放次要信息和广告,体现出信息的主次。如图4-4所示。

(3)左右均等

这种网页左右两侧的比例相差比较小或者完全一致,适用于两边的信息重要程度均等的情况,不体现内容的主次。如图4-5所示。

图4-4　两栏式之左宽右窄　　　　　　　图4-5　两栏式之左右均等

3. 三栏式

三栏式的布局方式对于内容的排版更加紧凑,可以更加充分地运用网站空间,尽可能多地展示信息内容,通常用于信息量非常丰富的网站,如门户网站、电商网站、学习类网站。如图4-6所示。

图4-6　三栏式

4.2 布局示例

4.2.1 静态布局

静态布局即传统 Web 设计,为网页设置一个固定的宽度,通常以 px 作为长度单位,常见于 PC 端网页。

静态布局具有很强的稳定性与可控性,也没有兼容性问题,但不能根据用户的屏幕尺寸做出不同的表现。即如果用户的屏幕分辨率小于这个宽度就会出现滚动条,如果大于这个宽度则会留下空白。网页的各个区域可以采用绝对定位或浮动定位来确定。

图 4-7 的页面移除了数据和非关键 CSS 样式的关键代码如下。

```
<style type="text/css">
    .container {/* ~~ 此容器包含所有其他 div,并设定其宽度 ~~ */
        width:960px;
        background-color:#FFF;
        margin:0 auto;/* 侧边的自动值与宽度结合使用,可以将布局居中对齐 */
    }
    /* ~~ 标题未指定宽度。它将扩展到布局的完整宽度。~~ */
    .header {
        background-color:#eFeDe4;
        background-image:url(images/bg1.jpg);
        background-size:100% 100%;
    }
    .sidebar1 {
        float:left;
        width:20%;
        padding-bottom:10px;
    }
    .content {
        padding:10px 0;
        width:calc(60% - 2px);
        float:left;
        border-left:solid thin lightgray;
        border-right:solid thin lightgray;
    }
    .sidebar2 {
        float:left;
        width:20%;
        padding:10px 0;
    }
    /* ~~ 脚注 ~~ */
    .footer {
        padding:10px 0;
        background-color:lightgray;
        border-top:lightgray solid thin;
```

```
            position:relative;
            text-align:center;
            clear:both;/* 清除之前的所有浮动 */
        }
    </style>
    <div class="container">
        <div class="header"><a href="#"><img src="images/logo.png" alt="在此处插入徽标" name="Insert_logo" height="90" id="Insert_logo"/></a>
        </div>
        <div class="sidebar1">
            <ul class="nav">
                <li><a href="#">产品</a></li>
            </ul>
        </div>
        <div class="content">
            <h1>捷恩瑞信息</h1>
        </div>
        <div class="sidebar2">
                <h4>获奖</h4>
        </div>
        <div class="footer">
            <p>版权所有 Copyright&copy;JnR信息技术有限公司</p>
            <p>技术支持 Copyright&copy;孝感工业学校 杨勋</p>
        </div>
    </div>
```

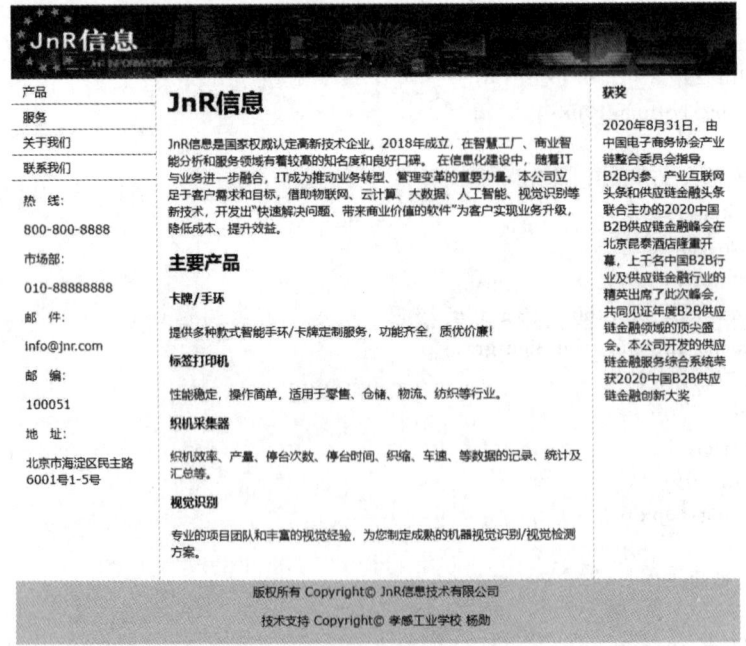

图 4-7 采取浮动定位的静态布局

4.2.2 流式布局

流式布局是给网页设置一个相对的宽度,页面元素的大小按照屏幕分辨率进行适配调整,但整体布局不变,通常以百分比作为长度单位(通常搭配 min-*、max-* 属性控制尺寸流动范围以免过大或者过小导致元素无法正常显示),高度大都是用 px 来固定住。流式布局的代表是栅格系统(网格系统)。

例如,设置网页主体的宽度为 80%,min-width 为 960 px。图片也作类似处理(width:100%,max-width 一般设定为图片本身的尺寸,防止被拉伸而失真)。

缺点:因为宽度使用%百分比定义,但是高度和文字大小等大都是用 px 来固定,所以在大屏幕下显示效果会变成有些页面元素宽度被拉得很长,但是高度、文字大小还是和原来一样,显示非常不协调。

将上一小节示例中的 container 类选择器做如下的修改,将布局更改为流式布局。

```css
/* ~~此容器包含所有其他div,并依百分比设定其宽度 ~~ */
.container {
    width:80%;
    max-width:1260px;
    /* 可能需要最大宽度,以防止此布局在大型显示器上过宽。这将使行长度更便于阅读 */
    min-width:780px;
    /* 可能需要最小宽度,以防止此布局过窄。这将使侧面列中的行长度更便于阅读。 */
    background-color:#FFF;
    margin:0 auto;
    /* 侧边的自动值与宽度结合使用,可以将布局居中对齐。 */
}
```

4.2.3 栅格化布局

栅格化布局将网页宽度人为地划分成均等的长度(通常利用百分比作为长度单位来划分成均等的长度),然后排版布局时则以这些均等的长度作为度量单位。

例如,960 网格系统、bootstrap、foundation 这些框架采用的就是栅格系统,只要给页面元素添加其栅格系统指定的类名,就能达到想要的响应式布局效果。

960 网格系统分成两大类,其中一类是"固定尺寸"(一般就是 960 px),而另一大类就是"流体尺寸"。960 网格系统将宽度分为 12 栏、16 栏或 24 栏。默认情况下,每栏之间都会存在左右边距,12 栏和 16 栏的边距为 10 px,24 栏的边距为 5 px,因此两栏之间的边距分别为 20 px 和 10 px,因此除去左右两边外的内容显示区域分别为 940 px 和 950 px。

960 网格系统由 3 个 css 文件所组成:960.css、reset.css、text.css。其中,reset.css 是用来重置常规 html 元素的效果,以防止在不同浏览器上出现不同的效果;text.css 主要用来设置文字相关的样式;960.css 包含了 12 栏和 16 栏两套系统,也可以使用单独的 960_12_col.css 和 960_16_col.css。以 12 栏为例,其主要内容如下。

1..container_12

作用:主要用于包含整个页面的元素,使用该类的元素会将自身宽度设置为 960 px,相对于父元素居中显示,并表明其内部是一个 12 列的网格。

代码：

```css
.container_12 {
    margin-left:auto;
    margin-right:auto;
    width:960px;
}
```

代码说明：将 margin-left 和 margin-right 设为 auto 是将元素水平居中的常见方法。

2. .grid_1 -.grid_12

作用：类后面的数字表示可以占据的列数，使用该类的元素都会浮动，并且每列的左右两侧都有 10 px 的外边距。

代码：

```css
.grid_1 {
    display:inline;
    float:left;
    margin-left:10px;
    margin-right:10px;
}
.container_12.grid_1 {
    width:60px;
}
```

代码说明：将元素浮动是实现多列布局的常见方法。使用 display:inline 是为了解决 IE6 中双倍边距的问题。

3. .push_1 -.push_12, .pull_1 -.pull_12

作用：将元素相对于原来的位置向右或向左偏移指定列数。

代码：

```css
.push_1,.pull_1 {
    position:relative;
}
.container_12.push_1 {
    left:80px;
}
.container_12 pull_1 {
    left:-80px;
}
```

4. .prefix_1 -.prefix_12, .suffix_1 -.suffix_12

作用：为元素前、后增加指定列数的空白。

代码：

```css
.container_12.prefix_1 {
    padding-left:80px;
}
.container_12.suffix_1 {
    padding-right:80px;
}
```

5..alpha 和.omega

作用:清除左边、右边的边距。

代码:

```
.alpha {
    margin-left:0;
}
.omega {
    margin-right:0;
}
```

6..clear

作用:清除元素两侧的浮动效果。

代码:

```
.clear {
    clear:both;
    display:block;
    overflow:hidden;
    visibility:hidden;
    width:0;
    height:0;
}
```

图 4-8 展示了 12 栏网格的各种效果,右侧的文字表示对应元素所应用的选择器。

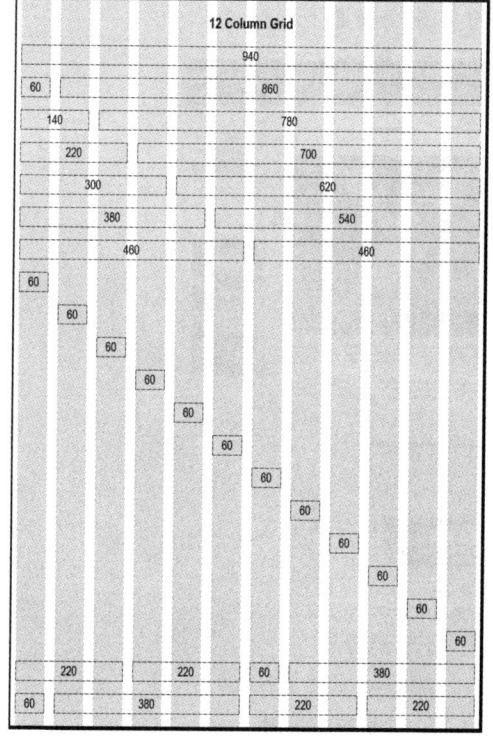

grid_12
grid_1, grid_11
grid_2,.grid_10
grid_3, grid_9
grid_4, grid_8
grid_5, grid_7
grid_6, grid_6
grid_1, suffix_11
grid_1 prefix_1 suffix_10
grid_1 prefix_2 suffix_9
grid_1 prefix_3 suffix_8
grid_1 prefix_4 suffix_7
grid_1 prefix_5 suffix_6
grid_1 prefix_6 suffix_5
grid_1 prefix_7 suffix_4
grid_1 prefix_8 suffix_3
grid_1 prefix_9 suffix_2
grid_1 prefix_10 suffix_1
grid_1 prefix_11
grid_3, grid_3, grid_1, grid_5
grid_1, grid_5, grid_3, grid_3

图 4-8　12 栏的 960 网格系统

图 4-9 是通过 960 网格之 12 栏方案实现的网页,除了清除分割线外,总共有 7 行内容,分别采用 12、12、7:5、3:3:3:3、12、2:2:2:2:2:2、4 的分配模式。其中,最后一行的左右各指定了 4 个单位的空白,倒数第二行的第一个图像与最后一个图像通过设置偏移将位置互换。

栅格化布局

图 4-9　12 栏的 960 网格系统示例

4.2.4　伸缩布局(Flex box)

使用 CSS3 Flex 系列属性进行相对布局,用来为盒子模型提供最大的灵活性,对于富媒体和复杂排版的支持非常大,但是存在兼容性问题。任何一个容器都可以指定为 flex 布局,行内元素也可以使用。

图 4-10 是使用 Flex 布局设计的页面,当在不同大小的浏览器区域中显示时,内容会自动伸缩。移除了数据和非关键 CSS 样式的关键代码如下。

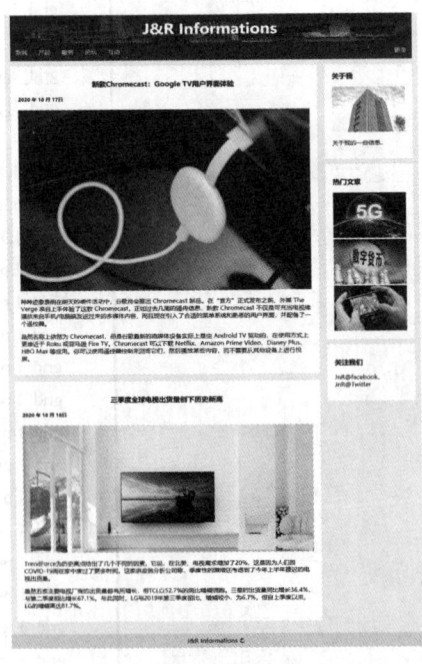

图 4-10　伸缩布局示例

```css
header {
    display:flex;
    align-items:center;          /*垂直居中*/
    justify-content:center;      /*水平居中*/
    background-image:url(images/bg1.jpg);
    background-size:100% 100%;   /*背景自适应*/
}
nav ul div{
    display:flex;
}
nav ul {
    display:flex;
    justify-content:space-between;/*让两部分的导航分在左右*/
}
nav ul li {
    display:flex;
}
.container {
    display:flex;
    flex-direction:row;/*中间区域容器左右布局*/
    margin:0.9375rem;
}
.main {
    display:flex;
    flex:3.5;     /*左右比例为3.5:1*/
    flex-direction:column;/*主区域本身为上下布局*/
}
section.article h3{
    text-align:center;
}
.sider {
    flex:1;   /*左右比例为3.5:1*/
    margin-left:20px;
}
.sider img{
    width:100%;/*图片自适应宽度和高度*/
    height:100%;
}
```

```html
<header>J&R Informations</header>
<nav>
    <ul>
        <div class="nav_link1">
            <li><a href="#">新闻</a></li>
            <li><a href="#">产品</a></li>
        </div>
        <div>
            <li><a href="#">更多</a></li>
        </div>
    </ul>
```

```
        </nav>
        <div class="container">
            <main class="main">
                <section class="article">
                    <h3>新款 Chromecast：Google TV 用户界面体验</h3>
                </section>
                <section class="article">
……
                </section>
            </main>
            <aside class="sider">
                <div>
                    <h3 style="margin-top:0">关于我</h3>
                </div>
            </aside>
        </div>
        <footer>
            <div>J&R Informations &copy;</div>
        </footer>
```

4.2.5 响应式布局

响应式布局的目标是确保一个页面在所有终端上（各种尺寸的 PC、手机、iPad 等）都能显示出令人满意的效果。通过检测设备信息，决定网页布局方式，即用户如果采用不同的设备访问同一个网页，有可能会看到不一样的展示效果。一般情况下是检测设备屏幕的宽度来实现。

应用响应式布局，首先要使用视图的 <meta> 标签来进行重置：

```
<meta name="viewport" content="width=device-width,initial-scale=1,maximum-scale=1,user-scalable=no" />
```

然后使用媒体查询（media queries）给不同尺寸和介质的设备切换不同的样式。媒体查询是响应式设计的核心，它根据条件告诉浏览器如何为指定视图宽度渲染页面。优秀的响应设计可以给适配范围内的设备最好的展现。在同一个设备下实际还是固定的布局。媒体查询是有限的，也就是可以枚举出来的，只能适应主流的宽高。要匹配足够多的屏幕大小，工作量不小，而且页面中会出现隐藏元素的操作，这样代码就比较冗余，加载时间加长。

外部式样式表的使用方式如下。

```
<link rel="stylesheet" media="screen and (max-width:600px)" href="small.css" />
<link rel="stylesheet" media="screen and (min-width:600px) and (max-width:900px)" href="medium.css" />
<link rel="stylesheet" media="screen and (min-width:900px)" href="big.css" />
```

表示的是：当页面宽度小于或等于 600 px，调用 small.css 样式表来渲染 Web 页面；当页面宽度在 600～900 px，调用 medium.css 样式表；当页面宽度在 900 px 以上时，调用 big.css 样式表。

内嵌式样式表中使用 @media 规则，具体写法与外部式样式表的 link 元素的 media 属性一致。例如：

```
<style>
@media screen and(max-width:960px){
    #container,footer{
        width:758px;
    }
    #content{
        margin:0 20px 0 0;
    }
    #sidebar{
        width:212px;
    }
}
@media screen and(max-width:758px){
    #container,footer,#sidebar{
        width:524px;
    }
    #content{
        margin:0 10px 0 0;
    }
    #sidebar{
        width:180px;
    }
}
</style>
```

在 4.2.4 小节例子中的样式表后面加上如下的规则后,在页面宽度小于 800 px(如手机浏览器)时,右侧栏的内容将显示在下部。如图 4-11 所示。

图 4-11 响应式布局示例

```
@media all and(max-width:800px){
    .container {
        flex-direction:column;/*将原来左右布局的内容更改为上下布局*/
    }
    .sider {
        margin-left:0;/*将原来左边距清除*/
    }
}
```

4.2.6 弹性布局

弹性布局跟流式布局很像,网页宽度不固定,使用 rem/em、vw/vh 等单位进行相对布局,避免了使用像素 px 布局在高分辨率下几乎无法辨识的缺点,相对%百分比更加灵活,同时可以支持浏览器的字体大小调整和缩放等的正常显示。但弹性布局也有局限性,如果不对这种布局设置一个最小宽度,当用户缩小窗口到足够小时会造成布局严重错位。

(1)rem/em 布局

rem 是相对于 HTML 元素的 font-size 大小而言的,而 em 是相对于其父级元素。

所有浏览器都一致默认保持着 16 px 的默认字号,因此 1 em=16 px,但是 1:16 的比例不方便计算。为了使单位 rem/em 更直观,CSS 编写者常常将页面跟节点字体设为 62.5% 或 10px,这样 1rem 便是 10px,方便了计算。例如,选择用 rem 控制字体时,先需要设置根节点 html 的字体大小:

```
html{
    font-size:10px;/*或 62.5%,chrome 浏览器中文版不支持 12px 以下的字体*/
}
```

为了实现自适应,往往需要通过 JavaScript 来监控显示区域的变化。例如,改变浏览器窗口大小或改变手机横竖方向,然后更改基准字体大小,使得以基准字体大小为单位的对象同步更改大小,从而使得网页内容能随浏览器的改变而相应改变。针对 4.2.4 小节的实例,做如下内容的更改,使得网页成为弹性布局,在各种状况下显示一致,如图 4-12 所示为在 iPhoneX 手机上竖屏和横屏时显示的效果。

```
<!--下面的内容仅是相对于 4.2.4 小节实例变动的内容   -->
<style>
    header {
        height:5rem;
        width:38rem;/*整个宽度为 40rem,左右各留 1rem 空*/
        font-size:2.5em;
        margin:0 1rem;
    }
    nav {
        margin:0 1rem;
    }
    nav ul li a {
        padding:1rem;
    }
    .container {
        margin:1rem;
    }
```

弹性布局-1

```
        section.article {
            padding:1.25rem;
            margin-bottom:1.25rem;
        }
        section.article h3 {
            font-size:1.5em;
            margin-top:0rem;
        }
        .sider {
            margin-left:1.25rem;
        }
        .sider > * {
            padding:1.25rem;
        }
        footer {
            padding:0.625rem;
        }
</style>
<script>
    (function(win,doc){
        // 1. 获取 client 屏幕宽度
        let clien_width = doc.documentElement.clientWidth || doc.body.clientWidth;
        // 2. 如果屏幕的宽度发生改变 触发 onresize 方法
        window.onresize = function(){
            let new_width = doc.documentElement.clientWidth || doc.body.clientWidth;
            fn(new_width);
        }
        //3. "原始宽度"或者"改变后的宽度"经过换算，赋值到 html=>style=>font-size
        其中 640px 是设计稿的原始尺寸(设计时以 640px 宽度为基准)
        var fn = function(width){
            doc.documentElement.style.fontSize = 16 * (width / 640)+"px";
        }
        fn(clien_width);
    })(window,document)
</script>
```

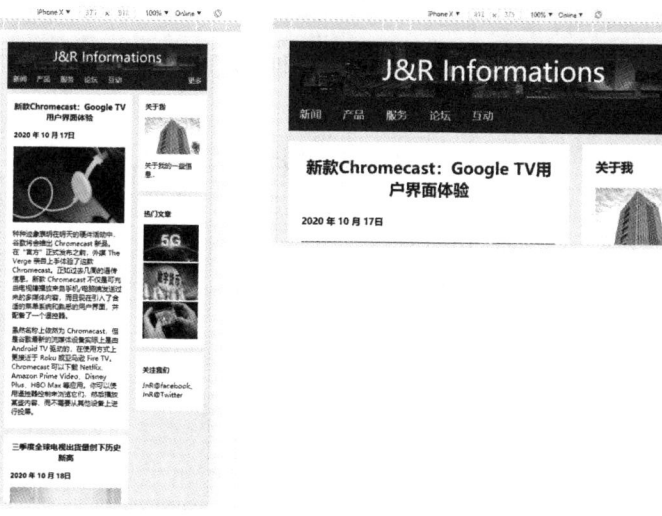

图 4-12　rem/em 弹性布局在手机横屏和竖屏下的显示效果示例

（2）vw/vh 布局

视口（viewport）是浏览器实际显示内容的区域，换句话说是不包括工具栏和按钮的网页浏览器。vw、vh、vmin、vmax 是一种视口单位，也是相对单位。它们相对的不是父节点或者页面的根节点，而是由视口大小来决定的，具体描述如下。

vw：1 vw 表示视口宽度的 1%。

vh：1 vh 表示视口高度的 1%。

vmin：1 vmin 表示当前 vw 和 vh 中较小的一个值的 1%。

vmax：1 vmax 表示当前 vw 和 vh 中较大的一个值的 1%。

vw、vh 与 ％ 百分比的区别如下。

① ％ 是相对于父元素的大小设定的比率，vw、vh 是由视口大小决定的。

② vw、vh 优势在于能够直接获取高度，而用 ％ 在没有设置 body 高度的情况下，是无法正确获得可视区域的高度的。

以视口尺寸作为对象的度量单位，可以在各个不同规格的浏览器上展现相同的效果，而且不需要通过 JavaScript 来控制。

图 4-13 为一个信息管理系统登录页面的基于 vw/vh 布局的设计，主要用于移动设备。

弹性布局-2

图 4-13　vw/vh 弹性布局在手机竖屏和横屏下的显示效果示例

习　题

1. 使用静态布局设计一个网页，内容自定。
2. 使用 960 网格系统设计一个网页，内容自定。
3. 使用弹性布局设计一个网页，内容自定。

第 5 章
JavaScript

5.1 JavaScript 简介

JavaScript 是一种轻量级的脚本语言。所谓"脚本语言"(script language),指的是它不具备开发系统的能力,而是只用来编写控制其他大型应用程序(如浏览器)的"脚本"。

JavaScript 也是一种嵌入式(embedded)语言,它本身提供的核心语法不算很多,只能用来做一些数学和逻辑运算。它不提供任何与 I/O(输入、输出)相关的 API(应用程序接口),而靠宿主环境(host)提供,所以 JavaScript 只合适嵌入更大型的应用程序环境,去调用宿主环境提供的底层 API。

目前,已经嵌入 JavaScript 的宿主环境有多种,最常见的环境就是浏览器。

从语法角度看,JavaScript 是一种对象模型语言。各种宿主环境通过这个模型,描述自己的功能和操作接口,从而通过 JavaScript 控制这些功能。但是,JavaScript 并不是纯粹地"面向对象语言",还支持其他编程范式(如函数式编程),在语法上具有很高的灵活性,这使得几乎针对任何一个问题,JavaScript 都有多种解决方法。

JavaScript 的核心语法部分相当精简,只包括两个部分:基本的语法构造(如操作符、控制结构、语句)和标准库(就是一系列具有各种功能的对象,如 Array、Date、Math 等)。除此之外,各种宿主环境提供额外的 API,以便 JavaScript 调用。以浏览器为例,它提供的额外 API 可以分成 3 大类。

- 浏览器控制类:操作浏览器。
- DOM 类:操作网页的各种元素。
- Web 类:实现互联网的各种功能。

5.2 JavaScript 的特性

JavaScript 有一些显著特点,使得它非常值得学习。它既适合作为学习编程的入门语言,也适合当作日常开发的工作语言。它是目前最有希望、前途最光明的计算机语言之一。

5.2.1 操控浏览器的能力

JavaScript 的发明目的,就是作为浏览器的内置脚本语言,为网页开发者提供操控浏览器的能力。它是目前唯一一种通用的浏览器脚本语言,所有浏览器都支持。它可以让网页呈现各种特殊效果,为用户提供良好的互动体验。

目前,几乎全世界所有网页都使用 JavaScript。如果不用,网站的易用性和使用效率将大打折扣,无法成为操作便利、对用户友好的网站。

对于一个互联网开发者来说,如果想提供漂亮的网页、令用户满意的上网体验、各种基于浏览器的便捷功能、前后端之间紧密高效的联系,JavaScript 是必不可少的工具。

5.2.2 广泛的使用领域

近年来,JavaScript 的使用范围慢慢超越了浏览器,正在向通用的系统语言发展。

(1)浏览器的平台化

随着 HTML5 的出现,浏览器本身的功能越来越强,不再仅仅能浏览网页,而是越来越像一个平台。JavaScript 因此得以调用许多系统功能,如操作本地文件,操作图片,调用摄像头和麦克风等。这使得 JavaScript 可以完成许多以前无法想象的事情。

(2)Node

Node 项目使得 JavaScript 可以用于开发服务器端的大型项目,网站的前后端都用 JavaScript 开发已经成为了现实。有些嵌入式平台(Raspberry Pi)能够安装 Node,于是 JavaScript 就能为这些平台开发应用程序。

(3)数据库操作

JavaScript 甚至可以用来操作数据库。NoSQL 数据库这个概念,本身就是在 JSON(JavaScript object notation)格式的基础上诞生的,大部分 NoSQL 数据库允许 JavaScript 直接操作。基于 SQL 的开源数据库 PostgreSQL 支持 JavaScript 作为操作语言,可以部分取代 SQL。

(4)移动平台开发

JavaScript 也正在成为手机应用的开发语言。一般来说,安卓平台使用 Java 语言开发,iOS 平台使用 Objective-C 或 Swift 语言开发。许多人正在努力,让 JavaScript 成为各个平台的通用开发语言。

Adobe 公司的 PhoneGap 项目就是将 JavaScript 和 HTML5 打包在一个容器之中,使得它能同时在 iOS 和安卓上运行。DCloud 公司的 uni-app 项目也使用相同的原理来开发适用于各种类型的移动设备的 App。Facebook 公司的 React Native 项目则是将用 JavaScript 写的组件,编译成原生组件,从而使它们具备优秀的性能。

(5)内嵌脚本语言

越来越多的应用程序,将 JavaScript 作为内嵌的脚本语言,如 Adobe 公司的 PDF(可携带文本格式)阅读器 Acrobat、Linux 桌面环境 GNOME 3。

(6)跨平台的桌面应用程序

Chromium OS、Windows 10 等操作系统直接支持 JavaScript 编写应用程序。Mozilla 的 Open Web Apps 项目、Google 的 Chrome App 项目、GitHub 的 Electron 项目及 TideSDK 项目,都可以用来编写运行于 Windows、Mac OS 和 Android 等多个桌面平台的程序,不依赖浏览器。

5.2.3 易学性

相比学习其他语言,学习 JavaScript 有一些有利条件。

(1)学习环境无处不在

只要有浏览器,就能运行 JavaScript 程序;只要有文本编辑器,就能编写 JavaScript 程序。这意味着,几乎所有计算机都原生提供 JavaScript 学习环境,不用另行安装复杂的 IDE(集成开发环境)和编译器。

(2)简单性

相比其他脚本语言(如 Python 或 Ruby),JavaScript 的语法相对简单一些,本身的语法特性并不是特别多。而且,那些语法中的复杂部分,也不是必须要学会。大部分用户完全可以只用简单命令,完成大部分的操作。

(3)与主流语言的相似性

JavaScript 的语法类似于 C、C++和 Java,核心语法不难,但是 JavaScript 的复杂性体现在另外两个方面。

首先,它涉及大量的外部 API。JavaScript 要发挥作用,必须与其他组件配合,这些外部组件五花八门,数量极其庞大,几乎涉及网络应用的各个方面,掌握它们绝非易事。

其次,JavaScript 有一些设计缺陷。某些地方相当不合理,另一些地方则会出现怪异的运行结果。学习 JavaScript,很大一部分时间是用来搞清楚哪些地方有陷阱。

尽管如此,目前看来 JavaScript 的地位还是无法动摇。加之,语言标准的快速进化,使得 JavaScript 功能日益增强,而语法缺陷和怪异之处得到了弥补。

5.2.4 强大的性能

JavaScript 的性能优势体现在以下方面。

(1)灵活的语法,表达力强

JavaScript 既支持类似 C 语言清晰的过程式编程,也支持灵活的函数式编程,可以用来写并发处理(concurrent)。这些语法特性已经被证明非常强大,可以用于许多场合,尤其适用异步编程。

JavaScript 的所有值都是对象,这为程序员提供了灵活性和便利性。因为利用它可以很方便地按照需要随时创造数据结构,不用进行麻烦的预定义。

JavaScript 的标准还在快速进化中,并不断合理化,添加更适用的语法特性。

(2)支持编译运行

JavaScript 本身虽然是一种解释型语言,但是在现代浏览器中,JavaScript 都是编译后运行。程序会被高度优化,运行效率接近二进制程序。而且,JavaScript 引擎正在快速发展,性能将越来越好。

此外,还有一种 WebAssembly 格式,它是 JavaScript 引擎的中间码格式,全部都是二进制代码。由于跳过了编译步骤,可以达到接近原生二进制代码的运行速度。

(3)事件驱动和非阻塞式设计

JavaScript 程序可以采用事件驱动(event-driven)和非阻塞式(non-blocking)设计,在服务器端适合高并发环境,普通的硬件就可以承受很大的访问量。

5.2.5 开放性

JavaScript 是一种开放的语言,它的标准 ECMA-262 是 ISO 国际标准,写得非常详尽明确。该标准的主要实现(如 V8 和 SpiderMonkey 引擎)都是开放的,而且质量很高。这保证了这门语言不属于任何公司或个人,不存在版权和专利的问题。

语言标准由 TC39 委员会负责制定,该委员会的运作是透明的,所有讨论都是开放的,会议记录都会对外公布。

不同公司的 JavaScript 运行环境兼容性很好，程序不做调整或只做很小的调整，就能在所有浏览器上运行。

5.3 JavaScript 的发展及相关技术进展

5.3.1 诞生

JavaScript 因为互联网而生，紧跟着浏览器的出现而问世。1990 年底，欧洲核能研究组织（CERN）科学家 Tim Berners-Lee，在全世界最大的计算机网络——互联网的基础上发明了万维网，从此可以在网上浏览网页文件。最早的网页只能在操作系统的终端里浏览，也就是说只能使用命令行操作，网页都是在字符窗口中显示，这当然非常不方便。

1992 年底，美国国家超级计算机应用中心（NCSA）开始开发一个独立的浏览器，叫作 Mosaic。这是人类历史上第一个浏览器，从此网页可以在图形界面的窗口中浏览。

1994 年 10 月，NCSA 的一个主要程序员 Marc Andreessen 联合风险投资家 Jim Clark，成立了 Mosaic 通信公司，不久后改名为 Netscape。这家公司的方向，就是在 Mosaic 的基础上，开发面向普通用户的新一代的浏览器 Netscape Navigator。

Netscape 公司发现，Navigator 浏览器需要一种可以嵌入网页的脚本语言，用来控制浏览器行为。当时，网速很慢而且上网费很贵，有些操作不宜在服务器端完成。例如，如果用户忘记填写用户名，就单击了"发送"按钮，到服务器再发现这一点就有点太晚了，最好能在用户发出数据之前，就告诉用户"请填写用户名"。这就需要在网页中嵌入小程序，让浏览器检查每一栏是否都填写了。

管理层对这种浏览器脚本语言的设想是：功能不需要太强，语法较为简单，容易学习和部署。那一年，正逢 Sun 公司（2010 年被 Oracle 公司收购）的 Java 语言问世，市场推广活动非常成功。Netscape 公司决定与 Sun 公司合作，浏览器支持嵌入 Java 小程序（后来称为 Java Applet）。但是，浏览器脚本语言是否就选用 Java，则存在争论。后来，还是决定不使用 Java，因为网页小程序不需要 Java 这么"重"的语法。但是，同时也决定脚本语言的语法要接近 Java，并且可以支持 Java 程序。

1995 年 5 月，Netscape 公司程序员 Brendan Eich 开发出这种网页脚本语言第一版，最初名字叫作 Mocha，1995 年 9 月改为 LiveScript。12 月，Netscape 公司与 Sun 公司达成协议，后者允许将这种语言叫作 JavaScript。

1996 年 3 月，Navigator 2.0 浏览器正式内置了 JavaScript 脚本语言。

5.3.2 JavaScript 与 Java 的关系

JavaScript 和 Java 是两种不一样的语言，但是彼此存在联系。

JavaScript 的基本语法和对象体系是模仿 Java 设计的，但是，JavaScript 没有采用 Java 的静态类型。正是因为 JavaScript 与 Java 有很大的相似性，所以这门语言才从一开始的 LiveScript 改名为 JavaScript。JavaScript 的原意是"很像 Java 的脚本语言"。

JavaScript 的函数是一种独立的数据类型，以及采用基于原型对象（prototype）的继承链。这是它与 Java 语法最大的两点区别。JavaScript 语法要比 Java 自由得多。

另外，Java 语言需要编译，而 JavaScript 则是运行时由解释器直接执行。

总之，JavaScript 的原始设计目标是一种小型的、简单的动态语言，与 Java 有足够的相似性，使得使用者(尤其是 Java 程序员)可以快速上手。

5.3.3　JavaScript 与 ECMAScript 的关系

1996 年 8 月，微软模仿 JavaScript 开发了一种相近的语言，取名为 JScript(JavaScript 是 Netscape 的注册商标，微软不能用)，首先内置于 IE 3.0。Netscape 公司面临丧失浏览器脚本语言的主导权的局面。

1996 年 11 月，Netscape 公司决定将 JavaScript 提交给国际标准组织 ECMA(European Computer Manufacturers Association)，希望 JavaScript 能够成为国际标准，以此抵抗微软。ECMA 的 39 号技术委员会(technical committee 39)负责制定和审核这个标准，成员由业内的大公司派出的工程师组成，共 25 个人。该委员会定期开会，所有的邮件讨论和会议记录都是公开的。

1997 年 7 月，ECMA 组织发布 262 号标准文件(ECMA-262)的第一版，规定了浏览器脚本语言的标准，并将这种语言称为 ECMAScript。这个版本就是 ECMAScript 1.0 版。之所以不叫 JavaScript，一方面是由于商标的关系，Java 是 Sun 公司的商标，根据一份授权协议，只有 Netscape 公司可以合法地使用 JavaScript 这个名字，且 JavaScript 已经被 Netscape 公司注册为商标；另一方面也是想体现这门语言的制定者是 ECMA，不是 Netscape，这样有利于保证这门语言的开放性和中立性。因此，ECMAScript 和 JavaScript 的关系是，前者是后者的规格，后者是前者的一种实现。在日常场合，这两个词是可以互换的。

ECMAScript 只用来标准化 JavaScript 这种语言的基本语法结构，与部署环境相关的标准都由其他标准规定，如 DOM 的标准就是由 W3C 组织制定的。

5.3.4　JavaScript 的版本

1997 年 7 月，ECMAScript 1.0 发布。
1998 年 6 月，ECMAScript 2.0 版发布。
1999 年 12 月，ECMAScript 3.0 版发布，成为 JavaScript 的通行标准，得到了广泛支持。
2009 年 12 月，ECMAScript5.0 版正式发布。
2018 年 6 月，ECMAScript 2018(ES9)发布。

5.4　JavaScript 的基本语法

5.4.1　语句

JavaScript 程序的执行单位为行(line)，也就是一行一行地执行。一般情况下，每一行就是一条语句。

语句(statement)是为了完成某种任务而进行的操作。例如，下面就是一行赋值语句。

```
var a = 1+3;
```

这条语句先用 var 命令声明了变量 a，然后将 1+3 的运算结果赋值给变量 a。

1+3 叫作表达式(expression)，是指一个为了得到返回值的计算式。语句和表达式的区别在于，前者主要为了进行某种操作，一般情况下不需要返回值；后者则是为了得到返回值，一定会返回一个值。凡是 JavaScript 中预期为值的地方，都可以使用表达式。例如，赋值语句的等号右边预期是一个值，因此可以放置各种表达式。

语句以分号结尾，一个分号就表示一条语句结束。多条语句可以写在一行内。例如：

```
var a = 1+3;   var b = 'abc';
```

分号前面可以没有任何内容，JavaScript 引擎将其视为空语句。例如：

```
;;;
```

上面的代码就表示 3 条空语句。

表达式不需要分号结尾。一旦在表达式后面添加分号，则 JavaScript 引擎就将表达式视为语句，这样会产生一些没有任何意义的语句。例如：

```
1+3;
'abc';
```

上面两行语句只是单纯地产生一个值，并没有任何实际的意义。

5.4.2 变量

(1) 概念

变量是对"值"的具名引用。变量就是为"值"起名，然后引用这个名字，就等同于引用这个值。变量的名字就是变量名。例如：

```
var a = 1;
```

上面的代码先声明变量 a，然后在变量 a 与数值 1 之间建立引用关系，称为将数值 1 赋值给变量 a。以后，引用变量名 a 就会得到数值 1。最前面的 var 是变量声明命令，它表示通知解释引擎，要创建一个变量 a。

注意：JavaScript 的变量名区分大小写，A 和 a 是两个不同的变量。

变量的声明和赋值是分开的两个步骤，上面的代码将它们合在了一起，实际的步骤是下面这样的。

```
var a;
a = 1;
```

如果只是声明变量而没有赋值，则该变量的值是 undefined。undefined 是一个特殊的值，表示"无定义"。例如：

```
var a;
a      // undefined
```

如果变量赋值的时候，忘了写 var 命令，这条语句也是有效的。例如：

```
var a = 1;
//基本等同
a = 1;
```

但是，不写 var 的做法，不利于表达意图，而且容易不知不觉地创建全局变量，所以建议总是使用 var 命令声明变量。

如果一个变量没有声明就直接使用，JavaScript 会报错，提示变量未定义。例如：

```
x        // ReferenceError:x is not defined
```

上面代码直接使用变量 x，系统就报错，提示变量 x 没有声明。

可以在同一条 var 命令中声明多个变量。例如：

```
var a,b;
```

JavaScript 是一种动态类型语言，也就是说，变量的类型没有限制，变量可以随时更改类型。例如：

```
var a = 1;
a = 'hello';
```

上面代码中，变量 a 起先被赋值为一个数值，后来又被重新赋值为一个字符串。第二次赋值的时候，因为变量 a 已经存在，所以不需要使用 var 命令。

如果使用 var 重新声明一个已经存在的变量，是无效的。例如：

```
var x = 1;
var x;
x        // 1
```

上面代码中，变量 x 声明了两次，第二次声明是无效的。

但是，如果第二次声明的时候还进行了赋值，则会覆盖掉前面的值。例如：

```
var x = 1;
var x = 2;
//等同于
var x = 1;
var x;
x = 2;
```

(2) 变量提升

JavaScript 引擎的工作方式是，先解析代码，获取所有被声明的变量，然后再一行一行地运行。这造成的结果就是所有的变量的声明语句，都会被提升到代码的头部，这就叫作变量提升(hoisting)。

变量提升：函数声明和变量声明总是被 JavaScript 解释器隐式地提升到包含它们的作用域的最顶端。例如：

```
console.log(a);
var a = 1;
```

上面代码首先使用 console.log 方法，在控制台(console)显示变量 a 的值。这时变量 a 还没有声明和赋值，所以这是一种错误的做法，但是实际上不会报错，因为存在变量提升，真正运行的是下面的代码。

```
var a;
console.log(a);        //输出:undefined
a = 1;
```

最后的结果是显示 undefined，表示变量 a 已声明，但还未赋值。

5.4.3 标识符

标识符(identifier)指的是用来识别各种值的合法名称。最常见的标识符就是变量名,以及后面要介绍的函数名。JavaScript 的标识符对大小写敏感。

标识符有一套命名规则,不符合规则的就是非法标识符。JavaScript 引擎遇到非法标识符,就会报错。标识符命名规则如下。

①第一个字符,可以是任意 Unicode 字母(包括英文字母和其他语言的字母),以及美元符号($)和下画线(_)。

②第二个字符及后面的字符,除了 Unicode 字母、美元符号和下画线,还可以用数字 0~9。

下面这些都是合法的标识符。

```
arg0、_tmp、$elem、π
```

下面这些则是不合法的标识符。

```
1a     //第一个字符不能是数字
23     //同上
* *    //标识符不能包含星号
a+b    //标识符不能包含加号
-d     //标识符不能包含减号或连词线
```

中文是合法的标识符,可以用作变量名,但不推荐使用。例如:

```
var 临时变量 = 1;
```

JavaScript 有一些保留字,不能用作标识符:arguments、break、case、catch、class、const、continue、debugger、default、delete、do、else、enum、eval、export、extends、false、finally、for、function、if、implements、import、in、instanceof、interface、let、new、null、package、private、protected、public、return、static、super、switch、this、throw、true、try、typeof、var、void、while、with、yield。

5.4.4 标识符命名规范

JavaScript 有三大经典的变量命名法:匈牙利命名法、驼峰式命名法和帕斯卡命名法。

(1) 匈牙利命名法

```
标识符名称 = 类型+对象描述
```

对象描述指对象名字全称或名字的一部分,要求有明确含义,命名要容易记忆、容易理解。

匈牙利命名法通过在标识名前面添加类型相应的小写字母的符号标示作为前缀(见表 5-1),前缀后面是一个或多个单词组合,单词描述了标识符的用途,单词首字母大写,其余小写。

表 5-1 JavaScript 标识符类型前缀

标识符命名类型	变量命名前缀
array 数组	a
boolean 布尔值	b
float 浮点数	l

续表

标识符命名类型	变量命名前缀
function 函数	fn
int 整型	i
object 对象	o
regular 正则	r
string 字符串	s

匈牙利命名法是由一位微软程序员发明的，多数的 C 和 C++ 程序都使用此命名法。

```
var aName = [1,2,3];
var oSubmitBtn = document.getElementById('btn');
function fnGetFullName(){ };
var iCount = 0;
var sName = "zhujierui";
```

（2）驼峰式命名法

在驼峰式命名法中，变量名或函数名由一个或多个单词连接在一起，其中第一个单词以小写字母开始，后面的所有单词的首字母都采用大写字母。这样的变量名看上去就像驼峰一样此起彼伏，故得名。

```
var myName = "zhujierui";
var formSubmitButton = document.getElementById("submit");
function timeCount(){ }
```

（3）帕斯卡命名法

帕斯卡命名法和驼峰式命名法类似，只不过第一个单词的首字母需要大写。例如：

```
var MyName = "zhujierui";
var FormSubmitButton = document.getElementById("submit");
function TimeCount(){ }
```

5.4.5 注释

源码中被 JavaScript 引擎忽略的部分叫作注释，它的作用是对代码进行解释。JavaScript 提供两种注释的写法：一种是单行注释，用"//"起头；另一种是多行注释，放在"/*"和"*/"之间。例如：

```
//这是单行注释
/*
这是
多行
注释
*/
```

此外，由于历史上 JavaScript 可以兼容 HTML 代码的注释，所以"<!--"和"-->"也被视为合法的单行注释。例如：

```
    x = 1;<!-- x = 2;
    --> x = 3;
```

上面代码中,只有"x=1"会执行,其他的部分都被注释掉了。

需要注意的是,"-->"只有在行首才会被当成单行注释,否则会被当作正常的运算。例如:

```
function countdown(n){
    while(n --> 0)console.log(n);      //被认为是运算符--和>
}
```

5.4.6 区块

JavaScript 使用大括号将多个相关的语句组合在一起,称为区块(block)。

对于 var 命令来说,JavaScript 的区块不构成单独的作用域(scope)。

```
{
    var a = 1;
}
    a        // 1
```

上面代码在区块内部,使用 var 命令声明并赋值了变量 a,然后在区块外部,变量 a 依然有效。区块对于 var 命令不构成单独的作用域,与不使用区块的情况没有任何区别。在 JavaScript 中,单独使用区块并不常见,区块往往用来构成其他更复杂的语法结构,如 for、if、while、function 等。

5.4.7 条件语句

JavaScript 提供 if 结构和 switch 结构完成条件判断,即只有满足预设的条件,才会执行相应的语句。

1. if 结构

if 结构先判断一个表达式的布尔值,然后根据布尔值的真伪,执行不同的语句。所谓布尔值,指的是 JavaScript 的两个特殊值,true 表示真,false 表示伪。

```
if(布尔值)
    语句;
//或者
if(布尔值)语句;
```

上面是 if 结构的基本形式。需要注意的是,布尔值往往由一个条件表达式产生,必须放在小括号中,表示对表达式求值。如果表达式的求值结果为 true,就执行紧跟在后面的语句;如果结果为 false,则跳过紧跟在后面的语句。例如:

```
if(m === 3)
    m = m+1;
```

上面代码表示,只有在 m 等于 3 时,才会将其值加上 1。

这种写法要求条件表达式后面只能有一条语句。如果想执行多条语句,必须在 if 的条件判断之后加上大括号,表示代码块(多条语句合并成一条语句)。例如:

```
if(m === 3){
   m += 1;
}
```

建议总是在 if 语句中使用大括号,因为这样方便插入语句。

注意:if 后面的表达式之中,不要混淆赋值表达式(=)、严格相等运算符(===)和相等运算符(==)。尤其是赋值表达式不具有比较作用。例如:

```
var x = 1;
var y = 2;
if(x = y){
   console.log(x);
}          // "2"
```

上面代码的原意是,当 x 等于 y 的时候,才执行相关语句。但是,不小心将严格相等运算符写成赋值表达式,结果变成了将 y 赋值给变量 x,再判断变量 x 的值(等于 2)的布尔值(结果为 true)。

这种错误可以正常生成一个布尔值,因而不会报错。为了避免这种情况,有些开发者习惯将常量写在运算符的左边,这样的话,一旦不小心将相等运算符写成赋值运算符,就会报错,因为常量不能被赋值。例如:

```
if(x = 2)      // 不报错
if(2 = x)      // 报错
```

2. if…else 结构

if 代码块后面,还可以跟一个 else 代码块,表示不满足条件时,所要执行的代码。例如:

```
if(m === 3){
   //满足条件时,执行的语句
} else {
   //不满足条件时,执行的语句
}
```

上面代码判断变量 m 是否等于 3,如果等于就执行 if 代码块,否则执行 else 代码块。

对同一个变量进行多次判断时,多个 if…else 语句可以连写在一起。例如:

```
if(m === 0){
   //...
} else if(m === 1){
   //...
} else if(m === 2){
   //...
} else {
   //...
}
```

else 代码块总是与离自己最近的那个 if 语句配对。例如:

```
var m = 1;
var n = 2;
if(m !== 1)
if(n === 2)console.log('hello');
else console.log('world');
```

上面代码不会有任何输出,else 代码块不会得到执行,因为它跟着的是最近的那个 if 语句,相当于下面这样。

```
if(m !== 1){
  if(n === 2){
    console.log('hello');
  } else {
    console.log('world');
  }
}
```

如果想让 else 代码块跟随最上面的那个 if 语句,就要改变大括号的位置。

```
if(m !== 1){
  if(n === 2){
    console.log('hello');
  }
} else {
  console.log('world');
}       // world
```

3. switch 结构

多个 if…else 连在一起使用的时候,可以转为使用更方便的 switch 结构。

```
switch(fruit){
  case "banana":
    //...
    break;
  case "apple":
    //...
    break;
  default:
    //...
}
```

上面代码根据变量 fruit 的值,选择执行相应的 case。如果所有 case 都不符合,则执行最后的 default 部分。需要注意的是,每个 case 代码块内部的 break 语句不能少,否则会接下去执行下一个 case 代码块,而不是跳出 switch 结构。例如:

```
var x = 1;
switch(x){
  case 1:
    console.log('x 等于 1');
  case 2:
```

```
      console.log('x 等于 2');
    default:
      console.log('x 等于其他值');
}
// x 等于 1
// x 等于 2
// x 等于其他值
```

上面代码中,case 代码块之中没有 break 语句,导致不会跳出 switch 结构,而会一直执行下去。正确的写法是像下面这样。

```
switch(x){
  case 1:
    console.log('x 等于 1');
    break;
  case 2:
    console.log('x 等于 2');
    break;
  default:
    console.log('x 等于其他值');
}
```

switch 语句部分和 case 语句部分,都可以使用表达式。例如:

```
switch(1+3){
  case 2+2:
    f();
    break;
  default:
    neverHappens();
}
```

上面代码的 default 部分,是永远不会被执行到的。

需要注意的是,switch 语句后面的表达式与 case 语句后面的表达式比较运行结果时,采用的是严格相等运算符(===),而不是相等运算符(==),这意味着比较时不会发生类型转换。例如:

```
var x = 1;
switch(x){
  case true:
    console.log('x 发生类型转换');
    break;
  default:
    console.log('x 没有发生类型转换');
}    // x 没有发生类型转换
```

上面代码中,由于变量 x 没有发生类型转换,所以不会执行 case true 的情况。这表明,switch 语句内部采用的是严格相等运算符。

5.4.8 循环语句

循环语句用于重复执行某个操作,它有多种形式。

1. while 循环

while 语句包括一个循环条件和一段代码块,只要条件为真,就不断循环执行代码块。格式为

```
while(条件)
    语句;
```

或者

```
while(条件)语句;
```

while 语句的循环条件是一个表达式,必须放在小括号中。代码块部分,如果只有一条语句,可以省略大括号,否则就必须加上大括号。即

```
while(条件){
    语句;
}
```

下面是 while 语句的一个例子。

```
var i = 0;
while(i < 100){
    console.log('i 当前为:'+i);
    i=i+1;
}
```

上面的代码将循环 100 次,直到 i 等于 100 为止。

下面的例子是一个无限循环,因为循环条件总是为真。

```
while(true){
    console.log('Hello,world');
}
```

2. for 循环

for 语句是循环命令的另一种形式,可以指定循环的起点、终点和终止条件。它的格式为

```
for(初始化表达式;条件表达式;递增表达式)
    语句
```

或者

```
for(初始化表达式;条件表达式;递增表达式){
    语句
}
```

for 语句后面的括号里面,有 3 个表达式。

初始化表达式(initialize):确定循环变量的初始值,只在循环开始时执行一次。

条件表达式(test):每轮循环开始时,都要执行这个条件表达式,只有值为真,才继续进行循环。

递增表达式(increment):每轮循环的最后一个操作,通常用来递增循环变量。

下面是一个例子。

```
var x = 3;
for(var i = 0;i < x;i++){
    console.log(i);
}
```

上面代码中,初始化表达式是 var i = 0,即初始化一个变量 i;条件表达式是 i < x,即只要 i 小于 x,就会执行循环;递增表达式是 i++,即每次循环结束后,i 增大 1。

所有 for 循环,都可以改写成 while 循环。上面的例子改为 while 循环,代码如下。

```
var x = 3;
var i = 0;
while(i < x){
    console.log(i);
    i++;
}
```

for 语句的 3 个表达式(initialize、test、increment),可以省略任何一个,也可以全部省略。例如:

```
for(;;){
    console.log('Hello World');
}
```

上面代码省略了 for 语句表达式的 3 个部分,结果就导致了一个无限循环。

3. for…in 循环

for…in 语句用于对数组或者对象的属性进行循环操作。例如:

```
var a = [5,6,7,8];
for(var i in a){
    console.log(i,a[i]);
}
var book={title:'Javascript fundamentals',price:23.5,author:'anonymous'};
for(var i in book){
    console.log(i,book[i]);
}
```

4. do…while 循环

do…while 循环与 while 循环类似,唯一的区别就是先运行一次循环体,然后判断循环条件。它的格式为

```
do
    语句
while(条件);
```

或者

```
do {
语句
} while(条件);
```

不管条件是否为真,do…while 循环至少运行一次,这是这种结构最大的特点。另外,

while 语句后面的分号不要省略。

下面是一个例子。

```
var x = 3;
var i = 0;
do {
    console.log(i);
    i++;
} while(i < x);
```

5. break 语句和 continue 语句

break 语句和 continue 语句都具有跳转作用，可以让代码不按既有的顺序执行。
break 语句用于跳出代码块或循环。例如：

```
var i = 0;
while(i < 100){
    console.log('i当前为:'+i);
    i++;
    if(i === 10)break;
}
```

上面代码只会执行 10 次循环，一旦 i 等于 10，就会跳出循环。
for 循环中也可以使用 break 语句跳出循环。例如：

```
for(var i = 0;i < 5;i++){
    console.log(i);
    if(i === 3)
        break;
}
```

上面代码执行到 i 等于 3，就会跳出循环。
continue 语句用于立即终止本轮循环，返回循环结构的头部，开始下一轮循环。例如：

```
var i = 0;
while(i < 100){
    i++;
    if(i % 2 === 0)continue;
    console.log('i当前为:'+i);
}
```

上面代码只有在 i 为奇数时，才会输出 i 的值。如果 i 为偶数，则直接进入下一轮循环。
如果存在多重循环，不带参数的 break 语句和 continue 语句都只针对所在层循环。

6. 标签(label)

JavaScript 允许语句的前面有标签(label)，相当于定位符，用于跳转到程序的任意位置，标签的格式为

```
label:
    语句
```

标签可以是任意的标识符，但不能是保留字，语句部分可以是任意语句。

标签通常与 break 语句和 continue 语句配合使用,跳出特定的循环。例如:

```
top:
  for(var i = 0;i < 3;i++){
    for(var j = 0;j < 3;j++){
      if(i === 1 && j === 1)break top;
      console.log('i='+i+',j='+j);
    }
  }
// i=0,j=0
// i=0,j=1
// i=0,j=2
// i=1,j=0
```

上面代码为一个双重循环区块,break 命令后面加上了 top 标签(注意,top 不用加引号),满足条件时,直接跳出双层循环。如果 break 语句后面不使用标签,则只能跳出内层循环,进入下一次的外层循环。

标签也可以用于跳出代码块。例如:

```
foo:{
  console.log(1);
  break foo;
  console.log('本行不会输出');
}
console.log(2);
// 1
// 2
```

上面代码执行到 break foo,就会跳出区块。

continue 语句也可以与标签配合使用。例如:

```
top:
  for(var i = 0;i < 3;i++){
    for(var j = 0;j < 3;j++){
      if(i === 1 && j === 1)continue top;
      console.log('i='+i+',j='+j);
    }
  }
// i=0,j=0
// i=0,j=1
// i=0,j=2
// i=1,j=0
// i=2,j=0
// i=2,j=1
// i=2,j=2
```

上面代码中,continue 语句后面有一个标签名,满足条件时,会跳过当前循环,直接进入下一轮外层循环。如果 continue 语句后面不使用标签,则只能进入下一轮的内层循环。

5.5 JavaScript 编辑器

理论上任何一个文本编辑器都可以用来编写 JavaScript 程序,但支持 JavaScript 解析的编辑器对提高编码的效率有很好的帮助。重量级的 JavaScript 编辑器有 Visual Studio、Eclipse、NetBeans 等 IDE,轻量级的有 Sublime Text、Visual Studio Code、NotePad＋＋、Webstorm、HBuilderX、Brackets 等。

其中,HBuilderX 是 DCloud(数字天堂)推出的一款支持 HTML5 的 Web 开发 IDE。快是 HBuilder 的最大优势,通过完整的语法提示和代码输入法、代码块等,大幅提升 HTML、JavaScript、CSS 的开发效率,内置浏览器和支持静态网页的 Web 服务器,可以方便地进行页面预览,其运行界面如图 5-1 所示。

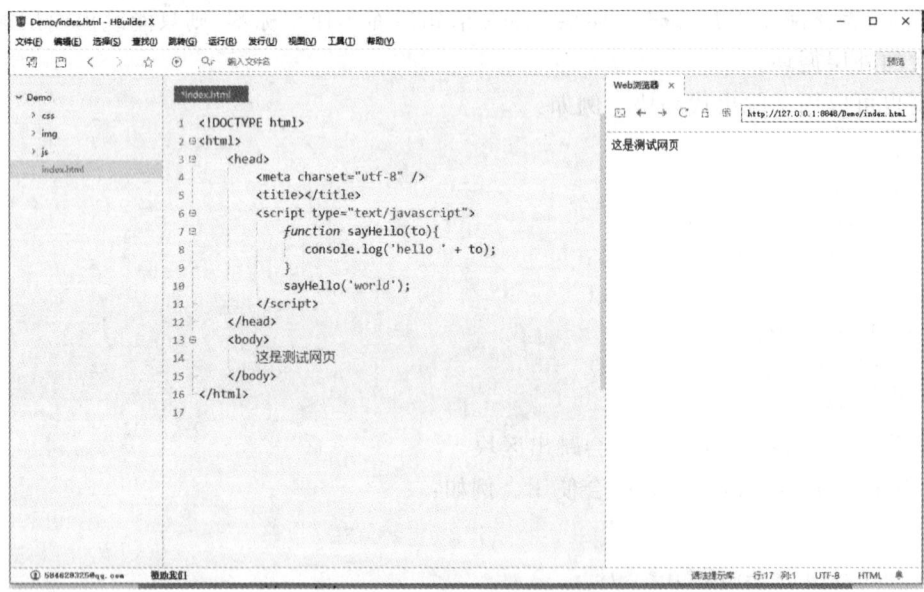

图 5-1 HBuilderX 编辑器

5.6 JavaScript 程序的运行

5.6.1 在浏览器中打开嵌入 JavaScript 代码的网页

在网页中嵌入 JavaScript 代码通常有以下两种方式。

①将程序代码直接写入 HTML 网页的＜script＞＜/script＞标记中。例如:

```
<!DOCTYPE html>
<html>
    <head>
        <meta charset="utf-8">
        <title></title>
        <script type="text/javascript">
```

```
            function sayHello(to){
                console.log('hello '+to);
            }
            sayHello('world');
        </script>
    </head>
    <body>
    </body>
</html>
```

② 将 JavaScript 代码保存在单独的文件中,通过<script></script>标记引入。例如:

```
/* lib.js 文件  */
function sayHello(to){
console.log('hello '+to);
}
sayHello('world');
```

包含上面 js 文件的 HTML 文件如下。

```
<!-- demo2.html 文件-->
<!DOCTYPE html>
<html>
    <head>
        <meta charset="utf-8">
        <title></title>
        <script src="lib.js" type="text/javascript" charset="utf-8"></script>
    </head>
    <body>
    </body>
</html>
```

5.6.2 在浏览器的开发者工具的控制台中运行

推荐安装 Chrome 浏览器,进入 Chrome 浏览器的控制台,有以下两种方法。

(1)直接进入

按下 Option+Command+J(Mac)或者 Ctrl+Shift+J(Windows/Linux)组合键。

(2)开发者工具进入

开发者工具的功能键是 F12,或者 Option+Command+I(Mac)及 Ctrl+Shift+I(Windows/Linux)组合键,然后选择 Console 面板。

进入控制台以后,可以在提示符后输入代码,然后按 Enter 键,代码就会执行,如图 5-2 所示。如果按 Shift+Enter 组合键,就是代码换行,不会触发执行。建议在文本编辑器中编辑好代码,将代码复制到控制台进行实验。

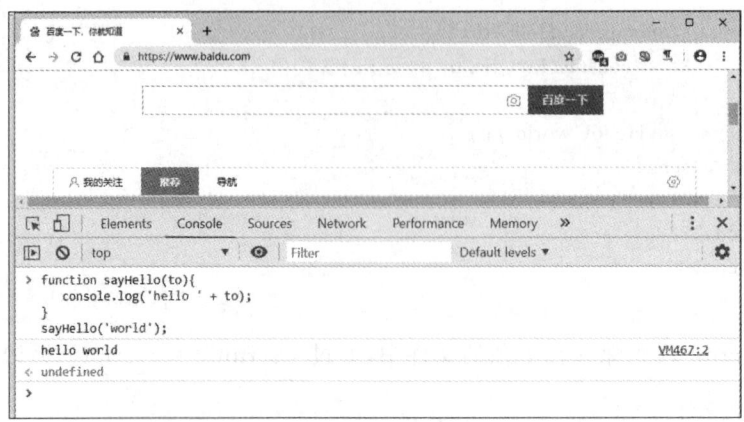

图 5-2　在 Chrome 浏览器的控制台中运行 JavaScript 程序

5.7　JavaScript 数据类型与运算符

5.7.1　数据类型分类

JavaScript 的每一个值,都属于某一种数据类型。JavaScript 的数据类型共有 6 种(ES6 又新增了第 7 种 Symbol 类型的值,本书不涉及)。
- 数值(number):整数和小数(如 1 和 3.14)。
- 字符串(string):文本(如 Hello World),字符串用单引号或双引号括起来。
- 布尔值(boolean):表示真、假的两个特殊值,即 true(真)和 false(假)。
- undefined:表示未定义或不存在,即由于目前没有定义,所以此处暂时没有任何值。
- null:表示空值,即此处的值为空。
- 对象(object):各种值组成的集合。

通常,数值、字符串、布尔值这 3 种类型合称为原始类型(primitive type)的值,即它们是最基本的数据类型,不能再细分了。对象则称为合成类型(complex type)的值,因为一个对象往往是多个原始类型的值的合成,可以看作是一个存放各种值的容器。至于 undefined 和 null,一般将它们看成两个特殊值。

对象是最复杂的数据类型,又可以分成 3 个子类型。
①狭义的对象(object)。
②数组(array)。
③函数(function)。

狭义的对象和数组是两种不同的数据组合方式,除非特别声明,本教程的"对象"都特指狭义的对象。函数其实是处理数据的方法,JavaScript 把它当成一种数据类型,可以赋值给变量,这为编程带来了很大的灵活性,也为 JavaScript 的函数式编程奠定了基础。

5.7.2　typeof 运算符

JavaScript 有 3 种方法,可以确定一个值到底是什么类型。
①typeof 运算符。

②instanceof 运算符。
③Object.prototype.toString 方法。

instanceof 运算符和 Object.prototype.toString 方法将在后文介绍，这里介绍 typeof 运算符。

typeof 运算符可以返回一个值的数据类型。

(1) 数值、字符串、布尔值分别返回 number、string、boolean

```
typeof 123           // "number"
typeof '123'         // "string"
typeof false         // "boolean"
```

(2) 函数返回 function

```
function f(){}
typeof f             // "function"
```

(3) undefined 返回 undefined

```
typeof undefined     // "undefined"
```

利用这一点，typeof 可以用来检查一个没有声明的变量，而不报错。

```
v                    // ReferenceError: v is not defined
typeof v             // "undefined"
```

上面代码中，变量 v 没有用 var 命令声明，直接使用就会报错，但是，放在 typeof 后面，就不报错了，而是返回 undefined。

实际编程中，这个特点通常用在判断语句。例如：

```
//错误的写法
if(v){// ReferenceError: v is not defined
  //……
}
//正确的写法
if(typeof v === "undefined"){
  //……
}
```

(4) 对象返回 object

```
typeof window        // "object"
typeof {}            // "object"
typeof []            // "object"
```

上面代码中，空数组（[]）的类型也是 object，这表示在 JavaScript 内部，数组本质上只是一种特殊的对象。instanceof 运算符可以区分数组和对象。例如：

```
var o = {}, a = [];
o instanceof Array   // false
a instanceof Array   // true
```

(5)null 返回 object。

```
typeof null            // "object"
```

5.7.3 null 与 undefined 的区别和联系

null 与 undefined 都可以表示"没有",含义非常相似。将一个变量赋值为 undefined 或 null,语法效果几乎没区别。例如:

```
var a = undefined;
```

或者

```
var a = null;
```

在 if 语句中,它们都会被自动转为 false,相等运算符(==)甚至直接报告两者相等。例如:

```
if(!undefined){
  console.log('undefined is false');
}                      // undefined is false
if(!null){
  console.log('null is false');
}                      // null is false
undefined == null // true
```

两种的区别在于:null 是一个表示"空"的对象,转为数值时为 0;undefined 是一个表示"此处无定义"的原始值,转为数值时为 NaN。

```
Number(null)        // 0
Number(undefined)   // NaN
5 + undefined       // NaN
```

5.7.4 布尔值

布尔值代表"真"和"假"两个状态。"真"用关键字 true 表示,"假"用关键字 false 表示。布尔值只有这两个值。

下列运算符会返回布尔值。

- 前置逻辑运算符:!(取反)。
- 相等运算符:===,!==,==,!=。
- 比较运算符:>,>=,<,<=。

如果 JavaScript 预期某个位置应该是布尔值,会将该位置上现有的值自动转为布尔值。转换规则是除了下面 6 个值被转为 false,其他值都视为 true。

undefined、null、false、0、NaN、""或''(空字符串)

布尔值往往用于程序流程的控制。例如:

```
if(''){
  console.log('true');
}                      // 没有任何输出
```

上面代码中，if 命令后面的判断条件预期应该是一个布尔值，所以 JavaScript 自动将空字符串转为布尔值 false，导致程序不会进入代码块，所以没有任何输出。

注意：空数组（[ ]）和空对象（{ }）对应的布尔值都是 true。例如：

```
if([]){
  console.log('true');
}                  // true
if({ }){
  console.log('true');
}                  // true
```

5.7.5 数值

1. 整数和浮点数

JavaScript 内部，所有数字都是以 64 位浮点数形式存储的，即使整数也是如此，所以，1 与 1.0 是相同的，是同一个数。例如：

```
1 === 1.0    // true
```

这就是说，JavaScript 的底层根本没有整数，所有数字都是小数（64 位浮点数）。容易造成混淆的是，某些运算只有整数才能完成，此时 JavaScript 会自动把 64 位浮点数转成 32 位整数，然后再进行运算。

由于浮点数不是精确的值，所以涉及小数的比较和运算要特别小心。例如：

```
0.1+0.2 === 0.3           // false
0.3 / 0.1                 // 2.9999999999999996
(0.3 - 0.2)===(0.2 - 0.1) // false
```

2. 数值精度

根据国际标准 IEEE 754，JavaScript 浮点数的 64 个二进制位，从最左边开始是这样组成的。

- 第 1 位：符号位，0 表示正数，1 表示负数。
- 第 2 位到第 12 位（共 11 位）：指数部分。
- 第 13 位到第 64 位（共 52 位）：小数部分（有效数字）。

符号位决定了一个数的正负，指数部分决定了数值的大小，小数部分决定了数值的精度。

指数部分一共有 11 个二进制位，因此大小范围就是 0～2 047。IEEE 754 规定，如果指数部分的值在 0～2 047 之间（不含两个端点），那么有效数字的第一位默认总是 1，不保存在 64 位浮点数之中。也就是说，有效数字这时总是 1.xx…xx 的形式，其中 xx…xx 的部分保存在 64 位浮点数之中，最长可能为 52 位。因此，JavaScript 提供的有效数字最长为 53 个二进制位。

$$(-1)^{符号位} * 1.xx…xx * 2^{指数部分}$$

上面公式是正常情况下（指数部分在 0～2 047 之间），一个数在 JavaScript 内部实际的表示形式。

精度最多只能到 53 个二进制位，这意味着，绝对值小于 2 的 53 次方的整数，即 -2^{53} 到

2^{53}，都可以精确表示。

```
Math.pow(2,53)       // 9007199254740992
Math.pow(2,53)+1     // 9007199254740992
Math.pow(2,53)+2     // 9007199254740994
Math.pow(2,53)+3     // 9007199254740996
Math.pow(2,53)+4     // 9007199254740996
```

上面代码中，大于 2 的 53 次方以后，整数运算的结果开始出现错误。所以，大于 2 的 53 次方的数值，都无法保持精度。由于 2 的 53 次方是一个 16 位的十进制数值，所以简单的法则就是，JavaScript 对 15 位的十进制数都可以精确处理。

```
Math.pow(2,53)              // 9007199254740992
9007199254740992111         // 9007199254740992000,多出的三个有效数字,将无法保存
```

上面示例表明，大于 2 的 53 次方以后，多出来的有效数字（最后 3 位的 111）都会无法保存，变成 0。

3. 数值范围

根据标准，64 位浮点数的指数部分的长度是 11 个二进制位，意味着指数部分的最大值是 2 047（2 的 11 次方减 1）。也就是说，64 位浮点数的指数部分的值最大为 2 047，分出一半表示负数，则 JavaScript 能够表示的数值范围为 2^{1024} 到 2^{-1023}（开区间），超出这个范围的数无法表示。

如果一个数大于等于 2 的 1 024 次方，那么就会发生"正向溢出"，即 JavaScript 无法表示这么大的数，这时就会返回 Infinity。

```
Math.pow(2,1024)     // Infinity
```

如果一个数小于等于 2 的 -1 075 次方（指数部分最小值 -1 023，再加上小数部分的 52 位），那么就会发生"负向溢出"，即 JavaScript 无法表示这么小的数，这时会直接返回 0。

```
Math.pow(2,-1075)    // 0
```

下面是一个实际的例子。

```
var x=0.5;
for(var i=0;i<25;i++){
  x=x * x;
}
x                    // 0
```

上面代码中，对 0.5 连续做 25 次平方，由于最后结果太接近 0，超出了可表示的范围，JavaScript 就直接将其转为 0。

JavaScript 提供 Number 对象的 MAX_VALUE 和 MIN_VALUE 属性，返回可以表示的具体的最大值和最小值。

```
Number.MAX_VALUE     // 1.7976931348623157e+308
Number.MIN_VALUE     // 5e-324
```

4. 数值的表示法

JavaScript 的数值有多种表示方法，可以用字面形式直接表示，如 35（十进制）和 0xFF（十

六进制)。

数值也可以采用科学计数法表示,下面是几个科学计数法的例子。

```
123e3                    // 123000
123e-3                   // 0.123
-3.1E+12
.1e-23
```

科学计数法允许字母 e 或 E 的后面,跟着一个整数,表示这个数值的指数部分。

以下两种情况,JavaScript 会自动将数值转为科学计数法表示,其他情况都采用字面形式直接表示。

① 小数点前的数字多于 21 位。例如:

```
123456789012345678901 2   // 1.2345678901234568e+21
12345678901234567890 1    // 12345678901234568000 0
```

② 小数点后的零多于 5 个。例如:

```
// 小数点后紧跟 5 个以上的零,就自动转为科学计数法
0.0000003                // 3e-7
```

5. 数值的进制

使用字面量(literal)直接表示一个数值时,JavaScript 对整数提供 4 种进制的表示方法:十进制、十六进制、八进制、二进制。

- 十进制:没有前导 0 的数值。
- 八进制:有前缀 0o 或 0O 的数值,或者有前导 0 且只用到 0~7 的 8 个阿拉伯数字的数值。
- 十六进制:有前缀 0x 或 0X 的数值。
- 二进制:有前缀 0b 或 0B 的数值。

默认情况下,JavaScript 内部会自动将八进制、十六进制、二进制转为十进制。下面是一些例子。

```
0xff                     // 255
0o377                    // 255
0b11                     // 3
```

如果八进制、十六进制、二进制的数值里面,出现不属于该进制的数字,就会报错。例如,

```
0xzz                     // 报错
0o88                     // 报错
0b22                     // 报错
```

上面代码中,十六进制数中出现了字母 z、八进制数中出现了数字 8、二进制数中出现了数字 2,因此报错。

通常来说,有前导 0 的数值会被视为八进制,但是如果前导 0 后面有数字 8 和 9,则该数值被视为十进制。例如:

```
0888                     // 888
0777                     // 511
```

前导 0 表示八进制,处理时很容易造成混乱。ES5 的严格模式和 ES6 已经废除了这种表示法,但是浏览器为了兼容以前的代码,目前还继续支持这种表示法。

6.特殊数值

JavaScript 提供了几个特殊的数值。

(1)正零和负零

前面说过,JavaScript 的 64 位浮点数之中,有一个二进制位是符号位。这意味着,任何一个数都有一个对应的负值,就连 0 也不例外。

JavaScript 内部实际上存在 2 个 0:一个是 +0,一个是 -0,区别就是 64 位浮点数表示法的符号位不同。它们是等价的。例如:

```
-0 === +0  // true
0 === -0   // true
0 === +0   // true
```

几乎所有场合,正零和负零都会被当作正常的 0。例如:

```
+0                    // 0
-0 // 0
(-0).toString()       // '0'
(+0).toString()       // '0'
```

唯一有区别的场合是,+0 或 -0 当作分母,返回的值是不相等的。例如:

```
(1 / +0) === (1 / -0)   // false
```

上面的代码之所以出现这样的结果,是因为除以正零得到 +Infinity,除以负零得到 -Infinity,这两者是不相等的(关于 Infinity 详见下文)。

(2)NaN

NaN 是 JavaScript 的特殊值,表示"非数字"(not a number),主要出现在将字符串解析成数字出错的场合。例如:

```
5 - 'x'               // NaN
```

上面代码运行时,会自动将字符串 x 转为数值,但是由于 x 不是数值,所以最后得到结果为 NaN,表示它是"非数字"。

另外,一些数学函数的运算结果会出现 NaN。例如:

```
Math.acos(2)          // NaN
Math.log(-1)          // NaN
Math.sqrt(-1)         // NaN
```

0 除以 0 也会得到 NaN。例如:

```
0 / 0                 // NaN
```

需要注意的是,NaN 不是独立的数据类型,而是一个特殊数值,它的数据类型依然属于 Number,使用 typeof 运算符可以看得很清楚。例如:

```
typeof NaN            // 'number'
```

NaN 不等于任何值,包括它本身。例如:

```
NaN === NaN              // false
```

NaN 在布尔运算时被当作 false。例如：

```
Boolean(NaN)             // false
```

NaN 与任何数（包括它自己）的运算，得到的都是 NaN。例如：

```
NaN+32                   // NaN
```

(3) Infinity

Infinity 表示无穷，用来表示两种场景：一种是一个正的数值太大，或一个负的数值太小，无法表示；另一种是非 0 数值除以 0，得到 Infinity。

```
//场景一
Math.pow(2,1024)         // Infinity
//场景二
0 / 0                    // NaN
1 / 0                    // Infinity
```

上面代码中，第一个场景是一个表达式的计算结果太大，超出了能够表示的范围，因此返回 Infinity。第二个场景是 0 除以 0 会得到 NaN，而非 0 数值除以 0，会返回 Infinity。

Infinity 有正负之分，Infinity 表示正的无穷，-Infinity 表示负的无穷。例如：

```
Infinity === -Infinity   // false
1 / -0                   // -Infinity
-1 / -0                  // Infinity
```

上面代码中，非零正数除以-0，会得到-Infinity，负数除以-0，会得到 Infinity。

由于数值正向溢出（overflow）、负向溢出（underflow）和被 0 除，JavaScript 都不报错，所以单纯的数学运算几乎没有可能抛出错误。

Infinity 大于一切数值（除了 NaN），-Infinity 小于一切数值（除了 NaN）。

```
Infinity > 1000          // true
-Infinity < -1000        // true
```

Infinity 与 NaN 比较，总是返回 false。

```
Infinity > NaN           // false
```

Infinity 的四则运算，符合无穷的数学计算规则。例如：

```
5 * Infinity             // Infinity
5 - Infinity             // -Infinity
Infinity / 5             // Infinity
5 / Infinity             // 0
```

0 乘以 Infinity，返回 NaN；0 除以 Infinity，返回 0；Infinity 除以 0，返回 Infinity。

```
0 * Infinity             // NaN
0 / Infinity             // 0
Infinity / 0             // Infinity
```

Infinity 减去或除以 Infinity，得到 NaN。

```
Infinity - Infinity / Infinity          // NaN
```

Infinity 与 null 计算时，null 会转成 0，等同于与 0 的计算。

```
null * Infinity          // NaN
null / Infinity          // 0
Infinity / null          // Infinity
```

infinity 与 undefined 计算，返回的都是 NaN。

```
undefined + Infinity     // NaN
```

7. 与数值相关的全局方法

（1）parseInt()

parseInt 方法用于将字符串转为整数。例如：

```
parseInt('123')          // 123
```

如果字符串头部有空格，空格会被自动去除。例如：

```
parseInt('   81')        // 81
```

如果 parseInt 的参数不是字符串，则会先转为字符串再转换。例如：

```
parseInt(1.23)           // 1
```

等同于

```
parseInt('1.23')         // 1
```

字符串转为整数的时候，是一个个字符依次转换，如果遇到不能转为数字的字符，就不再进行下去，返回已经转好的部分。例如：

```
parseInt('8a')           // 8
parseInt('12**')         // 12
parseInt('12.34')        // 12
parseInt('15e2')         // 15
parseInt('15px')         // 15
```

上面代码中，parseInt 的参数都是字符串，结果只返回字符串头部可以转为数字的部分。

如果字符串的第一个字符不能转化为数字（后面跟着数字的正负号除外），返回 NaN。例如：

```
parseInt('abc')          // NaN
parseInt('.3')           // NaN
parseInt('+')            // NaN
parseInt('+1')           // 1
```

所以，parseInt 的返回值只有两种可能，要么是一个十进制整数，要么是 NaN。

如果字符串以 0x 或 0X 开头，parseInt 会将其按照十六进制数解析。例如：

```
parseInt('0x10')         // 16
```

如果字符串以 0 开头，将其按照十进制解析。例如：

```
parseInt('011')                 // 11
```

parseInt 方法还可以接收第 2 个参数(2~36 之间),表示被解析的值的进制,返回该值对应的十进制数。默认情况下,parseInt 的第 2 个参数为 10,即默认是十进制转十进制。例如:

```
parseInt('1000')                // 1000
```

等同于

```
parseInt('1000',10)             // 1000
```

下面是转换指定进制的数的例子。

```
parseInt('1000',2)              // 8
parseInt('1000',6)              // 216
parseInt('1000',8)              // 512
```

上面代码中,二进制、六进制、八进制的 1000,分别等于十进制的 8、216 和 512。这意味着,可以用 parseInt 方法进行进制的转换。

(2)parseFloat()

parseFloat 方法用于将一个字符串转为浮点数。例如:

```
parseFloat('3.14')              // 3.14
```

如果字符串符合科学计数法,则会进行相应的转换。例如:

```
parseFloat('314e-2')            // 3.14
parseFloat('0.0314E+2')         // 3.14
```

如果字符串包含不能转为浮点数的字符,则不再往后转换,返回已经转好的部分。例如:

```
parseFloat('3.14more non-digit characters')    // 3.14
```

parseFloat 方法会自动过滤字符串前导的空格。例如:

```
parseFloat('\t\v\r12.34\n ')    // 12.34
```

如果参数不是字符串,或者字符串的第一个字符不能转化为浮点数,则返回 NaN。例如:

```
parseFloat([])                  // NaN
parseFloat('FF2')               // NaN
parseFloat('')                  // NaN
```

上面代码中,尤其值得注意,parseFloat 会将空字符串转为 NaN。

(3)isNaN()

isNaN 方法可以用来判断一个值是否为 NaN。例如:

```
isNaN(NaN)                      // true
isNaN(123)                      // false
```

但是,isNaN 只对数值有效,如果传入其他值,会被先转成数值。例如,传入字符串的时候,字符串会被先转成 NaN,所以最后返回 true,这一点要特别引起注意。也就是说,isNaN 为 true 的值,有可能不是 NaN,而是一个字符串。例如:

```
isNaN('Hello')                    // true
```

相当于

```
isNaN(Number('Hello'))            // true
```

出于同样的原因,对于对象和数组,isNaN 也返回 true。例如:

```
isNaN({})                         // true
```

等同于

```
isNaN(Number({}))                 // true
```

但是,对于空数组和只有一个数值成员的数组,isNaN 返回 false。例如:

```
isNaN([])                         // false
isNaN([123])                      // false
isNaN(['123'])                    // false
```

上面代码之所以返回 false,原因是这些数组能被 Number 函数转成数值。

因此,使用 isNaN 之前,最好判断一下数据类型。例如:

```
function myIsNaN(value){
    return typeof value === 'number' && isNaN(value);
}
```

判断 NaN 更可靠的方法是,利用 NaN 为唯一不等于自身的值的这个特点,进行判断。例如:

```
function myIsNaN(value){
    return value !== value;
}
```

(4)isFinite()

isFinite 方法返回一个布尔值,表示某个值是否为正常的数值。例如:

```
isFinite(Infinity)                // false
isFinite(-Infinity)               // false
isFinite(NaN)                     // false
isFinite(undefined)               // false
isFinite(null)                    // true
isFinite(-1)                      // true
```

除了 Infinity、-Infinity、NaN 和 undefined 这几个值会返回 false,isFinite 对于其他的数值都会返回 true。

5.7.6 字符串

1.定义

字符串就是零个或多个排在一起的字符,放在单引号或双引号之中。例如:

```
'abc'
"abc"
```

单引号字符串的内部可以使用双引号,双引号字符串的内部可以使用单引号。例如:

```
'key = "value"'
"It's a long journey"
```

上面两个都是合法的字符串。

如果要在单引号字符串的内部使用单引号,就必须在内部的单引号前面加上反斜杠,用来转义。在双引号字符串内部使用双引号,也是如此。例如:

```
'Did she say \'Hello\'?'      // "Did she say 'Hello'?"
"Did she say \"Hello\"?"      // "Did she say "Hello"?"
```

由于 HTML 的属性值使用双引号,所以很多项目约定 JavaScript 的字符串只使用单引号。当然,只使用双引号也完全可以,重要的是坚持使用一种风格,不要一会使用单引号表示字符串,一会又使用双引号表示。

字符串默认只能写在一行内,分成多行将会报错。例如:

```
'a
b
c'
// SyntaxError: Unexpected token ILLEGAL
```

上面代码将一个字符串分成 3 行,JavaScript 就会报错。

如果长字符串必须分成多行,可以在每一行的尾部使用反斜杠。例如:

```
var longString = 'Long \
long \
long \
string';
longString                    // "Long long long string"
```

上面代码表示,加了反斜杠以后,原来写在一行的字符串可以分成多行书写。但是,输出的时候还是单行,效果与写在同一行完全一样。

注意:反斜杠的后面必须是换行符,而不能有其他字符(如空格),否则会报错。

连接运算符(+)可以连接多个单行字符串,将长字符串拆成多行书写,输出的时候也是单行。例如:

```
var longString = 'Long '
+'long '
+'long '
+'string';
```

2. 转义

反斜杠在字符串内有特殊含义,用来表示一些特殊字符,所以又称为转义符。

需要用反斜杠转义的特殊字符,主要有下面这些。

```
\0:null(\u0000)
\b:后退键(\u0008)
\f:换页符(\u000C)
\n:换行符(\u000A)
\r:回车键(\u000D)
\t:制表符(\u0009)
\v:垂直制表符(\u000B)
\':单引号(\u0027)
\":双引号(\u0022)
\\:反斜杠(\u005C)
```

上面这些字符前面加上反斜杠,都表示特殊含义。例如:

```
console.log('1\n2')
// 1
// 2
```

上面代码中,\n 表示换行,输出的时候就分成了两行。

反斜杠还有 3 种特殊用法。

(1)\HHH

反斜杠后面紧跟 3 个八进制数(000~377),代表一个字符。HHH 对应该字符的 Unicode 码点,如\251 表示版权符号。显然,这种方法只能输出 256 种字符。

(2)\xHH

\x 后面紧跟 2 个十六进制数(00~FF),代表一个字符。HH 对应该字符的 Unicode 码点,如\xA9 表示版权符号。这种方法也只能输出 256 种字符。

(3)\uXXXX

\u 后面紧跟 4 个十六进制数(0000~FFFF),代表一个字符。XXXX 对应该字符的 Unicode 码点,如\u00A9 表示版权符号。

下面是这 3 种字符特殊写法的例子。

```
'\251'              // "©"
'\xA9'              // "©"
'\u00A9'            // "©"
'\172' === 'z'      // true
'\x7A' === 'z'      // true
'\u007A' === 'z'    // true
```

如果在非特殊字符前面使用反斜杠,则反斜杠会被省略。例如:

```
'\a'                // "a"
```

上面代码中,a 是一个正常字符,前面加反斜杠没有特殊含义,反斜杠会被自动省略。

如果字符串的正常内容之中,需要包含反斜杠,则反斜杠前面需要再加一个反斜杠,用来对自身转义。例如:

```
"Prev \\ Next"      // "Prev \ Next"
```

3.字符串与数组

字符串可以被视为字符数组,因此可以使用数组的方括号运算符,用来返回某个位置的字

符(位置编号从 0 开始)。例如:

```
var s = 'hello';
s[0]                        // "h"
s[1]                        // "e"
s[4]                        // "o"
//直接对字符串使用方括号运算符
'hello'[1]                  // "e"
```

如果方括号中的数字超过字符串的长度,或者方括号中根本不是数字,则返回 undefined。例如:

```
'abc'[3]                    // undefined
'abc'['x']                  // undefined
```

但是,字符串与数组的相似性仅此而已。实际上,无法改变字符串之中的单个字符。例如:

```
var s = 'hello';
delete s[0];
s                           // "hello"
s[1] = 'a';
s                           // "hello"
s[5] = '!';
s                           // "hello"
```

上面代码表示,字符串内部的单个字符无法改变和增删,这些操作会默默地失败。

4. length 属性

length 属性返回字符串的长度,该属性也是无法改变的。例如:

```
var s = 'hello';
s.length                    // 5
```

5. 字符集

JavaScript 使用 Unicode 字符集,在其引擎内部,所有字符都用 Unicode 表示。

解析代码的时候,JavaScript 会自动识别一个字符是字面形式表示,还是 Unicode 形式表示。输出给用户的时候,所有字符都会转成字面形式。例如:

```
var f\u006F\u006F = 'abc';
foo                         // "abc"
```

上面代码中,第一行的变量名 foo 是 Unicode 形式表示,第二行是字面形式表示。JavaScript 会自动识别。

我们还需要知道,每个字符在 JavaScript 内部都是以 16 位(2 个字节)的 UTF-16 格式存储的。也就是说,JavaScript 的单位字符长度固定为 16 位长度。

但是,UTF-16 有两种长度:对于码点在 U+0000 到 U+FFFF 之间的字符,长度为 16 位;对于码点在 U+10000 到 U+10FFFF 之间的字符,长度为 32 位(4 个字节),而且前两个字节在 0xD800 到 0xDBFF 之间,后两个字节在 0xDC00 到 0xDFFF 之间。举例来说,码点 U+1D306 对应的字符为𝌆,它写成 UTF-16 就是 0xD834 0xDF06。

JavaScript 对 UTF-16 的支持是不完整的,由于历史原因,只支持两字节的字符,不支持四字节的字符。这是因为 JavaScript 第一版发布的时候,Unicode 的码点只编到 U+FFFF,因此两字节足够表示了。后来,Unicode 纳入的字符越来越多,出现了四字节的编码,但是,JavaScript 的标准此时已经定型了,统一将字符长度限制在两字节,导致无法识别四字节的字符。上一段的那个四字节字符𠮷,浏览器会正确识别这是一个字符,但是 JavaScript 无法识别,会认为这是两个字符。

```
'𠮷'.length                    // 2
```

上面代码中,JavaScript 认为𠮷的长度为 2,而不是 1。

总结一下,对于码点在 U+10000 到 U+10FFFF 之间的字符,JavaScript 总是认为它们是两个字符(length 属性为 2),所以处理的时候,必须把这一点考虑在内。也就是说,JavaScript 返回的字符串长度可能是不正确的。

6. Base64 转码

有时,文本里面包含一些不可打印的符号,如 ASCII 码 0~31 的符号都无法打印出来,这时可以使用 Base64 编码,将它们转成可以打印的字符。另一个场景是,有时需要以文本格式传递二进制数据,那么也可以使用 Base64 编码。

所谓 Base64 就是一种编码方法,可以将任意值转成 0~9、A~Z、a-z、+ 和 / 这 64 个字符组成的可打印字符。使用它的主要目的,不是为了加密,而是为了不出现特殊字符,简化程序的处理。

JavaScript 原生提供两个 Base64 相关的方法。
- btoa():任意值转为 Base64 编码。
- atob():Base64 编码转为原来的值。

例如:

```
var string = 'Hello World!';
btoa(string)                            // "SGVsbG8gV29ybGQh"
atob('SGVsbG8gV29ybGQh')                // "Hello World!"
```

这两个方法不适合非 ASCII 码的字符,会报错。例如:

```
btoa('你好')                             // 报错
```

要将非 ASCII 码字符转为 Base64 编码,必须中间插入一个转码环节,再使用这两个方法。例如:

```
function b64Encode(str){
    return btoa(encodeURIComponent(str));
}
function b64Decode(str){
    return decodeURIComponent(atob(str));
}
b64Encode('你好')                                    // "JUU0JUJEJUEwJUU1JUE1JUJE"
b64Decode('JUU0JUJEJUEwJUU1JUE1JUJE')                // "你好"
```

5.7.7 对象

1. 基本概念

对象(object)是 JavaScript 的核心概念,也是最重要的数据类型。在 JavaScript 中,对象是包含相关属性和方法的集合体,是拥有属性和方法的数据,属性是与对象相关的值,方法是能够在对象上执行的动作。简而言之,对象就是一组键-值对(key-value)的集合,是一种无序的复合数据集合。例如:

```
var obj = {
  foo:'Hello',
  bar:'World'
};
```

上面代码中,大括号就定义了一个对象,它被赋值给变量 obj,所以变量 obj 就指向一个对象。该对象内部包含两个键-值对(又称为两个成员),第一个键-值对是 foo:'Hello',其中 foo 是键名(成员的名称),字符串 Hello 是键值(成员的值)。键名与键值之间用冒号分隔。第二个键-值对是 bar:'World',bar 是键名,World 是键值。两个键-值对之间用逗号分隔,最后一个键-值对后面可以加,也可以不加。

对象的所有键名都是字符串(ES6 又引入了 Symbol 值也可以作为键名),所以加不加引号都可以。上面的代码也可以写成下面这样。

```
var obj = {
  'foo':'Hello',
  'bar':'World'
};
```

如果键名是数值,会被自动转为字符串。例如:

```
var obj = {
  1:'a',
  3.2:'b',
  1e2:true,
  1e-2:true,
  .234:true,
  0xFF:true
};
obj['100']// true
```

上面代码中,对象 obj 的所有键名虽然看上去像数值,实际上都被自动转成了字符串。

如果键名不符合标识符的条件(如第一个字符为数字,或者含有空格或运算符),且也不是数字,则必须加上引号,否则会报错。例如:

```
var obj = {
  1p:'Hello World'          // 报错
};
//不报错
var obj = {
  '1p':'Hello World',
```

```
    'h w':'Hello World',
    'p+q':'Hello World'
};
```

对象的每一个键名又称为属性(property),它的键值可以是任何数据类型。如果一个属性的值为函数,通常把这个属性称为方法,它可以像函数那样调用。例如:

```
var obj = {
    p:function(x){
        return 2 * x;
    }
};
obj.p(1)// 2
```

上面代码中,对象 obj 的属性 p,就指向一个函数。

如果属性的值还是一个对象,就形成了链式引用。例如:

```
var o1 = {};
var o2 = { bar:'hello' };
o1.foo = o2;
o1.foo.bar              // "hello"
```

上面代码中,对象 o1 的属性 foo 指向对象 o2,就可以链式引用 o2 的属性。

属性可以动态创建,不必在对象声明时就指定。例如:

```
var obj = {};
obj.foo = 123;
obj.foo                 // 123
```

上面代码中,直接对 obj 对象的 foo 属性赋值,结果就在运行时创建了 foo 属性。

2. 对象的引用

如果不同的变量名指向同一个对象,那么它们都是这个对象的引用,也就是说指向同一个内存地址。修改其中一个变量,会影响到其他所有变量。例如:

```
var o1 = {};
var o2 = o1;
o1.a = 1;
o2.a                    // 1
o2.b = 2;
o1.b                    // 2
```

上面代码中,o1 和 o2 指向同一个对象,因此为其中任何一个变量添加属性,另一个都可以读写该属性。

此时,如果取消某一个变量对于原对象的引用,不会影响到另一个变量。例如:

```
var o1 = {};
var o2 = o1;
o1 = 1;
o2// {}
```

上面代码中,o1 和 o2 指向同一个对象,然后 o1 的值变为 1,这时不会对 o2 产生影响,o2

还是指向原来的那个对象。

但是,这种引用只局限于对象,如果两个变量指向同一个原始类型的值,那么,变量这时都是值的拷贝。例如:

```javascript
var x = 1;
var y = x;
x = 2;
y                           // 1
```

上面的代码中,当 x 的值发生变化后,y 的值并不变,这就表示 y 和 x 并不是指向同一个内存地址。

3. 属性的操作

(1) 属性的读取

读取对象的属性有两种方法,一种是使用点运算符,还有一种是使用方括号运算符。例如:

```javascript
var obj = {
  p:'Hello World'
};
obj.p                       // "Hello World"
obj['p']                    // "Hello World"
```

上面代码分别采用点运算符和方括号运算符读取属性 p。

如果使用方括号运算符,键名必须放在引号里面,否则会被当作变量处理。例如:

```javascript
var foo = 'bar';
var obj = {
  foo:1,
  bar:2
};
obj.foo                     // 1
obj[foo]                    // 2
```

上面代码中,引用对象 obj 的 foo 属性时,如果使用点运算符,foo 就是字符串;如果使用方括号运算符,但是不使用引号,那么 foo 就是一个变量,指向字符串 bar。

方括号运算符内部还可以使用表达式。例如:

```javascript
obj['hello'+' world']
obj[3+3]
```

(2) 属性的赋值

点运算符和方括号运算符,不仅可以用来读取值,还可以用来赋值。例如:

```javascript
var obj = {};
obj.foo = 'Hello';
obj['bar'] = 'World';
```

上面代码中,分别使用点运算符和方括号运算符对属性赋值。

JavaScript 允许属性的"后绑定",也就是说,可以在任意时刻新增属性,没必要在定义对象的时候就定义好属性。例如:

```
var obj = { p:1 };
```

等价于

```
var obj = {};
obj.p = 1;
```

(3) 属性的查看

查看一个对象本身的所有属性,可以使用 Object.keys 方法。例如:

```
var obj = {
  key1:1,
  key2:2
};
Object.keys(obj);          // ['key1','key2']
```

(4) 属性的删除

delete 命令用于删除对象的属性,删除成功后返回 true。例如:

```
var obj = { p:1 };
Object.keys(obj)           // ["p"]
delete obj.p               // true
obj.p                      // undefined
Object.keys(obj)           // []
```

(5) 属性是否存在

in 运算符用于检查对象是否包含某个属性(注意,检查的是键名,不是键值),如果包含就返回 true,否则返回 false。它的左边是一个字符串,表示属性名,右边是一个对象。例如:

```
var obj = { p:1 };
'p' in obj                 // true
'toString' in obj          // true
```

in 运算符的一个问题是,它不能识别哪些属性是对象自身的,哪些属性是继承的。就像上面代码中,对象 obj 本身并没有 toString 属性,但是 in 运算符会返回 true,因为这个属性是继承的。

这时,可以使用对象的 hasOwnProperty 方法进行判断,判断是否为对象自身的属性。例如:

```
var obj = {};
if('toString' in obj){
    console.log(obj.hasOwnProperty('toString'))    // false
}
```

(6) 属性的遍历

for…in 循环用来遍历一个对象的全部属性。例如:

```
var obj = {a:1,b:2,c:3};
for(var i in obj){
    console.log('键名:',i, '键值:',obj[i]);
}
```

```
//键名:a 键值:1
//键名:b 键值:2
//键名:c 键值:3
```

for…in 循环有两个使用注意点。

①它遍历的是对象所有可遍历(enumerable)的属性,会跳过不可遍历的属性。

②它不仅遍历对象自身的属性,还遍历继承的属性。

举例来说,对象都继承了 toString 属性,但是 for…in 循环不会遍历到这个属性。例如:

```
var obj = {};              // toString 属性是存在的
obj.toString               // toString(){ [native code]}
for(var p in obj){
    console.log(p);
}                          // 没有任何输出
```

上面代码中,对象 obj 继承了 toString 属性,该属性不会被 for…in 循环遍历到,因为它默认是"不可遍历"的。

如果继承的属性是可遍历的,那么就会被 for…in 循环遍历到。但是,一般情况下,都是只想遍历对象自身的属性,所以使用 for…in 的时候,应该结合使用 hasOwnProperty 方法,在循环内部判断一下,某个属性是否为对象自身的属性。例如:

```
var person = { name:'杨勋' };
for(var key in person){
    if(person.hasOwnProperty(key)){
        console.log(key);
    }
}                          // name
```

4. with 语句

with 语句的格式为

```
with(对象){
    语句;
}
```

它的作用是操作同一个对象的多个属性时,提供一些书写的方便。例如:

```
var obj = {
    p1:1,
    p2:2,
};
with(obj){
    p1 = 4;
    p2 = 5;
}
```

等同于

```
obj.p1 = 4;
obj.p2 = 5;
```

再如:

```
with(document.links[0]){
  console.log(href);
  console.log(title);
  console.log(style);
}
```

等同于

```
console.log(document.links[0].href);
console.log(document.links[0].title);
console.log(document.links[0].style);
```

5.7.8 函数

函数是一段可以反复调用的代码块。函数还能接收输入的参数,不同的参数会返回不同的值。

1. 函数的声明

JavaScript 有 3 种声明函数的方法。

(1) function 命令

function 命令声明的代码区块,就是一个函数。function 命令后面是函数名,函数名后面是一对小括号,里面是传入函数的参数。函数体放在大括号里面。例如:

```
function print(s){
  console.log(s);
}
```

上面的代码命名了一个 print 函数,以后使用 print()这种形式,就可以调用相应的代码。这叫作函数的声明。

(2) 函数表达式

除了用 function 命令声明函数外,还可以采用变量赋值的写法。例如:

```
var print = function(s){
  console.log(s);
};
```

这种写法将一个匿名函数赋值给变量,这时,这个匿名函数又称函数表达式,因为赋值语句的等号右侧只能放表达式。

采用函数表达式声明函数时,function 命令后面不带有函数名。如果加上函数名,该函数名只在函数体内部有效,在函数体外部无效。例如:

```
var print = function x(){
  console.log(typeof x);
};
x            // ReferenceError: x is not defined
print()      // function
```

上面代码在函数表达式中,加入了函数名 x。这个 x 只在函数体内部可用,指代函数表达式本身,其他地方都不可用。这种写法的用处有两个,一是可以在函数体内部调用自身,二是方便除错(除错工具显示函数调用栈时,将显示函数名,而不再显示这里是一个匿名函数)。因此,下面的形式声明函数也非常常见。

```
var f = function f(){};
```

需要注意的是,函数的表达式需要在语句的结尾加上分号,表示语句结束。而函数的声明在结尾的大括号后面不用加分号。总的来说,这两种声明函数的方式,差别很细微,可以近似认为是等价的。

(3)Function 构造函数

第 3 种声明函数的方式是 Function 构造函数。例如:

```
var add = new Function(
  'x',
  'y',
  'return x+y'
);
```

等同于

```
function add(x,y){
  return x+y;
}
```

上面代码中,Function 构造函数接收 3 个参数,除了最后一个参数是 add 函数的"函数体",其他参数都是 add 函数的参数。

可以传递任意数量的参数给 Function 构造函数,只有最后一个参数会被当作函数体。如果只有一个参数,该参数就是函数体。例如:

```
var foo = new Function(
  'return "hello world";'
);
```

等同于

```
function foo(){
  return 'hello world';
}
```

Function 构造函数可以不使用 new 命令,返回结果完全一样。

总的来说,这种声明函数的方式非常不直观,几乎无人使用。

2.函数的重复声明

如果同一个函数被多次声明,后面的声明就会覆盖前面的声明。例如:

```
function f(){
  console.log(1);
}
f()                        // 2
function f(){
```

```
      console.log(2);
    }
    f()                           // 2
```

上面代码中,后一次的函数声明覆盖了前面一次。而且,由于函数名的提升(参见下文),前一次声明在任何时候都是无效的,这一点要特别注意。

3. 小括号运算符、return 语句和递归

调用函数时,要使用小括号运算符。小括号之中,可以加入函数的参数。

```
    function add(x,y){
      return x+y;
    }
    add(1,1)                      // 2
```

上面代码中,函数名后面紧跟一对小括号,就会调用这个函数。

函数体内部的 return 语句表示返回。JavaScript 引擎遇到 return 语句,就直接返回 return 后面的表达式的值,后面即使还有语句,也不会得到执行。也就是说,return 语句所带的那个表达式,就是函数的返回值。return 语句不是必需的,如果没有的话,该函数就不返回任何值,或者说返回 undefined。

函数可以调用自身,这就是递归(recursion)。下面就是通过递归,计算斐波那契数列的代码。

```
    function fib(num){
      if(num === 0)return 0;
      if(num === 1)return 1;
      return fib(num - 2)+fib(num - 1);
    }
    fib(6)                        // 8
```

上面代码中,fib 函数内部又调用了 fib,计算得到斐波那契数列的第 6 个元素是 8。

4. 函数的地位

JavaScript 将函数看作一种值,与其他值(数值、字符串、布尔值等)地位相同。凡是可以使用值的地方,就能使用函数。例如,可以把函数赋值给变量和对象的属性,也可以当作参数传入其他函数,或者作为函数的结果返回。函数只是一个可以执行的值,此外并无特殊之处。

由于函数与其他数据类型地位平等,所以在 JavaScript 中又称函数为第一等公民。

```
    function add(x,y){
      return x+y;
    }
    var operator = add;           // 将函数赋值给一个变量
    //将函数作为参数和返回值
    function a(op){
      return op;
    }
    a(add)(1,1)                   // 2
```

5．函数名的提升

JavaScript 引擎将函数名视同变量名，所以采用 function 命令声明函数时，整个函数会像变量声明一样，被提升到代码头部。所以，下面的代码不会报错。

```
f();
function f(){}
```

6．函数的属性和方法

(1) name 属性

函数的 name 属性返回函数的名字。例如：

```
function f1(){}
f1.name                    // "f1"
```

如果是通过变量赋值定义的函数，那么 name 属性返回变量名。例如：

```
var f2 = function(){};
f2.name                    // "f2"
```

name 属性的一个用处，就是获取参数函数的名字。例如：

```
var myFunc = function(){};
function test(f){
  console.log(f.name);
}
test(myFunc)               // myFunc
```

上面代码中，函数 test 内部通过 name 属性就可以知道传入的参数是什么函数。

(2) length 属性

函数的 length 属性返回函数预期传入的参数个数，即函数定义之中的参数个数。例如：

```
function f(a,b){}
f.length                   // 2
```

上面代码定义了空函数 f，它的 length 属性就是定义时的参数个数。不管调用时输入了多少个参数，length 属性始终等于 2。

length 属性提供了一种机制，判断定义时和调用时参数的差异，以便实现面向对象编程的方法重载 (overload)。

(3) toString()

函数的 toString 方法返回一个字符串，内容是函数的源码。例如：

```
function f(){
  a();
  b();
  c();
}
f.toString()
// function f(){
//   a();
//   b();
```

```
    // c();
// }
```

对于那些原生的函数,toString()方法返回function(){[native code]}。例如:

```
Math.sqrt.toString()        // "function sqrt(){ [native code]}"
```

7. 函数作用域

作用域(scope)指的是变量存在的范围。在 ES5 的规范中,JavaScript 只有两种作用域:一种是全局作用域,即变量在整个程序中一直存在,所有地方都可以读取;另一种是函数作用域,变量只在函数内部存在。ES6 又新增了块级作用域。

对于顶层函数来说,函数外部声明的变量就是全局变量(global variable),它可以在函数内部读取。例如:

```
var v = 1;
function f(){
   console.log(v);
}
f()                          // 1
```

上面的代码表明,函数 f 内部可以读取全局变量 v。

在函数内部定义的变量,外部无法读取,称为局部变量(local variable)。例如:

```
function f(){
   var v = 1;
}
v                           // ReferenceError: v is not defined
```

上面代码中,变量 v 在函数内部定义,所以是一个局部变量,函数之外就无法读取。

函数内部定义的变量,会在该作用域内覆盖同名全局变量。例如:

```
var v = 1;
function f(){
   var v = 2;
   console.log(v);
}
f()                          // 2
v                            // 1
```

上面代码中,变量 v 同时在函数的外部和内部定义。结果,在函数内部定义的局部变量 v 覆盖了全局变量 v。

对于 var 命令来说,局部变量只能在函数内部声明,在其他区块中声明,一律都是全局变量。例如:

```
if(true){
   var x = 5;
}
console.log(x);              // 5
```

上面代码中,变量 x 在条件判断区块之中声明,结果就是一个全局变量,可以在区块之外读取。

8. 函数内部的变量提升

与全局作用域一样,函数作用域内部也会产生"变量提升"现象。var 命令声明的变量,不管在什么位置,变量声明都会被提升到函数体的头部。例如:

```javascript
function foo(x){
  if(x > 100){
    var tmp = x - 100;
  }
}
```

等同于

```javascript
function foo(x){
  var tmp;
  if(x > 100){
    tmp = x - 100;
  };
}
```

9. 函数本身的作用域

函数本身也是一个值,也有自己的作用域。它的作用域与变量一样,就是其声明时所在的作用域,与其运行时所在的作用域无关。例如:

```javascript
var a = 1;
var x = function(){
  console.log(a);
};
function f(){
  var a = 2;
  x();
}
f()                    // 1
```

上面代码中,函数 x 是在函数 f 的外部声明的,所以它的作用域绑定外层,内部变量 a 不会到函数 f 体内取值,所以输出 1,而不是 2。

总之,函数执行时所在的作用域是定义时的作用域,而不是调用时所在的作用域。

同样的,函数体内部声明的函数,作用域绑定函数体内部。例如:

```javascript
function foo(){
  var x = 1;
  function bar(){
    console.log(x);
  }
  return bar;
}
var x = 2;
var f = foo();
f()                    // 1
```

上面代码中,函数 foo 内部声明了一个函数 bar,bar 的作用域绑定 foo。当我们在 foo 外部取出 bar 执行时,变量 x 指向的是 foo 内部的 x,而不是 foo 外部的 x。正是这种机制,构成了后文要讲解的闭包现象。

10. 参数

函数运行的时候,有时需要提供外部数据,不同的外部数据会得到不同的结果,这种外部数据就叫参数。例如:

```
function square(x){
  return x * x;
}
square(2)// 4
square(3)// 9
```

上式的 x 就是 square 函数的参数,每次运行的时候,需要提供这个值,否则得不到结果。

(1)参数的省略

函数参数不是必需的,JavaScript 允许省略参数。例如:

```
function f(a,b){
  return a;
}
f(1,2,3)              // 1
f(1)                  // 1
f()                   // undefined
f.length              // 2
```

上面代码的函数 f 定义了两个参数,但是运行时无论提供多少个参数(或者不提供参数),JavaScript 都不会报错(省略的参数的值就变为 undefined)。需要注意的是,函数的 length 属性与实际传入的参数个数无关,只反映函数预期传入的参数个数。

但是,没有办法只省略靠前的参数,而保留靠后的参数。如果一定要省略靠前的参数,只有显式传入 undefined。例如:

```
function f(a,b){
  return a;
}
f(,1)                 // SyntaxError:Unexpected token,(…)
f(undefined,1)        // undefined
```

上面代码中,如果省略第一个参数,就会报错。

(2)传递方式

函数参数如果是原始类型的值(数值、字符串、布尔值),传递方式是传值传递。这意味着,在函数体内修改参数值,不会影响到函数外部。例如:

```
var p = 2;
function f(p){
  p = 3;
}
f(p);
p                     // 2
```

上面代码中,变量 p 是一个原始类型的值,传入函数 f 的方式是传值传递。因此,在函数内部,p 的值是原始值的拷贝,无论怎么修改,都不会影响到原始值。

但是,如果函数参数是复合类型的值(数组、对象、其他函数),传递方式是传址传递。也就是说,传入函数的是原始值的地址,因此在函数内部修改参数,将会影响到原始值。例如:

```
var obj = { p:1 };
function f(o){
  o.p = 2;
}
f(obj);
obj.p                    // 2
```

上面代码中,传入函数 f 的是参数对象 obj 的地址,因此,在函数内部修改 obj 的属性 p,会影响到原始值。

如果函数内部修改的不是参数对象的某个属性,而是替换掉整个参数,这时不会影响到原始值。

```
var obj = [1,2,3];
function f(o){
  o = [2,3,4];
}
f(obj);
obj                       // [1,2,3]
```

上面代码中,在函数 f 内部,参数对象 obj 被整个替换成另一个值,这时不会影响到原始值。这是因为,形式参数(o)的值实际是参数 obj 的地址,重新对 o 赋值导致 o 指向另一个地址,保存在原地址上的值当然不受影响。

(3) arguments 对象

由于 JavaScript 允许函数有不定数目的参数,所以需要一种机制,可以在函数体内部读取所有参数。这就是 arguments 对象的由来。

arguments 对象包含了函数运行时的所有参数,arguments[0]是第一个参数,arguments[1]是第二个参数,以此类推。这个对象只有在函数体内部才可以使用。

```
var f = function(one){
  console.log(arguments[0]);
  console.log(arguments[1]);
  console.log(arguments[2]);
}
f(1,2,3)
// 1
// 2
// 3
```

正常模式下,arguments 对象可以在运行时修改。例如:

```
var f = function(a,b){
  arguments[0] = 3;
  arguments[1] = 2;
  return a+b;
```

```
}
f(1,1)                      // 5
```

上面代码中,函数 f 调用时传入的参数,在函数内部被修改成 3 和 2。

严格模式下,arguments 对象与函数参数不具有联动关系。也就是说,修改 arguments 对象不会影响到实际的函数参数。例如:

```
var f = function(a,b){
  'use strict';             //开启严格模式
  arguments[0]= 3;
  arguments[1]= 2;
  return a+b;
}
f(1,1)                      // 2
```

上面代码中,函数体内是严格模式,这时修改 arguments 对象,不会影响到真实参数 a 和 b。

通过 arguments 对象的 length 属性,可以判断函数调用时到底带几个参数。例如:

```
function f(){
  return arguments.length;
}
f(1,2,3)                    // 3
f(1)                        // 1
f()                         // 0
```

需要注意的是,虽然 arguments 很像数组,但它是一个对象,数组专有的方法(如 slice 和 forEach),不能在 arguments 对象上直接使用。

arguments 对象带有一个 callee 属性,返回它所对应的原函数。例如:

```
var f = function(){
  console.log(arguments.callee === f);
}
f()                         // true
```

可以通过 arguments.callee 达到调用函数自身的目的。这个属性在严格模式里面是禁用的,因此不建议使用。

11. 函数的其他知识点

(1)闭包

闭包(closure)是 JavaScript 的一个难点,也是它的特色,很多高级应用都要依靠闭包实现。

理解闭包,首先必须理解变量作用域。前面提到,JavaScript 有两种作用域:全局作用域和函数作用域。函数内部可以直接读取全局变量。例如:

```
var n = 999;
function f1(){
  console.log(n);
}
f1()                        // 999
```

上面代码中,函数 f1 可以读取全局变量 n。
但是,函数外部无法读取函数内部声明的变量。例如:

```
function f1(){
   var n = 999;
}
console.log(n)              // Uncaught ReferenceError:n is not defined(
```

上面代码中,函数 f1 内部声明的变量 n,函数外是无法读取的。

如果出于种种原因,需要得到函数内的局部变量。正常情况下,这是办不到的,只有通过变通方法才能实现。那就是在函数的内部,再定义一个函数。例如:

```
function f1(){
   var n = 999;
   function f2(){
      console.log(n);      // 999
   }
}
```

上面代码中,函数 f2 就在函数 f1 内部,这时 f1 内部的所有局部变量,对 f2 都是可见的。但是反过来就不行,f2 内部的局部变量,对 f1 是不可见的。这就是 JavaScript 特有的链式作用域结构(chain scope),子对象会一级一级地向上寻找所有父对象的变量。所以,父对象的所有变量,对子对象都是可见的,反之则不成立。

既然 f2 可以读取 f1 的局部变量,那么只要把 f2 作为返回值,就可以在 f1 外部读取它的内部变量了。例如:

```
function f1(){
   var n = 999;
   function f2(){
      console.log(n);
   }
   return f2;
}
var result = f1();
result();                   // 999
```

上面代码中,函数 f1 的返回值就是函数 f2,由于 f2 可以读取 f1 的内部变量,所以就可以在外部获得 f1 的内部变量了。

闭包就是函数 f2,即能够读取其他函数内部变量的函数。由于在 JavaScript 中,只有函数内部的子函数才能读取内部变量,因此可以把闭包简单理解成"定义在一个函数内部的函数"。闭包最大的特点,就是它可以"记住"诞生的环境,如 f2 记住了它诞生的环境 f1,所以从 f2 可以得到 f1 的内部变量。在本质上,闭包就是将函数内部和函数外部连接起来的一座桥梁。

闭包的最大用处有两个,一个是可以读取函数内部的变量,另一个就是让这些变量始终保持在内存中,即闭包可以使得它诞生环境一直存在。下面的例子中,闭包使得内部变量记住上一次调用时的运算结果。

```
function createIncrementor(start){
   return function(){
```

```
            return start++;
    };
}
var inc = createIncrementor(5);
inc()                          // 5
inc()                          // 6
inc()                          // 7
```

上面代码中，start 是函数 createIncrementor 的内部变量。通过闭包，start 的状态被保留了，每一次调用都是在上一次调用的基础上进行计算。从中可以看到，闭包 inc 使得函数 createIncrementor 的内部环境一直存在。所以，闭包可以看作是函数内部作用域的一个接口。

为什么会这样呢？原因就在于 inc 始终在内存中，而 inc 的存在依赖于 createIncrementor，因此也始终在内存中，不会在调用结束后，被垃圾回收机制回收。

闭包的另一个用处是封装对象的私有属性和私有方法。例如：

```
function Person(name){
    var _age;
    function setAge(n){
        _age = n;
    }
    function getAge(){
        return _age;
    }
    return {
        name:name,
        getAge:getAge,
        setAge:setAge
    };
}
var p1 = Person('张三');
p1.setAge(25);
p1.getAge()                    // 25
```

上面代码中，函数 Person 的内部变量 _age，通过闭包 getAge 和 setAge，变成了返回对象 p1 的私有变量。

注意：外层函数每次运行，都会生成一个新的闭包，而这个闭包又会保留外层函数的内部变量，所以内存消耗很大。因此不能滥用闭包，否则会造成网页的性能问题。

（2）立即调用的函数表达式

在 JavaScript 中，小括号是一种运算符，跟在函数名之后，表示调用该函数。例如，print() 就表示调用 print 函数。

有时，需要在定义函数之后，立即调用该函数，这时，不能在函数的定义之后加上小括号，因为这样做会产生语法错误。例如：

```
function(){ /* code */ }();     // SyntaxError:Unexpected token(
```

产生这个错误的原因是，function 这个关键字既可以当作语句，也可以当作表达式。

```
function f(){}                    // 语句
var f = function f(){}            // 表达式
```

为了避免解析上的歧义，JavaScript 引擎规定，如果 function 关键字出现在行首，一律解释成语句。因此，JavaScript 引擎看到行首是 function 关键字之后，认为这一段都是函数的定义，不应该以小括号结尾，所以就报错了。

解决方法就是不要让 function 出现在行首，让引擎将其理解成一个表达式。最简单的处理，就是将其放在一个小括号里面。例如：

```
(function(){ /* code */ }());
```

或者

```
(function(){ /* code */ })();
```

上面两种写法都以小括号开头，引擎就会认为后面跟的是一个表示式，而不是函数定义语句，所以就避免了错误。这就叫作立即调用的函数表达式（immediately-invoked function expression，IIFE）。

上面两种写法最后的分号都是必需的。如果省略分号，遇到连着两个 IIFE，可能就会报错。

```
//报错
(function(){ /* code */ }())
(function(){ /* code */ }())
```

上面代码的两行之间没有分号，JavaScript 会将它们连在一起解释，将第二行解释为第一行的参数。

推而广之，任何让解释器以表达式来处理函数定义的方法，都能产生同样的效果，如下面 3 种写法。

```
var i = function(){ return 10;}();
true && function(){ /* code */ }();
0,function(){ /* code */ }();
```

甚至像下面这样写，也是可以的。

```
!function(){ /* code */ }();
~function(){ /* code */ }();
-function(){ /* code */ }();
+function(){ /* code */ }();
```

通常情况下，只对匿名函数使用这种"IIFE"。它的目的有两个：一是不必为函数命名，避免了污染全局变量；二是 IIFE 内部形成了一个单独的作用域，可以封装一些外部无法读取的私有变量。

```
//写法一
var tmp = newData;
processData(tmp);
storeData(tmp);
//写法二
(function(){
    var tmp = newData;
```

```
        processData(tmp);
        storeData(tmp);
}());
```

上面代码中,写法二比写法一更好,因为完全避免了污染全局变量。

(3) eval 命令

eval 命令接收一个字符串作为参数,并将这个字符串当作语句执行。

```
eval('var a = 1;');
a                        // 1
```

上面代码将字符串当作语句运行,生成了变量 a。

如果参数字符串无法当作语句运行,那么就会报错。例如:

```
eval('3x')              // Uncaught SyntaxError:Invalid or unexpected token
```

放在 eval 中的字符串,应该有独自存在的意义,不能用来与 eval 以外的命令配合使用。例如,下面的代码将会报错。

```
eval('return;');        // Uncaught SyntaxError:Illegal return statement
```

上面代码会报错,因为 return 不能单独使用,必须在函数中使用。

如果 eval 的参数不是字符串,那么会原样返回。例如:

```
eval(123)// 123
```

eval 没有自己的作用域,都在当前作用域内执行,因此可能会修改当前作用域的变量的值,造成安全问题。例如:

```
var a = 1;
eval('a = 2');
a                        // 2
```

上面代码中,eval 命令修改了外部变量 a 的值。由于这个原因,eval 有安全风险。

为了防止这种风险,JavaScript 规定,如果使用严格模式,eval 内部声明的变量,不会影响到外部作用域。例如:

```
(function f(){
  'use strict';
  eval('var foo = 123');
  console.log(foo);      // ReferenceError:foo is not defined
})()
```

上面代码中,函数 f 内部是严格模式,这时 eval 内部声明的 foo 变量,就不会影响到外部。不过,即使在严格模式下,eval 依然可以读写当前作用域的变量。例如:

```
(function f(){
  'use strict';
  var foo = 1;
  eval('foo = 2');
  console.log(foo);// 2
})()
```

上面代码中，严格模式下，eval 内部还是改写了外部变量，可见安全风险依然存在。

总之，eval 的本质是在当前作用域之中注入代码。由于安全风险和不利于 JavaScript 引擎优化执行速度，所以一般不推荐使用 eval。通常情况下，eval 最常见的场合是解析 JSON 数据的字符串，不过正确的做法应该是使用原生的 JSON.parse 方法。

5.7.9 数组

1. 概念

数组（array）是按次序排列的一组值。每个值的位置都有编号（从 0 开始），整个数组用方括号表示。例如：

```
var arr = ['a','b','c'];
```

上面代码中的 a、b、c 就构成一个数组，两端的方括号是数组的标志。a 是 0 号位置，b 是 1 号位置，c 是 2 号位置。

除了在定义时赋值，数组也可以先定义后赋值。例如：

```
var arr = [];
arr[0] = 'a';
arr[1] = 'b';
arr[2] = 'c';
```

任何类型的数据，都可以放入数组。例如：

```
var arr = [
  {a:1},
  [1,2,3],
  function(){return true;}
];
arr[0]                  // Object {a:1}
arr[1]                  // [1,2,3]
arr[2]                  // function(){return true;}
```

上面数组 arr 的 3 个成员依次是对象、数组、函数。

如果数组的元素还是数组，就形成了多维数组。例如：

```
var a = [[1,2],[3,4]];
a[0][1]                 // 2
a[1][1]                 // 4
```

2. 数组的本质

本质上，数组属于一种特殊的对象。typeof 运算符会返回数组的类型是 object。例如：

```
typeof [1,2,3]          // "object"
```

数组的特殊性体现在，它的键名是按次序排列的一组整数（0,1,2,…）。例如：

```
var arr = ['a','b','c'];
Object.keys(arr)        // ["0","1","2"]
```

上面代码中，Object.keys 方法返回数组的所有键名，可以看到数组的键名就是整数 0、

1、2。

由于数组成员的键名是固定的(默认总是 0,1,2,…),因此数组不用为每个元素指定键名,而对象的每个成员都必须指定键名。JavaScript 规定,对象的键名一律为字符串,所以,数组的键名其实也是字符串。之所以可以用数值读取,是因为非字符串的键名会被转为字符串。例如:

```
var arr = ['a','b','c'];
arr['0']                 // 'a'
arr[0]                   // 'a'
```

上面代码分别用数值和字符串作为键名,结果都能读取数组,原因是数值键名被自动转为了字符串。

注意:这点在赋值时也成立。一个值总是先转成字符串,再进行赋值。

```
var a = [];
a[1.00] = 6;
a[1]                     // 6
```

上面代码中,由于 1.00 转成字符串是 1,所以通过数字键 1 可以读取值。

3. length 属性

数组的 length 属性返回数组的成员数量。例如:

```
['a','b','c'].length     // 3
```

JavaScript 使用一个 32 位整数,保存数组的元素个数。这意味着,数组成员最多只有 4 294 967 295($=2^{32}-1$)个,也就是说 length 属性的最大值就是 4 294 967 295。

只要是数组,就一定有 length 属性。该属性是一个动态的值,等于键名中的最大整数加上 1。例如:

```
var arr = ['a','b'];
arr.length               // 2
arr[2] = 'c';
arr.length               // 3
arr[9] = 'd';
arr.length               // 10
arr[1000] = 'e';
arr.length               // 1001
```

上面代码表示,数组的数字键不需要连续,length 属性的值总是比最大的那个整数键大 1。另外,这也表明数组是一种动态的数据结构,可以随时增减数组的成员。

length 属性是可写的。如果人为设置一个小于当前成员个数的值,该数组的成员会自动减少到 length 设置的值。例如:

```
var arr = ['a','b','c'];
arr.length               // 3
arr.length = 2;
arr                      // ["a","b"]
```

上面代码表示,当数组的 length 属性设为 2(最大的整数键只能是 1),那么整数键 2(值为 c)就已经不在数组中了,被自动删除了。

清空数组的一个有效方法,就是将 length 属性设为 0。例如:

```
var arr = ['a','b','c'];
arr.length = 0;
arr                       // []
```

如果人为设置 length 大于当前元素个数,则数组的成员数量会增加到这个值,新增的位置都是空位。例如:

```
var a = ['a'];
a.length = 3;
a[1]                      // undefined
```

上面代码表示,当 length 属性设为大于数组个数时,读取新增的位置都会返回 undefined。

值得注意的是,由于数组本质上是一种对象,所以可以为数组添加属性,但是这不影响 length 属性的值。例如:

```
var a = [];
a['p'] = 'abc';
a.length                  // 0
a[2.1] = 'abc';
a.length                  // 0
```

上面代码将数组的键分别设为字符串和小数,结果都不影响 length 属性。因为,length 属性的值就是等于最大的数字键加 1,而这个数组没有整数键,所以 length 属性保持为 0。

如果数组的键名是超出范围的数值,该键名会自动转为字符串。例如:

```
var arr = [];
arr[-1] = 'a';
arr[Math.pow(2,32)] = 'b';
arr.length                // 0
arr[-1]                   // "a"
arr[4294967296]           // "b"
```

上面代码中,我们为数组 arr 添加了两个不合法的数字键,结果 length 属性没有发生变化。这些数字键都变成了字符串键名。最后两行之所以会取到值,是因为取键值时,数字键名会默认转为字符串。

4. in 运算符

检查某个键名是否存在的运算符 in,适用于对象,也适用于数组。例如:

```
var arr = ['a','b','c'];
2 in arr                  // true
'2' in arr                // true
4 in arr                  // false
```

上面代码表明,数组存在键名为 2 的键。由于键名都是字符串,所以数值 2 会自动转成字符串。

5. for…in 循环和数组的遍历

for…in 循环不仅可以遍历对象,也可以遍历数组,毕竟数组只是一种特殊对象。例如:

```
var a = [1,2,3];
for(var i in a){
    console.log(a[i]);
}
```

但是,for…in 不仅会遍历数组所有的数字键,还会遍历非数字键。例如:

```
var a = [1,2,3];
a.foo = true;
for(var key in a){
    console.log(key);
}
// 0
// 1
// 2
// foo
```

上面代码在遍历数组时,也遍历到了非整数键 foo,所以,不推荐使用 for…in 遍历数组。数组的遍历可以考虑使用 for 循环、while 循环或 forEach 方法。例如:

```
var a = [1,2,3];
for(var i = 0;i < a.length;i++){
    console.log(a[i]);
}
var i = 0;
while(i < a.length){
    console.log(a[i]);
    i++;
}
var l = a.length;
while(l--){
    console.log(a[l]);
}
```

6. 数组的空位

当数组的某个位置是空元素,即两个逗号之间没有任何值,我们称该数组存在空位 (hole)。例如:

```
var a = [1,,1];
a.length             // 3
```

上面代码表明,数组的空位不影响 length 属性。

需要注意的是,如果最后一个元素后面有逗号,并不会产生空位。也就是说,有没有这个逗号,结果都是一样的。例如:

```
var a = [1,2,3,];
a.length             // 3
a                    // [1,2,3]
```

数组的空位是可以读取的,返回 undefined。例如:

```
var a = [,,,];
a[1]                    // undefined
```

使用 delete 命令删除一个数组成员,会形成空位,并且不会影响 length 属性。例如:

```
var a = [1,2,3];
delete a[1];
a[1]                    // undefined
a.length                // 3
```

上面代码用 delete 命令删除了数组的第二个元素,这个位置就形成了空位,但是对 length 属性没有影响。也就是说,length 属性不过滤空位,所以,使用 length 属性进行数组遍历,一定要非常小心。

数组的某个位置是空位,与某个位置是 undefined,是不一样的。如果是空位,使用数组的 forEach 方法、for…in 结构及 Object.keys 方法进行遍历,空位都会被跳过。例如:

```
var a = [,,,];
a.forEach(function(x,i){
    console.log(i+'.'+x);
})
//不产生任何输出
for(var i in a){
    console.log(i);
}
//不产生任何输出
Object.keys(a)
// []
```

如果某个位置是 undefined,遍历的时候就不会被跳过

```
var a = [undefined,undefined,undefined];
a.forEach(function(x,i){
    console.log(i+'.'+x);
});
// 0. undefined
// 1. undefined
// 2. undefined
for(var i in a){
    console.log(i);
}
// 0
// 1
// 2
Object.keys(a)          // ['0','1','2']
```

这就是说,空位就是数组没有这个元素,所以不会被遍历到;undefined 则表示数组有这个元素,值是 undefined,所以遍历不会跳过。

7. 类似数组的对象

如果一个对象的所有键名都是正整数或零,并且有 length 属性,那么这个对象就很像数组,语法上称为类似数组的对象(array-like object)。例如:

```
var obj = {
  0:'a',
  1:'b',
  2:'c',
  length:3
};
obj[0]                    // 'a'
obj[1]                    // 'b'
obj.length                // 3
obj.push('d')             // TypeError:obj.push is not a function
```

上面代码中，对象 obj 就是一个类似数组的对象。但是，类似数组的对象并不是数组，因为它们不具备数组特有的方法。对象 obj 没有数组的 push 方法，使用该方法就会报错。

类似数组的对象的根本特征，就是具有 length 属性。只要有 length 属性，就可以认为这个对象类似于数组。但是有一个问题，这种 length 属性不是动态值，不会随着成员的变化而变化。例如：

```
var obj = {
  length:0
};
obj[3] = 'd';
obj.length              // 0
```

上面代码为对象 obj 添加了一个数字键，但是 length 属性没变。这也说明了 obj 不是数组。

典型的类似数组的对象是函数的 arguments 对象，以及大多数 DOM 元素集，还有字符串。例如：

```
// arguments 对象
function args(){ return arguments }
var arrayLike = args('a','b');
arrayLike[0]                    // 'a'
arrayLike.length                // 2
arrayLike instanceof Array      // false

var elts = document.getElementsByTagName('h3');    // DOM 元素集
elts.length                     // 3
elts instanceof Array           // false
// 字符串
'abc'[1]                        // 'b'
'abc'.length                    // 3
'abc' instanceof Array          // false
```

上面代码包含 3 个例子，它们都不是数组（instanceof 运算符返回 false），但是看上去都非常像数组。

数组的 slice 方法可以将类似数组的对象变成真正的数组。例如：

```
var arr = Array.prototype.slice.call(arrayLike);
```

除了转为真正的数组,类似数组的对象还有一个办法可以使用数组的方法,就是通过 call() 把数组的方法放到对象上面。例如:

```javascript
function print(value,index){
  console.log(index+':'+value);
}
Array.prototype.forEach.call(arrayLike,print);
```

上面代码中,arrayLike 代表一个类似数组的对象,本来是不可以使用数组的 forEach() 方法的,但是通过 call(),可以把 forEach() 嫁接到 arrayLike 上面调用。

下面的例子就是通过这种方法,在 arguments 对象上面调用 forEach 方法。

```javascript
// forEach 方法
function logArgs(){
  Array.prototype.forEach.call(arguments,function(elem,i){
    console.log(i+'.'+elem);
  });
}
//等同于 for 循环
function logArgs(){
  for(var i = 0;i < arguments.length;i++){
    console.log(i+'.'+arguments[i]);
  }
}
```

字符串也是类似数组的对象,所以也可以用 Array.prototype.forEach.call 遍历。例如:

```javascript
Array.prototype.forEach.call('abc',function(chr){
  console.log(chr);
});
// a
// b
// c
```

这种方法比直接使用数组原生的 forEach 要慢,所以最好还是先将类似数组的对象转为真正的数组,然后再直接调用数组的 forEach 方法。例如:

```javascript
var arr = Array.prototype.slice.call('abc');
arr.forEach(function(chr){
  console.log(chr);
});
// a
// b
// c
```

5.7.10 运算符

1. 算术运算符

JavaScript 共提供 10 个算术运算符,用来完成基本的算术运算。

● 加法运算符:x + y。

- 减法运算符:x － y。
- 乘法运算符:x * y。
- 除法运算符:x / y。
- 指数运算符:x * * y。
- 余数运算符:x ％ y。
- 自增运算符:＋＋x 或者 x＋＋。
- 自减运算符:－－x 或者 x－－。
- 数值运算符:＋x。
- 负数值运算符:－x。

减法、乘法、除法运算符比较简单,就是执行相应的数学运算。下面介绍其他几个算术运算符,重点是加法运算符。

(1)加法运算符

加法运算符(＋)是最常见的运算符,用来求两个数值的和。例如:

```
1＋1                    // 2
```

JavaScript 允许非数值的相加。例如:

```
true＋true              // 2
1＋true                 // 2
```

上面代码中,第一行是两个布尔值相加,第二行是数值与布尔值相加。这两种情况,布尔值都会自动转成数值,然后再相加。

比较特殊的是,如果是两个字符串相加,这时加法运算符会变成连接运算符,返回一个新的字符串,将两个原字符串连接在一起。例如:

```
'a'＋'bc'               // "abc"
```

如果一个运算子是字符串,另一个运算子是非字符串,这时非字符串会转成字符串,再连接在一起。例如:

```
1＋'a'                  // "1a"
false＋'a'              // "falsea"
```

加法运算符是在运行时决定,到底是执行相加,还是执行连接。也就是说,运算子的不同,导致了不同的语法行为,这种现象称为重载(overload)。由于加法运算符存在重载,可能执行两种运算,使用的时候必须很小心。例如:

```
'3'＋4＋5               // "345"
3＋4＋'5'               // "75"
```

上面代码中,由于从左到右的运算次序,字符串的位置不同会导致不同的结果。

除了加法运算符,其他算术运算符(如减法、除法和乘法)都不会发生重载,它们的规则是:所有运算子一律转为数值,再进行相应的数学运算。例如:

```
1 － '2'                // －1
1 * '2'                // 2
1 / '2'                // 0.5
```

如果运算子是对象,必须先转成原始类型的值,然后再相加。例如:

```
var obj = { p:1 };
obj+2                    // "[object Object]2"
```

上面代码中,对象 obj 转成原始类型的值是[object Object],再加 2 就得到了上面的结果。

对象转成原始类型的值,规则为:首先,自动调用对象的 valueOf 方法,再自动调用对象的 toString 方法,将其转为字符串,而对象的 toString 方法默认返回[object Object]。例如:

```
var obj = { p:1 };
obj.valueOf()             // { p:1 }
obj.valueOf().toString()  // "[object Object]"
```

知道了这个规则以后,就可以自己定义 valueOf 方法或 toString 方法,得到想要的结果。例如:

```
var obj = {
  valueOf:function(){
    return 1;
  }
};
obj+2                    // 3
```

上面代码中,我们定义 obj 对象的 valueOf 方法返回 1,于是 obj+2 就得到了 3。这个例子中,由于 valueOf 方法直接返回一个原始类型的值,所以不再调用 toString 方法。

下面是自定义 toString 方法的例子。

```
var obj = {
  toString:function(){
    return 'hello';
  }
};
obj+2                    // "hello2"
```

上面代码中,对象 obj 的 toString 方法返回字符串 hello。前面说过,只要有一个运算子是字符串,加法运算符就变成连接运算符,返回连接后的字符串。这里有一个特例,如果运算子是一个 Date 对象的实例,那么会优先执行 toString 方法。例如:

```
var obj = new Date();
obj.valueOf = function(){ return 1 };
obj.toString = function(){ return 'hello' };
obj+2                    // "hello2"
```

上面代码中,对象 obj 是一个 Date 对象的实例,并且自定义了 valueOf 方法和 toString 方法,结果 toString 方法优先执行。

(2)余数运算符

余数运算符(%)返回前一个运算子除以后一个运算子所得的余数。例如:

```
12 % 5                   // 2
```

需要注意的是,运算结果的正负号由第一个运算子的正负号决定。例如:

```
-1 % 2                  // -1
1 % -2                  // 1
```

(3) 自增和自减运算符

自增和自减运算符是一元运算符,只需要一个运算子。它们的作用是将运算子首先转为数值,然后加上 1 或者减去 1。它们会修改原始变量。例如:

```
var x = 1;
++x                     // 2
x                       // 2
--x                     // 1
x                       // 1
```

上面代码的变量 x 自增后,返回 2,再进行自减,返回 1。这两种情况都会使得原始变量 x 的值发生改变。

运算之后,变量的值发生变化,这种效应叫作运算的副作用。自增和自减运算符是仅有的两个具有副作用的运算符,其他运算符都不会改变变量的值。

自增和自减运算符有一个需要注意的地方,就是放在变量之后,会先返回变量操作前的值,再进行自增和自减操作;放在变量之前,会先进行自增和自减操作,再返回变量操作后的值。例如:

```
var x = 1;
var y = 1;
x++                     // 1
++y                     // 2
```

上面代码中,x 是先返回当前值,然后自增,所以得到 1;y 是先自增,然后返回新的值,所以得到 2。

(4) 数值运算符,负数值运算符

数值运算符(+)同样使用加号,但它是一元运算符(只需要一个运算子),而加法运算符是二元运算符(需要两个运算子)。

数值运算符的作用在于可以将任何值转为数值(与 Number 函数的作用相同)。例如:

```
+true                   // 1
+[]                     // 0
+{}                     // NaN
```

上面代码表示,非数值经过数值运算以后,都变成了数值(最后一行 NaN 也是数值)。

负数值运算符(-)也同样具有将一个值转为数值的功能,只不过得到的值正负相反。连用两个负数值运算符,等同于数值运算符。例如:

```
var x = 1;
-x                      // -1
-(-x)                   // 1
```

(5) 指数运算符

指数运算符(**)完成指数运算,前一个运算子是底数,后一个运算子是指数。例如:

```
2 ** 4                  // 16
```

指数运算符是右结合,而不是左结合。即多个指数运算符连用时,先进行最右边的计算。例如:

```
2 ** 3 ** 2          // 512,相当于 2 ** (3 ** 2)
```

上面代码中,由于指数运算符是右结合,所以先计算第二个指数运算符,而不是第一个。

2. 赋值运算符

赋值运算符用于给变量赋值。最常见的赋值运算符是等号(=)。例如:

```
var x = 1;           // 将 1 赋值给变量 x
var x = y;           // 将变量 y 的值赋值给变量 x
```

赋值运算符还可以与其他运算符结合,形成变体。下面是与算术运算符的结合。

```
x += y               // 等同于 x = x + y
x -= y               // 等同于 x = x - y
x *= y               // 等同于 x = x * y
x /= y               // 等同于 x = x / y
x %= y               // 等同于 x = x % y
x **= y              // 等同于 x = x ** y
```

下面是与位运算符的结合(关于位运算符,请见后文的介绍)。

```
x >>= y              // 等同于 x = x >> y
x <<= y              // 等同于 x = x << y
x >>>= y             // 等同于 x = x >>> y
x &= y               // 等同于 x = x & y
x |= y               // 等同于 x = x | y
x ^= y               // 等同于 x = x ^ y
```

这些复合的赋值运算符,都是先进行指定运算,然后将得到的值返回给左边的变量。

3. 比较运算符

比较运算符用于比较两个值的大小,然后返回一个布尔值,表示是否满足指定的条件。例如:

```
2 > 1                // true
```

上面代码比较 2 是否大于 1,返回 true。

JavaScript 一共提供了 8 个比较运算符。

- >:大于运算符。
- <:小于运算符。
- <=:小于或等于运算符。
- >=:大于或等于运算符。
- ==:相等运算符。
- ===:严格相等运算符。
- !=:不相等运算符。
- !==:严格不相等运算符。

这 8 个比较运算符分成两类:相等比较和非相等比较。两者的规则是不一样的,对于非相等的比较,算法是先看两个运算子是否都是字符串,如果是的,就按照字典顺序比较(实际上是比较 Unicode 码点);否则,将两个运算子都转成数值,再比较数值的大小。

(1)非相等运算符:字符串的比较

字符串按照字典顺序进行比较。例如:

```
'cat' > 'dog'              // false
'cat' > 'catalog'          // false
```

JavaScript 引擎内部首先比较首字符的 Unicode 码点。如果相等,再比较第二个字符的 Unicode 码点,以此类推。例如:

```
'cat' > 'Cat'              // true
```

上面代码中,小写的 c 的 Unicode 码点(99)大于大写的 C 的 Unicode 码点(67),所以返回 true。

由于所有字符都有 Unicode 码点,因此汉字也可以比较。例如:

```
'大' > '小'                 // false
```

上面代码中,"大"的 Unicode 码点是 22 823,"小"的 Unicode 码点是 23 567,因此返回 false。

(2)非相等运算符:非字符串的比较

如果两个运算子之中,至少有一个不是字符串,需要分成以下两种情况。

● 原始类型值:如果两个运算子都是原始类型的值,则是先转成数值再比较。例如:

```
5 > '4'              // true,等同于 5 > Number('4'),即 5 > 4
true > false         // true,等同于 Number(true) > Number(false),即 1 > 0
2 > true             // true 等同于 2 > Number(true),即 2 > 1
```

上面代码中,字符串和布尔值都会先转成数值,再进行比较。

这里需要注意与 NaN 的比较。任何值(包括 NaN 本身)与 NaN 比较,返回的都是 false。例如:

```
1 > NaN              // false
NaN <= NaN           // false
```

● 对象:如果运算子是对象,会转为原始类型的值,再进行比较。

对象转换成原始类型的值,算法是先调用 valueOf 方法。如果返回的还是对象,再接着调用 toString 方法。例如:

```
var x = [2];
x > '11'             // true,等同于 [2].valueOf().toString() > '11',即 '2' > '11'
x.valueOf = function(){ return '1' };
x > '11'             // false,等同于 [2].valueOf() > '11',即 '1' > '11'
```

两个对象之间的比较也是如此。例如:

```
[2] > [1]    // true,等同于 [2].valueOf().toString() > [1].valueOf().toString(),即 '2' > '1'
[2] > [11]   // true,等同于 [2].valueOf().toString() > [11].valueOf().toString(),即 '2' > '11'
{ x:2 } >= { x:1 }   // true,等同于 { x:2 }.valueOf().toString() >= { x:1 }.valueOf().toString(),    // 即 '[object Object]' >= '[object Object]'
```

(3)严格相等运算符

JavaScript 提供两种相等运算符:== 和 ===。

简单说,它们的区别是相等运算符(==)比较两个值是否相等,严格相等运算符(===)比较它们是否为"同一个值"。如果两个值不是同一类型,严格相等运算符(===)直接返回false,而相等运算符(==)会将它们转换成同一个类型,再用严格相等运算符进行比较。

- 不同类型的值:如果两个值的类型不同,直接返回 false。例如:

```
1 === "1"              // false
true === "true"        // false
```

上面代码比较数值的 1 与字符串的"1"、布尔值的 true 与字符串"true",因为类型不同,结果都是 false。

- 同一类的原始类型值:同一类型的原始类型的值(数值、字符串、布尔值)比较时,值相同就返回 true,值不同就返回 false。例如:

```
1 === 0x1              // true
```

上面代码比较十进制的 1 与十六进制的 1,因为类型和值都相同,返回 true。

需要注意的是,NaN 与任何值都不相等(包括自身)。

- 复合类型值:两个复合类型(对象、数组、函数)的数据比较时,不是比较它们的值是否相等,而是比较它们是否指向同一个地址。例如:

```
{} === {}                          // false
[] === []                          // false
(function(){} === function(){})    // false
```

上面代码分别比较两个空对象、两个空数组、两个空函数,结果都是不相等。原因是对于复合类型的值,严格相等运算比较的是,它们是否引用同一个内存地址,而运算符两边的空对象、空数组、空函数的值,都存放在不同的内存地址,结果当然是 false。

如果两个变量引用同一个对象,则它们相等。例如:

```
var v1 = {};
var v2 = v1;
v1 === v2              // true
```

对于两个对象的比较,严格相等运算符比较的是地址,而大于或小于运算符比较的是值。例如:

```
var obj1 = {};
var obj2 = {};
obj1 > obj2            // false
obj1 < obj2            // false
obj1 === obj2          // false
```

上面的 3 个比较,前两个比较的是值,最后一个比较的是地址,所以都返回 false。

- undefined 和 null:undefined 和 null 与自身严格相等。

由于变量声明后默认值是 undefined,因此两个只声明未赋值的变量是相等的。例如:

```
var v1,v2;
v1 === v2              // true
```

(4) 严格不相等运算符

严格相等运算符有一个对应的严格不相等运算符(!==),它的算法就是先求严格相等运算符的结果,然后返回相反值。例如:

```
1 !== '1'              // true,等同于!(1 === '1')
```

上面代码中,感叹号!是求出后面表达式的相反值。

(5) 相等运算符

相等运算符用来比较相同类型的数据时,与严格相等运算符完全一样。例如:

```
1 == 1.0               // 等同于 1 === 1.0
```

比较不同类型的数据时,相等运算符会先将数据进行类型转换,然后再用严格相等运算符比较。下面分成 4 种情况,讨论不同类型的值互相比较的规则。

● 原始类型值:原始类型的值会转换成数值再进行比较。例如:

```
1 == true              // true,等同于 1 === Number(true)
0 == false             // true,等同于 0 === Number(false)
2 == true              // false,等同于 2 === Number(true)
2 == false             // false,等同于 2 === Number(false)
'true' == true         // false,等同于 Number('true') === Number(true)
'' == 0                // true,等同于 Number('') === 0,即 0 === 0
'' == false            // true,等同于 Number('') === Number(false),即 0 === 0
'1' == true            // true,等同于 Number('1') === Number(true),等同于 1 === 1
'\n  123  \t' == 123   // true,因为字符串转为数字时,省略前置和后置的空格
```

上面代码将字符串和布尔值都转为数值,然后再进行比较。

● 对象与原始类型值比较:对象(这里指广义的对象,包括数组和函数)与原始类型的值比较时,对象转换成原始类型的值,再进行比较。例如:

```
//对象与数值比较时,对象转为数值
[1] == 1               // true,等同于 Number([1]) == 1
//对象与字符串比较时,对象转为字符串
[1] == '1'             // true,等同于 String([1]) == '1'
[1,2] == '1,2'         // true,等同于 String([1,2]) == '1,2'
//对象与布尔值比较时,两边都转为数值
[1] == true            // true,等同于 Number([1]) == Number(true)
[2] == true            // false,等同于 Number([2]) == Number(true)
```

上面代码中,数组[1]与数值进行比较,会先转成数值,再进行比较;与字符串进行比较,会先转成字符串,再进行比较;与布尔值进行比较,对象和布尔值都会先转成数值,再进行比较。

● undefined 和 null:undefined 和 null 与其他类型的值比较时,结果都为 false,它们互相比较时结果为 true。例如:

```
false == null          // false
false == undefined     // false
0 == null              // false
0 == undefined         // false
undefined == null      // true
```

● 相等运算符的缺点:相等运算符隐藏的类型转换,会带来一些违反直觉的结果。例如:

```
0 == ''                // true
0 == '0'               // true
2 == true              // false
2 == false             // false
false == 'false'       // false
false == '0'           // true
false == undefined     // false
false == null          // false
null == undefined      // true
'\t\r\n' == 0          // true
```

上面这些表达式都不同于直觉,很容易出错。因此建议不要使用相等运算符(==),最好只使用严格相等运算符(===)。

(6)不相等运算符

相等运算符有一个对应的不相等运算符(!=),它的算法就是先求相等运算符的结果,然后返回相反值。例如:

```
1 != '1'               // false,等同于!(1 == '1')
```

4.布尔运算符

(1)取反运算符(!)

取反运算符是一个感叹号,用于将布尔值变为相反值,即 true 变成 false,false 变成 true。例如:

```
!true                  // false
!false                 // true
```

对于非布尔值,取反运算符会将其转为布尔值。可以这样记忆,以下 6 个值取反后为 true,其他值都为 false。

undefined、null、false、0、NaN、空字符串('')

如果对一个值连续做两次取反运算,等于将其转为对应的布尔值,与 Boolean 函数的作用相同。这是一种常用的类型转换的写法。例如:

```
!!x                    // 等同于 Boolean(x)
```

上面代码中,不管 x 是什么类型的值,经过两次取反运算后,变成了与 Boolean 函数结果相同的布尔值。所以,两次取反就是将一个值转为布尔值的简便写法。

(2)且运算符(&&)

且运算符(&&)往往用于多个表达式的求值。

它的运算规则是:如果第一个运算子的布尔值为 true,则返回第二个运算子的值(注意是值,不是布尔值);如果第一个运算子的布尔值为 false,则直接返回第一个运算子的值,且不再对第二个运算子求值。例如:

```
't' && ''              // ""
't' && 'f'             // "f"
't' && (1+2)           // 3
'' && 'f'              // ""
```

```
"" && ""                        // ""
var x = 1;
(1 - 1) && (x += 1)             // 0
x                               // 1
```

上面代码的最后一个例子,由于且运算符的第一个运算子的布尔值为 false,则直接返回它的值 0,而不再对第二个运算子求值,所以变量 x 的值没变。

这种跳过第二个运算子的机制,被称为短路。有些程序员喜欢用它取代 if 结构,如下面是一段 if 结构的代码,就可以用且运算符改写。

```
if(i){
    doSomething();
}
//等价于 i && doSomething();
```

上面代码的两种写法是等价的,但是后一种不容易看出目的,也不容易除错,建议谨慎使用。

且运算符可以多个连用,这时返回第一个布尔值为 false 的表达式的值。如果所有表达式的布尔值都为 true,则返回最后一个表达式的值。例如:

```
true && 'foo' && "" && 4 && 'foo' && true    // ""
1 && 2 && 3                                   // 3
```

上面代码中,第一行里面,第一个布尔值为 false 的表达式为第三个表达式,所以得到一个空字符串。第二行里面,所有表达式的布尔值都是 true,所以返回最后一个表达式的值 3。

(3)或运算符(||)

或运算符(||)也用于多个表达式的求值。它的运算规则是:如果第一个运算子的布尔值为 true,则返回第一个运算子的值,且不再对第二个运算子求值;如果第一个运算子的布尔值为 false,则返回第二个运算子的值。例如:

```
't' || ''                       // "t"
't' || 'f'                      // "t"
'' || 'f'                       // "f"
'' || ''                        // ""
```

短路规则对这个运算符也适用。例如:

```
var x = 1;
true || (x = 2)                 // true
x                               // 1
```

上面代码中,或运算符的第一个运算子为 true,所以直接返回 true,不再运行第二个运算子。所以,x 的值没有改变。

或运算符可以多个连用,这时返回第一个布尔值为 true 的表达式的值。如果所有表达式都为 false,则返回最后一个表达式的值。例如:

```
false || 0 || '' || 4 || 'foo' || true    // 4
false || 0 || ''                           // ''
```

上面代码中,第一行的第一个布尔值为 true 的表达式是第四个表达式,所以得到数值 4。

第二行里所有表达式的布尔值都为false,所以返回最后一个表达式的值。

或运算符常用于为一个变量设置默认值。例如:

```
function saveText(text){
    text = text || '';
    //……
}
//或者写成 saveText(this.text || '')
```

上面代码表示,如果函数调用时,没有提供参数,则该参数默认设置为空字符串。

(4)三元条件运算符(?:)

三元条件运算符由问号(?)和冒号(:)组成,分隔三个表达式。它是JavaScript中唯一一个需要三个运算子的运算符。如果第一个表达式的布尔值为true,则返回第二个表达式的值,否则返回第三个表达式的值。例如:

```
't' ? 'hello':'world'                // "hello"
0 ? 'hello':'world'                  // "world"
```

上面代码的t和0的布尔值分别为true和false,所以分别返回第二个和第三个表达式的值。

通常来说,三元条件表达式与if…else语句具有同样表达效果,前者可以表达的,后者也能表达。但是两者具有一个重大差别,if…else是语句,没有返回值;三元条件表达式是表达式,具有返回值。所以,在需要返回值的场合,只能使用三元条件表达式,而不能使用if…else。例如:

```
console.log(true ? 'T':'F');
```

上面代码中,console.log方法的参数必须是一个表达式,这时就只能使用三元条件表达式。如果要用if…else语句,就必须改变整个代码的写法了。

5. 二进制位运算符

二进制位运算符用于直接对二进制位进行计算,一共有7个。

- 二进制或运算符(or):符号为 |,表示若两个二进制位都为0,则结果为0,否则为1。
- 二进制与运算符(and):符号为 &,表示若两个二进制位都为1,则结果为1,否则为0。
- 二进制否运算符(not):符号为 ~,表示对一个二进制位取反。
- 异或运算符(xor):符号为 ^,表示若两个二进制位不相同,则结果为1,否则为0。
- 左移运算符(left shift):符号为 <<。
- 右移运算符(right shift):符号为 >>。
- 头部补零的右移运算符(zero filled right shift):符号为 >>>。

这些位运算符直接处理每一个比特位(bit),所以是非常底层的运算,好处是速度极快,缺点是很不直观,许多场合不能使用它们,否则会使代码难以理解和查错。

有一点需要特别注意,位运算符只对整数起作用,如果一个运算子不是整数,会自动转为整数后再执行。另外,虽然在JavaScript内部,数值都是以64位浮点数的形式存储的,但是进行位运算的时候,是以32位带符号的整数进行运算的,并且返回值也是一个32位带符号的整数。例如:

```
i = i | 0;
```

上面这行代码的意思,就是将 i(不管是整数或小数)转为 32 位整数。

利用这个特性,可以写出一个函数,将任意数值转为 32 位整数。例如:

```
function toInt32(x){
    return x | 0;
}
```

上面这个函数将任意值与 0 进行一次或运算,这个位运算会自动将一个值转为 32 位整数。下面是这个函数的用法。

```
toInt32(1.001)                    // 1
toInt32(-1)                       // -1
toInt32(Math.pow(2,32) - 1)       // -1
```

上面代码中,toInt32 可以将小数转为整数。对于一般的整数,返回值不会有任何变化。对于大于或等于 2 的 32 次方的整数,大于 32 位的数位都会被舍去。

(1)二进制或运算符

二进制或运算符(|)逐位比较两个运算子,两个二进制位之中只要有一个为 1,就返回 1,否则返回 0。例如:

```
0 | 3                             // 3
```

上面代码中,0 和 3 的二进制形式分别是 00 和 11,所以进行二进制或运算会得到 3(11)。

位运算只对整数有效,遇到小数时,会将小数部分舍去,只保留整数部分。所以,将一个小数与 0 进行二进制或运算,等同于对该数去除小数部分,即取整数位。例如:

```
2.9 | 0                           // 2
-2.9 | 0                          // -2
```

需要注意的是,这种取整方法不适用超过 32 位整数最大值 2 147 483 647 的数。例如:

```
2147483649.4 | 0;                 // -2147483647
```

(2)二进制与运算符

二进制与运算符(&)的规则是逐位比较两个运算子,两个二进制位之中只要有一个位为 0,就返回 0,否则返回 1。例如:

```
0 & 3                             // 0
```

上面代码中,0(00)和 3(11)进行二进制与运算会得到 0(00)。

(3)二进制否运算符

二进制否运算符(~)将每个二进制位都变为相反值(0 变为 1,1 变为 0)。它的返回结果有时比较难理解,因为涉及计算机内部的数值表示机制。例如:

```
~ 3                               // -4
```

上面表达式对 3 进行二进制否运算,得到 -4。之所以会有这样的结果,是因为位运算时,JavaScript 内部将所有的运算子都转为 32 位的二进制整数再进行运算。

3 的 32 位整数形式是 00000000000000000000000000000011,二进制否运算以后得到

11111111111111111111111111111100。由于第一位（符号位）是1，所以这个数是一个负数。JavaScript内部采用补码形式表示负数，即需要将这个数减去1，再取一次反，然后加上负号，才能得到这个负数对应的十进制值。这个数减去1等于11111111111111111111111111111011，再取一次反得到00000000000000000000000000000100，再加上负号就是－4。考虑到这样的过程比较麻烦，可以简单记忆成，一个数与自身的取反值相加，等于－1。

```
~ -3                          // 2
```

上面表达式可以这样算，－3的取反值等于－1减去－3，结果为2。

对一个整数连续两次进行二进制否运算，得到它自身。例如：

```
~~3                           // 3
```

所有的位运算都只对整数有效。二进制否运算遇到小数时，也会将小数部分舍去，只保留整数部分。所以，对一个小数连续进行两次二进制否运算，能达到取整效果。例如：

```
~~2.9                         // 2
~~47.11                       // 47
~~1.9999                      // 1
~~3                           // 3
```

使用二进制否运算取整，是所有取整方法中最快的一种。

（4）异或运算符

异或运算（^）在两个二进制位不同时返回1，相同时返回0。例如：

```
0 ^ 3                         // 3
```

上面表达式中，0(00)与3(11)进行异或运算，它们每一个二进制位都不同，所以得到3(11)。

异或运算有一个特殊运用，连续对两个数a和b进行三次异或运算：a^=b;b^=a;a^=b;，可以互换它们的值。这意味着，使用异或运算可以在不引入临时变量的前提下，互换两个变量的值。例如：

```
var a = 10;
var b = 99;
a ^= b, b ^= a, a ^= b;
a                             // 99
b                             // 10
```

这是互换两个变量的值的最快方法。

（5）左移运算符

左移运算符（<<）表示将一个数的二进制值向左移动指定的位数，尾部补0，即乘以2的指定次方。向左移动的时候，最高位的符号位是一起移动的。例如：

```
4 << 1        // 8,4的二进制形式为100,左移一位为1000(十进制的8),相当于乘以2
-4 << 1       // -8
```

上面代码中，－4左移一位得到－8，是因为－4的二进制形式是11111111111111111111111111111100，左移一位后得到11111111111111111111111111111000，该数转为十进制（减去1后取反，再加上负号）即为－8。

(6) 右移运算符

右移运算符（>>）表示将一个数的二进制值向右移动指定的位数。如果是正数，头部全部补 0；如果是负数，头部全部补 1。右移运算符基本上相当于除以 2 的指定次方（最高位即符号位参与移动）。例如：

```
4 >> 1          // 2
-4 >> 1         // -2
```

右移运算可以模拟 2 的整除运算。例如：

```
5 >> 1          // 2, 相当于 5 / 2 = 2
21 >> 4         // 1, 相当于 21 / 16 = 1
```

(7) 头部补零的右移运算符

头部补零的右移运算符（>>>）与右移运算符（>>）只有一个差别，就是一个数的二进制形式向右移动时，头部一律补零，而不考虑符号位，所以，该运算总是得到正值。对于正数，该运算的结果与右移运算符（>>）完全一致，区别主要在于负数。例如：

```
4 >>> 1         // 2
-4 >>> 1        // 2147483646
/*
//因为-4 的二进制形式为 11111111111111111111111111111100，
//带符号位的右移一位，得到 01111111111111111111111111111110，
//即为十进制的 2147483646。
*/
```

(8) 开关作用

位运算符可以用作设置对象属性的开关。

假定某个对象有 4 个开关，每个开关都是一个变量，那么，可以设置一个 4 位的二进制数，它的每个位对应一个开关。例如：

```
var FLAG_A = 1;     // 0001
var FLAG_B = 2;     // 0010
var FLAG_C = 4;     // 0100
var FLAG_D = 8;     // 1000
```

上面代码设置 A、B、C、D 4 个开关，每个开关分别占有一个二进制位。然后，就可以用二进制与运算检验，当前设置是否打开了指定开关。

```
var flags = 5;      //二进制的 0101
if(flags & FLAG_C){
  //...
}
// 0101 & 0100 => 0100 => true
```

上面代码检验是否打开了开关 C。如果打开，会返回 true，否则返回 false。

现在假设需要打开 A、B、D 3 个开关，可以构造一个掩码变量。例如：

```
var mask = FLAG_A | FLAG_B | FLAG_D;    // 0001 | 0010 | 1000 => 1011
```

上面代码对 A、B、D 3 个变量进行二进制或运算,得到掩码值为二进制的 1011。有了掩码,二进制或运算可以确保打开指定的开关。

```
flags = flags | mask;
```

二进制与运算可以将当前设置中凡是与开关设置不一样的项,全部关闭。

```
flags = flags & mask;
```

异或运算可以切换(toggle)当前设置,即第一次执行可以得到当前设置的相反值,再执行一次又得到原来的值。

```
flags = flags ^ mask;
```

二进制否运算可以翻转当前设置,即原设置为 0,运算后变为 1;原设置为 1,运算后变为 0。

```
flags = ~flags;
```

6. 其他运算符

(1)void 运算符

void 运算符的作用是执行一个表达式,然后不返回任何值,或者说返回 undefined。例如:

```
void 0         // undefined
void(0)        // undefined
```

上面是 void 运算符的两种写法,都正确。建议采用后一种形式,即总是使用小括号。因为 void 运算符的优先级很高,如果不使用括号,容易造成错误的结果。例如,void 4+7 实际上等同于(void 4)+7。

下面是 void 运算符的一个例子。

```
var x = 3;
void(x = 5)        //undefined
x                  // 5
```

这个运算符的主要用途是浏览器的书签工具(Bookmarklet),以及在超链接中插入代码防止网页跳转。

下面代码中,单击链接后,会先执行 onclick 的代码,由于 onclick 返回 false,所以浏览器不会跳转到 example.com。

```
<script>
function f(){
  console.log('Hello World');
}
</script>
<a href="http://example.com" onclick="f();return false;">点击</a>
```

void 运算符可以取代上面的写法。

```
<a href="javascript:void(f())">文字</a>
```

下面是一个更实际的例子,用户单击链接提交表单,但是不产生页面跳转。

```
<a href="javascript:void(document.form.submit())">
提交
</a>
```

(2) 逗号运算符

逗号运算符用于对两个表达式求值,并返回后一个表达式的值。例如:

```
'a','b'                    // "b"
var x = 0;
var y = (x++,10);
x                          // 1
y                          // 10
```

上面代码中,逗号运算符返回后一个表达式的值。

逗号运算符的一个用途是,在返回一个值之前,进行一些辅助操作。例如:

```
var value = (console.log('Hi!'),true);    // Hi!
value                                      // true
```

上面代码中,先执行逗号之前的操作,然后返回逗号后面的值。

7. 运算符的优先级

JavaScript 中的运算符优先级是一套规则,该规则在计算表达式时控制运算符执行的顺序。具有较高优先级的运算符先于较低优先级的运算符执行。例如,乘法的执行先于加法。

表 5-2 按从最高到最低的优先级列出 JavaScript 运算符,具有相同优先级的运算符按从左至右的顺序求值。

表 5-2 运算符优先级

级别	运算符	描述
1	. ,[],()	字段访问、数组下标、函数调用及表达式分组
2	++,--,~,!,delete,new,typeof,void	一元运算符、删除对象属性、对象创建、返回数据类型、未定义值
3	*,/,%	乘法、除法、取模
4	+,-,+	加法、减法、字符串连接
5	<<,>>,>>>	移位
6	<,<=,>,>=,instanceof	小于、小于等于、大于、大于等于、instanceof
7	==,!=,===,!==	等于、不等于、严格相等、非严格相等
8	&	按位与
9	^	按位异或
10	|	按位或
11	&&	逻辑与
12	||	逻辑或
13	?:	条件
14	=,+=,-=,*=,/=,%=,**=	赋值、运算赋值
15	,	多重求值

小括号可用来改变运算符优先级所决定的求值顺序。这意味着小括号中的表达式应在其用于表达式的其余部分之前全部被求值。例如：

z = 78 * (96+3+45)

在该表达式中有 5 个运算符：=，*，()，+ 及另一个 +。根据运算符优先级的规则，它们将按下面的顺序求值：()，+，+，*，=。

首先对小括号内的表达式求值。小括号中有两个加法运算符。因为两个加法运算符具有相同的优先级，从左到右求值。先将 96 和 3 相加，然后将其和与 45 相加，得到的结果为 144。

然后是乘法运算。78 乘以 144，得到结果为 11 232。

最后是赋值运算。将 11 232 赋给 z。

5.8 JavaScript 原生对象

5.8.1 概述

JavaScript 对象分为两种：原生（内置）对象和自定义对象。

JavaScript 原生对象有 15 种，如图 5-3 所示。原生对象分为两类：原始类型（primitive type）和对象类型（object type）。原始类型又分为两类：空值、包装对象；对象类型也可以分为两类：构造器对象、单体内置对象。

1. 空值（2 种）

JavaScript 表示空值的值有两个，分别是 undefined 和 null。逻辑上，undefined 表示原始类型的空值，null 表示对象类型的空值。

2. 包装对象（3 种）

字符串 String、数字 Number、布尔值 Boolean 虽然属于原始类型，但是，由于其包装对象的性质，可以调用属性和方法。

3. 构造器对象（9 种）

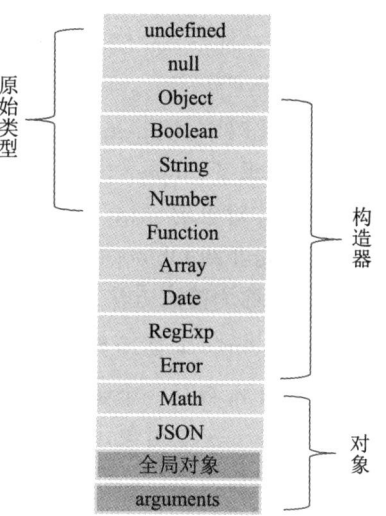

图 5-3　JavaScript 原生对象

普通的对象是命名值的无序集合，但是通过不同的构造器，JavaScript 定义了功能各异的多种对象，包括对象 Object、函数 Function、日期 Date、数组 Array、错误 Error、正则 RegExp。

注意：如果显式地使用 new 构造器函数来定义包装对象，那么字符串 String、数字 Number、布尔值 Boolean 也属于构造器对象。

4. 单体内置对象（4 种）

单体内置对象包括 Math、JSON、全局对象和 arguments 4 种。它们不需声明或者使用构造器构造，直接在相应场景使用即可。

5.8.2 Object

1. 概述

JavaScript 的所有其他对象都继承自 Object 对象,即那些对象都是 Object 的实例,并继承 Object.prototype 的属性和方法。

Object 对象的原生方法分成两类:Object 本身的方法与 Object 的实例方法。

(1) Object 本身的方法

所谓本身的方法,就是直接定义在 Object 对象的方法。例如:

```
Object.print = function(o){ console.log(o)};
```

上面代码中,print 方法就是直接定义在 Object 对象上。

(2) Object 的实例方法

所谓实例方法,就是定义在 Object 原型对象 Object.prototype 上的方法。它可以被 Object 实例直接使用。例如:

```
Object.prototype.print = function(){
    console.log(this);
};
var obj = new Object();
obj.print();                                // Object
```

上面代码中,Object.prototype 定义了一个 print 方法,然后生成一个 Object 的实例 obj。obj 直接继承了 Object.prototype 的属性和方法,可以直接使用 obj.print 调用 print 方法。也就是说,obj 对象的 print 方法实质上就是调用 Object.prototype.print 方法。

以下先介绍 Object 作为函数的用法,然后再介绍 Object 对象的原生方法,分成对象本身的方法(又称为静态方法)和实例方法两部分。

2. Object() 工具函数

Object 本身是一个函数,可以当作工具方法使用,将任意值转为对象。这个方法常用于保证某个值一定是对象。

如果参数为空(或者为 undefined 和 null),Object() 返回一个空对象。例如:

```
var obj = Object();
```

等同于

```
var obj = Object(undefined);
var obj = Object(null);
obj instanceof Object                        // true
```

上面代码的含义,是将 undefined 和 null 转为对象,结果得到了一个空对象 obj。

instanceof 运算符用来验证一个对象是否为指定的构造函数的实例。obj instanceof Object 返回 true,就表示 obj 对象是 Object 的实例。

如果参数是原始类型的值,Object 方法将其转为对应的包装对象的实例。例如:

```
var obj = Object(1);
obj instanceof Object                    // true
obj instanceof Number                    // true
var obj = Object('foo');
obj instanceof Object                    // true
obj instanceof String                    // true
var obj = Object(true);
obj instanceof Object                    // true
obj instanceof Boolean                   // true
```

上面代码中，Object 函数的参数是各种原始类型的值，转换成对象就是原始类型值对应的包装对象。

如果 Object 方法的参数是一个对象，它总是返回该对象，即不用转换。例如：

```
var arr = [];
var obj = Object(arr);                   // 返回原数组
obj === arr                              // true
```

利用这一点，可以写一个判断变量是否为对象的函数。例如：

```
function isObject(value){
    return value === Object(value);
}
isObject([])                             // true
isObject(true)                           // false
```

3．Object 构造函数

Object 不仅可以当作工具函数使用，还可以当作构造函数使用，即前面可以使用 new 命令。

Object 构造函数的首要用途，是直接通过它来生成新对象。例如：

```
var obj = new Object();
```

注意：通过 var obj = new Object()的写法生成新对象，与字面量的写法 var obj = {}是等价的，或者说，后者只是前者的一种简便写法。

Object 构造函数的用法与工具方法很相似，几乎一模一样。使用时，可以接收一个参数，如果该参数是一个对象，则直接返回这个对象；如果是一个原始类型的值，则返回该值对应的包装对象。例如：

```
var o1 = {a:1};
var o2 = new Object(o1);
o1 === o2                                // true
var obj = new Object(123);
obj instanceof Number                    // true
```

虽然用法相似，但是 Object(value)与 new Object(value)两者的语义是不同的，Object (value)表示将 value 转成一个对象，new Object(value)则表示新生成一个对象，它的值是 value。

4．Object 的静态方法

所谓静态方法，是指部署在 Object 对象自身的方法。

(1) Object.keys()、Object.getOwnPropertyNames()

Object.keys 方法和 Object.getOwnPropertyNames 方法都用来遍历对象的属性。

Object.keys 方法的参数是一个对象，返回一个数组。该数组的成员都是该对象自身的（而不是继承的）所有属性名。例如：

```
var obj = {
  p1:123,
  p2:456
};
Object.keys(obj)                    // ["p1","p2"]
```

Object.getOwnPropertyNames 方法与 Object.keys 类似，也是接收一个对象作为参数，返回一个数组，包含了该对象自身的所有属性名。例如：

```
var obj = {
  p1:123,
  p2:456
};
Object.getOwnPropertyNames(obj)// ["p1","p2"]
```

对于一般的对象来说，Object.keys() 和 Object.getOwnPropertyNames() 返回的结果是一样的。只有涉及不可枚举属性时，才会有不一样的结果。Object.keys 方法只返回可枚举的属性，Object.getOwnPropertyNames 方法还返回不可枚举的属性名。例如：

```
var a = ['Hello','World'];
Object.keys(a)                      // ["0","1"]
Object.getOwnPropertyNames(a)       // ["0","1","length"]
```

上面代码中，数组的 length 属性是不可枚举的属性，所以只出现在 Object.getOwnPropertyNames 方法的返回结果中。

由于 JavaScript 没有提供计算对象属性个数的方法，所以可以用这两个方法代替。

```
var obj = {
  p1:123,
  p2:456
};
Object.keys(obj).length             // 2
Object.getOwnPropertyNames(obj).length  // 2
```

一般情况下，几乎总是使用 Object.keys 方法遍历对象的属性。

(2) 其他方法

除了上面提到的两个方法，Object 还有不少其他静态方法。

① 对象属性模型的相关方法。

● Object.getOwnPropertyDescriptor()：获取某个属性的描述对象。
● Object.defineProperty()：通过描述对象定义某个属性。
● Object.defineProperties()：通过描述对象定义多个属性。

② 控制对象状态的方法。

● Object.preventExtensions()：防止对象扩展。
● Object.isExtensible()：判断对象是否可扩展。

- Object.seal()：禁止对象配置。
- Object.isSealed()：判断一个对象是否可配置。
- Object.freeze()：冻结一个对象。
- Object.isFrozen()：判断一个对象是否被冻结。

③原型链相关方法。
- Object.create()：该方法可以指定原型对象和属性，返回一个新的对象。
- Object.getPrototypeOf()：获取对象的 Prototype 对象。

5. Object 的实例方法

除了静态方法，还有不少方法定义在 Object.prototype 对象。它们称为实例方法，所有 Object 的实例对象都继承了这些方法。

Object 实例对象的方法主要有以下 6 个。
- Object.prototype.valueOf()：返回当前对象对应的值。
- Object.prototype.toString()：返回当前对象对应的字符串形式。
- Object.prototype.toLocaleString()：返回当前对象对应的本地字符串形式。
- Object.prototype.hasOwnProperty()：判断某个属性是否为当前对象自身的属性，还是继承自原型对象的属性。
- Object.prototype.isPrototypeOf()：判断当前对象是否为另一个对象的原型。
- Object.prototype.propertyIsEnumerable()：判断某个属性是否可枚举。

(1) Object.prototype.valueOf()

valueOf 方法的作用是返回一个对象的值，默认情况下返回对象本身。valueOf 方法的主要用途是，JavaScript 自动类型转换时会默认调用这个方法。例如：

```
var obj = new Object();
obj.valueOf() === obj                    // true
```

(2) Object.prototype.toString()

toString 方法的作用是返回一个对象的字符串形式，默认情况下返回类型字符串。例如：

```
var o1 = new Object();
o1.toString()                            // "[object Object]"
var o2 = {a:1};
o2.toString()                            // "[object Object]"
```

上面代码表示，对于一个对象调用 toString 方法，会返回字符串[object Object]，该字符串说明对象的类型。

字符串[object Object]本身没有太大的用处，但是通过自定义 toString 方法，可以让对象在自动类型转换时，得到想要的字符串形式。例如：

```
var obj = new Object();
obj.toString = function(){
  return 'hello';
};
obj+' '+'world'                          // "hello world"
```

上面代码表示,当对象用于字符串加法时,会自动调用 toString 方法。由于自定义了 toString 方法,所以返回字符串 hello world。

数组、字符串、函数、Date 对象都分别部署了自定义的 toString 方法,覆盖了 Object.prototype.toString 方法。例如:

```
[1,2,3].toString()                    // "1,2,3"
'123'.toString()                      // "123"
(function(){
   return 123;
}).toString()
// "function(){
//    return 123;
// }"
(new Date()).toString()               // "Tue May 10 2016 09:11:31 GMT+0800(CST)"
```

上面代码中,数组、字符串、函数、Date 对象调用 toString 方法,并不会返回[object Object],因为它们都自定义了 toString 方法,覆盖原始方法。

(3) Object.prototype.hasOwnProperty()

Object.prototype.hasOwnProperty 方法接收一个字符串作为参数,返回一个布尔值,表示该实例对象自身是否具有该属性。例如:

```
var obj = {
   p:123
};
obj.hasOwnProperty('p')               // true
obj.hasOwnProperty('toString')        // false
```

上面代码中,对象 obj 自身具有 p 属性,所以返回 true。toString 属性是继承的,所以返回 false。

5.8.3 Array 对象

Array(数组)对象用来在单独的变量名中存储一系列的值。

1. 构造函数

Array 是 JavaScript 的原生对象,同时也是一个构造函数,可以用它生成新的数组。例如:

```
var arr = new Array(2);
arr.length                            // 2
arr                                   // [empty x 2]
```

上面代码中,Array 构造函数的参数 2,表示生成一个两个成员的数组,每个位置都是空值。

如果没有使用 new,运行结果也是一样的,即

```
var arr = new Array(2);
```

等同于

```
var arr = Array(2);
```

Array 构造函数有一个很大的缺陷,就是不同的参数,会导致它的行为不一致。例如:

```
//无参数时,返回一个空数组
new Array()                    // []
//单个正整数参数,表示返回的新数组的长度
new Array(1)                   // [empty]
new Array(2)                   // [empty x 2]
//单个非数值(如字符串、布尔值、对象等)作为参数,
//则该参数是返回的新数组的成员
new Array('abc')               // ['abc']
new Array([1])                 // [Array[1]]
//多参数时,所有参数都是返回的新数组的成员
new Array(1,2)                 // [1,2]
new Array('a','b','c')         // ['a','b','c']
```

可以看到,Array 作为构造函数,行为很不一致。因此,不建议使用它生成新数组,直接使用数组字面量是更好的做法。

```
var arr = new Array(1,2);      // 不好的做法
var arr = [1,2];               // 好的做法
```

2. 静态方法

(1) Array.isArray

Array.isArray 方法返回一个布尔值,表示参数是否为数组。它可以弥补 typeof 运算符只能显示数组的类型为 object 的不足。例如:

```
var arr = [1,2,3];
typeof arr                     // "object"
Array.isArray(arr)             // true
```

(2) Array.from()

Array.from()方法就是将一个类数组对象或者可遍历对象转换成一个真正的数组。例如,下面的函数是将类数组对象 arguments 转换成一个数组,然后使用数组的 reduce 方法求和。

```
function sumArguments() {
    return Array.from(arguments).reduce((sum, num) => sum + num);
}
sumArguments(1, 2, 3);         // 6
```

3. 实例方法

(1) valueOf() 和 toString()

valueOf 方法是一个所有对象都拥有的方法,表示对该对象求值。不同对象的 valueOf 方法不尽一致,数组的 valueOf 方法返回数组本身。例如:

```
var arr = [1,2,3];
arr.valueOf()                  // [1,2,3]
```

toString 方法也是对象的通用方法,数组的 toString 方法返回数组的字符串形式。例如:

```
var arr = [1,2,3];
arr.toString()                    // "1,2,3"
var arr = [1,2,3,[4,5,6]];
arr.toString()                    // "1,2,3,4,5,6"
```

(2) push()和 pop()

push 方法用于在数组的末端添加一个或多个元素,并返回添加新元素后的数组长度。

注意:该方法会改变原数组。

例如:

```
var arr = [];
arr.push(1)                       // 1
arr.push('a')                     // 2
arr.push(true,{})                 // 4
arr                               // [1,'a',true,{}]
```

上面代码使用 push 方法,往数组中添加了 4 个成员。

pop 方法用于删除数组的最后一个元素,并返回该元素。同样,该方法会改变原数组。

例如:

```
var arr = ['a','b','c'];
arr.pop()                         // 'c'
arr                               // ['a','b']
```

对空数组使用 pop 方法不会报错,而是返回 undefined。例如:

```
[].pop()                          // undefined
```

push 和 pop 结合使用,就构成了"后进先出"的栈结构(stack)。例如:

```
var arr = [];
arr.push(1,2);
arr.push(3);
arr.pop();
arr                               // [1,2]
```

上面代码中,3 是最后进入数组的,但是最早离开数组。

(3) shift()和 unshift()

shift 方法用于删除数组的第一个元素,并返回该元素。该方法也会改变原数组。例如:

```
var a = ['a','b','c'];
a.shift()                         // 'a'
a                                 // ['b','c']
```

上面代码中,使用 shift 方法以后,原数组就变了。

push 和 shift 结合使用,可以构成"先进先出"的队列(queue)结构。

unshift 方法用于在数组的第一个位置添加元素,并返回添加新元素后的数组长度。该方法会改变原数组。例如:

```
var a = ['a','b','c'];
a.unshift('x');                        // 4
a                                      // ['x','a','b','c']
```

unshift 方法可以接收多个参数,这些参数都会添加到目标数组头部。例如:

```
var arr = ['c','d'];
arr.unshift('a','b');                  // 4
arr                                    // ['a','b','c','d']
```

(4) join()

join 方法以指定参数作为分隔符,将所有数组成员连接为一个字符串返回。如果不提供参数,默认用逗号分隔。例如:

```
var a = [1,2,3,4];
a.join(' ')                            // '1 2 3 4'
a.join(' | ')                          // "1 | 2 | 3 | 4"
a.join()                               // "1,2,3,4"
```

如果数组成员是 undefined 或 null 或空位,会被转成空字符串。例如:

```
[undefined,null].join('#')             // '#'
['a',,'b'].join('-')                   // 'a-b'
```

通过 call 方法,这个方法也可以用于字符串或类似数组的对象。例如:

```
Array.prototype.join.call('hello','-') // "h-e-l-l-o"
var obj = { 0:'a',1:'b',length:2 };
Array.prototype.join.call(obj,'-')     // 'a-b'
```

(5) concat()

concat 方法用于多个数组的合并。它将新数组的成员添加到原数组成员的后部,然后返回一个新数组,原数组不变。例如:

```
['hello'].concat(['world'])            // ["hello","world"]
['hello'].concat(['world'],['!'])      // ["hello","world","!"]
[].concat({a:1},{b:2})                 // [{ a:1 },{ b:2 }]
[2].concat({a:1})                      // [2,{a:1}]
```

除了数组作为参数,concat 也接收其他类型的值作为参数,添加到目标数组尾部。例如:

```
[1,2,3].concat(4,5,6)                  // [1,2,3,4,5,6]
```

如果数组成员包括对象,concat 方法返回当前数组的一个浅拷贝。所谓浅拷贝,指的是新数组拷贝的是对象的引用。例如:

```
var obj = { a:1 };
var oldArray = [obj];
var newArray = oldArray.concat();
obj.a = 2;
newArray[0].a                          // 2
```

上面代码中,原数组包含一个对象,concat 方法生成的新数组包含这个对象的引用。所以,改变原对象以后,新数组跟着改变。

(6) reverse()

reverse 方法用于颠倒排列数组元素,返回改变后的数组。该方法将改变原数组。例如:

```
var a = ['a','b','c'];
a.reverse()              // ["c","b","a"]
a                        // ["c","b","a"]
```

(7) slice()

slice 方法用于提取目标数组的一部分,返回一个新数组,原数组不变。例如:

```
arr.slice(start,end);
```

它的第一个参数为起始位置(从 0 开始),第二个参数为终止位置(但该位置的元素本身不包括在内)。如果省略第二个参数,则一直返回到原数组的最后一个成员。例如:

```
var a = ['a','b','c'];
a.slice(0)               // ["a","b","c"]
a.slice(1)               // ["b","c"]
a.slice(1,2)             // ["b"]
a.slice(2,6)             // ["c"]
a.slice()                // ["a","b","c"]
```

上面代码中,最后一个例子 slice 没有参数,实际上等于返回一个原数组的拷贝。

如果 slice 方法的参数是负数,则表示倒数计算的位置。例如:

```
var a = ['a','b','c'];
a.slice(-2)              // ["b","c"]
a.slice(-2,-1)           // ["b"]
```

上面代码中,-2 表示倒数计算的第二个位置,-1 表示倒数计算的第一个位置。

如果第一个参数大于等于数组长度,或者第二个参数小于第一个参数,则返回空数组。例如:

```
var a = ['a','b','c'];
a.slice(4)               // []
a.slice(2,1)             // []
```

slice 方法的一个重要应用,是将类似数组的对象转为真正的数组。例如:

```
Array.prototype.slice.call({ 0:'a',1:'b',length:2 })    // ['a','b']
Array.prototype.slice.call(document.querySelectorAll("div"));
Array.prototype.slice.call(arguments);
```

上面代码的参数都不是数组,但是通过 call 方法,在它们上面调用 slice 方法,就可以把它们转为真正的数组。

(8) splice()

splice 方法用于删除原数组的一部分成员,并可以在删除的位置添加新的数组成员,返回值是被删除的元素。该方法会改变原数组。例如:

```
arr.splice(start,count,addElement1,addElement2,…);
```

splice 的第一个参数是删除的起始位置(从 0 开始),第二个参数是被删除的元素个数。如果后面还有更多的参数,则表示这些就是要被插入数组的新元素。例如:

```
var a = ['a','b','c','d','e','f'];
a.splice(4,2)                        // ["e","f"]
a                                    // ["a","b","c","d"]
```

上面代码从原数组 4 号位置,删除了两个数组成员。再如:

```
var a = ['a','b','c','d','e','f'];
a.splice(4,2,1,2)                    // ["e","f"]
a                                    // ["a","b","c","d",1,2]
```

上面代码除了删除成员,还插入了两个新成员。

起始位置如果是负数,就表示从倒数位置开始删除。例如:

```
var a = ['a','b','c','d','e','f'];
a.splice(-4,2)                       // ["c","d"]
```

上面代码表示,从倒数第四个位置 c 开始删除两个成员。

如果只是单纯地插入元素,splice 方法的第二个参数可以设为 0。例如:

```
var a = [1,1,1];
a.splice(1,0,2)                      // []
a                                    // [1,2,1,1]
```

如果只提供第一个参数,等同于将原数组在指定位置拆分成两个数组。例如:

```
var a = [1,2,3,4];
a.splice(2)                          // [3,4]
a                                    // [1,2]
```

(9) sort()

sort 方法对数组成员进行排序,默认是按照字典顺序排序。排序后,原数组将被改变。例如:

```
['d','c','b','a'].sort()             // ['a','b','c','d']
[4,3,2,1].sort()                     // [1,2,3,4]
[11,101].sort()                      // [101,11]
[10111,1101,111].sort()              // [10111,1101,111]
```

上面代码的最后两个例子,需要特别注意。sort 方法不是按照大小排序,而是按照字典顺序。也就是说,数值会被先转成字符串,再按照字典顺序进行比较,所以 101 排在 11 的前面。

如果想让 sort 方法按照自定义方式排序,可以传入一个函数作为参数。例如:

```
[10111,1101,111].sort(function(a,b){
  return a - b;
})                                   // [111,1101,10111]
```

上面代码中,sort 的参数函数本身接收两个参数,表示进行比较的两个数组成员。如果该函数的返回值大于 0,表示第一个成员排在第二个成员后面;其他情况下,都是第一个元素排在第二个元素前面。例如:

```
[
  { name:"张三",age:30 },
  { name:"李四",age:24 },
  { name:"王五",age:28 }
].sort(function(o1,o2){
  return o1.age - o2.age;
})
// [
//   { name:"李四",age:24 },
//   { name:"王五",age:28 },
//   { name:"张三",age:30 }
// ]
```

(10) map()

map 方法将数组的所有成员依次传入参数函数,然后把每一次的执行结果组成一个新数组返回。例如:

```
var numbers = [1,2,3];
numbers.map(function(n){
  return n+1;
});                                    // [2,3,4]
numbers                                // [1,2,3]
```

上面代码中,numbers 数组的所有成员依次执行参数函数,运行结果组成一个新数组返回,原数组没有变化。

map 方法接收一个函数作为参数。该函数调用时,map 方法向它传入三个参数:当前成员、当前位置和数组本身。例如:

```
[1,2,3].map(function(elem,index,arr){
  return elem * index;
});                                    // [0,2,6]
```

上面代码中,map 方法的回调函数有三个参数,elem 为当前成员的值,index 为当前成员的位置,arr 为原数组([1,2,3])。

map 方法还可以接收第二个参数,用来绑定回调函数内部的 this 变量。例如:

```
var arr = ['a','b','c'];
[1,2].map(function(e){
  return this[e];
},arr);                                // ['b','c']
```

上面代码通过 map 方法的第二个参数,将回调函数内部的 this 对象指向 arr 数组。

如果数组有空位,map 方法的回调函数在这个位置不会执行,会跳过数组的空位。例如:

```
var f = function(n){ return 'a' };
[1,undefined,2].map(f)                 // ["a","a","a"]
[1,null,2].map(f)                      // ["a","a","a"]
[1,,2].map(f)                          // ["a",,"a"]
```

上面代码中,map 方法不会跳过 undefined 和 null,但是会跳过空位。

(11) forEach()

forEach 方法与 map 方法很相似,也是对数组的所有成员依次执行参数函数。但是,forEach 方法不返回值,只用来操作数据。这就是说,如果数组遍历的目的是为了得到返回值,那么使用 map 方法,否则使用 forEach 方法。

forEach 的用法与 map 方法一致,参数是一个函数,该函数同样接收三个参数:当前值、当前位置、整个数组。例如:

```javascript
function log(element, index, array){
  console.log('[' + index + '] = ' + element);
}
[2,5,9].forEach(log);
// [0] = 2
// [1] = 5
// [2] = 9
```

上面代码中,forEach 遍历数组不是为了得到返回值,而是为了在屏幕输出内容,所以不必使用 map 方法。

forEach 方法也可以接收第二个参数,绑定参数函数的 this 变量。例如:

```javascript
var out = [];
[1,2,3].forEach(function(elem){
  this.push(elem * elem);
}, out);
out                                    // [1,4,9]
```

上面代码中,空数组 out 是 forEach 方法的第二个参数,结果,回调函数内部的 this 关键字就指向 out。

forEach 方法无法中断执行,总是会将所有成员遍历完。如果希望符合某种条件时,就中断遍历,要使用 for 循环。例如:

```javascript
var arr = [1,2,3];
for(var i = 0; i < arr.length; i++){
  if(arr[i] === 2) break;
  console.log(arr[i]);
}                                      // 1
```

上面代码中,执行到数组的第二个成员时,就会中断执行。forEach 方法做不到这一点。

(12) filter()

filter 方法用于过滤数组成员,满足条件的成员组成一个新数组返回。

它的参数是一个函数,所有数组成员依次执行该函数,结果为 true 的成员组成一个新数组返回。该方法不会改变原数组。例如:

```javascript
[1,2,3,4,5].filter(function(elem){
  return(elem > 3);
})                                     // [4,5]
```

上面代码将大于 3 的数组成员,作为一个新数组返回。再如:

```
var arr = [0,1,'a',false];
arr.filter(Boolean)                        // [1,"a"]
```

上面代码中,filter 方法返回数组 arr 里面所有布尔值为 true 的成员。

filter 方法的参数函数可以接收三个参数:当前成员、当前位置和整个数组。例如:

```
[1,2,3,4,5].filter(function(elem,index,arr){
  return index % 2 === 0;
});                                        // [1,3,5]
```

上面代码返回偶数位置的成员组成的新数组。

filter 方法还可以接收第二个参数,用来绑定参数函数内部的 this 变量。例如:

```
var obj = { MAX:3 };
var myFilter = function(item){
  if(item > this.MAX) return true;
};
var arr = [2,8,3,4,1,3,2,9];
arr.filter(myFilter,obj)                   // [8,4,9]
```

上面代码中,过滤器 myFilter 内部有 this 变量,它可以被 filter 方法的第二个参数 obj 绑定,返回大于 3 的成员。

(13) some()和 every()

这两个方法类似"断言"(assert),返回一个布尔值,表示判断数组成员是否符合某种条件。

它们接收一个函数作为参数,所有数组成员依次执行该函数。该函数接收三个参数:当前成员、当前位置和整个数组,然后返回一个布尔值。

some 方法是只要一个成员的返回值是 true,则整个 some 方法的返回值就是 true,否则返回 false。例如:

```
var arr = [1,2,3,4,5];
arr.some(function(elem,index,arr){
  return elem >= 3;
});                                        // true
```

上面代码中,如果数组 arr 有一个成员大于等于 3,some 方法就返回 true。

every 方法是所有成员的返回值都是 true,整个 every 方法才返回 true,否则返回 false。例如:

```
var arr = [1,2,3,4,5];
arr.every(function(elem,index,arr){
  return elem >= 3;
});                                        // false
```

上面代码中,数组 arr 并非所有成员大于等于 3,所以返回 false。

对于空数组,some 方法返回 false,every 方法返回 true,回调函数都不会执行。

```
function isEven(x){ return x % 2 === 0 }
[].some(isEven)                            // false
[].every(isEven)                           // true
```

some 和 every 方法还可以接收第二个参数,用来绑定参数函数内部的 this 变量。

(14) reduce() 和 reduceRight()

reduce 方法和 reduceRight 方法依次处理数组的每个成员,最终累计为一个值。它们的差别是,reduce 是从左到右处理(从第一个成员到最后一个成员),reduceRight 则是从右到左处理(从最后一个成员到第一个成员),其他完全一样。例如:

```
[1,2,3,4,5].reduce(function(a,b){
    console.log(a,b);
    return a+b;
})
// 1 2
// 3 3
// 6 4
// 10 5
//最后结果:15
```

上面代码中,reduce 方法求出数组所有成员的和。第一次执行,a 是数组的第一个成员 1,b 是数组的第二个成员 2。第二次执行,a 为上一轮的返回值 3,b 为第三个成员 3。第三次执行,a 为上一轮的返回值 6,b 为第四个成员 4。第四次执行,a 为上一轮返回值 10,b 为第五个成员 5。至此所有成员遍历完成,整个方法的返回值就是最后一轮的返回值 15。

reduce 方法和 reduceRight 方法的第一个参数都是一个函数,该函数接收以下四个参数。

① 累积变量,默认为数组的第一个成员。
② 当前变量,默认为数组的第二个成员。
③ 当前位置(从 0 开始)。
④ 原数组。

这 4 个参数之中,只有前两个是必需的,后两个则是可选的。

如果要对累积变量指定初值,可以把它放在 reduce 方法和 reduceRight 方法的第二个参数。例如:

```
[1,2,3,4,5].reduce(function(a,b){
    return a+b;
},10);// 25
```

上面代码指定参数 a 的初值为 10,所以数组从 10 开始累加,最终结果为 25。

注意:这时 b 是从数组的第一个成员开始遍历的。

上面的第二个参数相当于设定了默认值,处理空数组时尤其有用。再如:

```
function add(prev,cur){
    return prev+cur;
}
[].reduce(add)           // TypeError:Reduce of empty array with no initial value
[].reduce(add,1)         // 1
```

上面代码中,由于空数组取不到初始值,reduce 方法会报错。这时,加上第二个参数,就能保证总是会返回一个值。

下面是一个 reduceRight 方法的例子。

```
function subtract(prev,cur){
  return prev - cur;
}
[3,2,1].reduce(subtract)              // 0
[3,2,1].reduceRight(subtract)         // -4
```

上面代码中,reduce 方法相当于 3 减去 2 再减去 1,reduceRight 方法相当于 1 减去 2 再减去 3。

由于这两个方法会遍历数组,所以实际上还可以用来做一些遍历相关的操作。例如,找出字符长度最长的数组成员。例如:

```
function findLongest(entries){
  return entries.reduce(function(longest,entry){
    return entry.length > longest.length ? entry:longest;
  },'');
}
findLongest(['aaa','bb','c'])         // "aaa"
```

上面代码中,reduce 的参数函数会将字符长度较长的那个数组成员作为累积值。这导致遍历所有成员之后,累积值就是字符长度最长的成员。

(15) indexOf() 和 lastIndexOf()

indexOf 方法返回给定元素在数组中第一次出现的位置,使用严格相等运算符(===)进行比较,如果没有出现则返回 -1。例如:

```
var a = ['a','b','c'];
a.indexOf('b')                        // 1
a.indexOf('y')                        // -1
```

indexOf 方法还可以接收第二个参数,表示搜索的开始位置。例如:

```
['a','b','c'].indexOf('a',1)          // -1
```

上面代码从 1 号位置开始搜索字符 a,结果为 -1,表示没有搜索到。

lastIndexOf 方法返回给定元素在数组中最后一次出现的位置,如果没有出现则返回 -1。例如:

```
var a = [2,5,9,2];
a.lastIndexOf(2)                      // 3
a.lastIndexOf(7)                      // -1
```

这是因为这两个方法内部,使用严格相等运算符(===)进行比较,而 NaN 是唯一一个不等于自身的值。

4. 链式使用

上面这些数组方法之中,有不少返回的还是数组,所以可以链式使用。例如:

```
var users = [
  {name:'tom',email:'tom@example.com'},
  {name:'peter',email:'peter@example.com'}
];
```

```
users.map(function(user){
  return user.email;
}).filter(function(email){
  return /^t/.test(email);
}).forEach(function(email){
  console.log(email);
});                                    // "tom@example.com"
```

上面代码中,先产生一个所有 E-mail 地址组成的数组,然后再过滤出以 t 开头的 E-mail 地址,最后将它打印出来。

5.8.4 Boolean 对象

1. 概述

Boolean 对象是 JavaScript 的三个包装对象之一。作为构造函数,它主要用于生成布尔值的包装对象实例。例如:

```
var b = new Boolean(true);
typeof b                    // "object"
b.valueOf()                 // true
```

上面代码的变量 b 是一个 Boolean 对象的实例,它的类型是对象,值为布尔值 true。

false 对应的包装对象实例,布尔运算结果也是 true。例如:

```
if(new Boolean(false)){
  console.log('true');
}                           // true
if(new Boolean(false).valueOf()){
  console.log('true');
}                           // 无输出
```

上面代码的第一个例子之所以得到 true,是因为 false 对应的包装对象实例是一个对象,进行逻辑运算时,被自动转化成布尔值 true(因为所有对象对应的布尔值都是 true)。而实例的 valueOf 方法,则返回实例对应的原始值,本例为 false,所以第 2 个 if 条件不成立。

2. Boolean 函数的类型转换作用

Boolean 对象除了可以作为构造函数,还可以单独使用,将任意值转为布尔值。这时 Boolean 就是一个单纯的工具方法。例如:

```
Boolean(undefined)          // false
Boolean(null)               // false
Boolean(0)                  // false
Boolean('')                 // false
Boolean(NaN)                // false
Boolean(1)                  // true
Boolean('false')            // true
Boolean([])                 // true
Boolean({})                 // true
```

```
Boolean(function(){})                    // true
Boolean(/foo/)                           // true
```

对于一些特殊值，Boolean 对象前面加或不加 new，会得到完全相反的结果。例如：

```
if(Boolean(false)){
    console.log('true');
}                                        // 无输出
if(new Boolean(false)){
    console.log('true');
}                                        // true
if(Boolean(null)){
    console.log('true');
}                                        // 无输出
if(new Boolean(null)){
    console.log('true');
}                                        // true
```

5.8.5　Number 对象

1. 概述

Number 对象是数值对应的包装对象，可以作为构造函数使用，也可以作为工具函数使用。

作为构造函数时，它用于生成值为数值的对象。例如：

```
var n = new Number(1);
typeof n                                 // "object"
```

上面代码中，Number 对象作为构造函数使用，返回一个值为 1 的对象。

作为工具函数时，它可以将任何类型的值转为数值。例如：

```
Number(true)                             // 1
```

上面代码将布尔值 true 转为数值 1。

2. 静态属性

Number 对象拥有以下一些静态属性（直接定义在 Number 对象上的属性，而不是定义在实例上的属性）。

- Number.POSITIVE_INFINITY：正的无限，指向 Infinity。
- Number.NEGATIVE_INFINITY：负的无限，指向-Infinity。
- Number.NaN：表示非数值，指向 NaN。
- Number.MIN_VALUE：表示最小的正数（最接近 0 的正数，在 64 位浮点数体系中为 5e-324)，相应的，最接近 0 的负数为-Number.MIN_VALUE。
- Number.MAX_SAFE_INTEGER：表示能够精确表示的最大整数，即 9 007 199 254 740 991。
- Number.MIN_SAFE_INTEGER：表示能够精确表示的最小整数，即-9 007 199 254 740 991。

3. 实例方法

Number 对象有 4 个实例方法，都跟将数值转换成指定格式有关。

(1) Number.prototype.toString()

Number 对象部署了自己的 toString 方法，用来将一个数值转为字符串形式。例如：

```
(10).toString()                    // "10"
```

toString 方法可以接收一个参数，表示输出的进制。如果省略这个参数，默认将数值先转为十进制，再输出字符串；否则，就根据参数指定的进制，将一个数字转化成某个进制的字符串。例如：

```
(10).toString(2)                   // "1010"
(10).toString(8)                   // "12"
(10).toString(16)                  // "a"
```

上面代码中，10 一定要放在小括号里，这样表明后面的点表示调用对象属性。如果不加小括号，这个点会被 JavaScript 引擎解释成小数点，从而报错。例如：

```
10.toString(2)                     // SyntaxError: Unexpected token ILLEGAL
```

只要能够让 JavaScript 引擎不混淆小数点和对象的点运算符，各种写法都能用。除了为 10 加上小括号，还可以在 10 后面加两个点，JavaScript 会把第一个点理解成小数点(10.0)，把第二个点理解成调用对象属性，从而得到正确结果。例如：

```
10..toString(2)                    // "1010"
10.0.toString(2)                   // "1010"
```

这实际上意味着，可以直接对一个小数使用 toString 方法。例如：

```
10.5.toString()                    // "10.5"
10.5.toString(2)                   // "1010.1"
10.5.toString(8)                   // "12.4"
10.5.toString(16)                  // "a.8"
```

通过方括号运算符也可以调用 toString 方法。例如：

```
10['toString'](2)                  // "1010"
```

toString 方法只能将十进制的数，转为其他进制的字符串。如果要将其他进制的数，转回十进制，需要使用 parseInt 方法。

(2) Number.prototype.toFixed()

toFixed 方法先将一个数转为指定位数的小数，然后返回这个小数对应的字符串。例如：

```
(10).toFixed(2)                    // "10.00"
10.005.toFixed(2)                  // "10.01"
```

上面代码中，10 和 10.005 转成 2 位小数，其中 10 必须放在小括号里，否则后面的点会被处理成小数点。

toFixed 方法的参数为小数位数，有效范围为 0～20，超出这个范围将抛出 RangeError 错误。

(3) Number.prototype.toExponential()

toExponential 方法用于将一个数转为科学计数法形式。例如：

```
(10).toExponential()          // "1e+1"
(10).toExponential(1)         // "1.0e+1"
(10).toExponential(2)         // "1.00e+1"
(1234).toExponential()        // "1.234e+3"
(1234).toExponential(1)       // "1.2e+3"
(1234).toExponential(2)       // "1.23e+3"
```

toExponential 方法的参数是小数点后有效数字的位数，范围为 0～20，超出这个范围，会抛出一个 RangeError 错误。

(4) Number.prototype.toPrecision()

toPrecision 方法用于将一个数转为指定位数的有效数字。例如：

```
(12.34).toPrecision(1)        // "1e+1"
(12.34).toPrecision(2)        // "12"
(12.34).toPrecision(3)        // "12.3"
(12.34).toPrecision(4)        // "12.34"
(12.34).toPrecision(5)        // "12.340"
```

toPrecision 方法的参数为有效数字的位数，范围是 1～21，超出这个范围会抛出 RangeError 错误。

toPrecision 方法用于四舍五入时不太可靠，跟浮点数不是精确存储有关。例如：

```
(12.35).toPrecision(3)        // "12.3"
(12.25).toPrecision(3)        // "12.3"
(12.15).toPrecision(3)        // "12.2"
(12.45).toPrecision(3)        // "12.4"
```

4. 自定义方法

与其他对象一样，Number.prototype 对象上面可以自定义方法，被 Number 的实例继承。例如：

```
Number.prototype.add = function(x){
    return this + x;
};
8['add'](2)                   // 10
```

上面代码为 Number 对象实例定义了一个 add 方法。在数值上调用某个方法，数值会自动转为 Number 的实例对象，所以就可以调用 add 方法了。由于 add 方法返回的还是数值，所以可以链式运算。例如：

```
Number.prototype.subtract = function(x){
    return this - x;
};
(8).add(2).subtract(4)        // 6
```

上面代码在 Number 对象的实例上部署了 subtract 方法，它可以与 add 方法链式调用。

还可以部署更复杂的方法。例如：

```javascript
Number.prototype.iterate = function(){
  var result = [];
  for(var i = 0;i <= this;i++){
    result.push(i);
  }
  return result;
};
(8).iterate()                              // [0,1,2,3,4,5,6,7,8]
```

上面代码在 Number 对象的原型上部署了 iterate 方法,将一个数值自动遍历为一个数组。

5.8.6 String 对象

1. 概述

String 对象是 JavaScript 原生提供的三个包装对象之一,用来生成字符串对象。例如:

```javascript
var s1 = 'abc';
var s2 = new String('abc');
typeof s1                    // "string"
typeof s2                    // "object"
s2.valueOf()                 // "abc"
```

上面代码中,变量 s1 是字符串,s2 是对象。由于 s2 是字符串对象,s2.valueOf 方法返回的就是它所对应的原始字符串。

字符串对象是一个类似数组的对象(很像数组,但不是数组)。

```javascript
new String('abc')            // String {0:"a",1:"b",2:"c",length:3}
(new String('abc'))[1]       // "b"
```

上面代码中,字符串 abc 对应的字符串对象,有数值键(0、1、2)和 length 属性,所以可以像数组那样取值。

除了用作构造函数,String 对象还可以当作工具方法使用,将任意类型的值转为字符串。例如:

```javascript
String(true)                 // "true"
String(5)                    // "5"
```

上面代码将布尔值 true 和数值 5,分别转换为字符串。

2. 静态方法 String.fromCharCode()

String 对象提供的静态方法(定义在对象本身,而不是定义在对象实例的方法),主要是 String.fromCharCode()。该方法的参数是一个或多个数值,代表 Unicode 码点,返回值是这些码点组成的字符串。例如:

```javascript
String.fromCharCode()                          // ""
String.fromCharCode(97)                        // "a"
String.fromCharCode(104,101,108,108,111)       // "hello"
```

上面代码中,String.fromCharCode 方法的参数为空,就返回空字符串,否则返回参数对应的 Unicode 字符串。

该方法不支持 Unicode 码点大于 0xFFFF 的字符，即传入的参数不能大于 0xFFFF（十进制的 65 535）。例如：

```
String.fromCharCode(0x20BB7)                            // "ஷ"
String.fromCharCode(0x20BB7) === String.fromCharCode(0x0BB7)   // true
```

上面代码中，String.fromCharCode 参数 0x20BB7 大于 0xFFFF，导致返回结果出错。0x20BB7 对应的字符是汉字吉，但是返回结果却是另一个字符（码点 0x0BB7）。这是因为 String.fromCharCode 发现参数值大于 0xFFFF，就会忽略多出的位（忽略 0x20BB7 里面的 2）。

这种现象的根本原因在于，码点大于 0xFFFF 的字符占用四个字节，而 JavaScript 默认支持两个字节的字符。这种情况下，必须把 0x20BB7 拆成两个字符表示。例如：

```
String.fromCharCode(0xD842,0xDFB7)                      // "吉"
```

上面代码中，0x20BB7 拆成两个字符 0xD842 和 0xDFB7（两个两字节字符，合成一个四字节字符），就能得到正确的结果。码点大于 0xFFFF 的字符的四字节表示法，由 UTF-16 编码方法决定。

3. 实例属性：String.prototype.length

字符串实例的 length 属性返回字符串的长度。例如：

```
'abc'.length                                            // 3
```

4. 实例方法

(1) String.prototype.charAt()

charAt 方法返回指定位置的字符，参数是从 0 开始编号的位置。例如：

```
var s = new String('abc');
s.charAt(1)                                             // "b"
s.charAt(s.length-1)                                    // "c"
```

这个方法完全可以用数组下标替代。例如：

```
'abc'.charAt(1)                                         // "b"
'abc'[1]                                                // "b"
```

(2) String.prototype.charCodeAt()

charCodeAt 方法返回字符串指定位置的 Unicode 码点（十进制表示），相当于 String.fromCharCode() 的逆操作。例如：

```
'abc'.charCodeAt(1)                                     // 98
```

上面代码中，abc 的 1 号位置的字符是 b，它的 Unicode 码点是 98。

如果没有任何参数，charCodeAt 返回首字符的 Unicode 码点。例如：

```
'abc'.charCodeAt()                                      // 97
```

如果参数为负数，或大于等于字符串的长度，charCodeAt 返回 NaN。例如：

```
'abc'.charCodeAt(-1)                // NaN
'abc'.charCodeAt(4)                 // NaN
```

注意：charCodeAt 方法返回的 Unicode 码点不会大于 65 536(0xFFFF)，也就是说，只返回两个字节的字符的码点。如果遇到码点大于 65 536 的字符（四个字节的字符），必须连续使用两次 charCodeAt，不仅读入 charCodeAt(i)，还要读入 charCodeAt(i+1)，将两个值放在一起，才能得到准确的字符。

(3) String.prototype.concat()

concat 方法用于连接两个字符串，返回一个新字符串，不改变原字符串。例如：

```
var s1 = 'abc';
var s2 = 'def';
s1.concat(s2)                       // "abcdef"
s1                                  // "abc"
```

该方法可以接收多个参数。例如：

```
'a'.concat('b','c')                 // "abc"
```

如果参数不是字符串，concat 方法会将其先转为字符串，然后再连接。例如：

```
var one = 1;
var two = 2;
var three = '3';
''.concat(one,two,three)            // "123"
one+two+three                       // "33"
```

上面代码中，concat 方法将参数先转成字符串再连接，所以返回的是一个三个字符的字符串。作为对比，加号运算符在两个运算子都是数值时，不会转换类型，所以返回的是一个两个字符的字符串。

(4) String.prototype.slice()

slice 方法用于从原字符串取出子字符串并返回，不改变原字符串。它的第一个参数是子字符串的开始位置，第二个参数是子字符串的结束位置（不含该位置）。例如：

```
'JavaScript'.slice(0,4)             // "Java"
```

如果省略第二个参数，则表示子字符串一直到原字符串结束。例如：

```
'JavaScript'.slice(4)               // "Script"
```

如果参数是负值，表示从结尾开始倒数计算的位置，即该负值加上字符串长度。例如：

```
'JavaScript'.slice(-6)              // "Script"
'JavaScript'.slice(0,-6)            // "Java"
'JavaScript'.slice(-2,-1)           // "p"
```

如果第一个参数大于第二个参数，slice 方法返回一个空字符串。

(5) String.prototype.substring()

substring 方法用于从原字符串取出子字符串并返回，不改变原字符串，跟 slice 方法很相像。它的第一个参数表示子字符串的开始位置，第二个位置表示结束位置（返回结果不含该位置）。例如：

```javascript
'JavaScript'.substring(0,4)            // "Java"
```

如果省略第二个参数,则表示子字符串一直到原字符串的结束。例如:

```javascript
'JavaScript'.substring(4)              // "Script"
```

如果第一个参数大于第二个参数,substring 方法会自动更换两个参数的位置。例如:

```javascript
'JavaScript'.substring(10,4)           // "Script"
```

等同于

```javascript
'JavaScript'.substring(4,10)           // "Script"
```

上面代码中,调换 substring 方法的两个参数,都得到同样的结果。

如果参数是负数,substring 方法会自动将负数转为 0。例如:

```javascript
'JavaScript'.substring(-3)             // "JavaScript"
'JavaScript'.substring(4,-3)           // "Java"
```

上面代码中,第二个例子的参数-3 会自动变成 0,等同于'JavaScript'.substring(4,0)。由于第二个参数小于第一个参数,会自动互换位置,所以返回 Java。

由于这些规则违反直觉,因此不建议使用 substring 方法,应该优先使用 slice。

(6) String.prototype.substr()

substr 方法用于从原字符串取出子字符串并返回,不改变原字符串,跟 slice 和 substring 方法的作用相同。

substr 方法的第一个参数是子字符串的开始位置(从 0 开始计算),第二个参数是子字符串的长度。例如:

```javascript
'JavaScript'.substr(4,6)               // "Script"
```

如果省略第二个参数,则表示子字符串一直到原字符串的结束。例如:

```javascript
'JavaScript'.substr(4)                 // "Script"
```

如果第一个参数是负数,表示倒数计算的字符位置。如果第二个参数是负数,将被自动转为 0,因此会返回空字符串。例如:

```javascript
'JavaScript'.substr(-6)                // "Script"
'JavaScript'.substr(4,-1)              // ""
```

上面代码中,第二个例子的参数-1 自动转为 0,表示子字符串长度为 0,所以返回空字符串。

(7) String.prototype.indexOf() 和 String.prototype.lastIndexOf()

indexOf 方法用于确定一个字符串在另一个字符串中第一次出现的位置,返回结果是匹配开始的位置。如果返回-1,就表示不匹配。例如:

```javascript
'hello world'.indexOf('o')             // 4
'JavaScript'.indexOf('script')         // -1
```

indexOf 方法还可以接收第二个参数,表示从该位置开始向后匹配。例如:

```javascript
'hello world'.indexOf('o',6)           // 7
```

lastIndexOf 方法的用法跟 indexOf 方法一致，主要的区别是 lastIndexOf 从尾部开始匹配，indexOf 则是从头部开始匹配。例如：

```
'hello world'.lastIndexOf('o')          // 7
```

另外，lastIndexOf 的第二个参数表示从该位置起向前匹配。例如：

```
'hello world'.lastIndexOf('o',6)        // 4
```

（8）String.prototype.trim()

trim 方法用于去除字符串两端的空格，返回一个新字符串，不改变原字符串。例如：

```
'  hello world  '.trim()                // "hello world"
```

该方法去除的不仅是空格，还包括制表符(\t、\v)、换行符(\n)和回车符(\r)。例如：

```
'\r\nabc \t'.trim()                     // 'abc'
```

（9）String.prototype.toLowerCase() 和 String.prototype.toUpperCase()

toLowerCase 方法用于将一个字符串全部转为小写，toUpperCase 则是全部转为大写。它们都返回一个新字符串，不改变原字符串。例如：

```
'Hello World'.toLowerCase()             // "hello world"
'Hello World'.toUpperCase()             // "HELLO WORLD"
```

（10）String.prototype.match()

match 方法用于确定原字符串是否匹配某个子字符串，返回一个数组，成员为匹配的第一个字符串。如果没有找到匹配，则返回 null。例如：

```
'cat,bat,sat,fat'.match('at')           // ["at"]
'cat,bat,sat,fat'.match('xt')           // null
```

返回的数组还有 index 属性和 input 属性，分别表示匹配字符串开始的位置和原始字符串。例如：

```
var matches = 'cat,bat,sat,fat'.match('at');
matches.index                           // 1
matches.input                           // "cat,bat,sat,fat"
```

match 方法还可以使用正则表达式作为参数。

（11）String.prototype.search() 和 String.prototype.replace()

search 方法的用法基本等同于 match，但是返回值为匹配的第一个位置。如果没有找到匹配，则返回 -1。例如：

```
'cat,bat,sat,fat'.search('at')          // 1
```

search 方法还可以使用正则表达式作为参数。

replace 方法用于替换匹配的子字符串，一般情况下只替换第一个匹配（除非使用带有 g 修饰符的正则表达式）。例如：

```
'aaa'.replace('a','b')                  // "baa"
```

(12) String.prototype.split()

split 方法按照给定规则分割字符串，返回一个由分割出来的子字符串组成的数组。例如：

```
'a|b|c'.split('|')                    // ["a","b","c"]
```

如果分割规则为空字符串，则返回数组的成员是原字符串的每一个字符。例如：

```
'a|b|c'.split('')                     // ["a","|","b","|","c"]
```

如果满足分割规则的两个部分紧邻着（两个分割符中间没有其他字符），则返回数组之中会有一个空字符串。例如：

```
'a||c'.split('|')                     // ['a','','c']
```

如果满足分割规则的部分处于字符串的开头或结尾（它的前面或后面没有其他字符），则返回数组的第一个或最后一个成员是一个空字符串。例如：

```
'|b|c'.split('|')                     // ["","b","c"]
'a|b|'.split('|')                     // ["a","b",""]
```

split 方法还可以接收第二个参数，限定返回数组的最大成员数。例如：

```
'a|b|c'.split('|',1)                  // ["a"]
'a|b|c'.split('|',4)                  // ["a","b","c"]
```

上面代码中，split 方法的第二个参数，决定了返回数组的成员数。

split 方法还可以使用正则表达式作为参数。

(13) String.prototype.localeCompare()

localeCompare 方法用于比较两个字符串。它返回一个整数，如果小于 0，表示第一个字符串小于第二个字符串；如果等于 0，表示两者相等；如果大于 0，表示第一个字符串大于第二个字符串。例如：

```
'apple'.localeCompare('banana')       // -1
'apple'.localeCompare('apple')        // 0
```

该方法的最大特点，就是会考虑自然语言的顺序。举例来说，正常情况下，大写字母小于小写字母。例如：

```
'B' > 'a'                             // false
```

上面代码中，字母 B 小于字母 a。因为 JavaScript 采用的是 Unicode 码点比较，B 的码点是 66，而 a 的码点是 97。

但是，localeCompare 方法会考虑自然语言的排序情况，将 B 排在 a 的前面。例如：

```
'B'.localeCompare('a')                // 1
```

上面代码中，localeCompare 方法返回整数 1，表示 B 较大。

localeCompare 还可以有第二个参数，指定所使用的语言（默认是英语），然后根据该语言的规则进行比较。例如：

```
'ä'.localeCompare('z','de')           // -1
'ä'.localeCompare('z','sv')           // 1
```

上面代码中,de 表示德语,sv 表示瑞典语。德语中,ä 小于 z,所以返回-1;瑞典语中,ä 大于 z,所以返回 1。

5.8.7 Math 对象

Math 是 JavaScript 的原生对象,提供各种数学功能。该对象不是构造函数,不能生成实例,所有的属性和方法都必须在 Math 对象上调用。

Math 对象-1

1. 静态属性

Math 对象的静态属性,提供以下一些数学常数,如 Math.PI、Math.E 等,这些属性都是只读的,不能修改。更多常数可扫描二维码。

2. 静态方法

Math 对象-2

Math 对象提供以下一些静态方法,如求绝对值 Math.abs()、求平方根 Math.sqrt()、各类三角函数等。更多静态方法可扫描二维码。

示例如下,更多示例可扫描二维码。

```
Math.abs(-1)              // 1
Math.max(2,-1,5)          // 5
Math.ceil(-3.2)           // -3
Math.round(0.6)           // 1
Math.pow(2,3)             // 8
Math.log(8)/Math.LN2      // 3      //计算以 2 为底的对数
Math.exp(1)               // 2.718281828459045
Math.sin(0)               // 0
```

Math 对象-3

5.8.8 Date 对象

Date 对象是 JavaScript 原生的时间库,它以国际标准时间(UTC)1970 年 1 月 1 日 00:00:00 作为时间的零点,可以表示的时间范围是前后各 1 亿天(单位为 ms)。

1. 普通函数的用法

Date 对象可以作为普通函数直接调用,返回一个代表当前时间的字符串。例如:

```
Date()              // "Tue Oct 20 2020 17:18:40 GMT+0800(中国标准时间)"
```

即使带有参数,Date 作为普通函数使用时,返回的还是当前时间。

```
Date(2020,1,1)      // "Tue Oct 20 2020 17:18:40 GMT+0800(中国标准时间)"
```

2. 构造函数的用法

Date 还可以当作构造函数使用。对它使用 new 命令,会返回一个 Date 对象的实例。如果不加参数,实例代表的就是当前时间。例如:

```
var today = new Date();
```

Date 实例有一个独特的地方,其他对象求值的时候,都是默认调用.valueOf 方法,但是 Date 实例求值的时候,默认调用的是 toString 方法。这导致对 Date 实例求值,返回的是一个字符串,代表该实例对应的时间。例如:

```
var today = new Date();
today                          // "Tue Oct 20 2020 17:20:40 GMT+0800(中国标准时间)"
```

等同于

```
today.toString()               // "Tue Oct 20 2020 17:20:40 GMT+0800(中国标准时间)"
```

上面代码中，today 是 Date 的实例，直接求值等同于调用 toString 方法。

作为构造函数时，Date 对象可以接收多种格式的参数，返回一个该参数对应的时间实例。例如：

```
//参数为时间零点开始计算的毫秒数
new Date(1555010028000)        // Fri Apr 12 2019 03:13:48 GMT+0800(中国标准时间)
new Date(-639112000000)        // Sat Oct 01 1949 04:53:20 GMT+0800(中国标准时间)
//参数为日期字符串
new Date('April 6,2019');      // Sat Apr 06 2019 00:00:00 GMT+0800(中国标准时间)
//参数为多个整数,代表年、月、日、小时、分钟、秒、毫秒
new Date(2020,9,1,0,0,0,0)     // Thu Oct 01 2020 00:00:00 GMT+0800(中国标准时间)
```

只要是能被 Date.parse 方法解析的字符串，都可以当作参数，下面的各个用法返回的都是同一个时间。

```
new Date('2019-4-15')          // Mon Apr 15 2019 00:00:00 GMT+0800(中国标准时间)
new Date('2019/4/15')
new Date('04/15/2019')
new Date('2019-APR-15')
new Date('APR,15,2019')
new Date('APR 15,2019')
new Date('April,15,2019')
new Date('April 15,2019')
new Date('15 Apr 2019')
new Date('15,April,2019')
```

参数为年、月、日等多个整数时，年和月是不能省略的，其他参数都可以省略的。也就是说，这时至少需要两个参数，因为如果只使用"年"这一个参数，Date 会将其解释为毫秒数。例如：

```
new Date(2019)                 // Thu Jan 01 1970 08:00:02 GMT+0800(中国标准时间)
```

上面代码中，2019 被解释为毫秒数，而不是年份。再如：

```
new Date(2019,0)               // Tue Jan 01 2019 00:00:00 GMT+0800(中国标准时间)
```

构造函数的各个参数的取值范围如下。

- 年：使用四位数年份，如 2000。如果写成两位数或个位数，则加上 1900，即 10 代表 1910 年。如果是负数，表示公元前。
- 月：0 表示一月，依次类推，11 表示 12 月。
- 日：1~31。
- 小时：0~23。
- 分钟：0~59。
- 秒：0~59。

- 毫秒:0~999。

这些参数如果超出了正常范围,会被自动折算。例如,如果月设为 15,就折算为下一年的 4 月。例如:

```
new Date(2019,15)        // Wed Apr 01 2020 00:00:00 GMT+0800(中国标准时间)
new Date(2020,0,0)       // Tue Dec 31 2019 00:00:00 GMT+0800(中国标准时间)
```

上面代码的第二个例子,日期设为 0,就代表上个月的最后一天。

参数还可以使用负数,表示扣去的时间。例如:

```
new Date(2020,-1)        // Sun Dec 01 2019 00:00:00 GMT+0800(中国标准时间)
new Date(2020,0,-1)      // Mon Dec 30 2019 00:00:00 GMT+0800(中国标准时间)
```

3. 日期的运算

类型自动转换时,Date 实例如果转为数值,则等于对应的毫秒数;如果转为字符串,则等于对应的日期字符串。所以,两个日期实例对象进行减法运算时,返回的是它们间隔的毫秒数;进行加法运算时,返回的是两个字符串连接而成的新字符串。例如:

```
var d1 = new Date(2020,2,1);
var d2 = new Date(2020,3,1);
d2 - d1                  // 2678400000
d2 + d1
//"Wed Apr 01 2020 00:00:00 GMT+0800(中国标准时间)Sun Mar 01 2020 00:00:00 GMT+
0800(中国标准时间)"
```

4. 静态方法

(1) Date.now()

Date.now 方法返回当前时间距离时间零点(1970 年 1 月 1 日 00:00:00 UTC)的毫秒数,相当于 Unix 时间戳乘以 1 000。例如:

```
Date.now()               // 1555039269677
```

(2) Date.parse()

Date.parse 方法用来解析日期字符串,返回该时间距离时间零点(1970 年 1 月 1 日 00:00:00 UTC)的毫秒数。

日期字符串应该符合 RFC 2822 和 ISO 8061 这两个标准,即 YYYY-MM-DDTHH:mm:ss.sssZ 格式,其中最后的 Z 表示时区。但是,其他格式也可以被解析,看下面的例子。

```
Date.parse('Aug 9,1995')
Date.parse('January 26,2011 13:51:50')
Date.parse('Mon,25 Dec 1995 13:30:00 GMT')
Date.parse('Mon,25 Dec 1995 13:30:00+0430')
Date.parse('2011-10-10')
Date.parse('2011-10-10T14:48:00')
```

如果解析失败,返回 NaN。例如:

```
Date.parse('xxx')        // NaN
```

(3) Date.UTC()

Date.UTC 方法接收年、月、日等变量作为参数,返回该时间距离时间零点(1970 年 1 月 1 日 00:00:00 UTC)的毫秒数。格式为

```
Date.UTC(year,month[,date[,hrs[,min[,sec[,ms]]]]])
```

例如:

```
Date.UTC(2020,0,1,2,3,4,123)    // 1577844184123
```

该方法的参数用法与 Date 构造函数完全一致,如月从 0 开始计算,日期从 1 开始计算。区别在于 Date.UTC 方法的参数,会被解释为 UTC 时间(世界标准时间),Date 构造函数的参数会被解释为当前时区的时间。

5. 实例方法

Date 的实例对象有几十个自己的方法,除了 valueOf,可以分为以下三类。

- to 类:从 Date 对象返回一个字符串,表示指定的时间。
- get 类:获取 Date 对象的日期和时间。
- set 类:设置 Date 对象的日期和时间。

(1) Date.prototype.valueOf()

valueOf 方法返回实例对象距离时间零点(1970 年 1 月 1 日 00:00:00 UTC)对应的毫秒数,该方法等同于 getTime 方法。例如:

```
var d = new Date();
d.valueOf()              //1555039718218
d.getTime()              //1555039718218
```

预期为数值的场合,Date 实例会自动调用该方法,所以可以用下面的方法计算时间的间隔。例如:

```
var start = new Date();
//……
var end = new Date();
var elapsed = end - start;
```

(2) to 类方法

①Date.prototype.toString()。

toString 方法返回一个完整的日期字符串。例如:

```
var d = new Date(2019,0,1);
d.toString()            // "Tue Jan 01 2019 00:00:00 GMT+0800(中国标准时间)"
d                       // "Tue Jan 01 2019 00:00:00 GMT+0800(中国标准时间)"
```

因为 toString 是默认的调用方法,所以如果直接读取 Date 实例,就相当于调用这个方法。

②Date.prototype.toUTCString()。

toUTCString 方法返回对应的 UTC 时间,也就是比北京时间晚 8 h。例如:

```
var d = new Date(2019,0,1);
d.toUTCString()         // "Mon,31 Dec 2018 16:00:00 GMT"
```

③Date.prototype.toISOString()。

toISOString方法返回对应时间的ISO8601写法。例如：

```
var d = new Date(2019,0,1);
d.toISOString()              // "2018-12-31T16:00:00.000Z"
```

注意：toISOString方法返回的总是UTC时区的时间。

④Date.prototype.toJSON()。

toJSON方法返回一个符合JSON格式的ISO日期字符串，与toISOString方法的返回结果完全相同。例如：

```
var d = new Date(2019,0,1);
d.toJSON()                   // "2018-12-31T16:00:00.000Z"
```

⑤Date.prototype.toDateString()。

toDateString方法返回日期字符串（不含小时、分和秒）。例如：

```
var d = new Date(2020,0,1);
d.toDateString()             // "Wed Jan 01 2020"
```

⑥Date.prototype.toTimeString()。

toTimeString方法返回时间字符串（不含年、月和日）。例如：

```
var d = new Date(2020,0,1);
d.toTimeString()             // "00:00:00 GMT+0800(CST)"
```

⑦本地时间

以下三种方法，可以将Date实例转为表示本地时间的字符串。

- Date.prototype.toLocaleString()：完整的本地时间。
- Date.prototype.toLocaleDateString()：本地日期（不含小时、分和秒）。
- Date.prototype.toLocaleTimeString()：本地时间（不含年、月、日）。

下面是用法实例。

```
var d = new Date(2021,0,1);
d.toLocaleString()
//中文版浏览器为"2021年1月1日 上午12:00:00"
//英文版浏览器为"1/1/2021 12:00:00 AM"
d.toLocaleDateString()
//中文版浏览器为"2021年1月1日"
//英文版浏览器为"1/1/2021"
d.toLocaleTimeString()
//中文版浏览器为"上午12:00:00"
//英文版浏览器为"12:00:00 AM"
```

这三个方法都有两个可选的参数。

```
dateObj.toLocaleString([locales[,options]])
dateObj.toLocaleDateString([locales[,options]])
dateObj.toLocaleTimeString([locales[,options]])
```

这两个参数中，locales是一个指定所用语言的字符串，options是一个配置对象。下面是locales的例子。

```
var d = new Date(2021,0,1);
d.toLocaleString('en-US')                // "11/2021,12:00:00 AM"
d.toLocaleString('zh-CN')                // "2021/1/1 上午12:00:00"
d.toLocaleDateString('en-US')            // "1/1/2021"
d.toLocaleDateString('zh-CN')            // "2021/1/1"
d.toLocaleTimeString('en-US')            // "12:00:00 AM"
d.toLocaleTimeString('zh-CN')            // "上午12:00:00"
```

下面是 options 的例子。

```
var d = new Date(2021,0,1);
//时间格式
//下面的设置是,星期和月份为完整文字,年份和日期为数字
d.toLocaleDateString('en-US',{
  weekday:'long',
  year:'numeric',
  month:'long',
  day:'numeric'.
})                                       // "Friday,January 1,2021"
//指定时区
d.toLocaleTimeString('en-US',{
  timeZone:'UTC',
  timeZoneName:'short'
})                                       // "4:00:00 PM UTC"
d.toLocaleTimeString('en-US',{
  timeZone:'Asia/Shanghai',
  timeZoneName:'long'
})                                       // "12:00:00 AM China Standard Time"
//小时周期为12还是24
d.toLocaleTimeString('en-US',{
  hour12:false
})                                       // "00:00:00"
d.toLocaleTimeString('en-US',{
  hour12:true
})                                       // "12:00:00 AM"
```

(3) get 类方法

Date 对象提供了一系列 get * 方法,用来获取实例对象某个方面的值。
- getTime():返回实例距离1970年1月1日00:00:00的毫秒数,等同于 valueOf 方法。
- getDate():返回实例对象对应每个月的几号(从1开始)。
- getDay():返回星期几,星期日为0,星期一为1,以此类推。
- getFullYear():返回四位的年份。
- getMonth():返回月份(0表示1月,11表示12月)。
- getHours():返回小时(0~23)。
- getMilliseconds():返回毫秒(0~999)。
- getMinutes():返回分钟(0~59)。
- getSeconds():返回秒(0~59)。
- getTimezoneOffset():返回当前时间与 UTC 的时区差异,以分钟表示,返回结果考虑到了夏令时因素。

所有这些 get * 方法返回的都是整数,不同方法返回值的范围不一样。
- 分钟和秒:0~59。
- 小时:0~23。
- 星期:0(星期天)~6(星期六)。
- 日期:1~31。
- 月份:0(一月)~11(十二月)。

例如:

```
var d = new Date('January 6,2021');
d.getDate()              // 6
d.getMonth()             // 0
d.getFullYear()          // 2021
d.getTimezoneOffset()    // -480
```

上面代码中,最后一行返回-480,即 UTC 时间减去当前时间,单位是分钟。-480 表示 UTC 比当前时间少 480 min,即当前时区比 UTC 早 8 h。

下面是一个例子,计算本年度还剩下多少天。

```
function leftDays(){
    var today = new Date();
    var endYear = new Date(today.getFullYear(),11,31,23,59,59,999);
    var msPerDay = 24 * 60 * 60 * 1000;
    return Math.round((endYear.getTime()- today.getTime())/ msPerDay);
}
```

上面这些 get * 方法返回的都是当前时区的时间,Date 对象还提供了这些方法对应的 UTC 版本,用来返回 UTC 时间:getUTCDate()、getUTCFullYear()、getUTCMonth()、getUTCDay()、getUTCHours()、getUTCMinutes()、getUTCSeconds()、getUTCMilliseconds()。例如:

```
var d = new Date('January 6,2021');
d.getDate()              // 6
d.getUTCDate()           // 5
```

上面代码中,实例对象 d 表示当前时区(东八时区)的 1 月 6 日 0 点 0 分 0 秒,这个时间对于当前时区来说是 1 月 6 日,所以 getDate 方法返回 6,对于 UTC 时区来说是 1 月 5 日,所以 getUTCDate 方法返回 5。

(4)set 类方法

Date 对象提供了一系列 set * 方法,用来设置实例对象的各个方面。

- setDate(date):设置实例对象对应的每个月的几号(1~31),返回改变后毫秒时间戳。
- setFullYear(year [,month,date]):设置四位年份。
- setHours(hour [,min,sec,ms]):设置小时(0~23)。
- setMilliseconds():设置毫秒(0~999)。
- setMinutes(min [,sec,ms]):设置分钟(0~59)。
- setMonth(month [,date]):设置月份(0~11)。
- setSeconds(sec [,ms]):设置秒(0~59)。

- setTime(milliseconds)：设置毫秒时间戳。

这些方法基本是跟 get * 方法一一对应的，但是没有 setDay 方法，因为星期几是计算出来的，而不是设置的。另外，需要注意的是，凡是涉及设置月份，都是从 0 开始算的，即 0 是 1 月，11 是 12 月。例如：

```
var d = new Date('January 6,2021');
d                           // Wed Jan 06 2021 00:00:00 GMT+0800(CST)
d.setDate(9)                // 1610121600000
d                           // Sat Jan 09 2021 00:00:00 GMT+0800(CST)
```

set * 方法的参数都会自动折算。以 setDate 为例，如果参数超过当月的最大天数，则向下一个月顺延；如果参数是负数，表示从上个月的最后一天开始减去的天数。例如：

```
var d1 = new Date('January 6,2021');
d1.setDate(32)              // 1612108800000
d1                          // Mon Feb 01 2021 00:00:00 GMT+0800(CST)
var d2 = new Date('January 6,2021');
d.setDate(-1)               // 1609257600000
d                           // Wed Dec 30 2020 00:00:00 GMT+0800(CST)
```

set 类方法和 get 类方法可以结合使用，得到相对时间。例如：

```
var d = new Date();
d.setDate(d.getDate()+1000);        // 将日期向后推 1000 天
d.setHours(d.getHours()+6);         // 将时间设为 6 小时后
d.setFullYear(d.getFullYear()-1);   // 将年份设为去年
```

set * 系列方法除了 setTime()，都有对应的 UTC 版本，即设置 UTC 时区的时间：setUTCDate()、setUTCFullYear()、setUTCHours()、setUTCMilliseconds()、setUTCMinutes()、setUTCMonth()、setUTCSeconds()。例如：

```
var d = new Date('January 6,2021');
d.getUTCHours()             // 16
d.setUTCHours(22)           // 1609884000000
d                           // Wed Jan 06 2021 06:00:00 GMT+0800(CST)
```

上面代码中，本地时区（东八时区）的 1 月 6 日 0 点 0 分，是 UTC 时区的前一天下午 16 点。设为 UTC 时区的 22 点以后，就变为本地时区的上午 6 点。

5.8.9 RegExp 对象

RegExp 是正则表达式（regular expression）的简写，正则表达式是描述字符串模式的对象。当检索某个文本时，可以使用一种模式来描述要检索的内容，RegExp 就是这种模式。简单的模式可以是一个单独的字符，更复杂的模式包括了更多的字符，并可用于解析、格式检查、替换等，还可以规定字符串中的检索位置，以及要检索的字符类型等。创建 RegExp 对象的语法为

```
var patt = new RegExp(pattern,modifiers);
```

或用更简单的方法：

```
var patt = /pattern/modifiers;
```

其中,模式(pattern)描述了一个表达式模型,修饰符(modifiers)描述了检索是否是全局(匹配所有,用字母 g 表示全局)、区分大小写(用字母 i 表示忽略大小写)等。

模式除了常规的字符串外,还有范围、分组、元字符、量词等用法,如表 5-3～表 5-6 所示。

表 5-3 正则表达式元字符示例

示例	功能
.	查找单个字符,除了换行和行结束符
\w	查找单词字符
\W	查找非单词字符
\d	查找数字
\D	查找非数字字符
\s	查找空白字符
\S	查找非空白字符
\b	匹配单词边界
\B	匹配非单词边界
\n	查找换行符
\f	查找换页符
\t	查找回车符
\t	查找制表符
\v	查找垂直制表符
\xxx	查找以八进制数 xxx 规定的字符
\xdd	查找以十六进制数 dd 规定的字符
\uxxxx	查找以十六进制数 xxxx 规定的 Unicode 字符

表 5-4 正则表达式中的量词

方法	描述
n+	匹配任何包含至少一个 n 的字符串
n*	匹配任何包含零个或多个 n 的字符串
n?	匹配任何包含零个或一个 n 的字符串
n{X}	匹配包含 X 个 n 的序列的字符串
n{X,Y}	匹配包含 X 至 Y 个 n 的序列的字符串
n{X,}	匹配包含至少 X 个 n 的序列的字符串
n$	匹配任何结尾为 n 的字符串
^n	匹配任何开头为 n 的字符串
?=n	匹配任何其后紧接指定字符串 n 的字符串
?!n	匹配任何其后没有紧接指定字符串 n 的字符串

表 5-5　正则表达式范围表示示例

示例	功能
[abc]	查找方括号之间的任何字符
[^abc]	查找任何不在方括号之间的字符
[0-9]	查找任何从 0~9 的数字
[a-z]	查找任何从小写 a 到小写 z 的字符
[A-Z]	查找任何从大写 A 到大写 Z 的字符
[A-z]	查找任何从大写 A 到小写 z 的字符

表 5-6　正则表达式分组

示例	功能
(pattern)	捕获性分组匹配，捕获子表达式(分组)，即把匹配 pattern 的内容返回，各组依次存储在 RegExp.＄1,RegExp.＄2,…
(?:pattern)	非捕获性分组匹配，不捕获子表达式(分组)，即不把匹配 pattern 的内容返回
(?=pattern)	正向前瞻匹配，后面一定要有模式 pattern，匹配 pattern 的内容不返回
(?!pattern)	反向前瞻匹配，后面一定不能要有模式 pattern
(?<=pattern)	正向肯定匹配，前面一定要有模式 pattern
(?<!pattern)	正向否定匹配，前面一定不要有模式 pattern

字符串对象与正则表达式相关的方法有 search()、match()、replace()、split()，如表 5-7 所示。

表 5-7　字符串对象与正则表达式相关的方法

方法	描述
search()	检索与正则表达式相匹配的子字符串，返回第一个匹配的位置
match()	找到一个或多个与正则表达式相匹配的子字符串
replace()	替换与正则表达式匹配的子字符串
split()	以与正则表达式匹配的子字符串把字符串分割为字符串数组

示例如下。

```
var str = "JavaScript is fantastic";
var patt1 = /s/;
var patt2= new RegExp("s","i");          //等价于/s/i
var patt3 = /s/ig;
document.write(str.search(patt1)+":"+str.match(patt1)+"<br/>");   //12:s
document.write(str.search(patt2)+":"+str.match(patt2)+"<br/>");   //4:S
document.write(str.search(patt3)+":"+str.match(patt3)+"<br/>");   //4:S,s,s
```

RegExp 对象有 3 个方法：test()、exec() 及 compile()，如表 5-8 所示。

表 5-8 RegExp 对象的方法

方法	描述
test()	检测一个字符串是否匹配某个正则表达式,返回 true 或 false,并确定其位置(lastIndex)
exec()	检索字符串中指定的值。返回找到的值,并确定其位置(lastIndex)
compile()	改变和重新编译正则表达式

基础示例 1。

```
    var str = "The rain in Spain stays mainly in the plain";
    var patt1 = new RegExp("ain","g");    // 或者 /ain/g
    while(patt1.test(str))
    {
      document.write("ain found. index now at:"+patt1.lastIndex);
      document.write("<br />");
    }
    // ain found. index now at:8
    // ain found. index now at:17
    // ain found. index now at:28
    // ain found. index now at:43
    //下面的功能是查找最后三个字符是 ain 的所有单词,并输出该单词在字符串中的起始位置
    var patt2 = new RegExp("\\b\\w*ain\\b","g");    // 或者 /\b\w*ain\b/g
    while((result = patt2.exec(str))!=null)
    {
      document.write(result+" found. index at:"+(patt2.lastIndex- result[0].length));
      document.write("<br />");
    }
    //rain found. index at:4
    //Spain found. index at:12
    //plain found. index at:38
```

基础示例 2。

```
    var data = 'Windows 10 is ok,Windows xp is old';
    var data2="这是测试文字 this is demo text。"
    //统计单词的个数
    console.log(data.match(/\b[A-z]+\b/g).length);    // 7
    //统计汉字的个数
    console.log(data2.match(/[\u4E00-\u9FA5\uF900-\uFA2D]/g).length);    // 6
    //匹配 Windows 后面是一个空格然后跟若干个数字
    console.log(data.match(/Windows \d+/));    // ["Windows 10"]
    //()会作为匹配校验,并把匹配的结果作为子匹配返回
    console.log(data.match(/Windows(\d+)/));    // ["Windows 10","10"]
    //(?=)会作为匹配校验,但不会出现在匹配结果字符串里面
    console.log(data.match(/Windows(?=\d+)/));    // ["Windows"]
    //(?!)不匹配该正则表达式模式的位置来匹配搜索字符串。此例中,匹配后面不是若干个数字的
Windows,此处匹配的是第二个 Windows
    console.log(data.match(/Windows(?!\d+)/));    // ["Windows"]
    //(?:)会作为匹配校验,并出现在匹配结果字符里面,它跟()不同的地方在于,不作为子匹配
返回。
    console.log(data.match(/Windows(?:\d+)/));    // ["Windows 10"]
```

综合示例：找出网页中所有的图片的 URL，仅限<img>标记。

```
<body>
    this is text.<img title="rose" src="/images/rose.jpg" />
    <div id="">
    <img src="http://img.baidu.com/flowers/tulip.jpg" title="tulip" wdith="100px" >
    </div>
    <img title="this is placeholder"  wdith="100px"  height="60px">
    <script type="text/javascript">
        var str = document.getElementsByTagName("body")[0].innerHTML;
        //匹配 img 标记
        var imgReg = /<img.*?(?:>|\/>)/gi;
        var arr = str.match(imgReg);    // 会匹配到 4 个结果(包括上一行的)
        //匹配 src 属性
        var srcReg = /src=[\'\"]?([^\'\"]*)[\'\"]?/i;
        for(var i = 0;i < arr.length;i++){
            var src = arr[i].match(srcReg);
            if(src && src[1]){
                console.log(src[1]);
            }
        }
        //输出为:/images/rose.jpg 和 http://img.baidu.com/flowers/tulip.jpg
    </script>
</body>
```

上面 for 循环中的 4 行代码也可以用下面的代码实现。

```
var result = srcReg.test(arr[i]);
if(result){
    console.log(RegExp.$1);
}
```

上面代码的原理是先匹配所有的<img>标记，然后再通过捕获性分组匹配来匹配<img>标记中的"src="后一对单引号或双引号中的值。

5.8.10　全局对象

全局对象 Global，可以算是 JavaScript 中最特别的一个对象了，是 JavaScript 的兜底对象，所有没有对象的方法和属性都会归到全局对象上。因为不管从什么角度来看，这个对象都是不存在的。事实上，没有全局函数，或者全局变量，所有在全局定义的属性和函数，都是 Global 对象的属性。

在浏览器端，window 对象实现了 Global 对象，所以在浏览器环境中全局对象就是 window 对象。

通过使用全局对象，可以访问其他所有预定义的对象、函数和属性，函数和属性如表 5-9 和表 5-10 所示。全局对象不是任何对象的属性，所以它没有名称。

在顶层 JavaScript 代码中，可以用关键字 this 引用全局对象。但通常不必用这种方式引用全局对象，因为全局对象是作用域链的头，这意味着所有非限定性的变量和函数名都会作为该对象的属性来查询。例如，当 JavaScript 代码引用 parseInt()函数时，它引用的是全局对象的 parseInt 属性。全局对象是作用域链的头，还意味着在顶层 JavaScript 代码中声明的所有变量都将成为全局对象的属性。

表 5-9　顶层函数

函数	描述
decodeURI()	解码某个编码的 URI(统一资源标示符,URL 的超集)
decodeURIComponent()	解码一个编码的 URI 组件
encodeURI()	把字符串编码为 URI
encodeURIComponent()	把字符串编码为 URI 组件
escape()	对字符串进行编码
eval()	计算 JavaScript 字符串,并把它作为脚本代码来执行
getClass()	返回一个 JavaObject 的 JavaClass
isFinite()	检查某个值是否为有穷大的数
isNaN()	检查某个值是否是数字
Number()	把对象的值转换为数字
parseFloat()	解析一个字符串并返回一个浮点数
parseInt()	解析一个字符串并返回一个整数
String()	把对象的值转换为字符串
unescape()	对由 escape()编码的字符串进行解码

表 5-10　顶层属性

属性	描述
Infinity	代表正的无穷大的数值
java	代表 java.* 包层级的一个 JavaPackage
NaN	指示某个值是不是数字值
Packages	根 JavaPackage 对象
undefined	指示未定义的值

1. encodeURI 与 decodeURI

有效的 URI 中不能包含某些字符,如空格。encodeURI 方法就可以对 URI 进行编码,它们用特殊的 UTF-8 编码替换所有无效的字符,从而让浏览器能够接受和理解。但不对 URL 中合法的特殊字符,如:、?、# 等字符进行编码。例如:

```
var test1="http://www.abc.com/core value#富强"
document.write(encodeURI(test1))//http://www.abc.com/core%20value#%E5%AF%8C%E5%BC%BA
document.write(decodeURI(encodeURI(test1)))　//http://www.abc.com/second value#富强
```

2. decodeURIComponent() 与 encodeURIComponent()

encodeURIComponent()则会对它发现的任何非标准字符进行编码。例如:

```
var test1="http://www.abc.com/second value#民主"
document.write(encodeURIComponent(test1))    //http%3A%2F%2Fwww.abc.com%
2Fsecond%20value%23%E6%B0%91%E4%B8%BB
document.write(decodeURIComponent(encodeURIComponent(test1)))    //http://www.abc.
com/second value#民主
```

3. escape()与unescape()

escape方法对除 ASCII 字母、数字和 * 、@、-、_、+、.、/ 7个字符之外的字符进行编码。例如：

```
var test1="core-value:3自由"
document.write(escape(test1))    //core-value%3A%20%u81EA%u7531
document.write(unescape(escape(test1)))    //"core-value:3自由
```

5.9 JavaScript 面向对象编程

面向对象编程（OOP）是用抽象方式创建基于现实世界模型的一种编程模式，它使用先前建立的范例，包括模块化、多态和封装几种技术。当前许多流行的编程语言（如 Java、JavaScript、C♯、C++、Python、PHP、Ruby 和 Objective-C）都支持面向对象编程。

相对于"一个程序只是一些函数的集合，或简单的计算机指令列表"的传统软件设计观念而言，面向对象编程可以看作是使用一系列对象相互协作的软件设计。在面向对象编程中，每个对象能够接收消息、处理数据和发送消息给其他对象。每个对象都可以被看作是一个拥有清晰角色或责任的独立小机器。

面向对象程序设计的目的是在编程中促进更好的灵活性和可维护性，在大型软件工程中广为流行。凭借其对模块化的重视，面向对象的代码开发更简单，更容易理解，相比非模块化编程方法，它能更直接地分析、编码和理解复杂的情况和过程。

5.9.1 对象的创建

JavaScript 中有多种创建对象的方法。

(1) 基于 Object 对象基础上进行属性扩展

Object 是所有 JavaScript 对象的父类，那我们可以创建一个空的 Object 对象，并在上面进行扩展，这样就能够达到我们的目的。例如：

```
var obj = new Object();
obj.name = "Zhang";
obj.age = 12;
obj.sayHello = function(){
    console.log(this.name+":hello world!");
};
obj.sayHello();                // Zhang:hello world
```

但是这样是很烦琐的，且没有结构化，对象方法得不到复用，每一个新的对象都要重新写一套，性能比较差。

(2)字面量的方式创建对象

JavaScript 中，{}是一个空对象，可以往里面添加 key-value 结构的对象属性与方法。例如：

```javascript
var obj2 = {
    name:"Gates",
    age:20,
    sayHi:function(){
        console.log("我是:"+this.name);
    }
}
obj2.sayHi();                // 我是:Gates
```

(3)工厂模式创建法

通过一个工厂函数来创建对象，相比于前面的方法，工厂方法有一定的提升。通过将属性值以参数的方式传入工厂函数，打包组装后再把组装好的对象抛出来，这样就大大提高了对象的创建效率。例如：

```javascript
function createStudent(stuNo,stuName,stuAge){
    //构建空白对象
    var stu = {};
    //设置属性和方法(key-value 存储)
    stu.stuNo = stuNo;
    stu.stuAge = stuAge;
    stu.stuName = stuName;
    stu.sayHello = function(){
        console.log(this.stuName+":I'm "+this.stuAge+",my stuNo:"+this.stuNo);
    };
    //返回对象
    return stu;
}
var stu1 = createStudent(10,"mary",9);
var stu2 = createStudent(11,"jenny",11);
stu1.sayHello();
stu2.sayHello();
```

(4)构造函数创建法

所谓构造函数，其实就是一个普通函数，但是内部使用了 this 变量，通过"this.属性名 = xxx"的方式添加属性或方法(函数)。对构造函数使用 new 运算符，就能生成对象实例，并且 this 变量会绑定在实例对象上。例如：

```javascript
function Student(stuNo,stuName,stuAge){
    //设置属性和方法(key-value 存储)
    this.stuNo = stuNo;
    this.stuAge = stuAge;
    this.stuName = stuName;
    this.sayHello = function(){
        console.log(this.stuName+":I'm "+this.stuAge+",my stuNo:"+this.stuNo);
    };
}
```

```
var stu3 = new Student(12,"mary",9);
var stu4 = new Student(13,"jenny",11);
stu3.sayHello();          // mary:I'm 9,my stuNo:12
stu4.sayHello();          // jenny:I'm 11,my stuNo:13
```

无论是构造函数创建法还是工厂模式创建法,都存在一个问题,每次调用函数 sayHello(),都要创建新函数 sayHello(),意味着每个对象都有自己的 sayHello()版本。但作为对象(类)而言,通过同一构造函数或工厂函数创建的对象应该共享同一个函数。可以在工厂函数或构造函数之外定义对象的方法以解决上述问题。例如:

```
function sayHello(){
    console.log(this.stuName+":I'm "+this.stuAge+",my stuNo:"+this.stuNo);
};
function Student(stuNo,stuName,stuAge){
    this.stuNo = stuNo;
    this.stuAge = stuAge;
    this.stuName = stuName;
    this.sayHello = sayHello;
}
var stu3 = new Student(12,"mary",9);
var stu4 = new Student(13,"jenny",11);
stu3.sayHello();          // mary:I'm 9,my stuNo:12
stu4.sayHello();          // jenny:I'm 11,my stuNo:13
```

(5)原型方式创建法

上面的在工厂函数或构造函数之外定义对象的方法,从语义上讲,不太像是对象的方法,通过原型方法可以解决上述问题。JavaScript 中每个数据类型都是对象(除了 null 和 undefined),而每个对象都继承自另外一个对象,后者称为原型(prototype)对象。只有 null 除外,它没有自己的原型对象。

原型对象上的所有属性和方法,都会被对象实例所共享。例如:

```
function Student(){
}
Student.prototype.stuNo = 12;
Student.prototype.stuAge = 9;
Student.prototype.stuName = "mary";
Student.prototype.sayHello = function(){
    console.log(this.stuName+":I'm "+this.stuAge+",my stuNo:"+this.stuNo);
}
var stu3 = new Student();
var stu4 = new Student();
stu4.stuNo = 13;
stu4.stuAge=11;
stu4.stuName='jenny'
stu3.sayHello();          // mary:I'm 9,my stuNo:12
stu4.sayHello();          // jenny:I'm 11,my stuNo:13
```

通过构造函数生成对象实例时,会将对象实例的原型指向构造函数的 prototype 属性。每一个构造函数都有一个 prototype 属性,这个属性就是对象实例的原型对象。

原型方式看起来是个不错的解决方案,遗憾的是,它并不尽如人意。

首先,这个构造函数没有参数。使用原型方式,不能通过给构造函数传递参数来初始化属性的值,这意味着必须在对象创建后才能改变属性的默认值,这样操作起来很烦琐。除此之外,真正的问题出现在属性指向的是对象时,对象也会被多个实例共享,而通常情况下这种共享情况是极少见的。例如:

```javascript
function Student(){
}
Student.prototype.stuNo = 12;
Student.prototype.stuAge = 9;
Student.prototype.stuName = "mary";
Student.prototype.stuHobbies = new Array("game","sports");
Student.prototype.sayHello = function(){
    console.log(this.stuName+":I'm "+this.stuAge+",my stuNo:"+this.stuNo);
}
var stu3 = new Student();
console.log(stu3.stuHobbies.join("-"))      //game-sports
var stu4 = new Student();
stu4.stuNo =13;
stu4.stuAge=11;
stu4.stuName='jenny';
stu4.stuHobbies.push("movie");
console.log(stu4.stuHobbies.join("-"));     //game-sports-movie
console.log(stu3.stuHobbies.join("-"));     //game-sports-movie
```

上面的代码中,属性 stuHobbies 是指向 Array 对象的指针,该数组中包含两个名字:"game"和"sports"。由于 stuHobbies 是引用值,Student 的两个实例都指向同一个数组。这意味着给 stu3.stuHobbies 添加值"movie",在 stu4.stuHobbies 中也能看到。

(6)混合的构造函数、原型方式创建法

联合使用构造函数和原型方式,就可像用其他程序设计语言一样创建对象。这种概念非常简单,即用构造函数定义对象的所有非函数属性,用原型方式定义对象的函数属性(方法)。结果是,所有函数都只创建一次,而每个对象都具有自己的对象属性实例,这样就可以解决上面出现的问题。例如:

```javascript
function Student(stuNo,stuName,stuAge){
    this.stuNo = stuNo;
    this.stuAge = stuAge;
    this.stuName = stuName;
    this.stuHobbies = new Array("game","sports");
}
Student.prototype.sayHello=function(){
    console.log(this.stuName+":I'm "+this.stuAge+",my stuNo:"+this.stuNo);
}
var stu3 = new Student(12,"mary",9);
var stu4 = new Student(13,"jenny",11);
stu4.stuHobbies.push("movie");
console.log(stu4.stuHobbies.join("-"));     //game-sports-movie
console.log(stu3.stuHobbies.join("-"));     //game-sports
```

(7) 动态原型方法

使用混合的构造函数、原型方式对属性和方法的封装并不与常规的面向对象的高级语言的用法相一致。动态原型方法的基本想法与混合的构造函数、原型方式相同，即在构造函数内定义非函数属性，而函数属性则利用原型属性定义。唯一的区别是赋予对象方法的位置。例如：

```javascript
function Student(stuNo,stuName,stuAge){
    this.stuNo = stuNo;
    this.stuAge = stuAge;
    this.stuName = stuName;
    this.stuHobbies = new Array("game","sports");
    if(typeof Student._initialized == "undefined"){
        Student.prototype.sayHello=function(){
            console.log(this.stuName+":I'm "+this.stuAge+",my stuNo:"+this.stuNo);
        }
        Student._initialized = true;//_initialized 可为任意名称，可赋任意值。
    }
}
```

每次实例化对象时，会检查 typeof Student._initialized 是否等于"undefined"。如果这个值未定义，构造函数将用原型方式继续定义对象的方法，然后把 Student._initialized 设置为 true。如果这个值定义了(它的值为 true 时，typeof 的值为 Boolean)，那么就不再创建该方法。简而言之，该方法使用标志(_initialized)来判断是否已给原型赋予了某种方法，该方法只创建并赋值一次。传统的 OOP 开发者会高兴地发现，这段代码看起来更像其他语言中的类定义了。

5.9.2 继承机制的实现

利用一个经典的例子来说明继承机制——几何形状。几何形状一般可分两种，即椭圆形(是圆形的)和多边形(具有一定数量的边)。圆是椭圆的一种，它只有一个焦点。三角形、矩形和五边形都是多边形的一种，具有不同数量的边。正方形是矩形的一种，所有的边等长。这就构成了一种完美的继承关系。

在这个例子中，形状(Shape)是椭圆形(Ellipse)和多边形(Polygon)的基类(base class)(所有类都由它继承而来)。椭圆具有一个属性 foci，说明椭圆具有的焦点的个数。圆形(Circle)继承了椭圆形，因此圆形是椭圆形的子类(subclass)，椭圆形是圆形的超类(superclass)。同样，三角形(Triangle)、矩形(Rectangle)和五边形(Pentagon)都是多边形的子类，多边形是它们的超类。最后，正方形(Square)继承了矩形。用 UML(统一建模语言)表示如图 5-4 所示。

和其他功能一样，ECMAScript 实现继承的方式不止一种。这是因为 JavaScript 中的继承机制并不是明确规定的，而是通过模仿实现的。这意味着所有的继承细节并非完全由解释程序处理，而是由开发者决定采取何种方式来实现继承。

(1) 对象冒充

其原理如下：构造函数使用 this 关键字给所有属性和方法赋值(采用类声明的构造函数方式)。因为构造函数只是一个函数，所以可使 ClassA 构造函数成为 ClassB 的方法，然后调用它。ClassB 就会收到 ClassA 的构造函数中定义的属性和方法。例如：

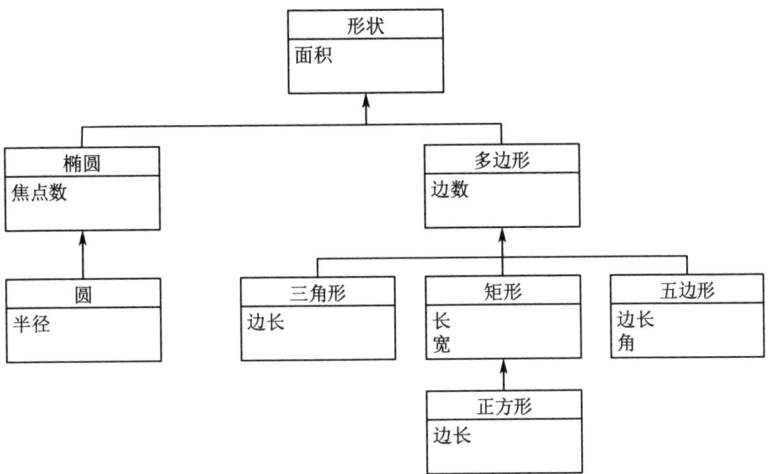

图 5-4　Shape 类的继承

```
function Shape(sColor){
    this.color = sColor;
    this.showColor= function(){
        alert(this.color);
    };
}
function Polygon(sColor,sEdge){
    this.newMethod = Shape;
    this.newMethod(sColor);      //冒充 Shape
    delete this.newMethod;
    this.edge = sEdge;
    this.showEdge=function(){
        alert(this.edge)
    }
}
var s = new Shape("blue");
s.showColor();         //blue
var p = new Polygon("red",3);
p.showColor();         //red
p.showEdge();          //3
```

(2) call 方法

函数的 call 方法的功能是调用一个对象的一个方法,以另一个对象替换当前对象。例如:

```
function Polygon(sColor,sEdge){
    Shape.call(this,sColor);
    this.edge = sEdge;
    this.showEdge=function(){
        alert(this.edge)
    }
}
```

call 的意思是把 Shape 构造函数放到 Polygon 上执行,实际上就是继承了 Shape 的 color

属性和 showColor 方法。

(3) apply 方法

函数的 apply 方法的功能与 call 方法的功能相似,只是传递的参数为数组。例如:

```
function Polygon(sColor,sEdge){
    Shape.apply(this,new Array(sColor));
    this.edge = sEdge;
    this.showEdge=function(){
        alert(this.edge)
    }
}
```

(4) 原型链方法

前面介绍过,每一个构造函数都有一个 prototype 属性(对象),它是个模板,要实例化的对象都以这个模板为基础,即 prototype 对象的任何属性和方法都被传递给那个类的所有实例。原型链利用这种功能来实现继承机制。例如:

```
function Shape(sColor){
}
Shape.prototype.color="red";
Shape.prototype.showColor=function(){
    alert(this.color);
}
function Polygon(){
}
Polygon.prototype=new Shape();
Polygon.prototype.edge =3;
var p = new Polygon();
p.color="blue";
p.showColor();      //blue
```

(5) 混合方式

对象冒充的主要问题是必须使用构造函数方式,这不是最好的选择。不过如果使用原型链,就无法使用带参数的构造函数了。因此,混合使用者两种方式是一个比较好的选择。例如:

```
function Shape(sColor){
    this.color = sColor;
}
Shape.prototype.sayColor = function(){
    alert(this.color);
};
function Polygon(sColor,sEdge){
    this.color = sColor;
    Shape.call(this,sColor);
    this.edge = sEdge;
}
Polygon.prototype = new Shape();
Polygon.prototype.showEdge = function(){
    alert(this.edge);
};
var objA = new Shape("blue");
```

```
var objB = new Polygon("red",3);
objA.sayColor();            //输出 "blue"
objB.sayColor();            //输出 "red"
objB.showEdge();            //输出 3
```

5.10 ES6 新特性

5.10.1 let 和 const 命令

JavaScript ES6 中引入了另外两个声明变量的关键字：const 和 let，并推荐在绝大多数场合使用它们来替代原来的 var 关键字。

这里先介绍一下块作用域的概念。

以前 JavaScript 中的作用域有全局作用域和函数作用域，没有块作用域的概念。块作用域是 ES6 新增的，是指由{}包括起来的内容，if 语句和 for 语句里面的{}也属于块作用域。

let 表示声明变量，而 const 表示声明常量，两者都为块级作用域。const 声明的变量都会被认为是常量，意思就是它的值被设置完成后就不能再修改了，但数组等复杂对象除外。例如：

```
var x = '全局变量';
{
    let x = '局部变量';
    console.log(x);         // 局部变量
}
console.log(x);             // 全局变量
const a = 1;
a = 0;                      //报错
```

相比较而言，var 定义的变量，没有块的概念，可以跨块访问，但不能跨函数访问。例如：

```
function f(){
    var i = 5;
    for(var i=0;i<=10;i++){
        var k = 100;
    }
    console.log(i);         // 11
    var j = 5;
    for(let j=0;j<=10;j++){
    }
    console.log(j);         // 5
    console.log(k);         //100
}
f();
console.log(i);             //Uncaught ReferenceError:i is not defined
```

var 定义的变量在变量提升时会将变量初始化为 undefined，而 let 和 const 定义的变量在提升时不对变量进行初始化，因此出现先使用变量后用 let 赋值时程序运行会出错。初次被引用与之后被定义之间的区域称为暂时性死区(temporal dead zone,TDZ),在该区域中变量不能被引用。例如:

```
console.log(a);         //undefined
var a=10;
if(a>10){
    var b=0;
    let c=1;
}
console.log(b);         //undefined
console.log(a);         //10
console.log(c);         // Uncaught ReferenceError:c is not defined
```

let 不能被重新定义,而 var 可以,因此使用 let 可以避免变量被无意地重新定义。

在 ES5 及之前的版本中,顶层对象(在浏览器指的是 window 对象)、顶层对象属性和全局变量是等价的。属性也可以动态创建变量,顶层对象的属性可以被随处读写不利于模块化编程。而在 ES6 中,var 命令和 function 命令声明的全局变量,依旧是顶层对象的属性;另一方面规定,let 命令、const 命令、class 命令声明的全局变量,不属于顶层对象的属性。也就是说,从 ES6 开始,全局变量将逐步与顶层对象的属性脱钩。例如:

```
var a=1;
console.log(window.a);      //输出 1
let b=2;
console.log(window.b);      //输出 undefined
```

5.10.2 默认参数

ES6 中可以给形参函数设置默认值。也就是说,当我们调用函数时,如果设置了形参默认值,即使没给函数传入实参,那么函数的实参就是默认形参。例如:

```
var box= function(size= 50,color= 'red',){
    console.log(size);
    box(100,'blue');        // 100
    box(20);                // 20
    box();                  // 50,未提供 size 实参值,将使用默认值 50
}
```

5.10.3 模板字符串

模板字符串(template string)是增强版的字符串,用反引号(`)标识。它可以被当作普通字符串使用,也可以用来定义多行字符串,或者在字符串中嵌入变量。例如:

```
//普通字符串
let s1 = 'In JavaScript   is a line-feed.';
//多行字符串
let s2 = 'In JavaScript this is
not legal.';
console.log(`string text line 1
```

```
string text line 2');
//字符串中嵌入变量
let name = "Bob", time = "today";
let sayHi = `Hello ${name}, how are you ${time}?`
console.log(sayHi);
```

上面代码中的模板字符串,都是用反引号表示的。如果在模板字符串中需要使用反引号,则前面要用反斜杠转义。例如:

```
var greeting = '\`Yo\` World!';
```

5.10.4 箭头函数

ES6 中,箭头函数就是函数的一种简写形式,基本格式为

(...参数) => {函数声明}

使用括号包裹参数,跟随一个 =>,紧接着是函数体。

常规函数及其调用:

```
function getName(name){
  return 'this is '+name;
}
getName('a');
```

箭头函数及其调用:

```
var getName = (name) => {return 'this is '+name;}
getName('a');
```

箭头函数最直观的三个特点如下。

①不需要 function 关键字来创建函数。
②当函数体中只有一个 return 语句时,可以省略 return 关键字和{}。
③箭头函数的 this 指针指向的是父级作用域,内部不绑定 this。

当参数只有一个,函数声明为单一表达式"参数=>表达式"。因此上面函数可简化为

```
var getName = name => 'this is '+name;
getName('a');
```

5.10.5 解构

在 ES6 中,可以使用解构从数组和对象提取值并赋值给独特的变量。例如:

```
const p = [10,25,-34];
const [x,y,z] = p;
console.log(x,y,z);          // 10 25 -34
```

[]表示被解构的数组,x、y、z 表示要将数组中的值存储在其中的变量。在解构数组时,还可以忽略值,如 const[x,,z]=p,忽略 y 值。再如:

```
const car = {
  doors:4,
  color:'red',
  volume:2.0
};
const {doors:d,color:c,volume:v} = car;
console.log(d,c,v);          // 4 "red" 2
```

{ }表示被解构的对象,d、c 和 v 表示要将对象中的属性存储到其中的变量。如果变量名与对象的属性名相同,可以省略属性名和冒号。例如:

```
const {doors,color,volume} = car;
console.log(doors,color,volume);     // 4 "red" 2
```

5.10.6 展开运算符

展开运算符[用三个连续的点(...)表示]将字面量对象展开为多个元素。例如:

```
const balls = ["football","basketball","volleyball"];
console.log(...balls);       // football basketball volleyball
```

展开运算符的一个用途是结合数组,如果需要结合多个数组,在有展开运算符之前,必须使用 Array 的 concat 方法。例如:

```
const balls = ["football","basketball","volleyball"];
const athletics =["race","throw","jump","hurdler"];
const sports = [...balls,...athletics];    // const sports = balls.concat(athletics);
console.log(...sports);                    // football basketball volleyball race throw jump hurdler
```

展开运算符还可以解构赋值,此时展开运算符必须放在最后一位。例如:

```
let a = [1,2,3,4,5,6];
let [c,...d]= a;
console.log(c);              // 1
console.log(d);              // [2,3,4,5,6]
```

5.10.7 for…of 循环

for…of 循环是最新添加到 JavaScript 循环系列中的循环。它结合了其兄弟循环形式 for 循环和 for…in 循环的优势,可以循环任何可迭代(也就是遵守可迭代协议)类型的数据。默认情况下,包含以下数据类型:String、Array、Map 和 Set,注意不包含 Object 数据类型。例如:

```
const digits = [0,1,2,3,4,5,6,7,8,9];
for(const digit of digits){
    console.log(digit);
}
```

for…of 循环可以避免 for…in 循环的不足之处,例如:

```
Array.prototype.searchItem = function(value){
    return index;            //dummy function
}
var a = [1,2,3,4];
for(let i in a){
    console.log(a[i]);       //除输出 1,2,3,4 外,还会输出函数 searchItem 的定义
}
for(let i of a){
    console.log(i);          //只输出 1,2,3,4
}
```

习 题

1. 写一个函数,判断数组中是否存在某个元素,返回布尔类型。
2. 创建一个圆对象,具有半径、圆心坐标、边框颜色属性,具备能计算面积的方法。
3. 写一段程序,将一个整数数组中重复的数据删除。
4. 写一段程序,模拟从 1~54 总共 54 个整数之中,随机取 3 组数,每组 17 个数。
5. 写一段程序,判别给定的字符串是否是中国的座机号码。
6. 写一个函数,返回一个字符串中每个字符出现的次数,以数组方式返回数据,如[{'a':2},{'b':3}]。
7. 写一个函数,返回某一天是星期几,注意不要用内置日期函数。

第 6 章
BOM 编程、DOM 编程与事件

6.1 BOM 编 程

浏览器在加载一个 HTML 文件时，JavaScript 引擎会把浏览器的各个部分的信息封装到对象中，涉及以下几个对象。
- 窗口对象：window 对象。
- 地址栏对象：location 对象。
- 历史记录栏对象：history 对象。
- 屏幕对象：screen 对象。

通过 JavaScript 引擎提供的这 4 个对象来操作浏览器就是 BOM（browser object model）编程。

6.1.1 window 对象

BOM 的核心对象是 window，它表示浏览器的一个实例。在浏览器中，window 对象具有双重角色，它既是通过 JavaScript 访问浏览器窗口的一个接口，又是 ECMAScript 规定的 Global 对象。所以网页中定义的任何一个对象、变量和函数，都以 window 作为其 Global 对象。

(1) 全局作用域

所有在全局作用域中声明的变量，函数都会变成 window 对象的属性和方法。但是定义全局变量和直接在 window 对象上定义属性还是有区别的：全局变量不能通过 delete 操作符删除，但是直接在 window 对象上定义的属性可以。例如：

```
var name = "zhangsan";
window.color = "red";
console.log(delete window.name);    //fasle
console.log(delete window.color);   //true
```

(2) 窗口关系及框架

如果页面中包含框架，则每个框架都拥有自己的 window 对象，并且保存在 frames 集合中。可以通过数值索引（从 0 开始，左至右，上到下），或框架名称来访问相应的 window 对象。每个 window 对象都有一个 name 属性，其中包含框架的名称。

```
window.frames["topFrame"]
top.frames["topFrame"]
```

top 对象始终指向最高（外）层的框架，也就是浏览器窗口。

parent 对象始终指向当前框架的直接上层框架。某些情况下 parent 可能等于 top。

除非最高层窗口是通过 window.open()打开的,否则 window 对象的 name 属性不会包含任何值。

self 对象:始终指向 window;self 和 window 对象可以互换使用(引入 self 对象的目的只是与 top 和 parent 对应,不额外包含其他值)。

所有上面的这些属性都是 window 对象的属性,可以通过 window.parent、window.top 来访问。

在使用框架的情况下,浏览器中会存在多个 Global 对象。在每个框架中定义的全局变量会自动成为框架中 window 对象的属性。由于每个 window 对象都包含原生类型的构造函数,因此每个框架都有一套自己的构造函数,这些构造函数一一对应,但并不相等,如 top.Object 不等于 top.frames[0].Object。这个问题会影响到对跨框架传递的对象使用 instanceof 操作符。

(3)导航和打开窗口

使用 window.open()方法既可以导航到一个特定的 URL,也可以打开一个新的浏览器窗口。方法可以接收四个参数:①要加载的 URL,②窗口目标,③一个特性字符串,④一个表示新页面是否取代浏览器历史记录中当前加载页面的布尔值。

通常只须传递第一个参数,最后一个参数只在不打开新窗口的情况下使用。如果传递第二个参数,而且该参数是已有窗口或框架的名称,那么就会在具有该名称的窗口或框架中加载第一个参数指定的 URL。例如,下面的代码将在屏幕的左上角打开一个 300×400 的浏览器窗口,并显示页面 top.html。

```
var topFrame = window.open("top.html","topFrame","height=400,width=300, top=10,left=20");
```

(4)窗口位置和大小

IE、Safari、Opera 和 Chrome 提供了 screenLeft 和 screenTop 属性,Firefox 提供 screenX 和 screenY 属性,跨浏览器取得窗口左边和上边的位置。例如:

```
var leftPos =(typeof window.screenLeft == "number")? window.screenLeft:window.screenX;
var topPos =(typeof window.screenTop == "number")? window.screenTop:window.screenY;
console.log(leftPos+" "+topPos);
```

可以通过 moveTo、moveBy、resizeTo 和 resizeBy 方法调整窗口位置和大小,但只能调整通过 open 方法打开的窗口。例如:

```
<!DOCTYPE html>
<html>
<head>
<script type="text/javascript">
function openWin()
{
    myWindow=window.open('','','width=200,height=100');
    myWindow.document.write("<p>This is Window opened by javascript</p>");
}
function moveWin()
{
    myWindow.moveTo(0,0);
```

```
            myWindow.resizeTo(300,200)
            myWindow.moveBy(400,400);
            myWindow.focus();
        }
    </script>
</head>
<body>
    <input type="button" value="Open a window" onclick="openWin()" />
    <br /><br />
    <input type="button" value="Move and resize the window" onclick="moveWin()" />
</body>
</html>
```

(5)间歇调用和超时调用

JavaScript 是单线程语言,但允许通过设置超时时间(延时器)和间歇时间(定时器)来调度代码在特定的时刻执行。前者是在指定的时间后执行代码,后者是每隔指定时间执行一次。window 对象的 setTimeout、setInterval、clearTimeout、clearInterval 方法分别用来设置、清除延时器和定时器。由于 window 对象是全局对象,所以可以省略它而直接使用它的相关方法。下面的代码设置一个延时器,1 秒钟之后弹出一个对话框显示"done"字符串。

```
var id = setTimeout(function(){            //1秒后执行
    alert("done");
},1000);
//clearTimeout(id);                        //如果取消掉本行的注释,延时器将不被执行,因为在 1
秒钟到期之前,此语句已经执行,延时器已经被清除掉了。
```

第二个参数表示等待多长时间的毫秒数,但经过该时间后指定的代码不一定会执行。JavaScript 是一个单线程的解释器,因此一定时间内只能执行一段代码。为了控制要执行的代码,就有一个 JavaScript 任务队列,这些任务将会按照它们添加到队列的顺序执行。setTimeout 表示指定时间后,将该任务添加到执行队列中。如果队列是空的,就会立刻执行;如果队列不是空的,就要等到前面的代码执行完了以后再执行。

方法返回一个数值 id,表示这个超时调用。可以通过它来取消超时调用。

```
var num = 0;
var max = 10;
var intervalId = null;
function incrementNumber(){
    num++;
    if(num == max){
        clearInterval(intervalId);
        console.log("Done");
    }
}
intervalId = setInterval(incrementNumber,500);
```

可以通过在延时器函数内部用 setTimeout()调用自身函数实现间歇调用。例如:

```
var num = 0;
var max = 10;
function incrementNumber(){
    num++;
    if(num < max){
        setTimeout(incrementNumber,500);
    }else{
        console.log("done");
    }
}
setTimeout(incrementNumber,500);
```

一般认为使用超时调用来模拟间歇调用是一种最佳模式。因为后一个间歇调用可能会在前一个间歇调用结束前启动,为了避免这个,最好不要使用间歇调用。

(6)系统对话框

浏览器通过 alert、confirm 和 prompt 方法可以调用系统对话框向用户显示消息。系统对话框与在浏览器中显示的网页没有关系,也不包含 HTML。它们的外观由操作系统及浏览器设置决定,而不由 CSS 决定。并且通过这几个方法打开的对话框都是同步和模态的。也就是说,显示这些对话框的时候代码会停止执行,而关掉这些对话框后代码又会恢复执行。例如:

```
var flag = confirm("are you sure?");
console.log(flag);
console.log(prompt("name","zhangsan"));
```

在 prompt 方法中,如果单击的取消或没有单击确定而是通过其他方式关闭了对话框,则该方法返回 null。

6.1.2 location 对象

location 是最有用的 BOM 对象之一,它提供了与当前窗口中加载的文档有关的信息,还提供了一些导航功能。location 对象是一个很特别的对象,因为它既是 window 对象的属性,也是 document 对象的属性。换句话说,window.location 和 document.location 引用的是同一个对象。location 对象的用处不只表现在它保存着当前文档的信息,还表现在它将 URL 解析为独立的片段,让开发人员可以通过不同的属性访问这些片段。

其属性如下。
- location.hash:返回 URL 中的 hash(#后跟零或多个字符)。
- location.host:服务器名和端口号。
- location.hostname:服务器名。
- location.href:完整的 URL,location.toString()。
- location.pathname:URL 中的目录和文件名。
- location.port:URL 中指定的端口号,如果没有返回空字符串""。
- location.protocol:返回页面使用的协议,http 或 https。
- location.search:返回从？到 URL 末尾的所有内容。

(1)查询字符串参数

虽然通过上面的属性可以访问到 location 对象的大多数信息,但却没办法逐个访问其中的每个查询字符串参数。下面的代码对 location.search 做解析后分离出每一个查询字符串参数。

```javascript
function getQueryStringArgs(){
    //获取查询参数?以后的值
    var qs = location.search.length>0? location.search.substring(1):"";
    args = {};                                      //参数对象
    var items = qs.length? qs.split("&"):[];        //获取每一项参数
      items.forEach(function(item){                 //遍历每一项
        if(item.length){
            var keyValue = item.split("=");
            var name = decodeURIComponent(keyValue[0]);
            var value = decodeURIComponent(keyValue[1]);
            if(name.length){
                args[name]= value;
            }
        }
    });
    return args;
}
console.log(getQueryStringArgs());
```

(2)位置操作

使用 location 对象可以通过很多方式来改变浏览器的位置。首先,也是最常用的方式,就是使用 assign 方法并为其传递一个 URL。下面的三行代码都能改变浏览器的位置到百度首页。

```javascript
location.assign("https://www.baidu.com");
window.location = "https://www.baidu.com";   //调用的是 location.assign()
location.href = "https://www.baidu.com";
```

通过设置 location 对象的其他属性值,如 hash、search、hostname、pathname 和 port 来改变 URL。

reload 方法用于重新加载当前显示的页面。如果不传递任何参数,页面就会以最有效的方式重新加载。即如果页面自上次请求以来并没有改变过,页面就会从浏览器缓存中重新加载。如果要强制从服务器重新加载,则需要像下面这样为该方法传递参数 true。

```javascript
location.reload();        //重新加载,有可能从浏览器缓存中加载
location.reload(true);    //重新加载(从服务器加载)
```

位于 reload 调用之后的代码,可能不会被执行(取决于网络延迟或系统资源等因素),最好将 reload 放在代码最后面。

6.1.3 navigator 对象

最早由 Netscape Navigator2.0 引入的 navigator 对象,现在已经成为识别客户端浏览器的事实标准。所有支持 JavaScript 的浏览器都有 navigator 对象。与其他 BOM 对象的情况一样,每个浏览器中的 navigator 对象也都有一套自己的属性。大部分浏览器都支持的主要属性有如下几种。

- appName:浏览器名称。
- platform:操作系统平台代码。

- cookieEnabled：浏览器是否启用 cookie。
- userAgent：用户代理，简称 UA，它是一个特殊字符串头，使得服务器能够识别客户使用的操作系统及版本、CPU 类型、浏览器及版本、浏览器渲染引擎、浏览器语言、浏览器插件等。
- mimeTypes：客户端支持的所有 MIME 类型数组。
- plugins：浏览器已安装的所有插件数组。

下面的 hasPlugin 函数可以用来判别浏览器是否启用某种插件。例如：

```
function hasPlugin(name){
    name = name.toLowerCase();
    for(var i=0;i<navigator.plugins.length;i++){
        if(navigator.plugins[i].name.toLowerCase().indexOf(name) > -1){
            return true;
        }
    }
    return false;
}
console.log(hasPlugin("Flash"));
console.log(hasPlugin("QuickTime"));
```

6.1.4 screen 对象

screen 对象基本上只用来表明客户端的能力，包括显示器的信息，如像素宽度和高度等。其属性值如下。

- screen.width：显示屏幕的宽度。
- screen.height：显示屏幕的高度。
- screen.availWidth：显示屏幕的宽度（除 windows 任务栏之外）。
- screen.availHeight：显示屏幕的高度（除 windows 任务栏之外）。
- screen.colorDepth：显示器色彩深度（表示颜色的二进制位数）。
- screen.orientation：横竖屏状态。

6.1.5 history 对象

history 对象保存用户上网的历史记录，从窗口被打开的那一刻算起。因为 history 是 window 对象的属性，因此每个浏览器窗口，每个标签页乃至每个框架，都有自己的 history 对象与特定的 window 对象关联。出于安全方面的考虑，开发人员无法得知用户浏览过的 URL。不过，借由用户访问过的页面列表，可以实现后退和前进。

go 属性用于：实现用户在历史记录中的任意跳转。例如：

```
history.go(-1);      //后退一页
history.go(1);       //前进一页
history.go(2);       //前进两页
```

跳转到历史记录中包含该字符串的第一个位置，可能后退也可能前进，具体看哪个位置最近。如果历史记录中不包含这个字符串，就什么也不做。例如：

```
history.go("baidu");
history.back();
history.forward();
```

history 对象还有一个 length 属性,保存历史记录的数量。如果为 0,表示这是第一个打开的页面。例如:

```
if(history.length == 0){
    //这是第一个打开的页面
}
```

6.2 DOM 编程

6.2.1 DOM 的基本概念

DOM 是 JavaScript 操作网页的接口,全称为文档对象模型(document object model)。它的作用是将网页转为一个 JavaScript 对象,从而可以用脚本进行各种操作(如增删内容)。

浏览器会根据 DOM 模型,将结构化文档(如 HTML 和 XML)解析成一系列的节点,再由这些节点组成一个树状结构(DOM Tree),如图 6-1 所示。所有的节点和最终的树状结构,都有规范的对外接口。

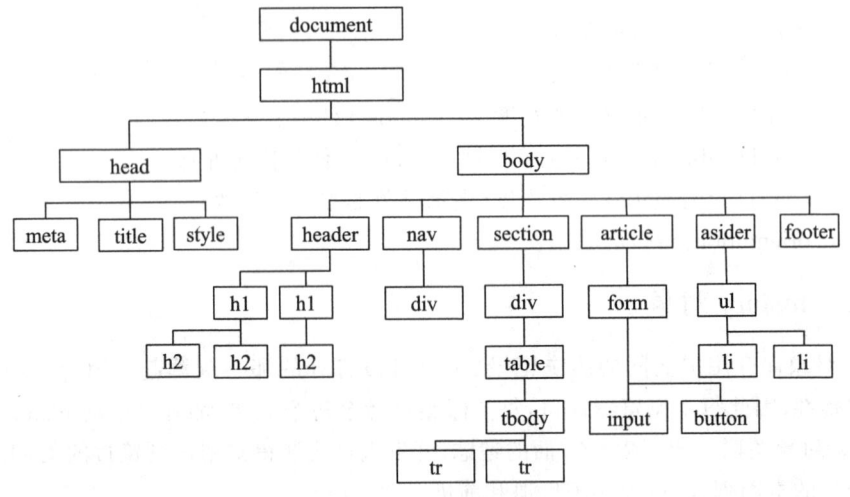

图 6-1 HTML DOM 结构

DOM 只是一个接口规范,可以用各种语言实现。所以严格地说,DOM 不是 JavaScript 语法的一部分,但是 DOM 操作是 JavaScript 最常见的任务,离开了 DOM,JavaScript 就无法控制网页。另一方面,JavaScript 也是最常用于 DOM 操作的语言。

DOM 的最小组成单位叫作节点。文档的树形结构(DOM 树)就是由各种不同类型的节点组成的,每个节点可以看作文档树的一片叶子。

节点的类型有 7 种。

● Document:整个文档树的顶层节点。

- DocumentType：doctype 标签（如<!DOCTYPE html>）。
- Element：网页的各种 HTML 标签（如<body>、<a>等）。
- Attribute：网页元素的属性（如 class="right"）。
- Text：标签之间或标签包含的文本。
- Comment：注释。
- DocumentFragment：文档的片段。

浏览器提供一个原生的节点对象 Node，上面这 7 种节点都继承了 Node，因此具有一些共同的属性和方法。

一个文档的所有节点，按照所在的层级，可以抽象成一种树状结构。这种树状结构就是 DOM 树。它有一个顶层节点，下一层都是顶层节点的子节点，然后子节点又有自己的子节点，就这样层层衍生出一个金字塔结构，倒过来就像一棵树。

浏览器原生提供 document 节点，代表整个文档。

文档的第一层只有一个节点，就是 HTML 网页的第一个标签<html>，它构成了树结构的根节点（root node），其他 HTML 标签节点都是它的下级节点。

除了根节点，其他节点都有 3 种层级关系。
- 父节点关系（parentNode）：直接的那个上级节点。
- 子节点关系（childNodes）：直接的下级节点。
- 同级节点关系（sibling）：拥有同一个父节点的节点。

DOM 提供操作接口，用来获取这 3 种关系的节点。例如，子节点接口包括 firstChild（第一个子节点）和 lastChild（最后一个子节点）等属性，同级节点接口包括 nextSibling（紧邻在后的那个同级节点）和 previousSibling（紧邻在前的那个同级节点）属性。

6.2.2 HTML DOM 定义的查找对象的方法

在操作网页的过程中，最重要的也是最基础的工作是定位网页中的元素，也就是查找 DOM 中的节点，常见的方法有如下几种。

document.getElementById()

document.getElementsByName()

element.getElementsByTagName()

element.getElementsByClassName()

element.querySelector()

element.querySelectorAll()

1. document.getElementById(id)

语法：var element = document.getElementById(id);

参数：id 是大小写敏感的字符串，代表了所要查找的元素的 id 属性值。

返回：页面中一个匹配特定 id 的元素所对应的节点对象。由于元素的 id 在大部分情况下要求是独一无二的，这个方法自然而然地成为了一个高效查找特定元素的方法。如果当前文档中拥有特定 id 的元素不存在，则返回 null。

下面代码展示了如何获取用户所输入的文本框的值，并在网页上加以显示。

```html
<form name="reg">
    <label for="username">User Name:</label>
    <input type="text" id="username" name="username" />
    <div id="showDiv"></div>
</form>
<button type="button" onclick="show()">show value</button>
<script>
    function show(){
        var username = document.getElementById("username");
        document.getElementById("showDiv").innerHTML=username.value;
    }
</script>
```

2. document.getElementsByName(name)

语法：var element = document.getElementsByName(name);

参数：name 是要获取元素的 name 属性值。

返回：页面中带有指定 name 属性值的对象的集合，为 NodeList 对象。

下面代码展示了如何获取用户所选中的复选框的值，并在网页上加以显示。

```html
<form>
    <div>Sports:
    <input type="checkbox" id="fb" name="sports" value="football" /><label for="fb">football</label>
    <input type="checkbox" id="bb" name="sports" value="basketball" /><label for="bb">basketball</label>
    <input type="checkbox" id="vb" name="sports" value="volleyball" /><label for="vb">volleyball</label>
    <input type="checkbox" id="t" name="sports" value="tennis" /><label for="t">tennis</label>
    </div>
    <button type="button" onclick="show()">显示</button>
    <div>选中内容：<span id="showDiv"></span></div>
</form>
<script>
    function show(){
        let values = document.getElementsByName("sports");
        let arr=[];
        values.forEach((item,index)=>{ if(item.checked)arr.push(item.value);});
        document.getElementById("showDiv").innerHTML = arr.length > 0 ? arr.join(";") : '(无)';
    }
</script>
```

3. element.getElementsByTagName(tagname)

语法：var subElement = element.getElementsByTagName(tagname);

参数：tagname 是要获取元素的标签名。

返回：返回带有指定标签名的对象的集合，为 HTMLCollection 对象。

getElementsByTagName 方法可以用于 document 对象，也可以用于其他对象，用于获取其下的指定标签名的子元素。参数值若为"*",则返回文档或对象下的所有元素。

下面代码的功能是打开页面时即将输入框设为禁用,且把第一个图片边框设置为红色实线细边框。

```
<form id="LoginForm">
    <label for="username">User Name:</label>
    <input type="text" id="username" name="username" />
    <label for="password">Password:</label>
    <input type="text" id="password" name="password" />
    <button type="submit">Login</button>
    <div id="showDiv"></div>
</form>
<img id="img2" src="img/1.jpg" />
<script>
    document.getElementsByTagName('img')[0].style.border="solid red thin";
    let inputs = document.getElementById('LoginForm').getElementsByTagName("input");
    Array.from(inputs).forEach((item,index)=>{item.disabled=true;});
</script>
```

4. element.getElementsByClassName()

语法:var subElement = element.getElementsByClassName(classname);

参数:classname 是一个字符串,表示要匹配的类名列表。类名通过空格分隔。

返回:返回带有指定标签名的对象的集合,为 HTMLCollection 对象。

同样,getElementsByClassName 方法可以用于 document 对象,也可以用于其他对象,用于获取其下的指定标签名的子元素。

下面代码的功能是找到 id 为 mainContent 的元素下的类名为 test 的 div 元素。

```
<div id="mainContent">
    <div class="test">
        <span class="test"></span>
    </div>
</div>
<div class="test">
</div>
<script type="text/javascript">
    var testElements = document.getElementById("mainContent").getElementsByClassName('test');
    var testDivs = Array.prototype.filter.call(testElements,function(testElement){
        return testElement.nodeName === 'DIV';
    });
</script>
```

5. element.querySelector(selectors)

语法:var subElement = element.querySelector(selectors);

参数:selectors 是一个字符串,表示要匹配的选择器,可以是 class 选择器、id 选择器、标签选择器或各种选择器的组合。

返回:与指定的一组 CSS 选择器匹配的第一个元素的 html 元素 Element 对象。

同样,querySelector 方法可以用于 document 对象,也可以用于其他对象,用于获取其下的匹配的子元素。

下面代码的功能是将三个标题的颜色分别设为红色、蓝色和绿色。

```
<header class="mui-bar mui-bar-nav">
    <h1 class="mui-title">标题 1</h1>
    <h1 class="mui-title active">标题 2</h1>
    <h1 class="mui-title">标题 3</h1>
</header>
<script type="text/javascript">
    document.querySelector('.mui-bar.mui-bar-nav.mui-title').style.color='red';
    document.querySelector('.mui-bar.mui-bar-nav').querySelector('.active').style.color='blue';
    document.getElementsByClassName("mui-bar mui-bar-nav")[0].getElementsByClassName('mui-title')[2].style.color='green';
</script>
```

6. element.querySelectorAll()

语法：var subElement = element.querySelectorAll(selectors);

参数：selectors 是一个字符串，表示要匹配的选择器，可以是 class 选择器、id 选择器、标签选择器或各种选择器的组合。

返回：与指定的一组 CSS 选择器匹配的 html 元素 Element 对象的列表，为 NodeList 类型。

同样，querySelectorAll 方法可以用于 document 对象，也可以用于其他对象，用于获取其下的匹配的子元素。

下面代码的功能是将 id 为 main 的元素中类名为 highlighted 的 div 元素的直接子段落元素设为红色。

```
<div id="main">
    <div class="highlighted">
        <p>matched 1</p>
        <p>matched 2</p>
        <div>
            <p>unmatched</p>
        </div>
        <p>matched 3</p>
    </div>
</div>
<script type="text/javascript">
    var container = document.querySelector("#main");
    var matches = container.querySelectorAll("div.highlighted > p");
    console.log(matches);
    matches.forEach((item,index)=>{ item.style.color="red"})
</script>
```

6.2.3 Node 接口的属性

所有 DOM 节点都继承了 Node 接口，拥有一些共同的属性和方法。这是 DOM 操作的基础。

(1) Node.nodeType

nodeType 属性返回一个整数值,表示节点的类型。例如:

```
document.nodeType    // 9
```

上面代码中,文档节点的类型值为 9。

Node 对象定义了几个常量,对应这些类型值。例如:

```
document.nodeType === Node.DOCUMENT_NODE // true
```

上面代码中,文档节点的 nodeType 属性等于常量 Node.DOCUMENT_NODE。

不同节点的 nodeType 属性值和对应的常量如下。
- 文档节点(document):9,对应常量 Node.DOCUMENT_NODE。
- 元素节点(element):1,对应常量 Node.ELEMENT_NODE。
- 属性节点(attr):2,对应常量 Node.ATTRIBUTE_NODE。
- 文本节点(text):3,对应常量 Node.TEXT_NODE。
- 文档片断节点(DocumentFragment):11,对应常量 Node.DOCUMENT_FRAGMENT_NODE。
- 文档类型节点(DocumentType):10,对应常量 Node.DOCUMENT_TYPE_NODE。
- 注释节点(Comment):8,对应常量 Node.COMMENT_NODE。

确定节点类型时,使用 nodeType 属性是常用方法。例如:

```
var node = document.documentElement.firstChild;
if(node.nodeType === Node.ELEMENT_NODE){
    console.log('该节点是元素节点');
}
```

(2) Node.nodeName

nodeName 属性返回节点的名称。例如:

```
// <div id="d1">hello world</div>
var div = document.getElementById('d1');
div.nodeName // "DIV"
```

上面代码中,元素节点<div>的 nodeName 属性就是大写的标签名 DIV。

不同节点的 nodeName 属性值如下。
- 文档节点(document):#document。
- 元素节点(element):大写的标签名。
- 属性节点(attr):属性的名称。
- 文本节点(text):#text。
- 文档片断节点(DocumentFragment):#document-fragment。
- 文档类型节点(DocumentType):文档的类型。
- 注释节点(Comment):#comment。

(3) Node.nodeValue

nodeValue 属性返回一个字符串,表示当前节点本身的文本值,该属性可读写。

只有文本节点(text)和注释节点(comment)有文本值,因此这两类节点的 nodeValue 可以返回结果,其他类型的节点一律返回 null。同样的,也只有这两类节点可以设置 nodeValue 属

性的值,其他类型的节点设置无效。例如:

```
// <div id="d1">hello world</div>
var div = document.getElementById('d1');
div.nodeValue // null
div.firstChild.nodeValue // "hello world"
```

上面代码中,div 是元素节点,nodeValue 属性返回 null。div.firstChild 是文本节点,所以可以返回文本值。

(4) Node.textContent

textContent 属性返回当前节点和它的所有后代节点的文本内容。例如:

```
// <div id="divA">This is <span>some</span> text</div>
document.getElementById('divA').textContent;    // This is some text
```

textContent 属性自动忽略当前节点内部的 HTML 标签,返回所有文本内容。

该属性是可读写的,设置该属性的值,会用一个新的文本节点,替换所有原来的子节点。

(5) Node.baseURI

baseURI 属性返回一个字符串,表示当前网页的绝对路径。浏览器根据这个属性,计算网页上的相对路径的 URL。该属性为只读。

```
//当前网页的网址为
// http://www.example.com/index.html
document.baseURI             // "http://www.example.com/index.html"
```

该属性的值一般由当前网址的 URL(window.location 属性)决定,但是可以使用 HTML 的<base>标签改变该属性的值。例如:

```
<base href="http://www.example.com/page.html">
```

设置了以后,baseURI 属性就返回<base>标签设置的值。

(6) Node.ownerDocument

Node.ownerDocument 属性返回当前节点所在的顶层文档对象,即 document 对象。例如:

```
var d = p.ownerDocument;
d === document       // true
```

document 对象本身的 ownerDocument 属性,返回 null。

(7) Node.nextSibling

Node.nextSibling 属性返回紧跟在当前节点后面的第一个同级节点。如果当前节点后面没有同级节点,则返回 null。例如:

```
// <div id="d1">hello</div><div id="d2">world</div>
var div1 = document.getElementById('d1');
var div2 = document.getElementById('d2');
d1.nextSibling === d2    // true
```

上面代码中,d1.nextSibling 就是紧跟在 d1 后面的同级节点 d2。

(8) Node.previousSibling

previousSibling 属性返回当前节点前面的、距离最近的一个同级节点。如果当前节点前面没有同级节点,则返回 null。使用方法同 Node.nextSibling。

(9) Node.parentNode

parentNode 属性返回当前节点的父节点。对于一个节点来说,它的父节点只可能是三种类型:元素节点(element)、文档节点(document)和文档片段节点(documentfragment)。

```
if(node.parentNode){
    node.parentNode.removeChild(node);
}
```

上面代码中,通过 node.parentNode 属性将 node 节点从文档里面移除。

文档节点(document)和文档片段节点(documentfragment)的父节点都是 null。另外,对于那些生成后还没插入 DOM 树的节点,父节点也是 null。

(10) Node.parentElement

parentElement 属性返回当前节点的父节点。如果当前节点没有父节点,或者父节点类型不是元素节点,则返回 null。例如:

```
if(node.parentElement){
    node.parentElement.style.color = 'red';
}
```

上面代码中,父节点的样式设定了红色。

由于父节点只可能是三种类型:元素节点、文档节点(document)和文档片段节点(documentfragment)。parentElement 属性相当于把后两种父节点都排除了。

(11) Node.firstChild 和 Node.lastChild

firstChild 属性返回当前节点的第一个子节点,如果当前节点没有子节点,则返回 null。

```
// <p id="p1"><span>First span</span></p>
var p1 = document.getElementById('p1');
p1.firstChild.nodeName      // "SPAN"
```

上面代码中,p 元素的第一个子节点是 span 元素。

firstChild 返回的除了元素节点外,还可能是文本节点或注释节点。例如:

```
// <p id="p1">
//   <span>First span</span>
// </p>
var p1 = document.getElementById('p1');
p1.firstChild.nodeName      // "#text"
```

上面代码中,p 元素与 span 元素之间有空白字符,这导致 firstChild 返回的是文本节点。

lastChild 属性返回当前节点的最后一个子节点,如果当前节点没有子节点,则返回 null。用法与 firstChild 属性相同。

(12) Node.childNodes

childNodes 属性返回一个类似数组的对象(NodeList 集合),成员包括当前节点的所有子节点。例如:

```
var children = document.querySelector('ul').childNodes;
```

上面代码中，children 就是 ul 元素的所有子节点。

使用该属性，可以遍历某个节点的所有子节点。例如：

```
var div = document.getElementById('div1');
var children = div.childNodes;
for(var i = 0;i < children.length;i++){
    //……
}
```

文档节点（document）就有两个子节点：文档类型节点（docType）和 HTML 根元素节点。

```
var children = document.childNodes;
for(var i = 0;i < children.length;i++){
    console.log(children[i].nodeType);
}
// 10
// 1
```

上面代码中，文档节点的第一个子节点的类型是 10（文档类型节点），第二个子节点的类型是 1（元素节点）。

除了元素节点，childNodes 属性的返回值还包括文本节点和注释节点。如果当前节点不包括任何子节点，则返回一个空的 NodeList 集合。由于 NodeList 对象是一个动态集合，一旦子节点发生变化，立刻会反映在返回结果之中。

(13) Node.isConnected

isConnected 属性返回一个布尔值，表示当前节点是否在文档之中。例如：

```
var test = document.createElement('p');
test.isConnected                         // false
document.body.appendChild(test);
test.isConnected                         // true
```

上面代码中，test 节点是脚本生成的节点，没有插入文档之前，isConnected 属性返回 false，插入之后返回 true。

6.2.4 Node 接口的方法

(1) Node.appendChild()

appendChild 方法接收一个节点对象作为参数，将其作为最后一个子节点，插入当前节点。该方法的返回值就是插入文档的子节点。例如：

```
var p = document.createElement('p');
document.body.appendChild(p);
```

上面代码新建一个<p>节点，将其插入 document.body 的尾部。

如果参数节点是 DOM 已经存在的节点，appendChild 方法会将其从原来的位置移动到新位置。

```
var element = document
    .createElement('div')
    .appendChild(document.createElement('b'));
```

上面代码的返回值是<b></b>，而不是<div></div>。

如果 appendChild 方法的参数是 DocumentFragment 节点，那么插入的是 DocumentFragment 的所有子节点，而不是 DocumentFragment 节点本身，返回值是一个空的 DocumentFragment 节点。

（2）Node.hasChildNodes()

hasChildNodes 方法返回一个布尔值，表示当前节点是否有子节点。例如：

```
var foo = document.getElementById('foo');
if(foo.hasChildNodes()){
    foo.removeChild(foo.childNodes[0]);
}
```

上面代码表示，如果 foo 节点有子节点，就移除第一个子节点。

子节点包括所有节点，即使节点只包含一个空格，hasChildNodes 方法也会返回 true。

判断一个节点有没有子节点，有许多种方法，下面是其中的 3 种。

```
node.hasChildNodes()
node.firstChild !== null
node.childNodes && node.childNodes.length > 0
```

hasChildNodes 方法结合 firstChild 属性和 nextSibling 属性，可以遍历当前节点的所有后代节点。

```
function DOMComb(parent,callback){
    if(parent.hasChildNodes()){
        for(var node = parent.firstChild;node;node = node.nextSibling){
            DOMComb(node,callback);
        }
    }
    callback(parent);
}
//用法
DOMComb(document.body,console.log)
```

上面代码中，DOMComb 函数的第一个参数是某个指定的节点，第二个参数是回调函数。这个回调函数会依次作用于指定节点，以及指定节点的所有后代节点。

（3）Node.cloneNode()

cloneNode 方法用于克隆一个节点。它接收一个布尔值作为参数，表示是否同时克隆子节点。它的返回值是一个克隆出来的新节点。例如：

```
var cloneUL = document.querySelector('ul').cloneNode(true);
```

（4）Node.insertBefore()

insertBefore 方法用于将某个节点插入父节点内部的指定位置。例如：

```
var insertedNode = parentNode.insertBefore(newNode,referenceNode);
```

insertBefore 方法接收两个参数，第一个参数是所要插入的节点 newNode，第二个参数是父节点 parentNode 内部的一个子节点 referenceNode。newNode 将插在 referenceNode 这个子节点的前面。返回值是插入的新节点 newNode。例如：

```
var p = document.createElement('p');
document.body.insertBefore(p,document.body.firstChild);
```

上面代码中，新建一个<p>节点，插在 document.body.firstChild 的前面，也就是成为 document.body 的第一个子节点。

如果 insertBefore 方法的第二个参数为 null，则新节点将插在当前节点内部的最后位置，即变成最后一个子节点。例如：

```
var p = document.createElement('p');
document.body.insertBefore(p,null);
```

上面代码中，p 将成为 document.body 的最后一个子节点。这也说明 insertBefore 的第二个参数不能省略。

(5) Node.removeChild()

removeChild 方法接收一个子节点作为参数，用于从当前节点移除该子节点，返回值是移除的子节点。例如：

```
var divA = document.getElementById('A');
divA.parentNode.removeChild(divA);
```

上面代码移除了页面中的 id 为 A 的元素。

注意：这个方法是在 divA 的父节点上调用的，不是在 divA 上调用的。

下面是如何移除当前节点的所有子节点。

```
var element = document.getElementById('top');
while(element.firstChild){
    element.removeChild(element.firstChild);
}
```

被移除的节点依然存在于内存之中，但不再是 DOM 的一部分。所以，一个节点被移除以后，依然可以使用它，如插入到另一个节点下面。

如果参数节点不是当前节点的子节点，removeChild 方法将报错。

(6) Node.replaceChild()

replaceChild 方法用于将一个新的节点，替换当前节点的某一个子节点。例如：

```
var replacedNode = parentNode.replaceChild(newChild,oldChild);
```

上面代码中，replaceChild 方法接收两个参数，第一个参数 newChild 是用来替换的新节点，第二个参数 oldChild 是将要替换走的子节点。返回值是替换走的那个节点 oldChild。

```
var divA = document.getElementById('divA');
var newSpan = document.createElement('span');
newSpan.textContent = 'Hello World!';
divA.parentNode.replaceChild(newSpan,divA);
```

上面代码是如何将指定节点 divA 替换走。

(7) Node.contains()

contains 方法返回一个布尔值,表示参数节点是否满足以下 3 个条件之一。

①参数节点为当前节点。

②参数节点为当前节点的子节点。

③参数节点为当前节点的后代节点。

例如:

```
document.body.contains(node)
```

上面代码检查参数节点 node 是否包含在当前文档之中。

(8) Node.isEqualNode() 和 Node.isSameNode()

isEqualNode 方法返回一个布尔值,用于检查两个节点是否相等。所谓相等的节点,指的是两个节点的类型相同、属性相同、子节点相同。isSameNode 方法返回一个布尔值,表示两个节点是否为同一个节点。例如:

```
var p1 = document.createElement('p');
var p2 = document.createElement('p');
p1.isEqualNode(p2)         // true
p1.isSameNode(p2)          // false
p1.isSameNode(p1)          // true
```

(9) Node.normalize()

normalize 方法用于清理当前节点内部的所有文本节点(text)。它会去除空的文本节点,并且将毗邻的文本节点合并成一个,也就是说不存在空的文本节点,以及毗邻的文本节点。例如:

```
var wrapper = document.createElement('div');
wrapper.appendChild(document.createTextNode('Part 1 '));
wrapper.appendChild(document.createTextNode('Part 2 '));
wrapper.childNodes.length       // 2
wrapper.normalize();
wrapper.childNodes.length       // 1
```

上面代码使用 normalize 方法之前,wrapper 节点有两个毗邻的文本子节点。使用 normalize 方法之后,两个文本子节点被合并成一个。

(10) Node.getRootNode()

getRootNode 方法返回当前节点所在文档的根节点。例如:

```
document.body.firstChild.getRootNode() === document    // true
```

6.2.5 NodeList 接口

节点都是单个对象,有时需要一种数据结构,能够容纳多个节点。DOM 提供两种节点集合,用于容纳多个节点:NodeList 和 HTMLCollection。NodeList 实例是一个类似数组的对象,它的成员是节点对象。

这两种集合都属于接口规范。许多 DOM 属性和方法,返回的结果是 NodeList 实例或 HTMLCollection 实例。

Node.childNodes、document.querySelectorAll()、document.getElementsByTagName() 等方法返回 NodeList 实例。

```
document.body.childNodes instanceof NodeList    // true
```

NodeList 实例可以使用 length 属性和 forEach 方法，但是，它不是数组，不能使用 pop 或 push 之类数组特有的方法。例如：

```
var children = document.body.childNodes;
Array.isArray(children)              // false
children.length                      // 34
children.forEach(console.log)
```

上面代码中，NodeList 实例 children 不是数组，但是具有 length 属性和 forEach 方法。

如果 NodeList 实例要使用数组方法，可以将其转为真正的数组。例如：

```
var children = document.body.childNodes;
var nodeArr = Array.prototype.slice.call(children);    // ES5 之前的用法
var nodeArr2 = Array.from(children);                    // ES6 的写法
```

除了使用 forEach 方法遍历 NodeList 实例，还可以使用 for 循环。例如：

```
var children = document.body.childNodes;
for(var i = 0;i < children.length;i++){
    var item = children[i];
}
```

注意：NodeList 实例可能是动态集合，也可能是静态集合。所谓动态集合，就是一个活的集合，DOM 删除或新增一个相关节点，都会立刻反映在 NodeList 实例。目前，只有 Node.childNodes 返回的是一个动态集合，其他的 NodeList 都是静态集合。例如：

```
var children = document.body.childNodes;
children.length                                          // 18
document.body.appendChild(document.createElement('p'));
children.length                                          // 19
```

上面代码中，文档增加一个子节点，NodeList 实例 children 的 length 属性就增加了 1。

(1) NodeList.prototype.length

length 属性返回 NodeList 实例包含的节点数量。

```
document.getElementsByTagName('xxx').length    // 0
```

上面代码中，document.getElementsByTagName 返回一个 NodeList 集合。对于那些不存在的 HTML 标签，length 属性返回 0。

(2) NodeList.prototype.forEach()

forEach 方法用于遍历 NodeList 的所有成员。它接收一个回调函数作为参数，每一轮遍历就执行一次这个回调函数，用法与数组实例的 forEach 方法完全一致。例如：

```
var children = document.body.childNodes;
children.forEach(function f(item,i,list){
    //……
},this);
```

上面代码中,回调函数 f 的 3 个参数依次是当前成员、位置和当前 NodeList 实例。forEach 方法的第 2 个参数,用于绑定回调函数内部的 this,该参数可省略。

(3) NodeList.prototype.item()

item 方法接收一个整数值作为参数,表示成员的位置,返回该位置上的成员。例如:

```
document.body.childNodes.item(0)
```

上面代码中,item(0)返回第一个成员。

如果参数值大于实际长度,或者索引不合法(如负数),item 方法返回 null。如果省略参数,item 方法会报错。

所有类似数组的对象,都可以使用方括号运算符取出成员。一般情况下,都是使用方括号运算符,而不使用 item 方法。例如:

```
document.body.childNodes[0]
```

(4) NodeList.prototype.keys()、NodeList.prototype.values() 和 NodeList.prototype.entries()

这 3 个方法都返回一个 ES6 的遍历器对象,可以通过 for…of 循环遍历获取每一个成员的信息。区别在于,keys 返回键名的遍历器,values 返回键值的遍历器,entries 返回的遍历器同时包含键名和键值的信息。例如:

```
var children = document.body.childNodes;
for(var key of children.keys()){
    console.log(key);
}
// 0
// 1
// 2
//……
for(var value of children.values()){
    console.log(value);
}
// #text
// <script>
//……
for(var entry of children.entries()){
    console.log(entry);
}
// Array [0, #text]
// Array [1, <script>]
//……
```

6.2.6 HTMLCollection 接口

HTMLCollection 是一个节点对象的集合,只能包含元素节点(element),不能包含其他类型的节点。它的返回值是一个类似数组的对象,但是与 NodeList 接口不同,HTMLCollection 没有 forEach 方法,只能使用 for 循环遍历。

返回 HTMLCollection 实例的,主要是一些 Document 对象的集合属性,如 document.

links、document.forms、document.images 等。例如：

```
document.links instanceof HTMLCollection        // true
```

HTMLCollection 实例都是动态集合，节点的变化会实时反映在集合中。

如果元素节点有 id 或 name 属性，那么 HTMLCollection 实例上面，可以使用 id 属性或 name 属性引用该节点元素。如果没有对应的节点，则返回 null。例如：

```
// <img id="pic" src="http://example.com/foo.jpg">
var pic = document.getElementById('pic');
document.images.pic === pic // true
```

上面代码中，document.images 是一个 HTMLCollection 实例，可以通过 img 元素的 id 属性值，从 HTMLCollection 实例上取到这个元素。

(1) HTMLCollection.prototype.length

length 属性返回 HTMLCollection 实例包含的成员数量。例如：

```
document.links.length                           // 整数值
```

(2) HTMLCollection.prototype.item()

item 方法接收一个整数值作为参数，表示成员的位置，返回该位置上的成员。例如：

```
var c = document.images;
var img0 = c.item(0);
```

上面代码中，item(0) 表示返回 0 号位置的成员。由于方括号运算符也具有同样作用，而且使用更方便，所以一般情况下，总是使用方括号运算符。

如果参数值超出成员数量或者不合法（如小于 0），那么 item 方法返回 null。

(3) HTMLCollection.prototype.namedItem()

namedItem 方法的参数是一个字符串，表示 id 属性或 name 属性的值，返回对应的元素节点。如果没有对应的节点，则返回 null。例如：

```
// <img id="pic" src="http://example.com/foo.jpg">
var pic = document.getElementById('pic');
document.images.namedItem('pic') === pic // true
```

6.2.7 ParentNode 接口

节点对象除了继承 Node 接口以外，还会继承其他接口。ParentNode 接口表示当前节点是一个父节点，提供一些处理子节点的方法。ChildNode 接口表示当前节点是一个子节点，提供一些相关方法。

如果当前节点是父节点，就会继承 ParentNode 接口。由于只有元素节点（element）、文档节点（document）和文档片段节点（documentFragment）拥有子节点，因此只有这 3 类节点会继承 ParentNode 接口。

(1) ParentNode.children

children 属性返回一个 HTMLCollection 实例，成员是当前节点的所有元素子节点。该属性只读。

下面是遍历某个节点的所有元素子节点的示例。

```
for(var i = 0;i < el.children.length;i++){
    //……
}
```

注意：children 属性只包括元素子节点，不包括其他类型的子节点（如文本子节点）。如果没有元素类型的子节点，返回值 HTMLCollection 实例的 length 属性为 0。

另外，HTMLCollection 是动态集合，会实时反映 DOM 的任何变化。

（2）ParentNode.firstElementChild

firstElementChild 属性返回当前节点的第一个元素子节点。如果没有任何元素子节点，则返回 null。例如：

```
document.firstElementChild.nodeName          // "HTML"
```

上面代码中，document 节点的第一个元素子节点是 <HTML>。

（3）ParentNode.lastElementChild

lastElementChild 属性返回当前节点的最后一个元素子节点，如果不存在任何元素子节点，则返回 null。

（4）ParentNode.childElementCount

childElementCount 属性返回一个整数，表示当前节点的所有元素子节点的数目。如果不包含任何元素子节点，则返回 0。例如：

```
document.body.childElementCount          // 整数
```

（5）ParentNode.append() 和 ParentNode.prepend()

append 方法为当前节点追加一个或多个子节点，位置是最后一个元素子节点的后面，该方法没有返回值。

该方法不仅可以添加元素子节点，还可以添加文本子节点。例如：

```
var parent = document.body;
var p = document.createElement('p');
parent.append(p);                    // 添加元素子节点
parent.append('Hello');              // 添加文本子节点
var p1 = document.createElement('p');
var p2 = document.createElement('p');
parent.append(p1,p2);                // 添加多个元素子节点
var p = document.createElement('p');
parent.append('Hello',p);            // 添加元素子节点和文本子节点
```

prepend 方法为当前节点追加一个或多个子节点，位置是第一个元素子节点的前面。它的用法与 append 方法完全一致，也是没有返回值。

6.2.8 ChildNode 接口

如果一个节点有父节点，那么该节点就继承了 ChildNode 接口。

（1）ChildNode.remove()

remove 方法用于从父节点移除当前节点。例如：

```
el.remove();
```

上面代码在 DOM 里面移除了 el 节点。

(2) ChildNode.before() 和 ChildNode.after()

before 方法用于在当前节点的前面,插入一个或多个同级节点,两者拥有相同的父节点。该方法不仅可以插入元素节点,还可以插入文本节点。例如:

```
var p = document.createElement('p');
var p1 = document.createElement('p');
el.before(p);                    // 插入元素节点,此句没有效果,因为后面把它又重新插入了一次
el.before('Hello');              // 插入文本节点
el.before(p,p1);                 // 插入多个元素节点
el.before(p,'Hello');            // 插入元素节点和文本节点
```

after 方法用于在当前节点的后面,插入一个或多个同级节点,两者拥有相同的父节点。用法与 before 方法完全相同。

(3) ChildNode.replaceWith()

replaceWith 方法使用参数节点替换当前节点。参数可以是元素节点,也可以是文本节点。例如:

```
var span = document.createElement('span');
el.replaceWith(span);
```

上面代码中,el 节点将被 span 节点替换。

6.2.9 document 对象

document 对象是文档的根节点,每个网页都有自己的 document 对象,window.document 属性就指向这个对象。只要浏览器开始载入 HTML 文档,该对象就存在了,可以直接使用。

document 对象继承了 EventTarget 接口、Node 接口、ParentNode 接口。这意味着,这些接口的方法都可以在 document 对象上调用。除此之外,document 对象还有很多自己的属性和方法。主要的属性和方法及其含义如表 6-1、表 6-2 所示。

document 元素的属性与方法

表 6-1 document 对象属性

属性	描述
body	指向 <body> 节点
links	返回当前文档所有设定了 href 属性的 <a> 及 <area> 节点
forms	返回所有 <form> 表单节点
images	返回页面所有 <img> 图片节点
scripts	返回所有 <script> 节点
documentURI	返回当前文档的网址
URL	返回当前文档的网址,只能用于 HTML 文档
domain	返回当前文档的域名,不包含协议和接口
location	返回当前文档的 Location 对象

表 6-2　document 对象的方法

方法	描述
write() / writeln()	用于向当前文档写入内容，writeln() 会在输出内容的尾部添加换行符
querySelector()	选择匹配 CSS 选择器的第一个元素节点
querySelectorAll()	选择匹配 CSS 选择器的所有元素节点
getElementsByTagName()	选择指定 HTML 标签名的元素
getElementsByClassName()	选择所有 class 名字符合指定条件的元素
getElementsByName()	选择拥有 name 属性的 HTML 元素
getElementById()	返回匹配指定 id 属性的元素节点
createElement()	生成元素节点
createTextNode()	生成一个新的文本节点
addEventListener()	添加事件监听函数
removeEventListener()	移除事件监听函数
dispatchEvent()	触发自定义事件
getSelection()	返回一个 Selection 对象，表示用户选择的文本范围或光标的当前位置

下面的代码在页面上动态创建一个按钮，并分别为其绑定一个自定义事件和点击事件，为页面绑定鼠标移动事件，使所生成的按钮跟随光标移动，当双击页面时，移除鼠标移动事件。

```
let button = document.createElement("button");      //动态创建一个按钮元素
button.textContent="保存";
button.style.position="absolute";
const event = new Event('build');                   //自定义事件
button.addEventListener('build', function (e) {     //将自定义事件绑定到 button，并设置其事件内容
    console.log("自定义事件触发了。");
}, false);
button.addEventListener("click",function(e){
    console.log("点我了。");
})
document.body.appendChild(button);
button.dispatchEvent(event);                        //触发自定义事件
let mousemove = function(e){                        //定义事件响应函数
    button.style.left = e.clientX +"px";
    button.style.top = e.clientY +"px";
}
document.addEventListener("mousemove",mousemove);   //绑定光标移动事件
document.addEventListener("dblclick",function(e){   //绑定双击事件
    document.removeEventListener("mousemove",mousemove);  //移除鼠标移动事件
});
```

6.2.10 Element 对象

Element 对象对应网页的 HTML 元素。每一个 HTML 元素,在 DOM 树上都会转化成一个 Element 节点对象。

Element 对象继承了 Node 接口,因此 Node 的属性和方法在 Element 对象都存在。此外,不同的 HTML 元素对应的元素节点是不一样的,生成不同的元素节点,这些对象除了继承 Element 的属性和方法,还有各自的属性和方法,常用的属性和方法如表 6-3、表 6-4 所示。

Element 对象的属性与方法

表 6-3 Element 对象的属性

属性	描述
id	元素的 id 属性值,该属性可读写
tagName	返回指定元素的大写标签名
hidden	返回当前元素是否可见,该属性可读写
attributes	返回一个类似数组的对象,成员是当前元素节点的所有属性节点
className	用来读写当前元素节点的 class 属性。它的值是一个字符串,每个 class 之间用空格分割。
classList	返回一个类似数组的对象,当前元素节点的每个 class 就是这个对象的一个成员
dataset	返回一个对象,用来控制元素的自定义 data-属性
innerHTML	返回一个字符串,等同于该元素包含的所有 HTML 代码,该属性可读写
outerHTML	返回一个字符串,表示当前元素节点的所有 HTML 代码,包括该元素本身和所有子元素。
style	返回一个对象,用来控制元素的行内样式信息,该属性可读写
children	返回一个类似数组的对象(HTMLCollection 实例),包括当前元素节点的所有子元素
childElementCount	返回当前元素节点包含的子元素节点的个数
firstElementChild	返回当前元素的第一个元素子节点
lastElementChild	返回当前元素的最后一个元素子节点
nextElementSibling	返回当前元素节点的后一个同级元素节点
previousElementSibling	返回当前元素节点的前一个同级元素节点

表 6-4 Element 对象的方法

方法	描述
getAttribute()	返回元素指定属性的值
getAttributeNames()	返回一个数组,成员是当前元素的所有属性的名字
setAttribute()	用于为当前节点设置属性及其值
hasAttribute()	返回一个布尔值,表示当前元素节点是否有指定的属性

方法	描述
hasAttributes()	返回一个布尔值,表示当前元素是否有属性
removeAttribute()	移除指定属性
querySelector()	选择元素的匹配 CSS 选择器的第一个子元素节点
querySelectorAll()	选择元素的匹配 CSS 选择器的所有子元素节点
getElementsByClassName()	选择元素的所有 class 名字符合指定条件的子元素
getElementsByTagName()	选择元素的指定 HTML 标签名的子元素
addEventListener	添加事件监听函数
removeEventListener	添加事件监听函数
dispatchEvent	触发自定义事件
insertAdjacentElement()	在相对于当前元素的指定位置,插入一个新的节点。第一个参数为位置,取下列值之一: beforebegin:当前元素之前 afterbegin:当前元素内部的第一个子节点前面 beforeend:当前元素内部的最后一个子节点后面 afterend:当前元素之后
insertAdjacentHTML()	在相对于当前元素的指定位置,插入一个由 HTML 字符串所生成的 DOM 结构。
insertAdjacentText()	在相对于当前元素的指定位置,插入一个文本节点

下面代码的功能是为网页的所有图片增加手动点击或自动下载的功能。手动下载的原理:找到 img 元素,在其外面包裹一个 a 标签,将图片的 src 设置为 a 标签的 href 属性值。自动下载的原理:为每一个 img 元素创建一个 a 标签,将图片的 src 设置为 a 标签的 href 属性值,然后模拟点击 a 标签的动作。

```
let i=0;
for (let img of document.images) {
    //排除空图片、base64 编码的图片和宽度小于 200 像素的图片
    if (img.src && (img.src.substr(0, 7) == "http://" || img.src.substr(0, 8) == "https://") && img.width > 200) {
        let a = document.createElement('a');           // 创建一个 a 节点
        a.href = img.src;                              // 将图片的 src 赋值给 a 节点的 href
        let s = img.src.split("?")[0];
        //如果 img 有 title,把 title 作为保存文件名的前缀
        a.download = (img.title? img.title+ '_':'') + s.substring(s.lastIndexOf('/') + 1);
        //手动下载
        img.insertAdjacentElement("beforebegin",a);    //将 a 节点插入到 img 前面
        a.appendChild(img);                            //把 img 变为 a 的子元素
        //自动下载
        //setTimeout(function(){
        //模拟鼠标 click 点击事件,并触发,也可用 a.click();
```

```
            //a.dispatchEvent( new MouseEvent('click'));
            //需要设置延时器,不然的话由于运行时间过短,会有很多点击操作被覆盖
            //},1000 * (i++));
        }
    };
```

6.3 事　件

6.3.1 事件含义

网页中的每个元素都可以产生某些可以触发 JavaScript 函数的事件。例如,我们可以在用户单击某按钮时产生一个 onclick 事件来触发某个函数。

```
<span onclick="this.innerHTML=Date()">现在的时间是?</span>
<input type="button" value="删除" onclick="confirm('确认操作吗?')" />
```

6.3.2 事件类型

HTML 事件可以是浏览器行为,也可以是用户行为。常见的事件有单击、页面或图像载入、鼠标悬浮于页面的某个热点之上、在表单中选取输入框、确认表单、键盘按键,如表 6-5 所示。

表 6-5　事件列表

类别	事件	描述
鼠标事件	onclick	当用户单击某个对象时触发
	oncontextmenu	当用户单击鼠标右键打开快捷菜单时触发
	ondblclick	当用户双击某个对象时触发
	onmousedown	鼠标按键被按下
	onmouseenter	当鼠标指针移动到元素上时触发
	onmouseleave	当鼠标指针移出元素时触发
	onmousemove	鼠标被移动时触发
	onmouseover	鼠标移到某元素之上时触发
	onmouseout	鼠标从某元素移开时触发
	onmouseup	鼠标按键被松开时触发
键盘事件	onkeydown	某个键盘按键被按下时触发
	onkeypress	某个键盘按键被按下并松开时触发
	onkeyup	某个键盘按键被松开时触发

续表

类别	事件	描述
页面/对象事件	onabort	图像的加载被中断时触发(<object>)
	onbeforeunload	该事件在即将离开页面(刷新或关闭)时触发
	onerror	在加载文档或图像发生错误时触发(<object>、<body>和<frameset>)
	onhashchange	该事件在当前 URL 的锚部分发生修改时触发
	onload	一张页面或一幅图像完成加载时触发
	onpageshow	在用户访问页面时触发
	onpagehide	在用户离开当前网页跳转到另外一个页面时触发
	onresize	窗口或框架被重新调整大小时触发
	onscroll	当文档被滚动时触发
	onunload	用户退出页面时触发(<body>和<frameset>)
表单事件	onblur	元素失去焦点时触发
	onchange	该事件在表单元素的内容改变时触发(<input>、<keygen>、<select>和<textarea>)
	onfocus	元素获取焦点时触发
	onfocusin	元素即将获取焦点时触发
	onfocusout	元素即将失去焦点时触发
	oninput	元素获取用户输入时触发
	onreset	表单重置时触发
	onsearch	用户向搜索域输入文本时触发(<input="search">)
	onselect	用户选取文本时触发(<input>和<textarea>)
	onsubmit	表单提交时触发
剪贴板事件	oncopy	用户复制元素内容时触发
	oncut	用户剪切元素内容时触发
	onpaste	用户粘贴元素内容时触发
打印事件	onafterprint	页面已经开始打印,或者打印窗口已经关闭时触发
	onbeforeprint	页面即将开始打印时触发
拖动事件	ondrag	元素正在拖动时触发
	ondragend	用户完成元素的拖动时触发
	ondragenter	拖动的元素进入放置目标时触发
	ondragleave	拖动元素离开放置目标时触发
	ondragover	拖动元素在放置目标上时触发
	ondragstart	用户开始拖动元素时触发
	ondrop	拖动元素放置在目标区域时触发

续表

类别	事件	描述
多媒体事件	onabort	视频、音频（audio/video）终止加载时触发
	oncanplay	用户可以开始播放视频、音频（audio/video）时触发
	oncanplaythrough	视频、音频（audio/video）可以正常播放且无须停顿和缓冲时触发
	ondurationchange	视频、音频（audio/video）的时长发生变化时触发
	onemptied	当期播放列表为空时触发
	onended	视频、音频（audio/video）播放结束时触发
	onerror	视频、音频（audio/video）数据加载期间发生错误时触发
	onloadeddata	浏览器加载视频、音频（audio/video）当前帧时触发
	onloadedmetadata	指定视频、音频（audio/video）的元数据加载后触发
	onloadstart	浏览器开始寻找指定的视频、音频（audio/video）时触发
	onpause	视频、音频（audio/video）暂停时触发
	onplay	视频、音频（audio/video）开始播放时触发
	onplaying	视频、音频（audio/video）暂停或者在缓冲后准备重新开始播放时触发
	onprogress	浏览器下载指定的视频、音频（audio/video）时触发
	onratechange	视频、音频（audio/video）的播放速度发送改变时触发
	onseeked	用户重新定位视频、音频（audio/video）的播放位置后触发
	onseeking	用户开始重新定位视频、音频（audio/video）时触发
	onstalled	浏览器获取媒体数据，但媒体数据不可用时触发
	onsuspend	浏览器读取媒体数据中止时触发
	ontimeupdate	当前的播放位置发送改变时触发
	onvolumechange	音量发生改变时触发
	onwaiting	视频由于要播放下一帧而需要缓冲时触发
动画事件	animationend	CSS 动画结束播放时触发
	animationiteration	CSS 动画重复播放时触发
	animationstart	CSS 动画开始播放时触发
过渡事件	transitionend	CSS 完成过渡后触发
其他事件	onmessage	通过或者从对象（WebSocket、Web Worker、Event Source 或者子 frame 或父窗口）接收到消息时触发
	ononline	浏览器开始在线工作时触发
	onoffline	浏览器开始离线工作时触发
	onpopstate	窗口的浏览历史（history 对象）发生改变时触发
	onshow	当 menu 元素在快捷菜单显示时触发
	onstorage	Web Storage（HTML 5 Web 存储）更新时触发
	ontoggle	用户打开或关闭 details 元素时触发
	onwheel	鼠标滚轮在元素上下滚动时触发

6.3.3 定义事件

事件通常与函数配合使用，当事件发生时函数才会被执行。事件三要素是事件源、事件、事件驱动程序（监听器）。

HTML 元素中可以添加事件属性，也可以使用 JavaScript 代码来添加事件。

事件分为 DOM0 级和 DOM2 级两种，不同级别的 DOM 事件因其实现方式不同，都有自己的特性。

1. DOM0 级事件

在 DOM 元素上提供相关事件类型属性，JavaScript 程序可以通过这些特定类型的属性注册事件处理程序。它的特性是一个元素同种类型的事件只能注册一个事件处理程序。

DOM0 级事件处理有两种方式。

（1）通过元素标签内的事件属性

在 HTML 中，可以使用与相应事件同名的元素属性来指定，属性的值应该是能执行的 JavaScript 代码，可以直接将 JavaScript 代码写在属性中，但常规的做法是，将 JavaScript 代码定义在目标元素外部。

```
<script type="text/javascript">
    function Hide(){
        var v=confirm('确认隐藏吗?');
        if(v){
            event.target.style.visibility='hidden';
        }else{
            alert('你放弃操作了。')
        }
    }
</script>
<input type="button" value="隐藏"
    onclick="var v=confirm('确认隐藏吗?');if(v){this.style.visibility='hidden';}else{alert('你放弃操作了。')}"/>
<input type="button" value="隐藏" onclick="Hide()"/>
```

事件处理程序中的代码，能够访问全局作用域中的任何变量。每个 function() 存在一个局部变量，即事件对象 event。通过 event 变量，可以直接访问事件对象。在函数内部，this 值等于事件的目标元素 currentTarget。

此种方式 HTML 代码与 JavaScript 代码高度耦合，属于侵入式 JavaScript，不推荐使用。

（2）通过 JavaScript 定义匿名函数赋值给 DOM 元素事件处理属性

```
<button type="button" id="myButton">点我</button>
<script type="text/javascript">
    var btnTest = document.getElementById("myButton");
    btnTest.onclick = function(){
        alert('I'am clicked.');
    }
</script>
```

对 DOM0 级事件，同一元素绑定相同的事件，后面的会覆盖前面的，因此可以通过设置事件处理属性值为 null 将事件解除。例如：

```
<button type="button" id="myButton2">我只响应单击一次</button>
<script type="text/javascript">
    var btnTest = document.getElementById("myButton2");
    btnTest.onclick = function(){
        alert('I'am clicked.');
        this.onclick=null;
    }
</script>
```

2. DOM2 级事件

通过调用元素的监听方法来添加和移除事件处理程序:addEventListener()和removeEventListener()。这两种方法都有三个参数:第一个参数是事件名(如 click,去掉了事件名前面的 on);第二个参数是事件处理程序函数;第三个参数如果是 true 则表示在捕获阶段调用,为 false 表示在冒泡阶段调用。

● addEventListener():第二个参数可以是匿名函数,也可以是函数对象。可以为元素添加多个事件处理程序,触发时会按照添加顺序依次调用。

● removeEventListener():用于移除由 addEventListener 方法添加的非匿名函数事件。

下面的例子实现单击图片后能进行图片轮换,双击后移除单击事件。

```
<img id="img2" />
<script type="text/javascript">
    let i = 0;
    let images = new Array();
    function preloader()        //预加载图片
    {
        images[0]="img/image1.png"
        images[1]="img/image2.png"
        images[2]="img/image3.png"
        images[3]="img/image4.png"
        for(let i=0;i<=3;i++)
        {
            let imageObj = new Image();
            imageObj.src=images[i];
        }
    }
    function change(){
        this.src=images[i++];
        if(i >= 4)i = 0;
    }
    preloader();
    let img2=document.getElementById("img2");
    img2.src=images[i++];
    img2.addEventListener("click",change,false);
    img2.addEventListener("dblclick",function(){         //双击后
        this.removeEventListener("click",change,false);  //移除 click 事件
        this.removeEventListener(event.type,arguments.callee);  //移除 dblclick 事件本身
    })
</script>
```

DOM0 的事件绑定方法只能给一个事件绑定一个响应函数,重复绑定会覆盖之前的绑定,而 DOM2 则可以给一个元素绑定多个事件处理函数。

6.3.4 事件捕获、事件冒泡

● 事件捕获(event capturing):当鼠标单击或者触发 DOM 事件时,浏览器会从 DOM 根节点开始由外到内进行事件传播,即单击了子元素,如果父元素通过事件捕获方式注册了对应的事件的话,会先触发父元素绑定的事件。

● 事件冒泡(dubbed bubbling):与事件捕获恰恰相反,事件冒泡顺序是由内到外进行事件传播,直到根节点。

DOM2 级事件规定的事件流包含三个阶段:事件捕获阶段、处于目标阶段和事件冒泡阶段。首先发生的是事件捕获,然后是实际的目标接收到事件,最后阶段是冒泡阶段。对 div 为 body 元素子元素的 HTML 页面,单击 div 元素将按照图 6-2 触发事件。

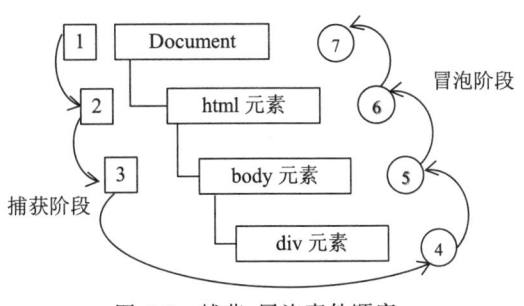

图 6-2 捕获、冒泡事件顺序

对于下面结构的网页,单击 span 后捕捉阶段事件传播会从 document→div→span,然后发生在 span,最后冒泡阶段事件传播会从 span→div→document。

```
<div id="div2">
    <span id="span2">click me</span>
</div>
<script type="text/javascript">
    document.addEventListener("click",
        function(){
            console.log("A");
        },true);
    document.getElementById("div2").addEventListener("click",
        function(){
            console.log("B");
        },true);
    document.getElementById("span2").addEventListener("click",
        function(){
            console.log("C");
        },true);
    //依次输出 ABC
</script>
```

上例中,如果把三个 true 全部改成 false,输出结果将是 CBA;如果只把第二个改为 false,输出结果将是 CAB。

对同一元素依次多次绑定同一类型的事件,也遵循同样的规则。下面的代码中第二次定义的事件是捕获阶段的,另外两个是在冒泡阶段的,所以依次输出为 BAC。

```
<div id="myDiv"><span>单击一次,响应三次</span></div>
<script type="text/javascript">
    var divTest = document.getElementById("myDiv");
```

```
            divTest.addEventListener("click",function(){
                console.log("A");
            },false);
            divTest.addEventListener("click",function(){
                console.log("B");
            },true);
            divTest.addEventListener("click",function(){
                console.log("C");
            },false);
            //依次输出 BAC
        </script>
```

如果绑定事件的元素是叶子节点,即没有子元素,那么就不存在两个阶段的差别,会按绑定的顺序依次执行。

6.3.5 事件对象

事件对象代表事件的状态,包含着所有与事件有关的信息,包括导致事件的元素、事件的类型及其他与特定事件相关的信息。例如,事件在其中发生的元素、键盘按键的状态、鼠标的位置、鼠标按键的状态等。当事件触发时,该事件的本质就是一个函数,而该函数的形参接收一个事件对象。

事件对象不能兼容所有的浏览器,一般是采用下面这种方式进行兼容。

   var oEvent=ev || event;

不同的事件对象拥有不同的属性,常用的属性如表 6-6 和表 6-7 所示。

表 6-6 事件对象通用属性

属性名	描述	值类型
type	事件的类型	字符串
target	触发事件的对象(某个 DOM 元素)的引用	对象
bubbles	当前事件是否会向 DOM 树上层元素冒泡	布尔值
currentTarget	向事件绑定的元素	对象
cancelable	事件是否可以取消	布尔值
timeStamp	事件发生时的时间戳	浮点数
eventPhase	事件所处的阶段(0:捕获,1:目标,2:冒泡)	整数

表 6-7 鼠标和键盘事件对象属性

属性	描述	值类型
altKey	返回当事件被触发时,Alt 键是否被按下	布尔值
ctrlKey	返回当事件被触发时,Ctrl 键是否被按下	布尔值
shiftKey	返回当事件被触发时,Shift 键是否被按下	布尔值
metaKey	返回当事件被触发时,meta 键是否被按下(Win 或 Cmd 键)	布尔值
charCode	返回 onkeypress 事件触发键值的字母 Unicode 代码	整数

续表

属性	描述	值类型
key	在按下按键时返回按键的标识符,如 Escape、a、B	字符串
keyCode	返回 onkeypress 事件触发的键的值的字符代码,或者 onkeydown 或 onkeyup 事件的键的代码。firefox 不支持	整数
which	同 keyCode,IE 中不支持	整数
location	返回按键在设备上的位置。0、1、2、3 分别代表中间、左侧、右侧、标准键盘右侧数字键盘	整数
button	返回当事件被触发时,哪个鼠标按键被按下。0、1、2 分别代表左、中、右键	整数
clientX	返回当事件被触发时,鼠标指针在页面中的水平坐标	整数
clientY	返回当事件被触发时,鼠标指针在页面中的垂直坐标	整数
relatedTarget	返回与事件的目标节点相关的节点	对象
screenX	返回当某个事件被触发时,鼠标指针在屏幕的水平坐标	整数
screenY	返回当某个事件被触发时,鼠标指针在屏幕的垂直坐标	整数

其中,which 和 keyCode 属性提供了解决浏览器的兼容性的方法。

下面的代码实现了在光标上部显示光标在页面中的坐标。

```
<!DOCTYPE html>
<html>
<head>
<script type="text/javascript">
    document.onmousemove=function(ev){
        var oEvent=ev || window.event;
        var posDiv= document.getElementById("pos");
        posDiv.innerHTML= `x= ${oEvent.clientX} ; y= ${oEvent.clientY}`;
        posDiv.style.left=oEvent.clientX+"px";
        posDiv.style.top=(oEvent.clientY -20)+"px";
    }
</script>
</head>
<body>
<div id="pos" style="position:absolute"></div>
</body>
</html>
```

事件执行过程中可以通过调用事件的方法对事件进程进行控制,或者获取相关信息,主要的事件方法如表 6-8 所示。

表 6-8 事件方法

方法名	功能
preventDefault()	通知浏览器不要执行与事件关联的默认动作

续表

方法名	功能
stopPropagation()	阻止捕获和冒泡阶段中当前事件的进一步传播
stopImmediatePropagation()	阻止事件冒泡并且阻止相同事件的其他侦听器被调用
composedPath()	获取触发事件元素冒泡过程的所有元素

下面的代码实现了下面的功能：阻止使用快捷菜单，禁止通过各种方式进行复制、剪切、粘贴，阻止单击指定的超链接，禁止在指定文本框中输入西文文本。

```
<a href="http://www.sohu.com">sohu</a>
<input type="text" name="" />
<script type="text/javascript">
    function prevent(e){
        let ev=e || window.event;
        ev.preventDefault();
    }
    document.addEventListener("contextmenu",prevent);
    document.addEventListener("paste",prevent);
    document.addEventListener("cut",prevent);
    document.addEventListener("copy",prevent);
    document.getElementsByTagName("a")[0].addEventListener("click",prevent);
    document.getElementsByTagName("input")[0].addEventListener("keypress",prevent);
</script>
```

习 题

完成如图6-3所示网页的设计：从上部的"编辑用户信息"中添加或编辑用户信息；当选中一个用户（高亮显示）并单击"编辑"按钮时，用户信息将显示在上面的编辑框中；选中一个用户后单击"删除"按钮，将用户从列表中删除。

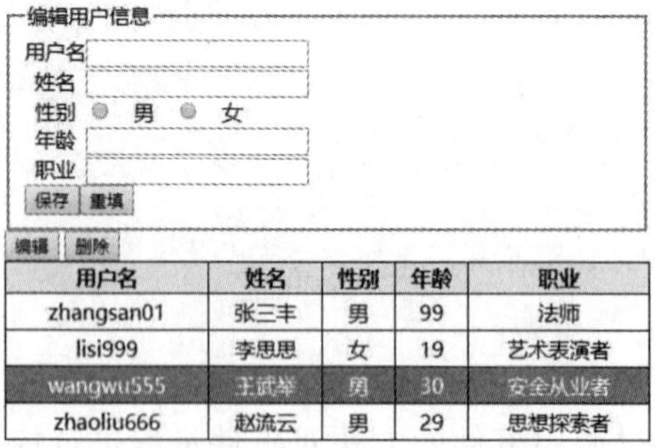

图 6-3 网页示例

第 7 章
JavaScript 综合示例

7.1 数字时钟

7.1.1 原理

(1) 显示容器设计

创建一个三个成员的无序列表,每个里面放两个 span 元素,分别显示数字和单位,通过 CSS 设置其大小、位置、边框、背景色彩。其中,钟面背景和阴影背景采用了渐变的 CSS 效果,由于渐变效果各浏览器的支持不完全一致,因此按主流浏览器的用法都实现一遍。

(2) 时钟数字的取得

new Date() 函数可以获取计算机当前的时间,然后通过日期对象的 getHours、getMinutes、getSeconds 方法分别获取时、分、秒,分别放置在对应的三个 span 元素中。

(3) 时钟时间变化

通过设置间隔为 1 s 的定时器,每隔 1 s 去取得时间,替换 span 元素的内容。

7.1.2 实现

HTML 及 JavaScript 部分代码如下。

```
<div class="box">
    <ul>
        <li><span id="hour"></span><span>时</span></li>
        <li><span id="minute"></span><span>分</span></li>
        <li><span id="second"></span><span>秒</span></li>
    </ul>
</div>
<script type="text/javascript">
    var hour = document.getElementById('hour');
    var minute = document.getElementById('minute');
    var second = document.getElementById('second');
    function showTime(){
        var oDate = new Date();
        hour.innerHTML = AddZero(oDate.getHours());
        minute.innerHTML = AddZero(oDate.getMinutes());
        second.innerHTML = AddZero(oDate.getSeconds());
    }
    showTime();
    setInterval(showTime,1000);
```

数字时钟

```
function AddZero(n){
    return n < 10 ? '0'+n:''+n;
}
</script>
```

运行效果如图 7-1 所示。

图 7-1 数字时钟示例

7.2 模拟时钟

7.2.1 原理

(1) 表盘设计

容器为一个 div,表盘中的刻度及数字采用背景图片,外边框使用 50% 的圆角加阴影,并将 div 设置为 flex 布局,设置内容为水平垂直居中,通过::before 伪元素生成中心圆点。

(2) 指针设计

在表盘容器 div 中设计三个绝对定位的容器 div,因此三个 div 容器重叠,分别表示三个指针的容器。每个 div 通过::before 伪元素生成指定宽度和高度、带背景色的空元素表示指针,空元素水平居中、顶端对齐,效果就是从上到中心点的不同粗细的线。

(3) 指针运动

定时取出当前时间,根据时间的值计算出每个 div 应该旋转的角度,通过 transform 之 rotate 方法使它旋转,从而实现指针运动的效果。

7.2.2 实现

HTML 及 JavaScript 部分代码如下,全部代码可扫描二维码查看。

```
<div id="clock">
    <div id="hour"></div><!--时针容器-->
    <div id="min"></div> <!--分针容器-->
    <div id="sec"></div> <!--秒针容器-->
</div>
<script type="text/javascript">
    const deg = 6;
    const hr = document.querySelector('#hour');
    const mn = document.querySelector('#min');
    const sc = document.querySelector('#sec');
    setInterval(()=> {
        let day = new Date();
        let hh = day.getHours() * 30;
```

模拟时钟

```
            let mm = day.getMinutes() * deg;
            let ss = day.getSeconds() * deg;
            hr.style.transform = `rotateZ(${(hh)+(mm/12)}deg)`;  /*通过模板字符串生成要
                                                                    旋转的角度*/
            mn.style.transform = `rotateZ(${mm}deg)`;
            sc.style.transform = `rotateZ(${ss}deg)`;
        })
    </script>
```

运行效果如图 7-2 所示。

图 7-2 模拟时钟示例

7.3 二级分类水平导航菜单(仿招商银行网站)

7.3.1 原理

(1)布局

将整个菜单放在一个容器 div 之中,设置其固定宽度和居中对齐。创建一个容器 div 存放一级菜单内容,由于一级菜单有两类,因此再分别创建两个容器 div,让它们分别靠左和靠右浮动。一级菜单采用一个有渐变效果的图片作为背景,左侧的活动一级菜单项采用圆角和白色背景。为每组二级菜单分别创建一个 div 容器,将二级菜单条目设为靠左浮动,因此显示为水平方式。除活动的一级菜单对应的二级菜单外,其他的二级菜单容器设为隐藏。

(2)光标移动到主菜单时显示二级菜单

为每一个一级菜单项设置 mouseover 事件,当光标在一级菜单项上切换时,触发该事件。事件中变换一级菜单项的 class,使得活动菜单项显示为与其他项不同的效果,同时将与之对应的二级菜单设为显示,其他的二级菜单设为隐藏。

7.3.2 实现

JavaScript 部分代码如下,全部代码可扫描二维码查看。

```
window.onload = function(){
    var lists = document.getElementsByClassName("menu_li");
    for(var i = 0;i < lists.length;i++){
        lists[i].addEventListener("mouseover",function(e,v){
            Array.from(this.parentNode.querySelectorAll(this.tagName)).forEach(w => {
                if(w.firstChild.className != "CurMenu")w.firstChild.className = "mainmenu";
            })
```

二级分类水平导航菜单
(仿招商银行网站)

```
                    if(this.firstChild.className != "CurMenu") this.firstChild.className = "on-
mouseoverMenu";
                    var subMenuItems = document.getElementsByClassName("sub_menu");
                        Array.from(subMenuItems).forEach(w => {
                            w.style.display = "none";
                        })
                    var index = [].indexOf.call(this.parentNode.querySelectorAll(this.tagName), this);
                    if(subMenuItems && subMenuItems[index]){
                        subMenuItems[index].style.display = "block";
                    }
                },false);
            }
        }
```

运行效果如图 7-3 所示。

图 7-3　银行网站导航菜单示例

7.4　无缝滚动图片

7.4.1　原理

(1)滚动

使用定时器 setInterval 让元素动起来,就是类似电影的原理一样,让元素在很短的时间内发生连续的位移,使其看起来就像是在不停地运动。通过 JavaScript 修改元素的样式就可以让元素产生位移。例如:

```
oUl.style.left = oUl.offsetLeft + speed + 'px';
```

在定时器函数中运行上述代码,设置较短的时间间隔(如 0.01 s)和每次产生的位移 speed,可以修改 speed 的正负值来修改滚动的方向。其中 offsetLeft 的值由它自己通过定位的 left 和设定的 margin 的和确定,它是相对于它的包含层的距离。offsetTop 类似。

(2)无缝效果

当图片列表中的最后一张图片完全进入容器区域时,需要在其后面接着显示第一张图片及其后的图片,因此,需要用 JavaScript 将图片列表内容复制一份拼在图片列表后面,如图 7-4 左部所示。当图片滚动到图 7-4 右部的这种情况时,继续滚动就会导致图片后面出现空白,就不是循环滚动的效果了,因此,就应该让图片重新回到图 7-4 左部那种状态再继续滚动,从而就形成了无缝循环滚动的效果。

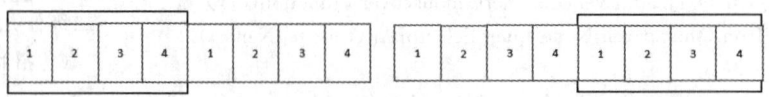

图 7-4　无缝滚动原理

(3) 暂停滚动与滚动方向切换

当光标移至图片展示区域时,应该让滚动暂停,使用 clearInterval 清除定时器。同样,当光标移出图片展示区域时,应重新设置定时器。

左右两侧各有一个切换滚动方向的箭头,箭头的外观通过 CSS 实现,通过在其单击事件中更改 speed 的正负值。

7.4.2 实现

JavaScript 部分代码如下,全部代码可扫描二维码查看。

无缝滚动图片

```javascript
window.onload = function(){
    var oSliderContainer = document.getElementById('divSliderContainer');
    var oUlImages = document.getElementById('ulImages');
    var speed = 1;//初始化速度,每0.01秒移动1像素,正数向右,负数向左。
    oUlImages.innerHTML += oUlImages.innerHTML;//图片内容*2
    var oLi = document.getElementsByTagName('li');
    oUlImages.style.width = oLi.length * 160+'px';//设置 ul 的宽度使图片可以放下。本例中:2*6*160=1920px
    var oLeftArrow = document.getElementById('leftArrow');
    var oRightArrow = document.getElementById('rightArrow');
    function move(){
        if(oUlImages.offsetLeft < -(oUlImages.offsetWidth / 2)){//向左滚动,当靠左的图4移出边框时
            oUlImages.style.left = 0;
        }
        if(oUlImages.offsetLeft > 0){ //向右滚动,当靠右的图1移出边框时
            oUlImages.style.left = -(oUlImages.offsetWidth / 2)+'px';
        }
        oUlImages.style.left = oUlImages.offsetLeft+speed+'px';/*变动 speed*/
    }
    oLeftArrow.addEventListener('click',function(){
        speed = - Math.abs(speed);/*向左移动*/
    },false);
    oRightArrow.addEventListener('click',function(){
        speed = Math.abs(speed);   /*向右移动*/
    },false);
    var timer = setInterval(move,10);//全局变量,保存返回的定时器
    oSliderContainer.addEventListener('mouseout',function(){
        timer = setInterval(move,10);//鼠标移出开启定时器
    },true);
    oSliderContainer.addEventListener('mouseover',function(){
        clearInterval(timer);//鼠标移入清除定时器
    },true);
}
```

运行效果如图 7-5 所示。

图 7-5 无缝滚动示例

7.5 简易计算器

7.5.1 原理

(1)布局

采用网格布局,通过 grid-template-areas 属性划分各个组件的大小和位置,然后通过建立 CSS 选择器设置选择器与区域的对应关系,最后将各个按钮赋以对应的 class。通过渐变背景设置按钮的立体效果。顶部的数据显示框采用 input 元素,其余按钮直接采用 div 元素。

(2)按键与计算功能处理

为容器设置一个单击的事件监听,判断每次的"按键":如果是普通按键,则把按钮元素中的内容附加在 input 元素值的尾部;如果是"C"(清除)键,则清除 input 元素的值;如果是"="键,则调用 JavaScript 中的 eval()函数计算 input 元素的字符串值对应的表达式的值,并做计算异常处理。

7.5.2 实现

JavaScript 部分代码如下,全部代码可扫描二维码查看。

简易计算器

```
function $(obj){
    return document.getElementById(obj);
}
function calc()//计算字符串的值
{
    try{
        $("result").value=eval($("result").value);
    }catch(exception){
        $("result").value="error!";
    }
}
window.onload=function(){
    $("container").addEventListener("click",function(event){
        if(event.target.className.indexOf("cell_cls")>=0){
            $("result").value="";//清除结果框
        }else if(event.target.className.indexOf("cell_eq")>=0){
            calc();      //计算并显示
        }else   if(event.target.className.indexOf("cell")>=0){
            $("result").value+= event.target.innerText;
        }
    })
}
```

运行效果如图 7-6 所示。

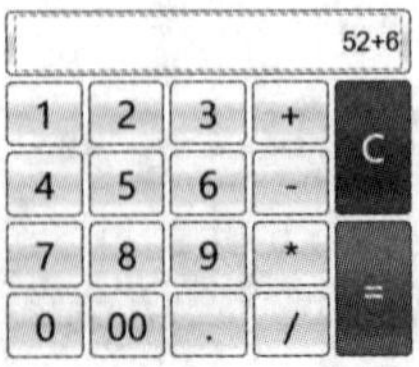

图 7-6 简易计算器示例

习 题

1. 设计一个图片轮播效果,如图 7-7 所示,要求如下。
(1) 使用 5~7 幅图片。
(2) 每隔两秒切换一幅图片,切换方式从右到左拖动。
(3) 下部用圆点指示图片数量和当前正在显示的图片,单击圆点可以直接切换到对应的图片。
(4) 左右两边中部显示一个方向箭头,默认隐藏,当光标移至图片上时显示。单击箭头,切换至左边或右边一幅图片。

图 7-7 图片轮播效果示例

2. 设计一个弹球游戏,如图 7-8 所示,要求如下。
(1) 设计任意尺寸的桌面、弹球和挡板。
(2) 球从顶部以随机方向下落,沿直线运动,直到碰到上、左、右边框或挡板,碰到后折向直线运动。
(3) 光标在桌面上移动时,挡板可随光标改变位置。
(4) 弹球碰到底部边框时结束游戏。

3. 设计一个页面,使其中的一个对象(如 div 或 img)可以拖动。

4. 设计一个百分比仪表盘,如图 7-9 所示,要求如下。
(1) 主要使用 canvas 对象实现。
(2) 显示的刻度由 canvas 的自定义属性 data-percent 的值确定。
(3) 以不同颜色区分覆盖和未覆盖的区域。
(4) 动画显示覆盖区域的渐进过程,同时显示百分比数字。

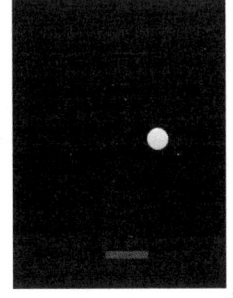

图 7-8 弹珠游戏示例

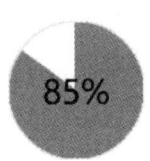

图 7-9 百分比仪表盘示例

5. 为 7.5 节中的简易计算器设计一个退格键,每按一下删除尾部的一个字符。

第 8 章 jQuery 简介

8.1 jQuery 概述

jQuery 是一个快速、简洁的 JavaScript 框架,是继 Prototype 之后又一个优秀的 JavaScript 代码库(或 JavaScript 框架)。jQuery 设计的宗旨是"Write Less,Do More",即倡导写更少的代码,做更多的事情。它封装 JavaScript 常用的功能代码,提供一种简便的 JavaScript 设计模式,优化 HTML 文档操作、事件处理、动画设计和 Ajax 交互。

jQuery 的核心特性可以总结为:具有独特的链式语法和短小清晰的多功能接口;具有高效灵活的 CSS 选择器,并且可对 CSS 选择器进行扩展;拥有便捷的插件扩展机制和丰富的插件。jQuery 兼容各种主流浏览器,如 IE 6.0+、FF 1.5+、Safari 2.0+、Opera 9.0+等,但 jQuery2.0 及后续版本不再支持 IE6/7/8 浏览器。

jQuery 是一个单独的 JavaScript 文件,可以保存到本地或者服务器直接引用,也可以从多个公共服务器中选择引用。有 Media Temple、Microsoft、Google 等多家公司给 jQuery 提供 CDN 服务(content delivery network,内容分发网络。CDN 是构建在现有网络基础之上的智能虚拟网络,依靠部署在各地的边缘服务器,通过中心平台的负载均衡、内容分发、调度等功能模块,使用户就近获取所需内容,降低网络拥塞,提高用户访问响应速度和命中率)。比较常用的引用地址如下。

```
<script type="text/javascript" src="//code.jquery.com/jquery-2.0.0.min.js"></script>
<script type="text/javascript" src="//ajax.aspnetcdn.com/ajax/jQuery/jquery-2.0.0.min.js"></script>
<script type="text/javascript" src="//ajax.googleapis.com/ajax/libs/jquery/1.8/jquery.min.js"></script>
```

如果 CDN 加载失败时,就需要加载网站自己本地的 jQuery 文件,只需要在头部加上下面的代码即可。

```
<script type="text/javascript" src="//code.jquery.com/jquery-2.0.0.min.js"></script>
<script>
    window.jQuery || document.write('<script src="js/jquery-2.0.0.min.js" type="text/javascript"> <\/script>')
</script>
```

8.2 jQuery 选择器

8.2.1 jQuery 选择器的基本概念

在 JavaScript 中,虽然有 document.getElementByXxx("***")、document.getElementsByXxx("＊＊＊")等多种方式获取对象,但要获取满足复杂条件的对象,上面的方法还需要做较多的处理,因此比较麻烦。

jQuery最有特色的语法特点就是与CSS语法相似的选择器,它支持CSS1到CSS3的几乎所有选择器,并兼容所有主流浏览器,这为快速访问DOM提供了方便。

jQuery语法是为HTML元素的选取编制的,可以对元素执行某些操作。基础语法是

> $(selector).action()

其中,美元符号$定义jQuery,即$=jQuery,选择符(selector)"查询"和"查找"HTML元素,jQuery的action()执行对元素的操作。

8.2.2 jQuery选择器的类别

1. 基本选择器

基本选择器是jQuery选择器中使用最多的选择器,它由元素id、class、元素名、多个元素符组成。如表8-1所示。

表8-1 jQuery基本选择器

选择器	描述	返回值
#id	按id属性值来筛选匹配一个元素	单个元素
.class	按元素拥有的CSS类的名称查找匹配元素	元素集合
element	根据元素名称匹配相应的元素	元素集合
＊	匹配所有元素	元素集合
selector1,selector2,…,selectorN	多个选择器组合在一起,两个选择器之间以逗号","分隔,只要符合其中的任何一个筛选条件就会被匹配	元素集合

示例如下。

```
$("#box")          //获取id属性值为box的元素
$("div")           //获取所有div元素
$(".msgBox")       //获取class属性值为msgBox的所有元素
$("div,#btn")      //要查询文档中的全部的div元素和id属性为btn的元素
$("*")             //取得页面上所有的DOM元素集合的jQuery包装集
```

2. 层次选择器

层次选择器如表8-2所示。

表8-2 jQuery层次选择器

选择器	描述	返回值
ancestor descendant	根据祖先元素ancestor匹配所有后代元素descendant	元素集合
parent>child	选择父元素parent匹配其直接子元素child	元素集合
prev+next	匹配所有紧接在元素prev后的相邻元素next	元素集合
prev~siblings	匹配元素prev之后的所有兄弟siblings元素	元素集合

示例如下。

```
$("ul  li")            //匹配 ul 元素下的全部 li 元素
$("form>input")        //匹配表单中所有的子元素 input
$("div+img")           //匹配<div>标签后的<img>标签
$("div~img")           //匹配<div>标签后的所有同辈<img>标签
```

3. 过滤选择器

（1）简单过滤选择器

简单过滤器是指以冒号开头，通常用于实现简单过滤效果的过滤器。如表 8-3 所示。

表 8-3　jQuery 简单过滤选择器

选择器	描述	返回值
:first	匹配找到的第一个元素，它是与选择器结合使用的	单个元素
:last	匹配找到的最后一个元素，它是与选择器结合使用的	单个集合
:even	匹配所有索引值为偶数的元素，索引值从 0 开始计数	元素集合
:odd	匹配所有索引值为奇数的元素，索引值从 0 开始计数	元素集合
:eq(index)	匹配一个给定索引值的元素，索引值从 0 开始计数	单个集合
:gt(index)	匹配所有大于给定索引值的元素，索引值从 0 开始计数	元素集合
:lt(index)	匹配所有小于给定索引值的元素，索引值从 0 开始计数	元素集合
:header	匹配 h1,h2,h3……之类的标题元素	元素集合
:not(selector)	去除所有给定选择器匹配的元素	元素集合
:animated	匹配所有正在执行动画效果的元素	元素集合
:root	匹配文档的根元素，永远是<html>元素	单个元素
:target	选择由文档 URI 的格式化识别码表示的目标元素	单个元素

示例如下。

```
<table border="" cellspacing="" cellpadding="">
    <tr id="r1"><th>Header h1</th></tr>
    <tr id="r2"><td>Data11</td></tr>
    <tr id="r3"><td>Data12</td></tr>
    <tr id="r4"><td>Data13</td></tr>
</table>
<table border="" cellspacing="" cellpadding="">
    <tr id="r5"><th>Header h2</th></tr>
    <tr id="r6"><td>Data21</td></tr>
    <tr id="r7"><td>Data22</td></tr>
    <tr id="r8"><td>Data23</td></tr>
</table>
<div class="cls">
    <h2>项目 1</h2>
    <h4>子项目 1.1</h4>
    <p>内容</p>
</div>
<div id="divAni" style="width:100px;height:50px;">
```

```
        </div>
        <script type="text/javascript">
            $("tr:first")              //匹配表格的第一行:r1
            $("tr:last")               //匹配表格最后一行:r8
            $("tr:even")               //匹配索引值为偶数的行:r1,r3,r5,r7
            $("tr:odd")                //匹配索引值为奇数的行:r2,r4,r6,r8
            $("tr:eq(1)")              //匹配第二个 tr 元素:r2
            $("tr:gt(0)")              //匹配索引大于 0 的 tr 元素:r1-r8
            $("tr:lt(2)")              //匹配索引小于 2 的 tr 元素:r1,r2
            $(".cls:header");          //匹配类名为 cls 元素下的标题元素,注意,":"前有一个空格
            $("tr:not(:first)")        //匹配不是第一行的 tr 元素:r2-r8
            $("tr:not(:eq(1))")        //匹配索引不为 1 的 tr 元素:r1,r3-r8
            $("#divAni").animate({height:"300px"},5000);   //#divAni 高度在 5 秒内从 50px 变
到 300px
            setTimeout('$("div:animated").css({border:"solid thin red"})',1000)   //从第 2 秒时匹配
正在执行的动画的 div 元素
            $(":root")                 //匹配<html>
        </script>
```

(2)内容过滤选择器

内容过滤选择器就是通过 DOM 元素包含的文本内容及是否含有匹配的元素进行筛选。如表 8-4 所示。

表 8-4 jQuery 内容过滤选择器

选择器	描述	返回值
:contains(text)	匹配包含给定文本的元素	元素集合
:empty	匹配所有不包含子元素或者文本的空元素	元素集合
:has(selector)	匹配含有选择器所匹配元素的元素	元素集合
:parent	匹配含有子元素或者文本的元素	元素集合

示例如下。

```
            $("li:contains('word')")   //匹配含有"word"文本内容的元素
            $("td:empty")              //匹配不包含子元素或者文本的单元格
            $("td:has(p)")             //匹配表格的单元格中还有<p>标记的单元格
            $("td:parent")             //匹配不为空的单元格,即在该单元格中还包括子元素或子文本
```

(3)可见性过滤选择器

元素的可见状态有两种,分别是隐藏状态和显示状态。可见性过滤器就是利用元素的可见状态匹配元素的。如表 8-5 所示。

表 8-5 jQuery 可见性过滤选择器

选择器	描述	返回值
:visible	匹配所有可见元素	元素集合
:hidden	匹配所有不可见元素,包括 display 属性是 none、input 元素的 type 属性为 hidden 的元素及 head、meta、style、script 等元素,但 visibility 属性为 invisible 的元素不被匹配	元素集合

示例如下。

```
$("img:visible")        //匹配所有的可见图片
$("input:hidden")       //匹配所有的隐藏域
$("img:hidden")         //匹配所有的隐藏图片
```

(4) 表单对象的属性过滤选择器

表单对象的属性过滤选择器通过表单元素的状态属性(如选中、不可用、获得焦点等状态)匹配元素。如表 8-6 所示。

表 8-6 jQuery 表单对象的属性过滤选择器

选择器	描述	返回值
:checked	匹配所有被选中的元素	元素集合
:disabled	匹配所有不可用元素	元素集合
:enabled	匹配所有可用的元素	元素集合
:selected	匹配所有选中的选项元素	元素集合
:focus	匹配获得焦点的单行文本框	单个集合

示例如下。

```
$("input:checked")            //匹配所有被选中的 input 元素
$("input:disabled")           //匹配所有不可用的 input 元素
$("input:enabled")            //匹配所有可用的 input 元素
$("select option:selected")   //匹配所有被选中的选项元素
$("#content:focus")           //匹配 id 为 content 容器中当前获得焦点的表单域元素
```

(5) 子元素过滤选择器

子元素过滤选择器就是筛选给定某个元素的子元素,具体的过滤条件由选择器的种类而定。如表 8-7 所示。

表 8-7 jQuery 子元素过滤选择器

选择器	描述	返回值
:first-child	匹配所有给定元素的第一个子元素	元素集合
:last-child	匹配所有给定元素的最后一个子元素	元素集合
:only-child	匹配唯一的子元素。如果父元素中含有其他元素,则不会被匹配	元素集合
:nth-child(index/even/odd/equation)	匹配每个父元素下的第 index 个子或奇偶元素,index 从 1 开始,而不是从 0 开始	元素集合
:first-of-type	匹配元素的第一个同类型子元素	元素集合
:last-of-type	匹配元素的最后一个同类型子元素	元素集合
:only-of-type	匹配元素的唯一类型子元素	元素集合
:nth-of-type(n|even|odd|formula)	匹配元素的同类型子元素中的第 n 位、偶数位、奇数位或通过计算式确定的数位	元素集合

选择器	描述	返回值
:nth-last-of-type(n|even|odd|formula)	匹配元素的同类型子元素中的倒数第 n 位、偶数位、奇数位或通过计算式确定的数位	元素集合
:nth-last-child(n|even|odd|formula)	匹配元素的子元素中的倒数第 n 位、偶数位、奇数位或通过计算式确定的数位	元素集合

示例如下。

```
<div id="n1">
    <div id="n2" class="abc">
        <label id="n3">label1</label>
        <span id="n4">span1</span>
        <span id="n5" class="abc">span2</span>
        <span id="n6">span3</span>
    </div>
    <div id="n7">
        <span id="n8" class="abc">span4</span>
        <span id="n9">span5</span>
        <p id="n10">para1</p>
    </div>
    <p id="n11" class="abc">para2</p>
</div>
<p id="n12" class="abc">para3</p>
<p id="n13" class="abc">para4</p><script>
    $("div span:first-child")            //匹配 n8
    $("div span:last-child ")            //匹配 n6
    $("div span:only-child")             //无匹配
    $("div span:nth-child(even)")        //匹配 n4,n6,n9
    $("div span:nth-child(3)")           //匹配 n5
    $(".abc:first-of-type")              //匹配 n2,n8,n11,n12
    $(".abc:last-of-type")               //匹配 n11,n13
    $(".abc:only-of-type")               //匹配 n11
    $("span:nth-of-type(2)");            //匹配 n5,n9
    $("span:nth-of-type(even)");         //匹配 n5,n9
    $("tr:nth-of-type(3n+10)");          //从第 10 行开始,每隔二行选择一行
    $("tr:nth-last-of-type(3n+10)");     //从倒数第 10 行开始,每隔二行选择一行
    $("tr:nth-last-child(3)");           //匹配倒数第 3 行
</script>
```

4. 属性选择器

属性选择器就是通过元素的属性作为过滤条件进行筛选对象。如表 8-8 所示。

表 8-8 jQuery 属性选择器

选择器	描述	返回值
[attribute]	匹配包含给定属性的元素	元素集合

续表

选择器	描述	返回值
[attribute=value]	匹配属性值为 value 的元素	元素集合
[attribute!=value]	匹配属性值不等于 value 的元素	元素集合
[attribute*=value]	匹配属性值含有 value 的元素	元素集合
[attribute^=value]	匹配属性值以 value 开始的元素	元素集合
[attribute$=value]	匹配属性值以 value 结束的元素	元素集合
[selector1][selector2][selectorN]	复合属性选择器，需要同时满足多个条件时使用	元素集合

示例如下。

```
$("div[name]")                    //匹配包含有 name 属性的 div 元素
$("div[name='test']")             //匹配 name 属性是 test 的 div 元素
$("div[name!='test']")            //匹配 name 属性不是 test 的 div 元素
$("div[name*='test']")            //匹配 name 属性值中含有 test 值的 div 元素
$("div[name^='test']")            //匹配 name 属性以 test 开头的 div 元素
$("div[name$='test']")            //匹配 name 属性以 test 结尾的 div 元素
$("div[id][name^='test']")        //匹配具有 id 属性并且 name 属性是以 test 开头的 div 元素
```

5. 表单选择器

表单选择器用于匹配经常在表单内出现的元素，但是匹配的元素不一定在表单中。如表 8-9 所示。

表 8-9　jQuery 表单选择器

选择器	描述	返回值
:input	匹配所有的 input 元素	元素集合
:button	匹配所有的普通按钮，即 type="button"的 input 元素	元素集合
:checkbox	匹配所有的复选框	元素集合
:file	匹配所有的文件域	元素集合
:image	匹配所有的图像域	元素集合
:password	匹配所有的密码域	元素集合
:radio	匹配所有的单选按钮	元素集合
:reset	匹配所有的重置按钮，即 type="reset"的 input 或 button 元素	元素集合
:submit	匹配所有的提交按钮，即 type="submit"的 input 或 button 元素	元素集合
:text	匹配所有的单行文本框	元素集合

示例如下。

```
$(":input")          //匹配所有的 input 元素
$("form:input")      //匹配<form>标记中的所有 input 元素，在 form 和冒号之间有一个空格
$(".button")         //匹配所有普通按钮
$(":checkbox")       //匹配所有的复选框
$(":file")           //匹配所有的文件域
$(":image")          //匹配所有的图像域
$(":password")       //匹配所有的密码域
```

```
$(":radio")        //匹配所有的单选按钮
$(":reset")        //匹配所有的重置按钮
$(":submit")       //匹配所有的提交按钮
$(".text")         //匹配所有的单行文本框
```

8.3 jQuery 核心

8.3.1 jQuery 函数

jQuery(简写为$)为 jQuery 的核心函数,它有多种用法。

(1) $([selector,[context]])

用于接收一个包含 CSS 选择器的字符串,然后用这个字符串去匹配一组元素。默认情况下,如果没有指定上下文 context 参数,$()将在当前的 HTML document 中查找 DOM 元素(见前面的 8.2 节);如果指定了 context 参数,如一个 DOM 元素集或 jQuery 对象,那就会在这个 context 中查找。例如,下面的代码为在页面中第一个表单中查找所有的复选框,并将它们全部选中。

```
<script type="text/javascript">
    $("input:checkbox",document.forms[0]).each(function(){
        this.checked="checked";
    });
</script>
```

jQuery 函数-1

(2) $(element)

用于将 DOM 元素 element 封装成 jQuery 对象。例如,下面的代码将 body 元素封装成 jQuery 对象,并调用其 css()函数设置其 css 属性。

```
$(document.body).css("background","black");
```

(3) $(elementArray)

用于将 DOM 元素数组封装成 jQuery 对象。例如,下面的代码中,将表单中的表单元素封装为 jQuery,然后调用其 hide()函数将它们隐藏。

```
$(document.forms[0].elements).hide();
```

(4) $(jQueryObject)

用于克隆 jQuery 对象。例如,下面代码中,d2 为 jQuery 对象 d 的克隆。

jQuery 函数-2

```
var d = $("#div1");        //d 为 jQuery 对象
var d2 = $(d);
d2.css("background","blue");    //虽然是两个不同 jQuery 对象,但仍然指向同一个 DOM 节点
```

(5) $(html,[ownerDocument])

通过 HTML 字符串创建 DOM 元素,并指定其所在的文档。html 为用于动态创建 DOM 元素的 HTML 标记字符串;ownerDocument 为创建 DOM 元素所在的文档。例如,下面的代码中,首先为本文档添加一个 div 元素,然后为其中的子框架添加一个 input 元素。

```
$("<div><p>Hello</p></div>",document).appendTo(document.body);
var iframe = $("iframe")[0];
var doc = iframe.contentWindow.document;
$("<input/>",{
                width:"100px"
    },doc).appendTo(doc.body);
```

jQuery 函数-3

(6) $(html,props)

用于动态创建 DOM 元素,并设置其属性、事件和方法。

html 为动态创建 DOM 元素的 HTML 标记字符串,只能是标记名,不能带属性;props 用于附加到新创建元素上的属性、事件和方法。

下面的代码中,为 form 元素增加另一个文本输入框,并赋初值为 Test,设置焦点进入和焦点移出的事件。

```
$("<input>",{
    type:"text",
    val:"Test",
    focusin:function(){ $(this).addClass("active"); },
    focusout:function(){ $(this).removeClass("active"); }
}).appendTo("form");
```

jQuery 函数-4

(7) $(callback)

为 $(document).ready(callback)的简写,callback 当 DOM 加载完成后要执行的函数。

```
$(function(){
    //文档就绪后,开始执行此处以后的代码
});
```

8.3.2 each(callback)函数

$(selector).each(callback)每一个匹配的元素作为上下文来执行一个函数 callback。意味着,每次执行传递进来的函数时,函数中的 this 关键字都指向一个不同的 DOM 元素(每次都是一个不同的匹配元素)。而且,在每次执行函数时,都会给函数传递一个表示作为执行环境的元素在匹配的元素集合中所处位置的数字值作为参数(从零开始的整型)。返回 false 将停止循环(就像在普通的循环中使用 break),返回 true 跳至下一个循环(就像在普通的循环中使用 continue)。

each(callback)函数

下面的代码是通过代码为前三个 img 元素指定图片源。

```
$("img").each(function(i,el){
    el.src="images/"+(i+1)+".jpg";// el == this
    if(i>=2)return false;
})
```

8.3.3 size()函数

$(selector).size()返回 jQuery 对象中元素的个数,与 length 将返回相同的值。例如,下面代码获取了网页中所有图片的个数(背景图片除外)。

```
$("img").size();
```

8.3.4　length 属性

$(selector).length 代表 jQuery 对象中元素的个数,与 jQuery 对象的 size 属性一致。例如:

```
$("img").length;
```

8.3.5　selector 属性

$(selector).selector 代表传给 jQuery 的原始选择器。换句话说,就是返回用什么选择器来找到这个元素的。例如:

```
$("ul li").selector                    //取得 ul li
```

8.3.6　context

$(selector).context 代表传给 jQuery 的原始的 DOM 节点内容,即 jQuery 的第二个参数。如果没有指定,那么 context 指向当前的文档(document)。例如:

```
$("ul").context                             //取得 document 对象
$("ul",document.body).context.nodeName      //取得 BODY
```

8.3.7　get([index])函数

$(selector).get(index)取得其中一个匹配的元素。index 表示取得第几个匹配的元素。从 0 开始,返回的是 DOM 对象,类似的有 eq(index),不过 eq(index)返回的是 jQuery 对象,因此,$(this).get(0)与$(this)[0]等价。该函数能够使得可以选择一个实际的 DOM 元素并且对它直接操作。

如果省略 index,则返回匹配元素对应 DOM 对象的数组。

例如,下面的代码将第一幅和最后一幅图片的 title 属性添加字符串".jpg"。

get([index])函数

```
$("img").get(0).title+=".jpg";
var imgs = $("img").get().reverse();        //将数组内容翻转
imgs[0].title+=".jpg";
```

8.3.8　index([selector|element])函数

$(selector).index([selector|element])搜索匹配的元素,并返回相应元素的索引值,从 0 开始计数。

如果不传递参数,那么返回值就是这个 jQuery 对象集合中第一个元素相对于其同辈元素的位置。

如果参数是一组 DOM 元素或者 jQuery 对象,那么返回值就是传递的元素相对于原先集合的位置。

如果参数是一个选择器,那么返回值就是原先元素相对于选择器匹配元素中的位置。
如果找不到匹配的元素,则返回-1。
例如:

```
<ul>
    <p>ddd</p>
    <li id="foo">foo</li>
    <li id="bar">bar</li>
    <li id="baz">baz</li>
</ul>
<script type="text/javascript">
    $('li').index(document.getElementById('bar'));   //1,传递一个DOM对象,返回这个对象在原先集合中的索引位置
    $('li').index($('#baz'));   //2,传递一个jQuery对象
    $('li').index($('li:gt(0)'));   //1,传递一组jQuery对象,返回这个对象中第一个元素在原先集合中的索引位置
    $('#bar').index('li');   //1,传递一个选择器,返回#bar在所有li中的索引位置
    $('#bar').index();   //2,不传递参数,返回这个元素在同辈中的索引位置
</script>
```

8.3.9　data([key],[value])函数

$(selector).data([key],[value])在匹配元素上存放或读取数据,返回jQuery对象或数据。

当参数只有一个key的时候,为读取该jQuery对象对应DOM中存储的key对应的值。值得注意的是,如果浏览器支持HTML5,同样可以读取该DOM中使用data-[key]=[value]所存储的值。

当参数为两个时,为该jQuery对象对应的DOM中存储键-值对的数据。

如果jQuery集合指向多个元素,那将在所有元素上设置对应数据。这个函数不用建立一个新的动态对象,就能在一个元素上存放任何格式的数据,而不仅仅是字符串。例如:

```
<div></div>
<script type="text/javascript">
    $("div").data("blah");      //返回undefined,因为不存在该数据
    $("div").data("blah","hello");     // blah设置为hello,并返回该div对象,相当于为元素增加data-blah="hello"属性,但不是实际增加
    $("div").data("blah");     // hello
    $("div").data("blah",{ firstName:"Donald",lastName:"Trump" });
    $("div").data("blah").firstName    //Donald;
    $("div").data("blah").lastName     //pizza
    $("div").removeData("blah");     //移除blah
    $("div").data("blah");     // undefined
</script>
```

8.3.10　removeData([key|list])函数

在元素上移除存放的数据,与data([key],[value])函数作用相反。

8.3.11 队列相关函数

queue 主要用于给元素上的函数队列(默认名为 fx,可省略)添加函数(动画效果),这样 dequeue 就可以取出并执行函数队列中的第一个函数(最先进入函数队列的函数),delay 则可以延迟元素上函数队列的执行。

- .queue(queueName):获取元素上的函数队列。
- .queue(queueName,newQueue):用 newQueue 替换掉 queueName,所以 .queue(queueName,[])即为停止动画。
- .queue(queueName,callback):queueName 执行完后运行回调函数 callback,它会忽略后续 queueName 的动画函数。
- .clearQueue(queueName):清空(剩余)函数队列,正在执行的那个函数会继续。
- .dequeue(queueName):取出并执行函数队列中的第一个函数。
- .delay(time,queueName):过 time(单位为毫秒)后才执行 queueName 中的函数。

队列相关函数-1

示例1:获取队列。

下面的代码为一个 div 添加了 8 个动画,并不断循环,通过定时器每隔 0.1 s 获取队列,并将其中动画数显示出来。

```
function show(){
    var n = $('div').queue("fx");           //获取对象 div 的默认队列 fx,fx 可省略
    $("span").text(n.length);                //在 span 元素中显示队列长度
}
function runIt(){                            //添加 8 个动画
    $("div").show("slow");                   //初始为隐藏的,先缓慢显示
    $("div").animate({left:'+=200'},2000);   //2 s 内右移 200 px
    $("div").slideToggle(1000);              //1 s 内向上滑动至隐藏
    $("div").slideToggle("fast");            //快速向下滑动至完全显示
    $("div").animate({left:'-=200'},1500);   //1.5 s 内左移 200 px
    $("div").hide("slow");                   //缓慢隐藏
    $("div").show(1200);                     //1.2 s 内显示
    $("div").slideUp("normal",runIt);        //一般速度向上滑动,完成后递归调用 runIt
}
runIt();
setInterval("show()",100);
```

图 8-1 为不同运行时刻状态的截图。

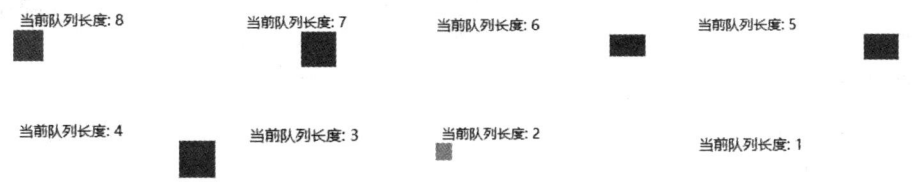

图 8-1 获取队列示例

示例2:插入队列。

下面的网页的功能是将网页中一个框中的方框移动到另一个框中,同时展现动画效果,在

移动前缓慢消隐,然后在目的框中缓慢显示。如果试图使用下面的代码来达到目的,是不能成功的。

```
$('#object').hide('slow').appendTo($('#goal')).show('slow');
```

原因是:当使用一系列的动画效果(如 hide、show),这些动画函数都会被放进一个名为 fx 的队列中,然后再以先进先出的方式执行队列中的函数,而非动画函数,如本例子中的 appendTo 函数,则是不会进入这个队列中,并且先于动画函数的执行,也就是在 fx 先进先出取出第一个函数之前,它就已经执行了。因此需要用 queue 函数将 appendTo 插入到队列中。

```
$('#object').hide('slow')
    .queue(function(){
        $(this).appendTo($('#goal'));
        $(this).dequeue();
    })
    .show('slow');
```

队列相关函数-2

图 8-2 左边为单击之前的状态,单击"转移"按钮后,最终效果如右边所示。

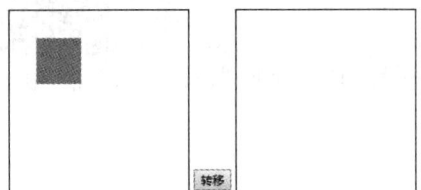 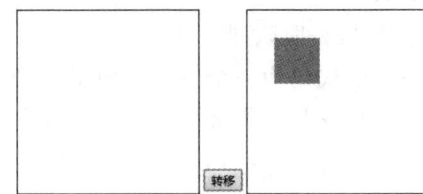

图 8-2 插入队列示例

8.4 属 性 处 理

8.4.1 attr 方法

attr 方法用于设置或返回被选元素的属性值。当该方法用于返回属性值,则返回第一个匹配元素的值。当该方法用于设置属性值,则为匹配元素设置一个或多个属性和值。

- $(selector).attr(attribute):返回属性的值。
- $(selector).attr(attribute,value):设置属性和值。
- $(selector).attr(attribute,function(index,currentvalue)):使用函数设置属性和值。
- $(selector).attr({attribute:value,attribute:value,…}):设置多个属性和值。

attr()方法

下面的代码通过 attr 方法为空的 img 元素设置 src、width、title 属性,并获取 src 属性显示在 div 元素之中,生成的网页效果如图 8-3 所示。

```
$("img").attr("src",function(i,v){        //为每幅图片设置其 src 属性值,即指定图片来源
    return "images/"+(i+1)+".jpg";         //来源分别为:1.jpg,2.jpg,……
}).attr({width:100,height:80})             //设置固定宽高
.attr("title","图片地址:")                  //设置固定 title 属性值
.attr("title",function(i,v){               //在每幅图片之前的固定 title 属性值后面加上其地址
```

```
            return v+this.src;
}).css({margin:5});                              //设置图片的外边距
$("#title").html($("img").attr("src"));          //将第一幅图片的 src 属性显示在 div 中
```

图 8-3 attr 方法操作 img 元素效果示例

8.4.2 removeAttr 方法

removeAttr 方法用于从被选元素中移除一个或多个属性。例如：

```
$("p").removeAttr("id class");    //将所有的 p 元素的 id 和 class 属性移除
```

8.4.3 prop 方法

prop 是 jQuery 1.6 开始新增的一个方法，官方建议具有 true 和 false 两个属性的属性，如 checked、selected 或者 disabled 使用 prop，其他的使用 attr。

例如，下面的代码实现了多个复选框进行反选和全选的功能。

```
$("#counterSel").click(function(){
    $("input[type='checkbox']").prop("checked",function(i,val){
        return !val;
    });
})
$("#allSel").click(function(){
    $("input[type='checkbox']").prop("checked",true);
})
```

prop()方法

8.4.4 removeProp 方法

$(selector).removeProp(prop)用来删除由 prop 方法设置的属性集。不能使用该方法来移除诸如 style、id 或 checked 之类的 HTML 属性。若需要移除这些属性，需要用 removeAttr。

例如，下面的代码通过 prop 方法为元素分别添加了 HTML 属性 with 和自定义属性 attach，但只能用 removeProp 删除自定义属性 attach。

```
$("img").prop("width",200);
$("img").removeProp("width");              //移除无效
console.log($("img").prop("width"));       // 200
$("img").removeAttr("width");              //移除有效
console.log($("img").prop("width"));       // 0
$("img").prop("attach",{name:"zhu",age:20});
console.log($("img").prop("attach"));      //{name:"zhu",age:20}
$("img").removeProp("attach");             //成功移除
console.log($("img").prop("attach"));      //undifined
```

8.4.5 addClass 方法

向被选元素添加一个或多个类名。该方法不会移除已存在的 class 属性,仅仅添加一个或多个类名到 class 属性。如需添加多个类,用空格分隔类名。有如下两种用法。

$(selector).addClass(classname)给匹配的所有元素添加类 classname。

$(selector).addClass(function(index,oldclass))给匹配的所有元素添加通过函数返回的类名。index 参数为对象在集合中的索引值,oldclass 参数为对象原先的 class 属性值。

下面的代码为所有的 img 元素添加 bordered 和 shadowed 类,但只为第二个 img 元素添加 opacity_02 类。

```
<img src="../8.4.1/images/1.jpg">
<img src="../8.4.1/images/2.jpg">
<img src="../8.4.1/images/3.jpg">
<img src="../8.4.1/images/4.jpg">
<script type="text/javascript">
    $("img").addClass("bordered shadowed").addClass(function(i,n){
        if(i==1){
            console.log(n);   //输出 bordered shadowed。参数 n 为元素原来的 class 属性值
            return "opacity_02";
        }
    });
</script>
```

8.4.6 removeClass 方法

从所有匹配的元素中删除全部或者指定的类。有如下两种用法。

$(selector).removeClass(classname)移除匹配的所有元素类 classname,多个类名用空格分开。

$(selector).removeClass(function(index,oldclass))移除所有元素的通过函数返回的类名,返回的类名如有多个,用空格分开。index 参数为对象在集合中的索引值,oldclass 参数为对象原先的 class 属性值。

下面的代码中首先移除 ul 元素的类 ulComp,然后移除其子元素 li 的类 listitem_*。

```
<ul class="ulCommon ulComp">
    <li class="listitem_0">Apple</li>
    <li class="listitem_1">IBM</li>
    <li class="listitem_2">Microsoft</li>
    <li class="listitem_3">Google</li>
</ul>
<button>删除列表项中的类</button>
<script type="text/javascript">
    $(document).ready(function(){
        $("button").click(function(){
            $('ul').removeClass("ulComp")
            $('ul li').removeClass(function(i,n){
                console.log(n)     //依次输出 listitem_0 listitem_1 listitem_2 listitem_3
```

```
                    return 'listitem_' + $(this).index();   //也可以用 return 'listitem_'+i
                });
            });
        });
    </script>
```

8.4.7 toggleClass 方法

对被选元素的一个或多个类进行添加、移除切换，即如果存在就删除一个类，如果不存在就添加一个类。有如下四种用法。

$(selector).toggleClass(classname)切换匹配的所有元素类 classname。

$(selector).toggleClass(classname,switch)切换匹配的所有元素类 classname。若 switch 为 true，只添加不移除；若为 false，只移除不添加。

$(selector).toggleClass(function(index,oldclass))切换所有元素通过函数返回的类名。index 参数为对象在集合中的索引值，oldclass 参数为对象原先的 class 属性值。

$(selector).toggleClass(function(index,oldclass),switch)，同上，若 switch 为 true，只添加不移除；若为 false，只移除不添加。

下面的代码中，使用了定时器每隔 1 s 监控复选框的状态，以控制如何切换图片的 hidden 类。运行效果如图 8-4 所示。

```
    <style type="text/css">
        .hidden{
            display:none;
        }
    </style>
    <label><input type="checkbox" name="" id="hide" value="true" />隐藏</label>
    <label><input type="checkbox" name="" id="flash" value="true" />闪烁</label>
    <br/>
    <img src="images/1.jpg" >
    <script type="text/javascript">
        function toggle(){
            var sw = $("#hide").is(":checked");
            if(!sw && $("#flash").is(":checked")){
                sw= undefined;
            }
            $("img").toggleClass("hidden",sw);
        }
        setInterval("toggle()",1000);
    </script>
```

图 8-4　利用 toggleClass 方法操作 img 元素效果示例

8.4.8 html 方法

html 方法设置或返回被选元素的内容(innerHTML)。有如下三种用法。

$(selector).html()返回第一个匹配元素的内容。

$(selector).html(content)重写所有匹配元素的内容。

$(selector).html(function(index,currentcontent))用函数的返回值重写相应元素的内容。index 为元素在集合中位置，currentcontent 为元素之前的内容。

下面的代码中，将所有的 p 元素的前面加上了从 1 开始的序号，并将最后一个 p 元素的内容后面加上"，最后一行"。

html()

```
$("p").html(function(i,ov){
    return(i+1)+"."+ov;
})
$("p:last").html($("p:last").html()+"，最后一段")
```

8.4.9 text 方法

text 方法设置或返回被选元素的文本内容，会删除所有的 HTML 标记及其属性，使用方法同 html。

8.4.10 val 方法

val 方法用于获得匹配的表单元素的当前值或设置匹配表单元素的值。有如下三种用法。

$(selector).val()返回第一个匹配表单元素的 value 属性的值。如果匹配的是 select 元素且选择了多个值，则返回一个数组。

$(selector).val(value)设置元素的 value 属性。如果匹配的是单个元素，使用当个简单值即可；如果匹配的是多个元素，需要使用数组。

$(selector).val(function(index,currentvalue))通过函数的返回值给匹配的各个元素分别赋值。index 为元素在集合中位置，currentvalue 为元素之前的值。

val()

如图 8-5 所示页面中，有四类表单输入项，通过 val 方法给每类设置初值，单击"取值"按钮后可以显示所选的值。下面是其中的部分代码，扫描二维码可看全部代码。

```
$("input[name='name']").val("张三丰");
$("input[name='sex']").val([1]);// 设置选中女,只能用数组方式,因为匹配的元素有多个
$("input[name='sports']:checked").val()
```

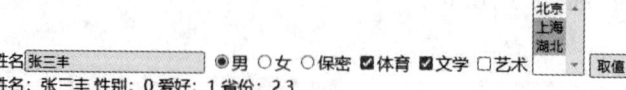

图 8-5 val 方法示例

8.5 CSS 相 关

8.5.1 css 方法

该方法为所有匹配元素设置指定 CSS 属性,或获取匹配元素的 CSS 属性值。

$(selector).css(property)返回 CSS 属性值。

$(selector).css(property,value)设置 CSS 属性和值。

$(selector).css(property,function(index,currentvalue))使用函数设置 CSS 属性和值。

$(selector).css({property:value,property:value,…})设置多个属性和值。

css()方法

下面的代码首先单独设置其宽度,然后同时设置了两个属性。

```
$("img").css("width","100px").css({ "border":"red solid thin","border-radius":"5px" })
```

8.5.2 offset 方法

offset 方法设置或返回被选元素相对于文档的偏移坐标。

$(selector).offset()返回一个带有两个属性(以像素为单位的 top 和 lef 位置)的偏移坐标对象。

$(selector).offset({top:value,left:value})设置偏移坐标。

$(selector).offset(function(index,currentoffset))使用函数设置偏移坐标。

如图 8-6 所示网页实现了单击方向箭头控制方框移动,方向箭头为一个图片,通过判别光标单击的位置确定单击的箭头,从而设置方框在它原来基础上向对应方向的偏移,实现移动效果,主要代码如下。

```
function move(dir){
    $("#div1").offset(function(i,n){
        var top=n.top,left=n.left;
        switch(dir){
            case 1:top -= step;break;     //上移 step 为步长
            case 2:left += step;break;    //右移
            case 3:top += step;break;     //下移
            case 4:left -= step;break;    //左移
        }
        return {top:top,left:left};
    })
}
```

offset() 方法

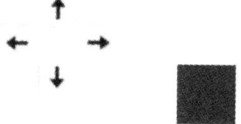

图 8-6 通过 offset 方法调整方框位置实现移动效果示例

8.5.3 position 方法

position 方法用于返回第一个匹配元素的位置(相对于它的父元素)。该方法返回一个带有两个属性(以像素为单位的 top 和 left 位置)的对象。例如：

$("img:first").position();   //返回第一幅图片的位置{top:2,left:20}

8.5.4 scrollTop 方法

该方法设置或返回被选元素的垂直滚动条位置。

$(selector).scrollTop()返回一个数字,滚动条在顶部或无垂直滚动条时为 0。

$(selector).scrollTop(number)设置垂直滚动条移动到 number 像素位置,无垂直滚动条时无效。

8.5.5 scrollLeft 方法

该方法设置或返回被选元素的垂直滚动条位置。使用方法类似于 scrollTop。

8.5.6 width、innerWidth、outerWidth 方法

$(selector).width()设置或返回元素的宽度,可以通过数字直接赋值或通过函数返回值赋值。

$(selector).innerWidth()返回第一个元素的宽度(包含 padding)。

$(selector).outerWidth()返回第一个匹配元素的外部宽度,包含内边距 padding 和边框 border,如要包括外边框 margin,需要使用 outerHeight(true)。

计算规则如图 8-7 所示,部分使用方法如下代码所示。

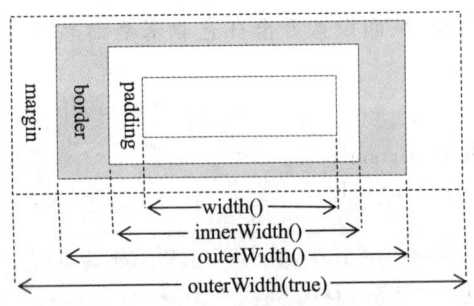

图 8-7 各类宽度值计算规则示意图

```
var w = $("img").width();              //获取第一个图片的宽度值
$("img").width(20);                    //设置所有的图片宽度为 20px
var ow = $("img").outerWidth(true);    //获取第一个图片在网页中的空间宽度
```

8.5.7 height、innerHeight、outerHeight 方法

各种高度的处理,同上面的宽度。

8.6 文档处理

8.6.1 append、prepend、appendTo、prependTo 方法

$(selector).append(content)向所有匹配的元素内部追加内容。

$(selector).prepend(content)向所有匹配的元素开头插入内容。

$(selector).appendTo(content)把所有匹配的元素追加到另一个指定的元素集合中,这个方法是颠倒了常规的把 B 追加到 A 中的 $(A).append(B)操作,$(A).appendTo(B)是把 A 追加到 B 中。

$(selector).prependTo(content)把所有匹配的元素插入到另一个指定的元素集合的前部,该方法也是颠倒了 prepend。

下面的代码中,对段落 p 元素先做了追加操作,然后做了在头部插入操作。

```
<p>I would like to say:</p>
<script type="text/javascript">
    $("p").append("<b>Hi</b>");     // 上述内容变成:<p>I would like to say:<b>Hi</b></p>
    $("p").prepend("<b>Hi</b>");    // 上述内容变成:<p><b>Hi</b>I would like to say:<b>Hi</b></p>
</script>
```

8.6.2 after、before、insertAfter、insertBefore 方法

$(selector).after(content)向所有匹配的元素之后追加内容。

$(selector).before(content)向所有匹配的元素之前追加内容。

insertAfter 和 insertBefore 分别是 after 和 before 的反向操作。

下面的代码中,对段落 p 元素先做了在之后加入 b 元素,然后在之前做了插入操作。

```
<p> say:</p>
<script type="text/javascript">
    $("p").after("<b>Hi</b>");      // 上述内容变成:<p> say:</p><b>Hi</b>
    $("p").before("<b>Hi</b>");     // 上述内容变成:<b>Hi</b><p> say:</p><b>Hi</b>
</script>
```

8.6.3 wrap、unwrap、wrapAll、wrapInner 方法

$(selector).wrap(content)把匹配的每个元素用其他元素的结构化标记包裹起来。

$(selector).unwrap()把匹配的每个元素的父元素删除,为 wrap 方法的逆操作。

$(selector).wrapAll()把所有匹配的元素用一个标记包裹起来,而不是每个单独包裹;如果匹配的元素不相邻,则将后面的所有匹配元素移动到最前面的匹配元素的最后一个相邻同类兄弟的后面,然后整块包裹。

$(selector).wrapInner()将每一个匹配的元素的子内容(包括文本节点)用一个 HTML 结构包裹起来。

使用示例及解释如下。

```
$("p").wrap("<div class='wrap'></div>");        //把每个段落用div包裹起来
$("p").unwrap();        //把所有的段落的父元素删除,保留段落
$("p").wrapALL("<div class='wrap'></div>");     //把所有的段落集中在一起用一个div包裹起来
$("p").wrapInner("<emi></em>");        //把所有的段落的内容用em元素包裹起来
```

8.6.4 empty、remove、detach 方法

$(selector).empty()删除匹配的元素集合中所有的子节点。

$(selector).remove()删除匹配的所有元素。

$(selector).remove(selector2)删除匹配的所有元素中按selector2过滤后的元素。

$(selector).detach()删除匹配的所有元素,但不会把匹配的元素从jQuery对象中删除,因而可以在将来再使用这些匹配的元素,所有绑定的事件、附加的数据等都会保留下来。相对而言,remove方法虽然也能将删除的元素保存下来并重新加入到DOM中,但原来所绑定的事件、附加的数据等不复存在。

使用示例及解释如下。

```
$("p").empty();                     //把每个段落内容都清空,保留段落标记
$("p").remove();                    //把所有的段落元素全部删除
$("p").remove(".note");             //把具有类名note的所有的段落元素删除
var x=$("#img1").detach();          //把id为img1的图片删除,并将其赋给对象x
$("body").prepend(x);               //重新把上面删除的图片加到网页的最上面
```

8.6.5 clone 方法

生成被选元素的副本,包含子节点、文本和属性。

$(selector).clone(events)生成被选元素的副本,若events为true,则复制事件处理程序,否则不复制。

$(selector).clone()生成被选元素的副本,默认不复制事件处理程序。

下面的代码中,为按钮增加了自我复制的功能,复制出来的按钮继续能自我复制。

clone()函数

```
$("button").click(function(){
    $(this).clone(true).insertAfter(this);
});
```

8.7 筛 选

1. eq 方法

eq(index)获取当前链式操作中第index个jQuery对象,返回jQuery对象。当参数大于等于0时为正向选取,如0代表第一个;当参数为负数时为反向选取,如-1为倒数第一个。与之功能类似的是get方法,但get返回的是DOM对象。

下面的例子展示了 eq 的使用方式及与 get 的区别。

```
<p>this is para1</p><p>this is para2</p><p>this is para3</p><p>this is para4</p>
<script type="text/javascript">
    var p = $("p").eq(-2);              //获取倒数第二段
    console.log(p);                     //p 为 jQuery 对象,在浏览器控制台中可以看到对象的结果
    p.wrapInner("<em></em>")            //jQuery 对象可以直接调用 jQuery 方法
    var q = $("p").get(-1);             //获取倒数第一段
    console.log(q);                     // 输出为 dom 对象:<p>this is para4</p>
    q.wrapInner("<em></em>");           //出错。dom 对象不能调用 jQuery 方法
</script>
```

2. first、last 方法

$(selector).first() 和 $(selector).last() 分别获取匹配的第一个元素和最后一个元素。

3. hasClass 方法

$(selector).hasClass(class)检查当前的元素是否含有某个特定的类 class,如果有,则返回 true。

4. filter 方法

$(selector).filter(expr|obj|ele|fn)筛选出与指定表达式匹配的元素集合,这个方法用于缩小匹配的范围。表达式可以是选择器表达式、jQuery 对象、DOM 元素和返回逻辑值的函数。

下面的代码展示了上述四种类别的使用方法。

```
var imgs = $("img").filter(".active")           //返回 img 元素中的具有 active 类的元素
var imgPhoto = document.getElementById("img1");// 返回 dom 对象,或用 $("#img1")[0];
var imgs2 =   $("img").filter(imgPhoto)         //通过 dom 对象做过滤
var ps = $("p").filter(function(index){         //返回 p 元素中没有 ol 子元素的元素
    return $("ol",this).length == 0;
});
var divs = $('div').filter(function(index){     //返回所有的不可见的 div
    return $(this).css('visibility') == 'hidden' || $(this).css('display') == 'none');
});
```

5. find 方法

$(selector).find(expr|obj|ele)在匹配的元素的子元素中筛选出与指定表达式相匹配的元素集合。例如:

```
$(".container").find(".content")    //在类名为 container 的元素的子元素中找类名为 content 的元素
```

6. is 方法

$(selector).is(expr|obj|ele|fn)根据选择器、jQuery 对象、DOM 元素或返回逻辑值的函数来检测匹配元素集合。如果其中至少有一个元素符合给定的条件就返回 true;如果没有元素符合,或者表达式无效,都返回 false。

下面的代码展示上述四种参数的使用方法。

```
<p id="p1">abcd</p>
<script type="text/javascript">
    console.log($("p").parent().is("body"));         // true    //选择器用法
    console.log($("p").is("#p1"));                    // true    //选择器用法
    var p = document.getElementById("p1");            // p 是 dom 对象
    console.log($("p").is(p));                        // true
    var q = $("body").children().eq(0);               // q 是 jQuery 对象
    console.log($("p").is(q));                        // true
    console.log($("p").is(function(index){            // 通过函数返回
        return this.innerText.indexOf('abc') >= 0;
    }));                                              // true
</script>
```

7. has 方法

$(selector).has(expr|ele)保留包含特定后代的元素,去掉那些不含有指定后代的元素。可以使用选择器或 DOM 对象作为参数。例如:

```
$('li').has('ul li,#span1').css('background-color','red');   //获取里面有嵌套的 ul li 的,或里
                                                              面含有 id 为 span1 的元素的 li 元素
var span2 = document.getElementById("span2");//span2 为 DOM 对象,或用 $("#span2")[0];
$('li').has(span2).css('background-color','green');   //找到含有 DOM 对象 span2 的 li 元素
```

8. not 方法

$(selector).not(expr|ele|fn)从匹配元素的集合中删除与指定表达式匹配的元素。例如:

```
$("p").not("#selected"));           //从 p 元素中排除 id 为 selected 的元素
$("p").not($("#selected")[0]);      //从 p 元素中排除 id 为 selected 的元素
```

9. map 方法

$(selector).map(callback)将一组元素通过回调函数转换成其他数组(不论是否是元素数组)。

例如,下面的代码是将页面中所有的 input 元素的值转换成 jQuery 对象数组。例子需要调用 JavaScript 的 join 方法做拼接,就需要将 map 返回的 jQuery 对象通过 get 转换为 JavaScript 对象。

```
$("input").map(function(i,n){
    return $(this).val();// 或 $(n).val();或 n.value;
}).get().join(",")
```

10. slice 方法

选取一个匹配的子集,与 JavaScript 的 slice 函数功能类似。

11. children、parent、parents、parentsUntil、siblings、offsetParent 方法

$(selector).children(exp)取得一个包含匹配 selector 的元素集合中每一个元素的所有匹配 exp 的子元素的集合。

$(selector).parent(exp)取得一个包含着所有匹配 selector 元素的唯一父元素的元素集

合中匹配 exp 的元素的集合。

$(selector).parents(exp)取得一个包含着所有匹配 selector 元素的所有祖先元素(不包含根元素)的匹配 exp 的元素集合。

$(selector).parentsUntil(exp|element,filter)取得一个包含着所有匹配 selector 元素的所有祖先元素(不包含根元素)的匹配 exp 或 element 的元素集合,然后按 filter(如有)过滤。

$(selector).siblings(exp)取得一个包含匹配 selector 的元素集合中每一个元素的所有唯一(虽然是前集合中多个元素的同辈,但最多只出现一次)匹配 exp 同辈元素的元素集合。

$(selector).offsetParent(exp)取得第一个匹配元素用于定位(position 设为 relative 或 absolute)的父节点,如果父节点中无定位节点则返回 html 根节点,仅应用于可见元素。

下面的例子展示了上述各种用法。

```
<div id="Div1">
    <div id="Div1-1" style="position:relative;">
        <ul id="UL-1">
            <li></li>
            <li></li>
        </ul>
    </div>
    <div id="Div1-2">
    </div>
    <img />
</div>
<script type="text/javascript">
    $("#Div1").children();              //匹配三个元素:#Div1-1、#Div1-2、img
    $("#Div1").children("div");         //匹配二个元素:#Div1-1、#Div1-2
    $("#UL-1").parent();                //匹配一个元素:#Div1-1
    $("#UL-1").parent("div");           //匹配一个元素:#Div1-1
    $("#UL-1").parent(".active");       //无匹配
    $("#UL-1").parents();               //匹配四个元素:#Div1-1、#Div1、body、html
    $("#UL-1").parents("div");          //匹配四个元素:#Div1-1、#Div1
    $("#UL-1").parentsUntil();          //匹配四个元素:#Div1-1、#Div1、body、html
    $("#UL-1").parentsUntil("#Div1");   //匹配一个元素:#Div1-1
    $("#Div1-1").siblings();            //匹配二个元素:#Div1-2、img
    $("#Div1-1").siblings("img");       //匹配一个元素:img
    $("#Div1-1,#Div1-2").siblings();    //匹配三个元素:#Div1-1、#Div1-2、img
    $("#Div1-2").offsetParent();        //匹配根节点 html
    $("#UL-1").offsetParent();          //匹配一个元素:#Div1-1
</script>
```

12. next、nextAll、nextUntil 方法

$(selector).next(exp)取得一个包含匹配的元素集合中每一个元素紧邻的后面同辈元素的元素匹配 exp 的集合。

$(selector).nextAll(exp)取得一个包含匹配 selector 的元素集合中每一个元素之后所有匹配 exp 的同辈元素。

$(selector).nextUntil(exp|ele,filter)取得一个包含匹配 selector 的元素集合中每一个元素之后所有匹配 exp 的同辈元素,直到遇到匹配的那个元素为止,然后按 filter 做过滤。

下面的代码展示了上述各种用法。

```html
<!--说明:下面的结构不符合 HTML 结构的规范:span 元素不应该夹在 dd 之间,纯为解释 next 相关语法而为之 -->
<dl>
    <dt id="term-1">term 1</dt>
    <dd>definition 1-a</dd>
    <span>para1</span>
    <dd>definition 1-b</dd>

    <dt id="term-2">term 2</dt>
    <dd>definition 2-a</dd>
    <span>para2</span>
    <dd>definition 2-b</dd>

    <dt id="term-3">term 3</dt>
    <dd>definition 3-a</dd>
    <span>para3</span>
    <dd>definition 3-b</dd>
</dl>
<script type="text/javascript">
    $('#term-3').next("dd").css("color","blue");      //匹配一个,此例中同 $('#term-3').next()
    $('#term-3').next("span").css("color","red")       //无匹配
    $('#term-3').nextAll().css("text-decoration","underline");  //匹配三个元素
    $('#term-3').nextAll("dd").css("fontStyle","italic");       //匹配二个元素
    $('#term-1').nextUntil('dt').css('background-color','red');  //匹配三个元素
    var term3 = document.getElementById("term-3");
    $("#term-2").nextUntil(term3,"dd").css("color","green");     //匹配二个元素
</script>
```

13. prev、prevAll、prevUntil 方法

同上面的 next 等相关方法,取前面的元素。

14. add、addBack 方法

$(selector).add(expr|ele|html|obj)把与表达式匹配的元素添加到 selector 所匹配的 jQuery 对象中,该方法可以用于将分别与两个表达式匹配的元素结果集合成一个结果集。

$(selector).xxx().addBack()添加堆栈中元素集合到当前集合,即把 xxx()的结果加到 $(selector)的结果集中。

下面的代码中,把一个 span 元素封装为 jQuery 对象并加到匹配到的包含指向第一个 li 元素的 jQuery 对象集合中,因此,变量 a 是两个 jQuery 对象的集合,同样变量 b 是包含分别指向第一个和最后一个 li 元素的 jQuery 对象的集合。

第三条语句的执行过程是:首先,初始选择位于第 3 项,初始化堆栈集合只包含这项,调用.nextAll()后将第 4 和第 5 项推入堆栈,最后,调用.addBack()合并这两个组元素在一起,创建一个 jQuery 对象,指向所有三个项元素。

```html
<ul>
    <li>list item 1</li>
    <li>list item 2</li>
```

```
        <li class="third-item">list item 3</li>
        <li>list item 4</li>
        <li>list item 5</li>
    </ul>
    <script type="text/javascript">
        var a = $("li:first").add("<span> added content</span>");//a包括两个jQuery对象
        var b = $("li:first").add("li:last");   //b包括两个jQuery对象
        $('li.third-item').nextAll().addBack().css('color','red');//后三个li元素字体变红色
    </script>
```

15. contents 方法

$(selector).contents()查找匹配元素内部所有的子节点(包括文本节点、注释节点)。如果元素是一个 iframe,则查找文档内容。与之相类似的 children 方法只查找匹配的子元素,不包括文本节点和注释节点。

例如,下面的代码的功能是查找段落中非元素节点并加粗。

```
$("p").contents().not("[nodeType=1]").wrap("<b/>");
```

它将下面的第一行 HTML 内容转换为第二行的内容。

```
<p>Hello <a href="#">John</a>,how are you doing?</p>
<p><b>Hello </b><a href="#">John</a><b>,how are you doing?</b></p>
```

16. end 方法

$(selector).xxx().end()回到最近的一个"破坏性"操作之前,即将匹配的元素列表变为前一次的状态。如果之前没有"破坏性"操作,则返回一个空集。所谓的"破坏性",就是指任何改变所匹配的 jQuery 元素的操作,包括 add()、andSelf()、children()、filter()、find()、map()、next()、nextAll()、not()、parent()、parents()、prev()、prevAll()、siblings()、slice()、clone()。

例如,下面的代码的功能是选取所有的 p 元素,查找并选取 span 子元素,然后再回过来选取 p 元素。

```
$("p").find("span").end()
```

8.8 效　　果

1. show、hide、toggle 方法

$(selector).show(speed,easing,fn)以动画的方式显示隐藏的匹配元素。speed 为动画完成的速度,有三种预定速度字符串("slow"、"normal"和"fast"或表示动画时长的毫秒数值(如 1 000);easing 用来指定切换效果,默认是 swing(随着动画的开始变得更加快一些,然后再慢下来),可用参数 linear(一致匀速变化)。fn 是在动画完成时执行的函数,每个元素执行一次。

$(selector).hide(speed,easing,fn)以动画的方式隐藏的匹配元素。

$(selector).toggle(speed,easing,fn)以动画的方式的切换匹配元素的显示隐藏状态。

上述方法中三个参数均为可选。下面的代码展示了上述方法的部分使用方法。

```
$("img").hide("slow");
$("img").show(5000,"linear");
$("img").show("slow");
$("img").show("slow",function(){
    $(this).css("border","solid thin red");   //显示完毕后给图片增加红色边框
});
setInterval('$("img").toggle("slow")',1000);   //每隔一秒切换显示隐藏状态
```

2. slideDown、slideUp、slideToggle 方法

slideDown、slideUp 是通过高度变化（向下增大/向上减小）来动态地显示、隐藏所有匹配的元素，slideToggle 是在前两者间做切换，具体使用同 show、hide、toggle 方法。

3. fadeIn、fadeOut、fadeTo、fadeToggle 方法

fadeIn、fadeOut、fadeToggle 是通过匹配元素的不透明度以渐进方式调整以显示、隐藏和两者之间切换，具体使用同 show、hide、toggle 方法。fadeTo(speed,opacity,easing,fn)把所有匹配元素的不透明度以渐进方式调整到指定的不透明度 opacity，opacity 为从 0 到 1 之间的值。

4. animate 方法

$(selector).animate(params,speed,easing,fn)用于为匹配元素创建自定义动画。params 是一组包含作为动画属性和终值的样式属性及其值的集合。其他三个参数可选，含义同上。这个方法的关键在于指定动画形式及结果样式属性对象。这个对象中每个属性都表示一个可以变化的样式属性（如"height"、"top"或"opacity"）。所有指定的属性必须用驼峰形式，如用 marginLeft 代替 margin-left。

每个属性的值表示这个样式属性到多少时动画结束。如果是一个数值，样式属性就会从当前的值渐变到指定的值。如果使用的是"hide"、"show"或"toggle"这样的字符串值，则会为该属性调用默认的动画形式。

下面的代码展示了将一个框以动画方式变大的设计方法。

```
$("#div1").animate(
    {width:200,height:300,borderWidth:10},
    "slow",
    function(){
        $(this).text("动画完成。");
    })
```

5. stop、delay、finish 方法

$(selector).stop(clearQueue,jumpToEnd)停止所有在匹配元素上正在运行的动画。可选参数 clearQueue 和 jumpToEnd 分别表示是否清空队列和是否完成队列。

$(selector).delay(duration)设置一个延时来推迟执行队列中之后的项目。

$(selector).finish(queue)停止在匹配元素上当前正在运行的动画，删除所有排队的动画，并完成匹配元素所有的动画。

示例如下。

```
$("#div1").delay(4000).hide("slow").delay(3000).show("slow");
$("#div1").stop()
$("#div1").finish()
```

8.9 事件处理

1. ready(fn)事件

当 DOM 加载完毕且页面完全加载时发生 ready 事件,使用方法是 $(document).ready(fn)。确保在<body>元素的 onload 事件中没有注册函数。实际使用方法如下。

```
$(document).ready(function(){
    //……
});
$(function(){       // 简写模式
    //……
});
```

2. on、off、one 事件

$(selector).on(events,subselector,data,fn)在匹配的元素上绑定一个或多个事件的事件处理函数。events 为一个或多个用空格分隔的事件类型和可选的命名空间,如"click"或"keydown.myPlugin"。如果 subselector 省略,绑定到 selector 匹配的元素上;如果不省略,则绑定到 selector 匹配的元素的子元素中匹配 subselector 的元素上。data 为传送到事件中的参数,存储在事件对象的 data 属性中,即通过 event.data 可访问,可省略。fn 为该事件被触发时执行的函数。

$(selector).off(events,subselector,fn)在选择元素上移除一个或多个通过 on 绑定的事件的事件处理函数。参数含义同上。

$(selector).one(type,data,fn)为每一个匹配元素的特定事件(像 click)绑定一个一次性的事件处理函数。

示例如下。

```
$("p").on("click",function(){
    alert($(this).text());
});
$("#div1").on("click","img",  function(){     //只绑定 id 为#div1 的容器中的 img 元素
    $(this).hide();
});
$("#form1").on("change","input",{type:"1"},function(e){
    console.log(e.data.value);
})
$("form").on("submit",false)    //阻止表单提交,其中 false 是 function(){return false}的简写
$("p").one("click",function(){     //绑定一次性事件,用完无效
    alert($(this).text());
});
```

```
$("p").off();
$("p").off("click");
var foo = function(){        // 定义一个事件处理函数
    //具体代码
};
$("body").on("click","p",foo);      // 绑定事件处理函数
$("body").off("click","p",foo);     // 移除该绑定事件处理函数,其他的不受影响
```

3. trigger、triggerHandler 事件

$(selector).trigger(type,data)在每一个匹配的元素上触发某类事件,data 为可选项。

$(selector).triggerHandler(type,data)将会在每一个匹配的元素上触发指定的事件类型上绑定的处理函数,但不会执行浏览器默认动作,也不会产生事件冒泡。

示例如下。

```
$("form:first").trigger("submit");      //通过程序提交第一个表单,而不是通过用户操作
$("input").triggerHandler("focus");     //会执行已绑定的 focus 事件中的代码,但不会将焦点真
正移到 input 上
```

4. hover 事件

$(selector).hover(over,out)在匹配的元素上绑定一个模仿悬停事件(鼠标移动到一个对象上面及移出这个对象)。当鼠标移动到一个匹配的元素上面时,会触发指定的第一个函数;当鼠标移出这个元素时,会触发指定的第二个函数。如果只提供一个函数参数,则在进入和移出时,都将触发该参数。

示例如下。

```
$("#container").hover(function(){                   //移入触发函数
    $(this).css("background-color","lightblue")
},
function(){                                         //移出触发函数
    $(this).css("background","white")
},
)
```

5. focus、blur、focusin、focusout 事件

$(selector).focus(data,fn)在匹配的元素上绑定一个获得焦点事件,当元素获得焦点时,触发 focus 事件,执行 fn 函数。data 为传给事件的数据,为可选项。可以通过鼠标单击或者键盘上的 TAB 导航触发。支持 focus 方法的对象有表单输入项、超链接和设置了 tabindex 属性值的元素。

$(selector).blur(data,fn)在匹配的元素上绑定一个失去焦点事件,当元素失去焦点时触发 blur 事件。

$(selector).focusin(data,fn)在匹配的元素上绑定一个获得焦点事件,当元素获得焦点时,触发 focusin 事件。focusin 事件跟 focus 事件的区别在于,它可以在父元素上检测子元素获取焦点的情况。

$(selector).focusout(data,fn)在匹配的元素上绑定一个失去焦点事件,当元素失去焦点时,触发 focusout 事件。

下面的代码中,为前两个能获得焦点的段落和类型为 text 和 password 的输入框绑定了 focus 和 blur 事件,为容器#loginDiv 绑定了 focusin 事件,当其子元素获得焦点时,容器也能获得焦点。

```
$("p,input:text,input:password").focus(function(){
    $(this).css({
        "background-color":"lightyellow",
        color:"red"
    })
}).blur(function(){
    $(this).css({
        "background-color":"white",
        color:"black"
    })
});
$("#loginDiv").focusin(function(){
    $(this).css("background-color","#DDEECC");
}).focusout(function(){
    $(this).css("background-color","#FFFFFF");
});
```

focus()-blur()-focusin()-focusout()事件

6. change 事件

$(selector).change(data,fn)在匹配的元素上绑定一个获得焦点事件,当元素的值发生改变时,会发生 change 事件。该事件仅适用于文本域(text field)、textarea 和 select 元素。当用于 select 元素时,change 事件会在选择某个选项时触发;当用于 text field 或 textarea 时,该事件会在元素失去焦点时触发。data 为传给事件的数据,为可选项。

示例如下。

```
$("input[type='text']").change(function(){
    //这里可以写些验证代码
});
```

7. click、dblclick 事件

$(selector).click(data,fn)在匹配的元素上绑定一个单击事件,当单击元素时,会发生 click 事件。data 为传给事件的数据,为可选项。

$(selector).dblclick(data,fn)在匹配的元素上绑定一个双击事件,当双击元素时,会发生 dblclick 事件。data 为传给事件的数据,为可选项。

下面的代码是元素在单击时宽度减半,双击时隐藏。

```
$("#div1").click(function(){
    $(this).width($(this).width()/2);    //单击使其宽度减半
}).dblclick(function(){
    $(this).hide();    //双击使其隐藏
});
```

8. keydown、keyup、keypress 事件

$(selector).keydown(data,fn)在匹配的元素上绑定一个 keydown 事件,当键盘被按下时,发生 keydown 事件。data 为传给事件的数据,为可选项。

$(selector).keyup(data,fn)在匹配的元素上绑定一个 keyup 事件,当键盘被松开时,发生 keyup 事件,它发生在当前获得焦点的元素上。

$(selector).keypress(data,fn)在匹配的元素上绑定一个 keypress 事件,当键盘被按下时,发生 keypress 事件。与 keydown 事件不同,每插入一个字符,就会发生 keypress 事件,例如,在输入字符@时,我们通过组合按键 Shift+2,将触发一次 keypress 事件,event.which 的值为 65,但会触发两次 keydown 事件,event.which 的值分别为 16(代表 shift 键的 event.which 值)和 50(代表 2 键的 event.which 值)。因此当希望只监听输入了什么字符时用 keypress 事件,当希望监听按了什么键时用 keydown 事件。

在 key 类事件中最重要的一个处理是通过 event.which 的值来判断按了哪个键或输入了什么字符,常用值与按键对应关系如表 8-10 所示。

表 8-10 event.which 常用值与按键对应关系

event.which 属性值	对应的按键或输入的字符
1~3	鼠标左键、中键(滚轮键)、右键
8~9	Backspace 键、Tab 键
13	Enter 键
16~18	Shift 键、Ctrl 键、Alt 键
20	Caps Lock 键(大小写锁定)
27	Esc 键
32	空格键
33~36	对应按键 PageUp、PageDown、End、Home
37~40	对应按键 左、上、右、下(方向键)
45~46	对应按键 Insert、Delete
48~57	对应按键 0~9(非小键盘)
65~90	对应按键 A~Z
91	Windows 键
96~105	对应按键 0~9(小键盘)
106、107、109、110、111	对应按键 *、+、-、.、/(小键盘)
112~123	对应按键 F1~F12

下面的代码为网页添加了按键监听,并在控制台上显示按了什么键,只对鼠标和部分键做了判别。

```
$(document).bind("keydown mousedown",function(event){
    var msg = '';
    if(event.type == "mousedown"){  //鼠标按下事件
        var map = {"1":"左","2":"中","3":"右"};
        console.log('按下了鼠标['+map[event.which]+']键');
    }else{  //键盘按下事件
        if(event.which >= 48 && event.which <= 57
```

```
            ||event.which >= 65 && event.which <= 90
            ||event.which >= 97 && event.which <= 122){
            console.log('按下了键盘['+String.fromCharCode(event.which)+']键');
        }
    }
});
```

9. mousedown、mouseup、mouseenter、mouseleave、mousemove、mouseover、contextmenu 事件

$(selector).mousedown(data,fn)在匹配的元素上绑定一个 mousedown 事件，当鼠标按键被按下时，发生 mousedown 事件。data 为传给事件的数据，为可选项。mousedown 与 click 事件的不同之处在于：mousedown 事件仅需要按键被按下，而不需要松开即可发生。

mouseup、mouseenter、mouseleave、mousemove、contextmenu 分别是鼠标键松开、光标进入、光标离开、光标在区域内移动、鼠标右键对应的事件。

图 8-8 为主要通过鼠标事件模拟快捷菜单的页面，其中使用到了 contextmenu、mouseenter、mouseleave、toggleClass、on、show 等方法，核心代码如下。

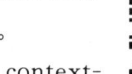

mouse 事件

```
$("#div1").contextmenu(function(e){           //快捷菜单
    e.preventDefault();
    $("#popupMenu").css({left:e.offsetX,top:e.offsetY}).show();
})
```

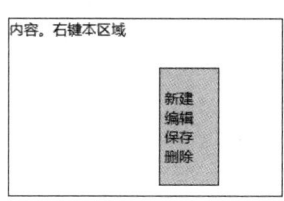

图 8-8　通过鼠标事件模拟快捷菜单

10. scroll、resize 事件

$(selector).scroll(data,fn)在匹配的元素上绑定一个 scroll 事件，当用户滚动元素时，会发生 scroll 事件。data 为传给事件的数据，为可选项。

$(window).resize(data,fn)在浏览器窗口上绑定一个 resize 事件，当浏览器窗口改变大小时，会发生 resize 事件。

下面的代码为浏览器窗口绑定了 resize 和 scroll 事件，并在控制台中显示了窗口大小和滚动的距离。

```
$(window).resize(function(e){
    console.log("width",window.outerWidth,"height" window.outerHeight);
}).scroll(function(e){
    var oTop = document.body.scrollTop==0? document.documentElement.scrollTop:document.body.scrollTop;
    var oLeft = document.body.scrollLeft==0? document.documentElement.scrollLeft:document.body.scrollLeft;
    console.log("offsetLeft",oLeft,"offsetTop",oTop);
})
```

11. select 事件

$(selector).select(data,fn)在匹配的元素(textarea 或文本类型的 input 元素)上绑定一个 select 事件,当其中的文本被选择时,会发生 select 事件。data 为传给事件的数据,为可选项。

图 8-9 展示了为文本框获取所选中文字的效果,实现方法是通过 select 事件,在其方法中调用 window 或 document 对象相应的属性获取具体选中内容。

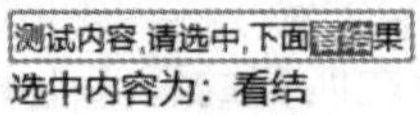

图 8-9 select 事件示例

12. submit 事件

$(selector).submit(data,fn)在匹配的表单元素上绑定一个 submit 事件,当提交表单时,会发生 submit 事件。data 为传给事件的数据,为可选项。如果不提供 fn 参数,表示直接提交。

下面的代码为表单增加了提交事件,在提交前,检查用户名和密码是否为空,不为空才能提交。

```
$("form:first").submit(function(e){
    if( $("#username").val().length==0 || $("#password").val().length==0){
        alert("用户名和密码不能为空")
        return false;        //返回 false,表示终止提交
    }
    console.log("submitting……");
});
```

13. error 事件

$(selector).error(data,fn)为匹配的元素绑定遇到错误(没有正确载入)时,发生 error 事件。data 为传给事件的数据,为可选项。例如,下面的代码是将页面中无效的图片隐藏。

```
$("img").error(function(){
    $(this).hide();
});
```

8.10 事件对象

事件对象是触发事件的时候传递给事件处理函数的一个对象,这个对象中存在触发事件的基本信息,如触发事件的事件源、键盘码(如果存在)等基本信息。jQuery 对事件对象进行封装了,除了提供了属性接口外,还提供了相关方法对事件进行控制。

8.10.1 事件对象的属性

jQuery 在遵循 W3C 规范的情况下,对事件的常用属性进行了封装,使得事件处理在各大浏览器下都可以正常的运行而不需要进行浏览器类型

事件对象的属性-1

判断。事件对象的属性与 DOM 事件的属性大致相同,如表 6-6 和表 6-7 所示,也可扫描二维码查看。

图 8-10 页面实现了光标在页面对象上移动时,对鼠标事件部分属性值的获取及显示。主要代码如下。

```
$("img").mousemove(function(e){
    $("#target").text(e.target.id);
    $("#currentTarget").text(e.currentTarget.id);
    $("#pageXY").text(e.pageX+":"+e.pageX);
    $("#screenXY").text(e.screenX+":"+e.screenX);
    $("#clientXY").text(e.clientX+":"+e.clientX);
    $("#offsetXY").text(e.offsetX+":"+e.offsetX);
})
```

事件对象的属性-2

target: img1
currentTarget: img1
pageX: pageY 68 : 50
screenX: screenY 120 : 160
clientX: clientY 68 : 50
offsetX: offsetY 61 : 34

图 8-10　鼠标对象示例

8.10.2　事件对象的方法

jQuery 为事件对象封装了冒泡和默认动作相关的检测和控制的方法,如表 8-11 所示。

表 8-11　事件对象的方法

方法名	描述
preventDefault()	若调用了这个方法,这个事件的默认动作将不会被触发
isDefaultPrevented()	返回 event 对象上是否调用了 event.preventDefault
stopPropagation()	阻止来自 DOM 树中的冒泡事件,阻止来自被通知事件的任何父处理器
isPropagationStopped()	返回在这个事件对象上,event.stopPropagation 是否被调用
stopImmediatePropagation()	阻止该元素上的所有事件,包括冒泡事件
isImmediatePropagationStopped()	返回在这个事件对象上,event.stopImmediatePropagation 是否被调用

下面代码中为文档、段落和段落中的 a 元素都设置了单击事件,通过对 a 元素的事件对象调用 stopPropagation 方法阻止了冒泡事件的发生。

```
<p>
    this is a demo paragraph,click <a href="#">here</a>
</p>
```

```
<script type="text/javascript">
    $(function(){
        $(document).click(function(event){
            alert("document click event!");
        });
        $("p").click(function(event){
            alert("p click event!");        //单击段落会触发 p 和 document 的单击事件
        });
        $("a").on("click",function(e){
            e.stopPropagation();            //阻止冒泡到 p 和 document 的单击事件
            alert("a click event!");
        });
    });
</script>
```

8.11 工　　具

jQuery 提供了操作数组和对象的工具,方便和简化了对它们的操作,如表 8-12 所示。

表 8-12　jQuery 工具

工具名	描述
$.support	一组用于展示不同浏览器各自特性和 bug 的属性集合。例如,$.support opacity 返回浏览器是否支持透明度样式属性
$.each(*object*,*callback*)	通用遍历方法,可用于遍历对象和数组。对应地,$(*sel*).each()方法只能用于遍历 jQuery 对象
$.extend([*d*],*tgt*,*obj1*,[*objN*])	用一个或多个其他对象来扩展一个对象,返回被扩展的对象
$.grep(*array*,*fn*,[*invert*])	使用过滤函数过滤数组元素
$.makearray(*obj*)	将类数组对象转换为数组对象
$.map(*arr*|*obj*,*callback*)	将一个数组中的元素转换到另一个数组中
$.inArray(*val*,*arr*,[*from*])	确定第一个参数在数组中的位置,从 0 开始计数(如果没有找到则返回 -1)
$(*selector*).toArray()	把 jQuery 集合中所有 DOM 元素恢复成一个数组
$.merge(*first*,*second*)	合并两个数组,返回的结果会修改第一个数组的内容,第一个数组的元素后面跟着第二个数组的元素
$.contains(*c*,*c*)	检测一个 DOM 节点是否包含另一个 DOM 节点
$.type(*obj*)	检测 obj 的数据类型
$.isFunction(*obj*)	检测对象 obj 是否为函数
$.isEmptyObject(*obj*)	检测对象 obj 是否是空对象(不包含任何属性)
$.isPlainObject(*obj*)	检测对象 obj 是否是纯粹的对象(通过"{}"或者"new Object"创建的)
$.isWindow(*obj*)	检测对象 obj 是否是窗口(或 Frame)

工具名	描述
$.isNumeric(value)	检测参数 value 是否是一个数字
$.trim(str)	去掉字符串 str 起始和结尾的空格
$.param(obj,[traditional])	将表单元素数组或者对象 obj 序列化

习 题

1. 将 7.5 节的简易计算器改用 jQuery 实现。

2. 设计一个页面，页面上有若干幅图片，单击其中一幅图片，然后单击另外一个位置，则图片移动到这个位置。

3. 设计一个网页，其中有一个有若干行数据的表格(table)，在表格上部设计两个按钮，分别为"向上"和"向下"(可以用图标)。选中表格中的一行后，该行高亮显示，然后单击前面的按钮，使得被选中的行向上或向下移动。如果没有行被选中，弹出对话框提示，当选中的行在顶部或底部，就不能上移或下移。

第 9 章
WebUI 框架简介

9.1 WebUI 框架概述

在开发网站、各类小程序甚至 App 的页面过程中，人们可以通过 HTML、CSS 和 JavaScript 从零开始设计，但除去具体内容外各个网站的网页的形式都差不多，组成网页的主要部件基本上都是差不多的，如布局、配色、导航条、菜单、定制按钮、复杂表格、选项卡、树形结构、分页、对话框、提示信息、动画、图表、前后台交互等。还有很多的功能也基本上是固化的，无须额外花费精力设计，如浏览器及其版本识别、页面元素定位等。如果每个网站在设计时都从最基础的代码开始设计，无疑是费时、低效、非标准化和维护困难的，完全不符合软件工程的规范要求。因此很多公司、机构和个人纷纷推出了自己的 WebUI(Web user interface，Web 用户界面)框架，通过应用框架，使得网站的 UI 设计的效率得以极大的提高，同时方便了系统的维护。

9.1.1 WebUI 框架的主要内容

WebUI 框架包括了各种网页元素的展示和处理功能，分类如下。

(1)CSS 样式

WebUI 框架往往都设计了一套 CSS 样式，用于排版、表格、按钮、图片、颜色等。例如，img-circle 选择器用于使图像具有圆形效果，只需要将该选择器应用于 img 元素即可，即

```
<img src="/imags/person.png" class="img-circle">
```

(2)组件

通过若干个 CSS 选择器来设置指定类别的较为复杂的对象的 UI，如导航栏、下拉菜单、进度条、按钮组等组件。有些组件是纯 CSS，无需 JavaScript 参与即可展示出效果，有些还是需要 JavaScript 参与才能展示出效果的，如下拉菜单。例如，下面的代码使用了 Bootstrap 框架中的按钮组组件，效果如图 9-1 所示。

```
<div class="btn-group">
    <button type="button" class="btn btn-default">新建</button>
    <button type="button" class="btn btn-default">修改</button>
    <button type="button" class="btn btn-default">保存</button>
    <button type="button" class="btn btn-default">删除</button>
</div>
```

图 9-1 Bootstrap 按钮组组件示例

(3) 插件

插件是通过 JavaScript 使所生成或处理的对象添加更多的互动，因此需要 jQuery（也有可能用到其他库）和专用的插件库支持。虽然大部分的插件可以在不编写任何代码的情况下被触发互动，但实际应用中仍然需要编写代码来做更精细的配置。例如，下面代码是 Bootstrap 中的警告（alert）组件的应用示例，页面打开时将显示一个如图 9-2 所示的警告框，用户单击"关闭"按钮可以将其关闭。

```html
<div id="myAlert" class="alert alert-warning">
    <a href="#" class="close" data-dismiss="alert">&times;</a>
    <strong>警告！</strong>您的网络连接有问题。
</div>
```

图 9-2　Bootstrap 警告插件示例

而下面的代码是一个稍复杂点的应用，其效果是，页面打开后并没有警告框，即通过 hide 选择器使警告框处于隐藏状态，2 s 后（模拟检查过程）显示警告框，此时用户可以选择单击"关闭"按钮将其关闭，如果在 3 s 内不手工关闭，将自动关闭。

```html
<div id="myAlert" class="alert alert-warning hide">
    <a href="#" class="close" data-dismiss="alert">&times;</a>
    <strong>警告！</strong>您的网络连接有问题。
</div>
<script>
    $(function(){
        setTimeout('$("#myAlert").removeClass("hide");',2000);   //移除类 hide，使之显示
        setTimeout('$("#myAlert").alert("close");',5000);
    });
</script>
```

(4) 资源

为使网页显得更加生动、美观和易于理解，框架系统往往集成了一些图标、图片、动画等资源用在网页元素中。一些框架将一些常用的图标和图片使用字体的方式存储，用字体方式来处理图标和图标的优点是：字体为矢量，因此可以通过改变字体大小从而获得不同大小，同时保持显示质量，相对于图片文件可以减少体积，还可以设置不同颜色。

9.1.2　WebUI 框架的结构及基本使用

WebUI 框架主要是对 CSS、JavaScript、素材（图标、图片、字体）等做了自定义和封装，按类别存放在不同文件夹下，使用时直接将相应文件夹和文件复制到网站下相应位置，然后在网页中引用它们即可。

实际使用时，为了加快网站的浏览速度，往往使用 CDN 来加快框架相关文件的下载，在这种模式下，网站无须在本地保存框架相关的文件。

例如，bootstrap 框架中，在网页中可以选择通过下面的 CDN 引用来使用该框架。

```
<link rel="stylesheet" href="//cdn.staticfile.org/twitter-bootstrap/3.3.7/css/bootstrap.min.css">
<script src="//cdn.staticfile.org/jquery/2.1.1/jquery.min.js"></script>
<script src="//cdn.staticfile.org/twitter-bootstrap/3.3.7/js/bootstrap.min.js"></script>
```

9.1.3 常用的 WebUI 框架

Web 前端领域最近几年发展得特别迅速，可以说是百家争鸣，常用的有 Bootstrap、jQueryUI、AngularUI、LayUI、FlatUI、EasyUI、MUI、amazeUI、HUI、MiniUI、WeUI。这些框架中有些是侧重 PC 端，如 jQueryUI、AngularUI、EasyUI、MiniUI、LayUI，有些是侧重移动端，如 MUI、amazeUI、HUI、WeUI，有些是二者兼顾，如 Bootstrap、FlatUI。有些是收费的，有些是免费开源的。

9.2 几个常用的 WebUI 框架介绍

9.2.1 Bootstrap

1. 基本介绍

Bootstrap 来自美国 Twitter 公司，是目前最受欢迎的前端框架，基于 HTML、CSS、JavaScript，它简洁灵活，使得 Web 开发更加快捷。Bootstrap 包的内容如下。

（1）基本结构

Bootstrap 提供了一个带有网格系统、链接样式、背景的基本结构。

（2）CSS

Bootstrap 自带以下特性：全局的 CSS 设置、定义基本的 HTML 元素样式、可扩展的 class，以及一个先进的网格系统。

（3）组件

Bootstrap 包含了十几个可重用的组件，用于创建图像、按钮、下拉菜单、导航、警告框、弹出框、分页、缩略图、徽章、面包屑导航、进度条、面板、列表组、多媒体对象等。

（4）JavaScript 插件

Bootstrap 包含了十几个自定义的 jQuery 插件，包括过渡效果、模态框、下拉菜单、滚动监听、标签页、提示工具、弹出框、警告框、折叠、轮播、按钮等。可以直接包含所有的插件，也可以逐个包含这些插件。

（5）定制

可以定制 Bootstrap 的组件、LESS 变量和 jQuery 插件来得到用户自己的版本。

2. 结构

其中的一个版本的压缩包解压缩到任意目录即可看到如图 9-3 所示（压缩版的）的目录结构。

其中，css 文件夹中后缀为 bootstrap.css 的为普

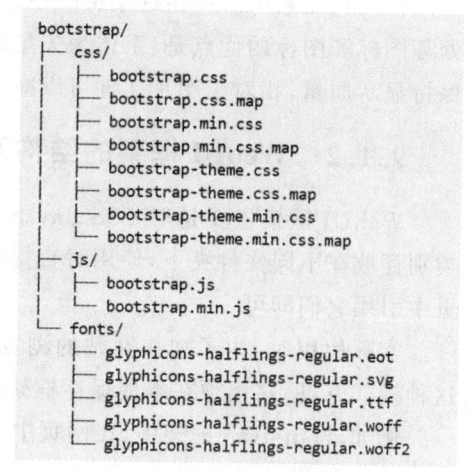

图 9-3 Bootstrap 文件结构

通的 CSS 文件；bootstrap.min.css 为压缩版的 CSS 文件；*.css.map 为对应的文件地图，用于客户端调试时代码定位；bootstrap-theme.css 为主题。js 文件夹中的 bootstrap.js 是 bootstrap 的所有 JavaScript 指令的集合。fonts 文件夹中为图标字体文件，包含了用到的图标字体，有 1 000 余种，部分如图 9-4 所示。

Bootstrap-1

图 9-4　glyphicons 图标

每个图标有一个 CSS 选择器与之对应，如图 9-4 中第一个图标的选择器为 glass，同时有个基础选择器 glyphicon。下面的代码产生一个带图标的按钮，如图 9-5 所示。

```
<button type="button">
    <span class="glyphicon glyphicon-user"></span> User
</button>
```

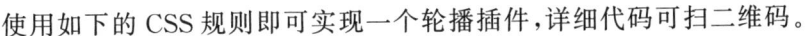

图 9-5　glyphicons 图标使用示例

3. 基本使用

组件和插件主要都是通过应用 CSS 规则来初始化的。

示例 1：轮播插件。

使用如下的 CSS 规则即可实现一个轮播插件，详细代码可扫二维码。

Bootstrap-2

```
<div id="myCarousel" class="carousel slide">
    <ol class="carousel-indicators">
        <li data-target="#myCarousel" data-slide-to="0" class="active"></li>
    </ol>
    <div class="carousel-inner">
        <div class="item active"></div>
    </div>
    <a class="left carousel-control" href="#myCarousel" role="button" data-slide="prev"></a>
    <a class="right carousel-control" href="#myCarousel" role="button" data-slide="next"></a>
</div>
```

效果如图 9-6 所示。

图 9-6　bootstrap 轮播插件示例

示例2：响应式的导航栏组件。

主要用到 nav、navbar、navbar-default、container-fluid、navbar-header、navbar-brand、navbar-nav 等选择器。图 9-7 为一个导航组件示例在移动端竖屏与横屏和 PC 端分别呈现不同的效果，具体代码可扫描二维码。

Bootstrap-3

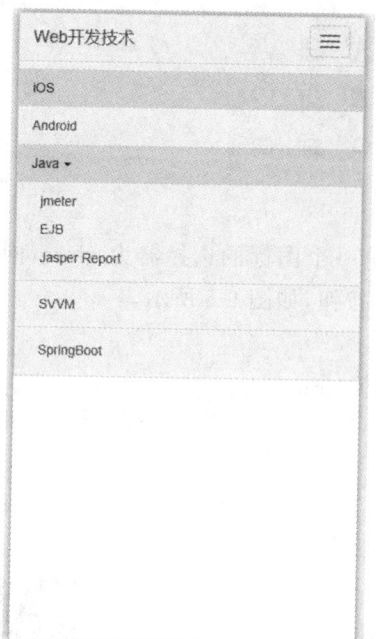
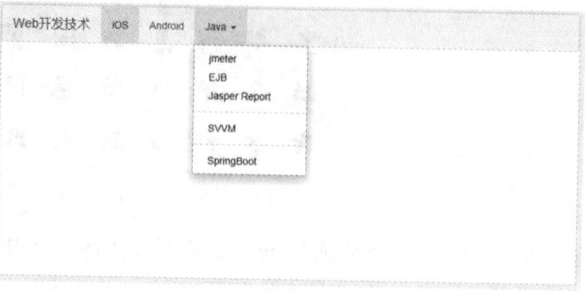

图 9-7　bootstrap 导航组件示例

9.2.2　jQueryUI

1. 基本介绍

jQueryUI 是基于 jQuery 的开源免费的网页用户界面代码库，目前由 jQuery 基金会负责维护，包含了 jQuery 上的一组用户界面交互、特效、小部件及主题。

jQueryUI 与 jQuery 的主要区别是：jQuery 是一个 JavaScript 库，主要提供的功能是选择器、属性修改和事件绑定等；而 QueryUI 则是在 jQuery 的基础上，利用 jQuery 的扩展性而设计的插件，提供了一些常用的界面元素，如对话框、拖动行为、改变大小行为等。

jQueryUI 主要分为 3 个部分：交互、小部件和效果库。

（1）交互(interactions)

交互部件是一些与鼠标交互相关的内容，包括缩放(resizable)、拖动(draggable)、放置(droppable)、选择(selectable)、排序(sortable)等。

（2）小部件(widgets)

主要是一些界面的扩展，包括折叠面板(accordion)、自动完成(autocomplete)、按钮(button)、日期选择器(datepicker)、对话框(dialog)、菜单(menu)、进度条(progressbar)、滑块(slider)、旋转器(spinner)、选项卡(tabs)、工具提示框(tooltip)等。

（3）效果库(effects)

用于提供丰富的动画效果，让动画不再局限于 jQuery 的 animate 方法。包括特效(effect)

显示(show)、隐藏(hide)、切换(toggle)、添加类(add class)、移除类(remove class)、切换类(toggle class)、转换类(switch class)、颜色动画(color animation)等。

2. 结构

1.12.1 版本的 jQueryUI 下载包的文件结构如图 9-8 所示。其中的核心是 jquery-ui.css、jquery-ui.js，一般的应用中只需引用这两个文件或其压缩版。jquery-ui.structure.css 中定义了结构化 CSS 规则，比如边距、定位等，jquery-ui.theme.css 中包含了主题规则，如背景、颜色、字体，这两个文件的内容其实都包含在 jquery-ui.css 中。如果在项目中使用这两个文件，是为了让开发者修改其中的内容以定义自己的一套结构和主题规则。imags 文件夹下的 6 个文件分别是 6 种颜色的 png 图片，颜色的 rgb 值就是文件名中间的 6 位数字，每个图片中包含了 173 个小图标，这些小图标通过背景图的方式用作网页中图标。

```
jQuery-ui-1.12.1/
├──external/
│       └──jquery/
│               └──jquery.js
├──images/
│       ├──ui-icons_444444_256x240.png
│       ├──ui-icons_555555_256x240.png
│       ├──ui-icons_777620_256x240.png
│       ├──ui-icons_777777_256x240.png
│       ├──ui-icons_cc0000_256x240.png
│       └──ui-icons_ffffff_256x240.png
├──jquery-ui.css
├──jquery-ui.js
├──jquery-ui.min.css
├──jquery-ui.min.js
├──jquery-ui.structure.css
├──jquery-ui.structure.min.css
├──jquery-ui.theme.css
└──jquery-ui.theme.min.css
```

图 9-8 jQueryUI 文件结构

3. 基本使用

由于 jQueryUI 是基于 jQuery 的，所有在使用时必须包含 jQuery 库，因此在网站中需要通过下面的代码做引用，其中引用的 CDN 的资源，也可以使用本地资源。

```
<link rel="stylesheet" href="//code.jquery.com/ui/1.10.4/themes/smoothness/jquery-ui.css">
<script src="//code.jquery.com/jquery-1.9.1.js"></script>
<script src="//code.jquery.com/ui/1.10.4/jquery-ui.js"></script>
```

引用了这些必要的文件，就能向页面添加一些 jQuery 小部件。例如，要制作一个日期选择器(datepicker)小部件，需要向页面添加一个文本输入框，然后再找到该输入框调用 datepicker 方法，即可将原来的普通的 HTML 的文本输入框元素实例化为一个日期选择器。

```
<input type="text" name="date" id="date" />
<script>
    $("#date").datepicker();
</script>
```

其他所有的小部件、交互和效果库都具有基本相同的使用方法。

示例 1：选项卡。

如图 9-9 所示选项卡的主要代码如下。

```
<div id="tabs">
    <ul>
        <li><a href="#tabs-1">Nunc tincidunt</a></li>
        <li><a href="#tabs-2">Proin dolor</a></li>
        <li><a href="#tabs-3">Aenean lacinia</a></li>
    </ul>
    <div id="tabs-1">…</div>
    <div id="tabs-2">…</div>
    <div id="tabs-3">…</div>
```

jQuery UI-1

```
            </div>
        </body>
</html>
```

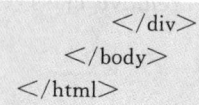

图 9-9　jQueryUI 的选项卡示例

示例 2：拖动。

要使一个对象拖动，只需要对相应的对象调用 draggle 方法接口，如下所示，实例代码可扫描二维码。

jQuery UI-2

```
$("#id").draggable();    /*使 id 元素可以被拖动*/
```

9.2.3　EasyUI

1. 基本介绍

EasyUI 有多种技术架构的版本，其中 jQuery EasyUI 是一个基于 jQuery 的框架，集成了各种 UI 插件，它的目标就是帮助 Web 开发者更轻松地打造出功能丰富并且美观的 UI 界面。开发者不需要编写复杂的 JavaScript，也不需要对 CSS 样式有深入的了解，开发者需要了解的只有一些简单的 HTML 标签。它将插件分为以下几类。

（1）layout（布局）

layout（布局）、panel（面板）、accordion（手风琴/折叠面板）、tabs（选项卡/标签页）。

（2）form（表单）

textbox（文本框）、tagbox（标签框）、calendar（日历）、passwordbox（密码框）、maskedbox（掩码框）、combogrid（组合网格）、form（表单）、timespinner（时间微调器）、datetimespinner（日期时间微调框）、filebox（文件框）、checkbox（复选框）、numberbox（数字框）、spinner（微调器）、numberspinner（数值微调器）、combobox（组合框）、combotree（组合树）、radiobutton（单选框）、combotreegrid（树形表格下拉框）、slider（滑块）、validatebox（验证框）、datebox（日期框）、combo（组合）、datetimebox（日期时间框）。

（3）menu（菜单）与 button（按钮）

splitbutton（分割按钮）、switchbutton（开关按钮）、menubutton（菜单按钮）、linkbutton（链接按钮）、sidemenu（侧栏菜单）、menu 菜单。

（4）window（窗口）

messager（消息框）、dialog（对话框）、window（窗口）。

（5）base（基础）

progressbar（进度条）、pagination（分页）、draggable（可拖动）、parser（解析器）、resizable（可调整尺寸）、droppable（可放置）、tooltip（提示框）、searchbox（搜索框）、easyloader（加载器）、mobile（移动端）。

(6)datagrid(数据网格)与 tree(树)

datagrid(数据网格)、datalist(数据列表)、propertygrid(属性网格)、treegrid(树形网格)、tree(树)。

2. 结构

jQuery EasyUI 安装包的文件结构如图 9-10 所示(未列出两个示例文件夹),其中主文件是根文件夹下的 jquery-easyui.min.js 和 themes 文件夹下的 easyui.css。

easyloader.js 用于动态加载脚本和 CSS 文件,也可以动态加载 EasyUI 已有组件。jquery.min.js 是 EasyUI 所依赖的 jQuery 文件。jquery.easyui.mobile.js 是 EasyUI 移动版主文件。locale 文件夹下是 26 个语言包。plugins 文件夹下是 50 个组件各自独立的 js 文件,它们实际上都被包含在主文件 jquery-easyui.min.js 中,只是在某些情况下只装载个别插件时使用。src 文件夹下是 EasyUI 的源文件,因为部分功能 EasyUI 不开源,所以该文件夹下不是全部的源码文件。themes 文件夹下包含了 7 个主题包,每个主题包均包含了 CSS 样式和资源文件(图标),其中的 icons 文件夹下是各个主题公用的图标。

```
jquery-easyui-1.7.0/
├─locale/
│      ├─easyui-lang-af.js
│      ├─......
│      ├─easyui-lang-en.js
│      ├─......
│      ├─easyui-lang-zh_CN.js
│      ├─easyui-lang-zh_TW.js
├─plugins/
│      ├─jquery.accordion.js
│      ├─......
│      ├─jquery.window.js
├─src/
│      ├─easyloader.js
│      ├─jquery.accordion.js
│      ├─......
│      ├─jquery.window.js
├─themes/
│      ├─black/
│      │   ├─images/
│      │   │   ├─accordion_arrows.png
│      │   │   ├─......
│      │   │   ├─validatebox_warning.png
│      │   ├─accordion.css
│      │   ├─......
│      │   ├─easyui.css
│      │   ├─......
│      │   ├─window.css
│      ├─bootstrap/
│      ├─default/
│      ├─gray/
│      ├─icons/
│      │   ├─back.png
│      │   ├─......
│      │   ├─undo.png
│      ├─material/
│      ├─material-teal/
│      ├─metro/
├─easyloader.js
├─jquery-easyui.min.js
├─jquery-easyui.mobile.js
├─jquery-min.js
```

图 9-10　jQuery easyUI 文件结构

3. 基本使用

EasyUI 中有两种方式声明 UI 组件。

①直接在 HTML 中通过 class 属性声明组件,组件的选择器的前缀为“easyui-”。例如,下面的代码中通过自定义属性 data-options 的 iconCls 项指定具体使用的图标类型,将超链接元素封装为一个带图标的链接按钮。

```
<a href="#" class="easyui-linkbutton" data-options="iconCls:'icon-save'">保存</a>
```

②编写 JavaScript 代码来创建组件。例如,下面的代码同样将超链接元素封装为一个带图标的链接按钮。

```
<a href="#" id="lbSave">保存</a>
<script type="text/javascript">
    $("#lbSave").linkbutton({iconCls:'icon-save'});
</script>
```

示例 1:动画树。

只需要一行代码即可通过选择器 easyui-tree 将 ul 元素(其他容器类元素均可)封装为一个树插件,并从服务器上获取代表树形结构的数据的 json 文件,框架将根据数据自动生成树结构,代码如下,效果如图 9-11 所示。

```
<ul class="easyui-tree" data-options="url:'json/tree_data1.json',method:'get',animate:true"> </ul>
```

扫描二维码看完整网页代码及数据文件。

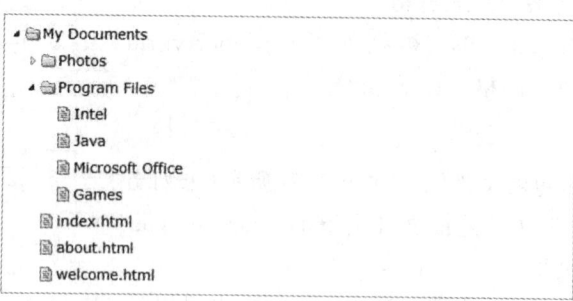

EasyUI-1

图 9-11　EasyUI 的树插件示例

示例 2：布局及其他插件。

如图 9-12 所示页面在布局方面用到了选择器 easyui-layout，将 div 封装为一个布局插件，其 5 个 div 子元素为东、南、西、北、中五个区域，五个区的位置由 data-options 属性的 region 项的值确定。

在北区中定义了四个链接按钮 linkbutton 和一个组合框 combobox，组合框的下拉列表中的数据来自于服务器上的 json 文件。

西区中的树插件的数据由选择器 easyui-tree 将 ul 元素及其多级子元素封装而成。

中区中将 table 元素及其子元素封装为数据表格 datagrid 插件，通过设置其 data-options 属性的 url 项指定数据同样来自于服务器上的 json 文件，设置 pagination 项为 true，使其具备自动分页功能。其列名由 th 元素确定，并通过 data-options 属性的 field 项确定数据来源。

东区中将五个 div 及其子元素 p 封装为折叠面板。

南区中将一个 div 封装为进度条插件。

扫描二维码看完整网页代码及数据文件。

EasyUI-2

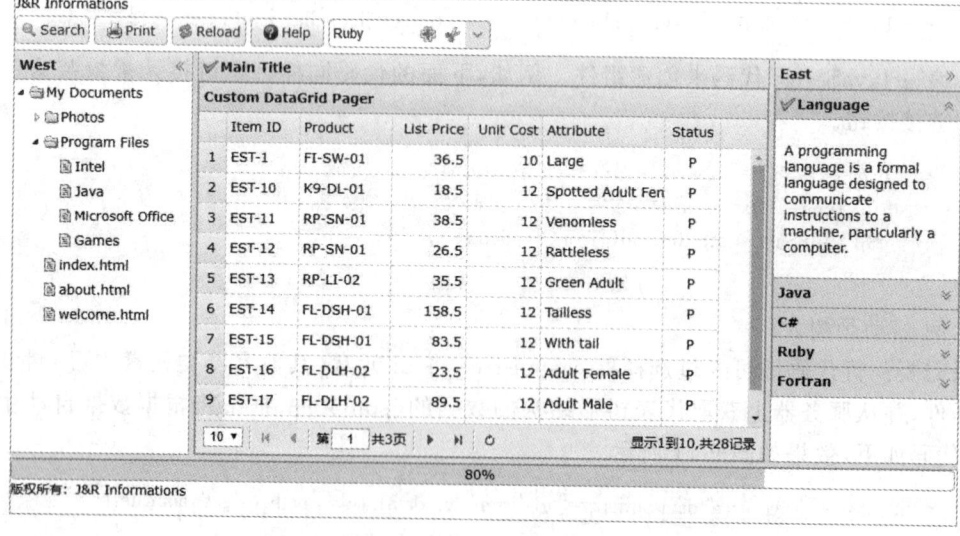

图 9-12　EasyUI 的综合示例

9.2.4 WeUI

1. 基本介绍

WeUI是微信官方设计团队为微信Web开发量身打造的一个UI样式库,可以把它理解为一个前端框架,类似于Bootstrap,可以用于微信小程序和网站的设计,共有五大类组件。

(1) 表单

按钮(btn)、表单(form)、列表(list)、滑块(slider)、上传(upploader)。

(2) 基础组件

文章(article)、徽章(badge)、伸缩(flex)、脚注(footer)、网格(grid)、图标(icon)、加载更多(loadmore)、面板(panel)、预览(preview)、进度(progress)。

(3) 操作反馈

操作表(actionsheet)、对话框(dialog)、半屏对话框(half-screen dialog)、消息(msg)、选取器(picker)、弹出式提示(toast)、提示(toptips)。

(4) 导航相关

导航条(navbar)、选项卡(tabbar)。

(5) 搜索相关

搜索条(search bar)。

2. 结构

WeUI核心文件就是weui.css和weui.js,weui.js是WeUI的轻量级js封装,不需要依赖其他库即可工作。

3. 基本使用

一般应用中为了更方便地操作页面对象,引入了轻量级的js库,比较常用的是Zepto。Zepto最初是为移动端开发的库,是jQuery的轻量级替代品,因为它的API和jQuery相似,而文件更小。Zepto最大的优势是它的文件大小,只有8KB多,是目前功能完备的库中最小的一个,尽管不大,Zepto所提供的工具足以满足开发程序的需要。大多数在jQuery中常用的API和方法Zepto都有,Zepto中还有一些jQuery中没有的。另外,因为Zepto的API大部分都能和jQuery兼容,所以用起来极其容易,如果熟悉jQuery,就能很容易掌握Zepto。可用同样的方式重用jQuery中的很多方法,也可以方便地把方法串在一起得到更简洁的代码,甚至不用看它的文档。

因此在网页中需要添加如下的代码。

```
<link rel="stylesheet" href="css/weui.css" />
<script src="js/zepto.min.js"></script>
<script src="js/weui.min.js"></script>
```

最新版的WeUI中组件的CSS选择器命名规范为weui-*、weui-*-$、weui-*__#,其中*为组件名称,$为子类别,#为组件的子元素的类别。例如,weui-dialog、weui-icon-success、weui-dialog__title、weui-half-screen-dialog、weui-half-screen-dialog__title分别表示对话框组件、成功图标、对话框中的标题、半屏对话框、半屏对话框的标题。例如,下面的代码将生成一个对话框中的按钮。

> <a href="javascript:;" class="weui-dialog__btn">确定</a>

js创建组件通过wxui.*()的方式。例如,下面的代码创建一个弹出式提示。

> weui.toast('操作成功',3000);

示例1:WeUI的选项卡与导航栏。

如图9-13所示网页中使用了weui-tab、weui-navbar、weui-tabbar__item、weui-navbar__item、weui-badge等标准的组件,另外引用了一个资源库weuix.css,主要是用到了其中的图标。扫描二维码看完整网页代码。

WeUI-1

图9-13　WeUI的选项卡与导航栏示例

示例2:WeUI的操作表、对话框、弹出式提示。

如图9-14所示的网页中展现了操作表、对话框、弹出式提示的显示效果及操作后的效果。按钮、对话框和弹出式提示是通过选择器生成的,而操作表是通过JavaScript生成。扫描二维码看完整网页代码。

WeUI-2

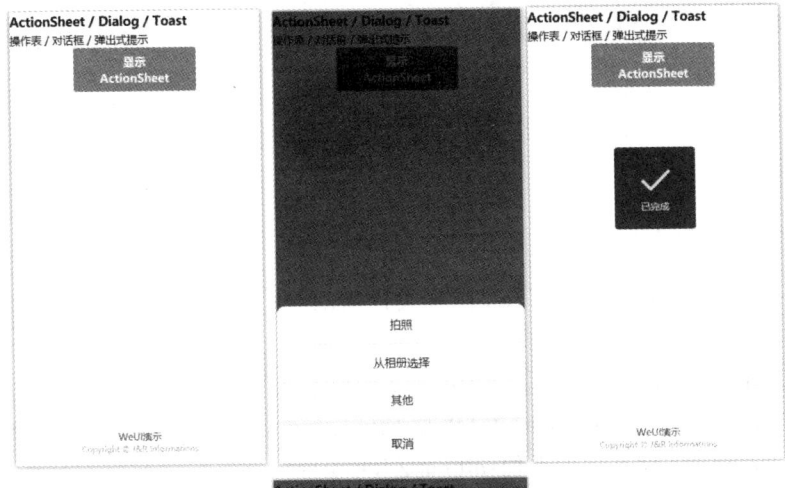

图 9-14　WeUI 的操作表、对话框、弹出式提示示例

习　题

1. 下载至少三个 WebUI 的安装包，运行其中的 demo，查看各个 demo 的源码。

2. 用某个 WebUI 设计一个页面 PC 端网页，包括至少下面的内容：选项卡、折叠面板、带图标的按钮、菜单或导航栏。

3. 设计一个移动浏览器端显示的页面，包含下面的内容：按钮、选项卡、导航。

参考文献

[1] Felke-Morris T. HTML5 与 CSS3 网页设计基础[M]. 2 版. 周靖,译. 北京:清华大学出版社,2016.
[2] W3C. HTML standard[Z/OL]. https://html.spec.whatwg.org/
[3] W3C 中国社区成员. W3school [Z/OL]. https://www.w3school.com.cn/
[4] 阮一峰. JavaScript 标准参考教程:alpha[Z/OL]. https://javascript.ruanyifeng.com/
[5] OpenJS Foundation. jQuery documentation[Z/OL]. https://jquery.com/